高职高专工作过程·立体化创新规划教材——计算机系列

基于 ARM 的嵌入式系统接口技术

郎璐红　梁金柱　主　编

邵　杰　陶　婧　张　俊　刘力扬　副主编

清华大学出版社

北　京

内 容 简 介

本书通过几个日常生活中的嵌入式产品案例描述了基于 ARM9 微处理器核的嵌入式系统体系结构及其接口开发技术。全书主要介绍了无操作系统的嵌入式应用的解决方案：讲述了裸机程序的开发环境、ARM9 微处理器核的体系结构以及 S3C2410 CPU 的片上资源，示例介绍了 ARM 汇编语言的指令系统和嵌入式开发中汇编程序与 C 语言程序的编程方法。根据实现具体嵌入式系统所应用的各个接口部件，系统地介绍了嵌入式系统的存储器接口、中断(异常)管理机制、DMA 机制、定时部件与 GPIO、异步串行通信接口、人机接口及其他常用接口的设计方法和操作步骤。

本书实例简单、实用，语言浅显易懂，能有效培养读者的学习兴趣，提高学生的实际动手能力。本书可作为高职院校计算机、电子信息、自动化、机电一体化等专业学生的教材，也非常适合嵌入式系统入门的普通读者自学。

图书在版编目(CIP)数据

基于 ARM 的嵌入式系统接口技术/郎璐红，梁金柱主编；邵杰，陶婧，张俊，刘力扬副主编. --北京：清华大学出版社，2011.4(2019.8 重印)

(高职高专工作过程·立体化创新规划教材——计算机系列)

ISBN 978-7-302-25070-8

Ⅰ. ①基… Ⅱ. ①郎… ②梁… ③邵… ④陶… ⑤张… ⑥刘… Ⅲ. ①微处理器，ARM—接口—高等职业教育—教材 Ⅳ. ①TP332

中国版本图书馆 CIP 数据核字(2011)第 038321 号

责任编辑：章忆文　桑任松
装帧设计：山鹰工作室
责任校对：王　晖
责任印制：杨　艳

出版发行：清华大学出版社
　　　　　网　　　址：http://www.tup.com.cn, http://www.wqbook.com
　　　　　地　　　址：北京清华大学学研大厦 A 座　　　邮　　编：100084
　　　　　社 总 机：010-62770175　　　　　　邮　　购：010-62786544
　　　　　投稿与读者服务：010-62776969, c-service@tup.tsinghua.edu.cn
　　　　　质量反馈：010-62772015, zhiliang@tup.tsinghua.edu.cn
印 装 者：三河市金元印装有限公司
经　　销：全国新华书店
开　　本：185mm×260mm　　　.印　　张：24　　　字　　数：574 千字
版　　次：2011 年 4 月第 1 版　　　　　印　　次：2019 年 8 月第 4 次印刷
定　　价：59.00 元

产品编号：035619-02

丛 书 序

高等职业教育强调"以服务为宗旨,以就业为导向,走产学结合发展道路"。服务社会、促进就业和提高社会对毕业生的满意度,是衡量高等职业教育是否成功的重要指标。坚持"以服务为宗旨,以就业为导向,走产学结合发展道路"体现了高等职业教育的本质,是其适应社会发展的必然选择。为了提高高职院校的教学质量,培养符合社会需求的高素质人才,我们计划打破传统的高职教材以学科体系为中心,讲述大量理论知识,再配以实例的编写模式,设计一套突出应用性、实践性的丛书。一方面,强调课程内容的应用性。以解决实际问题为中心,而不是以学科体系为中心;基础理论知识以应用为目的,以"必需、够用"为度。另一方面,强调课程的实践性。在教学过程中增加实践性环节的比重。

2009 年 5 月,我们组织全国高等职业院校的专家、教授组成了"高职高专工作过程·立体化创新规划教材"编审委员会,全面研讨人才培养方案,并结合当前高职教育的实际情况,历时近两年精心打造了这套"高职高专工作过程·立体化创新规划教材"丛书。我们希望通过对这一套全新的、突出职业素质需求的高质量教材的出版和使用,促进技能型人才培养的发展。

本套丛书以"工作过程为导向",强调以培养学生的职业行为能力为宗旨,以现实的职业要求为主线,选择与职业相关的教学内容组织开展教学活动和过程,使学生在学习和实践中掌握职业技能、专业知识及工作方法,从而构建属于自己的经验和知识体系,以解决工作中的实际问题。

本丛书首推书目

- 计算机应用基础
- 办公自动化技术应用教程
- 计算机组装与维修技术
- C++语言程序设计与应用教程
- C 语言程序设计
- Java 2 程序设计与应用教程
- Visual Basic 程序设计与应用开发
- Visual C# 2008 程序设计与应用教程
- 网页设计与制作
- 计算机网络安全技术
- 计算机网络规划与设计
- 局域网组建、管理与维护实用教程
- 基于.NET 3.5 的网站项目开发实践
- Windows Server 2008 网络操作系统
- 基于项目教学的 ASP.NET(C#)程序开发设计
- SQL Server 2008 数据库技术实用教程
- 数据库应用技术实训指导教程(SQL Server 版)

- 单片机原理及应用技术
- 基于 ARM 的嵌入式系统接口技术
- 数据结构实用教程
- AutoCAD 2010 实用教程
- C# Web 数据库编程

丛书特点

(1) 以项目为依托，注重能力训练。以"工作场景导入"→"知识讲解"→"回到工作场景"→"工作实训营"为主线编写，体现了以能力为本位的教育模式。

(2) 内容具有较强的针对性和实用性。丛书以贴近职业岗位要求、注重职业素质培养为基础，以"解决工作场景"为中心展开内容，书中每一章节都涵盖了完成工作所需的知识和具体操作过程。基础理论知识以应用为目的，以"必需、够用"为度，因而具有很强的针对性与实用性，可提高学生的实际操作能力。

(3) 易于学习、提高能力。通过具体案例引出问题，在掌握知识后立刻回到工作场景解决实际问题，使学生很快上手，提高实际操作能力；每章末的"工作实训营"板块都安排了有代表意义的实训练习，针对问题给出明确的解决步骤，并给出了解决问题的技术要点，且对工作实践中常见问题进行分析，使学生进一步提高操作能力。

(4) 示例丰富、由浅入深。书中配备了大量经过精心挑选的例题，既能帮助读者理解知识，又具有启发性。针对较难理解的问题，例子都是从简单到复杂，内容逐步深入。

读者定位

本系列教材主要面向高等职业技术院校和应用型本科院校，同时也非常适合计算机培训班和编程开发人员培训、自学使用。

关于作者

丛书编委会特聘执教多年且有较高学术造诣和实践经验的名师参与各册之编写。他们长期从事有关的教学和开发研究工作，积累了丰富的经验，对相应课程有较深的体会与独特的见解，本丛书凝聚了他们多年的教学经验和心血。

互动交流

本丛书保持了清华大学出版社一贯严谨、科学的图书风格，但由于我国计算机应用技术教育正在蓬勃发展，要编写出满足新形势下教学需求的教材，还需要我们不断的努力实践。因此，我们非常欢迎全国更多的高校老师积极加入到"高职高专工作过程·立体化创新规划教材——计算机系列"编审委员会中来，推荐并参与编写有特色、有创新的教材。同时，我们真诚希望使用本丛书的教师、学生和读者朋友提出宝贵意见和建议，使之更臻成熟。联系信箱：Book21Press@126.com。

丛书编委会

前　言

嵌入式技术是一种软硬件结合的技术，嵌入式系统涉及的知识点非常多。嵌入式系统已经从 8 位 51 单片机发展到如今的 32 位 CPU，其软件设计的复杂性也成倍增长。开发嵌入式软件的人应对处理器工作原理和接口技术有充分了解，包括汇编指令系统。

目前，我国大部分高校的嵌入式系统教学仍然停留在 20 世纪 80 年代发展起来的以 8 位 51 单片机为核心的教育水平上。随着嵌入式应用的迅猛发展，人们越来越关注嵌入式系统的相关技术和设计方法的研究。嵌入式系统已经成为高等院校计算机及相关专业的一门重要课程，也是相关领域研究、应用和开发专业技术人员必须掌握的重要技术之一，嵌入式系统在通信、自动控制、信息家电和军事等领域应用得到迅猛发展，市场对嵌入式开发人员的需求也日趋上升。

本书试图从零开始通过开发简单的嵌入式产品，使学生掌握构建一个无操作系统的嵌入式系统的一般方法，熟悉常用的微处理器、存储器、中断(异常)管理机制、定时部件以及各种接口的设计方法。全书共分 11 章，各章的主要内容说明如下。

第 1 章主要介绍无处不在的嵌入式系统的概念、嵌入式系统的应用及发展，最后介绍嵌入式裸机软件的集成开发环境——ARM 公司的 ADS(ARM Developer Suite)。

第 2 章主要介绍 ARM 处理器内核和处理器核的关系，ARM9 体系结构的特点、内部寄存器和存储器组织，ARM9 微处理器的常用寻址方式和 ARM 指令系统。

第 3 章主要利用对比的方法介绍不同编译器支持的汇编语言的伪操作及编程规则，嵌入式 C 语言程序以及嵌入式 C 语言和汇编语言程序的混合编程，并分析一种嵌入式系统的汇编程序启动代码。

第 4 章主要介绍 Samsung 公司 S3C2410 微处理器芯片的结构特点及其集成的外围部件。通过对实例——交通控制系统和 MP3 播放器的分析，介绍使用 S3C2410 芯片制作嵌入式产品所涉及的外围接口设备，嵌入式系统的软硬件平台的相关知识，以及 ARM 选型的基本原则。

第 5 章主要介绍嵌入式系统中存储器的种类，存储空间的分配，以及嵌入式系统中存储器接口的设计和操作步骤。

第 6 章主要介绍中断系统的设计方法即中断处理流程，中断的分类和中断方式，以及中断服务程序和主程序的设计方法。

第 7 章主要介绍 DMA 数据传送的原理，DMA 控制器的使用方法和利用 DMA 传送数据的编程步骤，并对 SD 卡的数据传送进行介绍。

第 8 章主要介绍定时/计数器接口的设计。通过一个电子钟的制作过程和 3 分钟倒计时功能的实现，介绍实时时钟、时间片中断和报警功能的设计方法，进一步扩展到看门狗的使用方法；通过一个简单的音乐盒的制作，介绍 PWM 部件的控制方法。

第 9 章主要介绍通用输入/输出口 GPIO 的概念、原理及控制方法，GPIO 端口的处理流程以及嵌入式 C 语言中位操作的使用。

第 10 章主要介绍 S3C2410 的时钟系统及设置方法，异步串行通信接口相关的概念和原理，以及串口通信的处理流程和操作步骤。

第 11 章主要介绍常用人机接口的设计，包括 LED 显示器接口、键盘接口的原理及设计方法，以及 LCD 的基本概念及接口设计的原理。同时介绍其他一些常用接口，例如步进电机、AD 转换器的工作原理和设计方法。

本书通过具体的案例对抽象的理论知识进行阐述，浅显易懂，形象实用。

本书的目的在于培养读者的学习兴趣，提高学生的实际动手能力，使其快速掌握无操作系统下嵌入式 ARM 开发技术，在未来智能化嵌入式产品设计领域获得一席之地。

另外，嵌入式系统的学习和硬件的关系十分密切，本书尽量避免仅针对某一种硬件平台，阅读时请注重学习设计的方法。对于程序，请根据自己所使用的实验开发系统的硬件配置，灵活改变其中的诸如函数调用、地址等的定义和语句。

本书由郎璐红、梁金柱任主编，邵杰、陶婧、张俊、刘力扬任副主编。全书框架由何光明拟定，王珊珊、吴涛涛、陈海燕、尹静、刘小玲、王国全、杨帮华等人对本书提供了很大的帮助和支持，在此表示感谢。由于涉及内容广泛，技术更新快速，书中难免存在错误和疏漏之处，敬请专家和读者批评、指正。(作者换)

编　者

目　录

第1章

嵌入式系统导论

 **本章要点**

- 嵌入式系统的概念。
- 嵌入式系统的发展及应用。
- 嵌入式系统的开发环境。

技能目标

- 了解什么是嵌入式系统。
- 了解嵌入式系统的应用及硬件平台、软件平台的发展。
- 了解嵌入式系统裸机程序的开发环境。

1.1 工作场景导入

1.1.1 工作场景一

【工作场景】简单的嵌入式系统

你认为洗衣机是嵌入式系统吗?

【引导问题】

(1) 在日常生活中,你是否接触过嵌入式系统设备?接触过哪些嵌入式系统设备?
(2) 什么是嵌入式系统?

1.1.2 工作场景二

【工作场景】ARM 汇编程序的调试

在进行嵌入式系统裸机(无操作系统)软件开发时,通常都有集成开发环境可以使用。
ARM 公司自行开发的 ADS(ARM Developer Suite,ARM 开发套件)集成开发环境,适合基
于 ARM 核的裸机软件开发。现有下面的一段代码:

```
    AREA TEAT,CODE,READONLY
    ENTRY
start
    MOV R0,#0
    MOV R1,#1
repeat
    ADD R2,R1,#1
    MUL R3,R2,R1
    ADD R0,R0,R3
    ADD R1,R1,#1
    CMP R1,#10
    BLE repeat
    LDR R4, =0x30008000
    STR R0,[R4]
    END
```

如何在 ADS 开发环境中编辑、编译这段代码,如何调试,如果得到结果呢?

【引导问题】

(1) 开发嵌入式系统软件的方法和开发普通 PC 机上运行的软件的方法一样吗?
(2) 嵌入式软件和普通软件的运行环境一样吗?
(3) 嵌入式系统裸机软件的集成开发环境如何使用?

1.2　嵌入式系统的应用

【学习目标】了解嵌入式系统无处不在的现状，理解嵌入式系统的概念。

1.2.1　无处不在的嵌入式系统

很多人在被问及什么是嵌入式系统时都会说不知道，没听说过，但其实在现代社会生活中，每个人都或多或少地在用着、看着、接触着很多的嵌入式系统。

人们往往会忽视自己身边的嵌入式系统——比如手机、数码相机、各种家用电器、取款机或者电梯等，在这些随处可见的设备内部都有一个起控制、监视或者辅助操作作用的智能、专用的计算机系统。人们经常在不知不觉中使用嵌入在汽车、电梯、PDA(Personal Digital Assistant，个人数字助理)、程控交换机等设备中的小巧的计算机系统，而对此毫无觉察。另外，在更加智能化的领域，比如工业机器人、医疗设备、卫星、飞行系统等领域，嵌入式系统常常扮演着更为重要的角色。

正是因为"看不见"和"无处不在"这样的特性，使得嵌入式系统有别于传统的计算机系统。嵌入式系统技术具有非常广阔的应用前景，其应用领域可以包括许多方面。

1．工业控制

工业控制设备的核心已经从低端型采用的8位单片机逐渐变成为32位、64位的处理器，其应用领域越来越广，例如工业过程控制、机床、冶金、电子、交通甚至航空航天等行业。

2．交通

汽车产业的发展迅速，汽车电子设备具有巨大的发展空间。嵌入式系统技术已经广泛应用于车辆导航、流量控制、信息监测与汽车电子等方面。内嵌 GPS(Global Positioning System，全球定位系统)模块、GSM(Global System for Mobile Communications，全球移动通信系统)模块的移动定位终端已经在各种运输行业获得了成功的使用。汽车电子包括车载音响、车载电话、防盗系统等产品，还包括汽车仪表、导航系统、发动机控制器、底盘控制器等技术含量高的产品。

3．信息家电及家庭智能管理系统

信息家电将成为嵌入式系统最大的应用领域。即使你不在家里，也可以通过电话线、网络进行远程控制。冰箱、空调等的网络化、智能化将引领人们的生活步入一个崭新的空间。水、电、煤气表的远程自动抄表，安全防火、防盗系统，其中嵌入的专用控制芯片将代替传统的人工检查，实现更高、更准确和更安全的性能。

4．POS(Point of Sale，销售终端)网络及电子商务

各种智能 ATM(Automatic Teller Machine，自动柜员机)终端将全面走进人们的生活，公共交通无接触智能卡(Contactless Smart Card，CSC)、公共电话卡、自动售货机等。在不久的将来，手持一卡就可以行遍天下。

5. 环境工程与自然

在很多环境恶劣、地况复杂的地区，嵌入式系统将实现无人监测，例如水文资料实时监测，防洪体系及水土质量监测、堤坝安全，地震监测网，实时气象信息网，水源和空气污染监测。

6. 机器人

机器人技术是智能化高速发展的结果，嵌入式芯片的发展将使机器人在微型化、高智能方面的优势更加明显，同时也会大幅度降低机器人的价格，使其在工业领域和服务领域获得更加广泛的应用。

7. 军事领域

军事国防历来是嵌入式系统的重要应用领域，空中飞行器、军事侦察等各种武器控制以及坦克、军舰、战斗机、雷达、通信装备等各种军用装备都与嵌入式系统的发展密切相关。

1.2.2 嵌入式系统的历史

嵌入式系统诞生于微型机时代。20 世纪 70 年代，出现了微处理器，以微处理器为核心的微型计算机以其小型、价廉、高可靠性以及表现出的智能化水平等特点，使专业人士得以将其嵌入到一个对象体系中，实现对象体系的智能化控制。例如，将微型计算机经电气和机械加固，并配置各种外围接口电路，安装到大型舰船中，构成自动驾驶仪或轮机状态监测系统。为了区别于原有的通用计算机系统，把嵌入到对象体系中，实现对象体系智能化控制的计算机称作嵌入式计算机系统。嵌入式系统的嵌入性本质就是将一个计算机嵌入到一个对象体系中。

嵌入式系统经历了漫长的独立发展的单片机道路，有些人搞了很久的单片机应用却不知道单片机就是一个最典型的嵌入式系统。嵌入式计算机系统独立发展的道路就是单芯片化道路，即单片机。早期，人们将通用计算机系统进行改装，在大型设备中实现嵌入式应用。然而，对于众多的对象系统(如家用电器、仪器仪表、工控单元等)，无法嵌入通用计算机系统，于是嵌入式系统迅速地将传统的电子系统发展到智能化的现代电子系统时代，使计算机成为进入人类社会全面智能化时代的有力工具。

嵌入式计算机系统的技术要求就是对象的智能化控制能力。因此，嵌入式计算机系统的技术发展方向就是与对象系统密切相关的嵌入性能、控制能力与控制的高可靠性。

> 💡 **提示:** 最早的单片机是 Intel 公司的 8048，它出现在 1976 年。同时 Motorola 推出了 68HC05，Zilog 公司推出了 Z80 系列，这些早期的单片机均含有 256 字节的 RAM、4KB 的 ROM、4 个 8 位并口、1 个全双工串行口、两个 16 位定时器。20 世纪 80 年代初，Intel 进一步完善了 8048，在它的基础上研制成功了 8051，这在单片机历史上是值得纪念的一页。迄今为止，51 系列的单片机仍然是最为成功的单片机芯片，在各种产品中有着非常广泛的应用。

1.2.3　嵌入式系统的定义和特点

从感性出发，嵌入式系统就是嵌入在其他设备中、从外表看不见的计算机系统，一般不能被用户编程，有一些用户专用的接口，是起智能控制作用的专用计算机系统。

目前被普遍接受的对嵌入式计算机系统的定义是：以应用为中心，以计算机技术为基础，软硬件可裁剪，适应应用系统对功能、可靠性、成本、体积、功耗等严格要求的专用计算机系统。通常将嵌入式计算机系统简称为嵌入式系统。

从广义上讲，凡是带有微处理器的专用软硬件系统都可称为嵌入式系统。例如各类单片机和 DSP (Digital Signal Processing，数字信号处理)系统。这些系统在完成较为单一的专业功能时具有简洁、高效的特点，但由于它们没有操作系统，管理系统硬件和软件的能力有限，在实现复杂、多任务功能时，往往困难重重，甚至无法实现。

从狭义上讲，更加强调那些使用嵌入式微处理器构成的独立系统，它们具有自己的操作系统，具有特定功能，用于特定场合的嵌入式系统。通常所谓的嵌入式系统都是指狭义上的嵌入式系统。

简单地说，嵌入式系统就是嵌入到对象体系中的专用计算机系统。"嵌入性"、"专用性"与"计算机系统"是嵌入式系统的 3 个基本要素。不同的嵌入式系统其特点会有所差异，但嵌入式系统的通用定义都是由这3个基本要素衍生出来的。

- 与"嵌入性"相关的特点：由于是嵌入到对象系统中，因此必须满足对象系统的环境要求，比如物理环境(小型)、电气/气氛环境(可靠)、成本(价廉)等要求。
- 与"专用性"相关的特点：软件、硬件的可裁剪性，满足对象要求的最小软、硬件配置等。
- 与"计算机系统"相关的特点：嵌入式系统必须是能够满足对象系统控制要求的计算机系统。与上述两个特点相呼应，这样的计算机系统必须配置有与对象系统相适应的接口电路。

1.3　嵌入式系统的发展

【学习目标】了解嵌入式系统硬件平台和软件平台的发展；了解嵌入式软件开发的基本概念及嵌入式操作系统的发展。

通用计算机是看得见的计算机，例如我们平时使用的 PC 机、服务器、大型计算机等。这些计算机包括看得见的硬件(如主机、显示器、键盘、鼠标等)，还包括看得见的软件资源(如系统软件、应用程序，且应用程序可以按用户需要随时改变，即重新编制)。而嵌入式系统是看不见的计算机系统，一般不能被用户编程，因此嵌入式系统应用程序的开发和通用计算机的软件开发有所不同。

微处理器的出现已有很长时间了，传统的嵌入式系统设计起源于 20 世纪 70 年代初，但是嵌入式系统对信息技术(Information Technology，IT)产业产生强有力的影响只是近几年的事。随着技术的发展，对嵌入式系统的设计要求越来越复杂，传统的手工设计方法已不能满足快速、高效地设计复杂嵌入式系统的要求。

一般来说，嵌入式系统由嵌入式系统硬件平台和嵌入式系统软件平台组成，而嵌入式软件平台又包括嵌入式操作系统和嵌入式系统应用。其中，嵌入式系统硬件平台为各种嵌入式器件、设备(如 ARM、PowerPC、Xscale、MIPS 等)。嵌入式操作系统是指在嵌入式硬件平台上运行的操作系统，目前主流的嵌入式操作系统有嵌入式 Linux、Windows CE、VxWorks、μC/OS-Ⅱ等。

1.3.1 嵌入式系统硬件平台的发展

嵌入式系统的硬件以各种类型的嵌入式处理器为核心部件。

根据摩尔定律，微处理器飞速发展的结果是嵌入式计算成为一门学科。在嵌入式系统的早期，所有基本硬件构件相对较小也较简单，例如 8 位的 CPU、74 系列的芯片及晶体管等，其软件子系统采用一体化的监控程序，不存在操作系统平台。如今组成嵌入式系统的基本硬件构件则已较复杂，例如 16 位、32 位 CPU 或特殊功能的微处理器、特定功能的集成芯片、FPGA 或 CPLD 等，其软件设计的复杂性成倍增长。不同等级的处理器的不同应用如表 1-1 所示。

表 1-1 不同等级的处理器应用

嵌入式处理器	应用产品
4 位	遥控器、相机、防盗器、玩具、简易计量表等
8 位	电视游戏机、空调、传真机、电话录音
16 位	手机、摄像机、录像机、各种多媒体应用
32 位	Modem、掌上电脑、路由器、数码相机、GPRS、网络家庭
64 位	高级工作站、新型电脑游戏机、各种多媒体应用

据不完全统计，目前全世界嵌入式处理器的品种总量已经超过 1000 种，流行体系结构有三十多个系列。嵌入式处理器的寻址空间一般从 64KB 到几十亿字节，处理速度为 0.1～2000 MIPS(Million Instructions Per Second，百万条指令每秒)。根据不同的应用状况，嵌入式处理器可以分成下面几类。

1. 嵌入式微处理器

嵌入式微处理器(Embedded Microprocessor Unit, EMPU)的基础是通用计算机中的 CPU。在应用中，将微处理器装配在专门设计的电路板上，只保留和嵌入式应用有关的母板功能，这样可以大幅度减小系统体积和功耗。为了满足嵌入式应用的特殊要求，嵌入式微处理器虽然在功能上和标准微处理器基本相同，但在工作温度、抗电磁干扰、可靠性等方面一般都做了各种增强。

和工业控制计算机相比，嵌入式微处理器具有体积小、重量轻、成本低、可靠性高的优点，但是在电路板上必须包括只读存储器(Read Only Memory，ROM)、随机存取存储器(Random Access Memory，RAM)、总线接口、各种外设等器件，从而降低了系统的可靠性，技术保密性也较差。嵌入式微处理器及其存储器、总线、外设等安装在一块电路板上，称为单板计算机，比如 STD-BUS、PC104 等。近年来，德国、日本的一些公司又开发出了类似"火柴盒"式名片大小的嵌入式计算机系列 OEM(Origind Equipment Manufacturer, 原始设备制造商)产品。

当前 32 位嵌入式微处理器主要有:

- ARM (Advanced RISC Machines), 只设计内核的英国公司。
- MIPS (Microprocessor without Interlocked Piped Stages), 只设计内核的美国公司。
- Power PC, IBM 和 Motorola 共有。
- x86, Intel。
- 68K/ColdFire, Motorola 独有。
- 龙芯一号。

2. 嵌入式微控制器

嵌入式微控制器(Micro Controller Unit, MCU)又称单片机, 顾名思义, 就是将整个计算机系统集成到一块芯片中。嵌入式微控制器一般以某一种微处理器内核为核心, 芯片内部集成 ROM/EPROM、RAM、总线、总线逻辑、定时/计数器、WatchDog、I/O、串行口、脉宽调制输出、A/D、D/A、Flash RAM、EEPROM 等各种必要功能部件和外设。为适应不同的应用需求, 一般一个系列的单片机具有多种衍生产品, 每种衍生产品的处理器内核都是一样的, 不同的是存储器和外设的配置及封装。这样可以使单片机最大限度地和应用需求相匹配, 功能不多不少, 从而减少功耗和成本。

和嵌入式微处理器相比, 微控制器的最大特点是单片化, 体积大大减小, 从而使功耗和成本下降、可靠性提高。微控制器是目前嵌入式系统工业的主流。微控制器的片上外设资源一般比较丰富, 适合于控制, 因此称微控制器。

嵌入式微控制器目前的品种和数量最多, 比较有代表性的通用系列包括 8051、P51XA、MCS-251、MCS-96/196/296、C166/167、MC68HC05/11/12/16、68300 等。另外还有许多半通用系列, 例如支持 USB 接口的 MCU 8XC930/931、C540、C541, 支持 I2C、CAN-Bus、LCD 以及众多专用 MCU 和兼容系列。目前 MCU 占嵌入式系统约 70% 的市场份额。

3. 嵌入式 DSP 处理器

DSP(数字信号处理器)是专门用于信号处理方面的处理器, 其在系统结构和指令算法方面进行了特殊设计, 使其适合于执行 DSP 算法, 编译效率较高, 指令执行速度也较快, 在数字滤波、FFT(快速傅里叶变换)、谱分析等仪器上获得了大规模的应用。

嵌入式 DSP 处理器(Embedded Digital Signal Processor, EDSP)有两个发展来源: 一是 DSP 处理器经过单片化、EMC(Energy Management Contract, 合同能源管理)改造、增加片上外设, 成为嵌入式 DSP 处理器, TI(得州仪器)的 TMS320C2000/C5000 等属于此范畴; 二是在通用单片机或 SOC(System on Chip)中增加 DSP 协处理器, 例如 Intel 的 MCS-296 和 Siemens 的 TriCore。

推动嵌入式 DSP 处理器发展的另一个因素是嵌入式系统的智能化, 例如各种带有智能逻辑的消费类产品, 生物信息识别终端, 带有加解密算法的键盘, ADSL 接入、实时语音压解系统, 虚拟现实显示等。这类系统的智能化算法一般都是运算量较大, 特别是向量运算、指针线性寻址等较多, 而这些正是 DSP 处理器的长处所在。

嵌入式 DSP 处理器比较有代表性的产品是 Texas Instruments(得克萨斯仪器公司简称得

州仪器)的 TMS320 系列和 Motorola 的 DSP56000 系列。TMS320 系列处理器包括用于控制的 C2000 系列，移动通信的 C5000 系列，以及性能更高的 C6000 和 C8000 系列。DSP56000目前已经发展成为 DSP56000、DSP56100、DSP56200 和 DSP56300 等不同系列的处理器。另外 Philips 公司也推出了基于可重置嵌入式 DSP 结构低成本、低功耗技术上制造的 DSP处理器，其特点是具备双 Harvard 结构和双乘/累加单元，应用目标是大批量消费类产品。

4．嵌入式片上系统

随着 EDI(Electronic Data Interchange，电子数据交换)的推广和 VLSI(Very Large Scale Intergrated Circuits，超大规模集成电路)设计的普及化以及半导体工艺的迅速发展，在一个硅片上实现一个更为复杂的系统的时代已来临，这就是 System on Chip(SOC，片上系统)。各种通用处理器内核将作为 SOC 设计公司的标准库，和许多其他嵌入式系统外设一样，成为 VLSI 设计中一种标准的器件，用标准的 VHDL(Very-High-Speed Intergrated Circuit Hardware Description Language，甚高速集成电路硬件描述语言)等语言描述，存储在器件库中。用户只需定义其整个应用系统，仿真通过后就可以将设计图交给半导体工厂制作样品。这样除个别无法集成的器件以外，整个嵌入式系统大部分均可集成到一块或几块芯片中，使应用系统电路板将变得很简洁，对减小体积和功耗、提高可靠性非常有利。

SOC 可分为通用和专用两类。通用系列包括 Siemens 的 TriCore，Motorola 的 M-Core，某些 ARM 系列器件，Echelon 和 Motorola 联合研制的 Neuron 芯片等。专用 SOC 一般仅用于某个或某类系统中，不为一般用户所知。例如 Philips 的 Smart XA，将 XA 单片机内核和支持超过 2048 位复杂 RSA 算法的 CCU 单元制作在一块硅片上，形成一个可加载 Java 或 C语言的专用的 SOC，可用于公众互联网(如 Internet)的安全方面。

> 提示：摩尔定律——集成电路芯片上所集成的晶体管的数目，约每隔 18 个月翻一番，性能也将提升一倍。它是对发展趋势的一种分析预测。

1.3.2 嵌入式系统软件的特点

嵌入式系统软件的分类和通用计算机系统软件一样，一般分为系统软件、支撑软件和应用软件三大类。

(1) 系统软件：用于控制、管理计算机系统的资源。例如：嵌入式操作系统、嵌入式中间件(CORBA、Java)等。

(2) 支撑软件：是指辅助软件开发的工具。例如：系统分析设计工具、仿真开发工具、交叉开发工具、测试工具、配置管理工具、维护工具等。

(3) 应用软件：面向应用领域。例如：手机软件、路由器软件、交换机软件、飞行控制软件等。

通常，设计人员把这几种软件组合在一起，作为一个有机的整体。但是嵌入式系统软件的要求与台式通用计算机系统软件有所不同。

1．软件要求固态化存储

为了提高执行速度和系统的可靠性，嵌入式系统中的软件一般都固化在外部存储器芯片或单片机内部存储器中，而不是存储在磁盘之类的载体中，因此固化的软件不可能受到病毒等干扰。

2．软件代码短小精悍

由于成本和应用场合的特殊性，通常嵌入式系统的硬件资源(如内存等)都比较少，因此嵌入式系统的软件设计尤其要求高质量，要在有限资源上实现高可靠性、高性能的系统。虽然随着硬件技术的发展和成本的降低，在高端嵌入式产品上也开始采用嵌入式操作系统，但其和 PC 机所拥有的资源比起来还是少得可怜，所以嵌入式系统的软件代码依然要在保证性能的前提下，占用尽量少的资源，保证产品的高性价比，使其具有更强的竞争力。

3．软件代码要求低功耗、高稳定性和高可靠性

嵌入式系统大多用在特定场合，要么是环境条件恶劣或无人值守，要么要求其长时间连续运转，因此嵌入式系统应具有高可靠性、高稳定性和低功耗等性能。

4．系统软件有较高的实时性要求

很多采用嵌入式系统的应用具有实时性要求，所以大多数嵌入式系统都采用实时性系统。需要注意的是，嵌入式系统不等于实时系统。

5．弱交互性

嵌入式系统不仅功能强大，而且要求使用灵活方便，一般不需要类似键盘、鼠标等，人机交互以简单方便为主。

1.3.3　嵌入式系统软件的开发

嵌入式系统软件从运行平台来分，可以分为以下两种。
- 运行在开发平台上的软件：包括设计和开发环境、测试工具等。
- 运行在嵌入式系统平台上的软件：包括嵌入式操作系统、应用程序、驱动程序及部分开发工具。

本书所介绍的嵌入式软件开发针对的是裸机程序，即在嵌入式系统平台上没有操作系统的裸机程序。在通用 PC 机软件开发中，开发平台和开发出来的软件往往运行在同一台(或者同一种体系结构)计算机上。而在嵌入式软件开发中，开发出来的软件是运行在基于特定硬件平台的嵌入式系统中，开发平台仍然使用通用的 PC 机。通常把用于开发的 PC 机叫做宿主机，运行程序的嵌入式系统叫做目标机，不需要操作系统就可以运行的程序叫做裸机程序。

1．宿主机

宿主机(Host)是一台通用计算机，一般是 PC 机。它通过并口、串口或网络连接与目标机通信。宿主机的软硬件资源比较丰富，包括功能强大的操作系统和开发工具，能大大提高软件开发的效率和进度。

2．目标机

常在嵌入式软件开发期间使用，用来区别于嵌入式系统通信的宿主机。目标机(Target)

可以是嵌入式应用软件的实际运行环境，也可以是能够替代实际环境的仿真系统。目标机体积较小，集成度高，软硬件资源配置恰到好处。

3．裸机程序

根据目标机上是否安装操作系统，可以把嵌入式系统软件开发分为基于操作系统的软件开发和裸机程序开发，裸机程序也称固件程序。裸机是指无操作系统下的嵌入式计算机系统，其特点是所有硬件资源均开放，可以把它理解为一个高级单片机。

4．嵌入式系统软件开发流程

嵌入式系统软件开发的流程和通用 PC 机软件的开发流程基本相同，但因为嵌入式系统是软硬件结合的，所以仍有一些不同。嵌入式系统软件开发的流程包括下面几步。

(1) 系统定义与需求分析。和 PC 机上软件开发一样，需要明确客户的需求是什么，要完成什么功能？形成需求文档。

(2) 规格说明阶段。对需求进行提炼，是可用来创建体系结构的关于系统的更详尽、精确、一致的描述，形成规格说明书。

(3) 系统结构设计。实现系统蓝图，是系统整体结构的一个计划，明确软硬件的划分，形成结构设计文档。

(4) 系统构件设计。包括硬件结构的设计和软件结构的设计。

(5) 软硬件详细设计及集成。准备宿主机环境，编写代码并准备下载工具，最后进行编辑、编译、下载、调试。

(6) 系统总体调试。功能性能及可靠性测试，最后固化到嵌入式系统。

1.3.4　嵌入式系统软件平台的发展及分类

1．嵌入式操作系统的发展

通用计算机的发展经历了从无操作系统到单道批处理系统，到多道程序设计系统，再到现代操作系统等几个阶段，嵌入式系统同样经历了从无操作系统到有操作系统的发展阶段。

1) 无操作系统的嵌入式系统

最初的嵌入式系统是以单芯片为核心的可编程控制器形式的系统。这类系统大部分仅应用于一些专业性强的工业控制系统中，一般没有操作系统的支持，软件通过汇编语言编写。这一阶段系统的主要特点是：系统结构和功能相对单一，处理效率较低，存储容量较小，几乎没有用户接口。由于这种嵌入式系统使用简单、价格低，因此以前在国内工业领域应用较为普遍，但是现在已经远远不能适应高效的、需要大容量存储的现代工业控制和新兴信息家电等领域的需求。

2) 具有简单嵌入式操作系统的嵌入式系统

以嵌入式 CPU 为基础，以简单操作系统为核心的嵌入式系统阶段，其主要特点是：CPU种类繁多，通用性比较弱；系统开销小，效率高；操作系统达到一定的兼容性和扩展性；应用软件专业化，用户界面不够友好。

3) 嵌入式实时操作系统

通用的嵌入式实时操作系统能够运行在各种不同类型的微处理器上，兼容性好；操作系统内核小、效率高，并且具有高度的模块化和扩展性；具备文件和目录管理，支持多任务，支持网络应用，具备图形窗口和用户界面；具有大量的应用程序接口(Application Program Interface，API)，开发应用程序较简单；嵌入式应用软件丰富。

2．嵌入式操作系统的分类

嵌入式操作系统(Embedded Operating System，EOS)是一种用途广泛的系统软件，过去主要应用于工业控制和国防系统领域。EOS 负责嵌入式系统的全部软硬件资源的分配、调度，控制、协调并发活动；因此 EOS 必须体现其所在系统的特征，能够通过装卸某些模块来达到系统所要求的功能。目前，已推出一些应用比较成功的 EOS 产品系列。随着 Internet 技术的发展、信息家电的普及应用以及 EOS 的微型化和专业化，EOS 开始从单一的弱功能向高专业化的强功能方向发展。嵌入式操作系统在系统实时高效性、硬件的相关依赖性、软件固化以及应用的专用性等方面具有较为突出的特点。国际上用于信息电器的嵌入式操作系统有 40 种左右。

目前比较著名和流行的嵌入式操作系统有很多，分类方式也不一样。

1) 按收费模式分类

按收费模式，可以分为商用型和免费型两种。

(1) 商用型的嵌入式实时操作系统功能稳定、可靠，有完善的技术支持和售后服务，但往往价格昂贵。商用型操作系统有：VxWorks、Nucleux、PlamOS、Symbian、Windows CE、QNX、pSOS、VRTX、Lynx OS、Hopen 和 Delta OS 等。

(2) 免费型嵌入式实时操作系统在价格方面具有优势，但稳定性与服务性存在挑战，这类操作系统有：Linux、μCLinux、μC/OS-Ⅱ、eCos 和 uITRON 等。

2) 按实时性分类

按实时性即对时限要求的不同，可以分为硬实时、软实时和无实时操作系统。

(1) 硬实时系统是指系统对时限的要求特别严格，如果不满足时限要求则会给系统带来灾难性后果，如 VxWorks。

(2) 软实时系统是指系统对时限的要求不是很迫切，如果不能满足时限要求，系统仍然可以正常工作，只是性能有所影响而已，如 WinCE 和 RTLinux。

(3) 无实时系统是指系统对时限没有要求，如 Linux。

3．常见嵌入式操作系统

嵌入式操作系统的种类繁多，下面简要介绍几种常用的嵌入式操作系统。

1) Windows CE

Windows CE 3.0 是一种针对小容量、移动式、智能化、32 位、连接设备的模块化实时嵌入式操作系统。Windows CE 针对掌上设备、无线设备的动态应用程序和服务提供了一种功能丰富的操作系统平台，Windows CE 嵌入但不够实时，属于软实时操作系统，由于其 Windows 背景，界面比较统一认可。

Windows CE 操作系统的基本内核需要至少 200KB 的 ROM 空间。

2) VxWorks

VxWorks 操作系统是美国 WindRiver 公司于 1983 年设计开发的一种嵌入式实时操作系统(Real-time Open System,RTOS),具有良好的持续发展能力、高性能的内核以及友好的用户开发环境,在嵌入式实时操作系统领域牢牢占据着一席之地,广泛应用于通信、国防、工业控制、医疗设备等嵌入式实时应用领域。

VxWorks 所具有的显著特点是可靠性、实时性和可裁减性。它支持多种处理器,比如 x86、i960、Sun Sparc、Motorola MC68xxx、MIPS 和 Power PC 等。

3) Palm OS

Palm OS 是著名的网络设备制造商 3COM 旗下的 Palm Computing 掌上电脑公司的产品。操作系统应用程序接口(API)是开放的,开发商根据需要自行开发所需的应用程序。Palm OS 在 PDA 市场上占有很大的份额。在美国市场,Palm OS 的占有率超过了其他的嵌入式操作系统。

4) QNX

QNX 是加拿大 QNX 公司的产品。QNX 是在 x86 体系结构上开发出来的,这和别的实时操作系统(RTOS)不一样,其他许多 RTOS 都是从 68K 的 CPU 体系结构上开发成熟,然后再移植到 x86 体系上面来的。

QNX 是一个实时的、可扩充的操作系统,它部分遵循 POSIX(Portable Operating System Interface,可移植操作系统接口)相关标准,由于 QNX 具有强大的图形界面,因此很适合作为机顶盒、手持设备(掌上电脑、手机)和 GPS 设备的实时操作系统。

5) 嵌入式 Linux

Linux 是开放源码的,不存在黑箱技术,遍布全球的众多 Linux 爱好者又是 Linux 开发的强大技术后盾。Linux 不仅支持 x86 CPU,还支持其他数十种 CPU 芯片。Linux 的内核小、功能强大、运行稳定、系统健壮、效率高,易于定制剪裁,在价格上极具竞争力。

嵌入式 Linux(Embedded Linux)是指对 Linux 经过小型化裁剪后,能够固化在容量只有几十万字节或几兆字节的存储器芯片或单片机中,应用于特定嵌入式场合的专用 Linux 操作系统。嵌入式 Linux 的开发和研究是目前操作系统领域的一个热点,主要有 RTLinux 和 μCLinux。

6) μC/OS 及 μC/OS-Ⅱ

μC/OS(Micro Controller OS,微控制器操作系统),由美国人 Jean Labrosse 于 1992 年完成,应用面覆盖了诸多领域,例如照相机、医疗器械、音响设备、发动机控制、高速公路电话系统和自动提款机等。

1998 年发行了 μC/OS-Ⅱ,目前的版本是 μC/OS-Ⅱ V2.61/2.72;2000 年,μC/OS-Ⅱ得到美国航空管理局(FAA)的认证,可以用于飞行器中。

μC/OS-Ⅱ是一种实时操作系统,核心代码有 8.3KB,并且源代码也是公开的。

7) TinyOS

TinyOS 是一个开源的嵌入式操作系统,它由加州大学的伯克利分校开发,主要应用于无线传感器网络方面。它是一种基于组件(Component-based)的架构方式,使其能够快速实现各种应用。

TinyOS 的程序采用模块化设计,所以它的程序核心往往都很小(一般来说核心代码和数据大概有 400 字节)，能够突破传感器存储资源少的限制，让 TinyOS 有效运行在无线传感器网络上，执行相应的管理工作。

> **注意**：我们通常所说的嵌入式系统是指能够运行操作系统的嵌入式系统。本书所讲述的是没有运行操作系统的裸机系统，其上运行的程序有时也叫做固件程序。
>
> 嵌入式系统与嵌入式设备不能混淆。嵌入式设备是指内部有嵌入式系统的产品、设备，例如内含单片机的家用电器、仪器仪表、工控单元、机器人、手机、PDA 等。
>
> 嵌入式系统与嵌入式操作系统是两个不同的概念。嵌入式系统是嵌入式计算机系统的简称，是指包括软件和硬件资源的一个实体；而嵌入式操作系统是嵌入式系统中运行的一个系统软件，就像我们平时使用的计算机和 Windows 之间的关系。

1.4　嵌入式系统软件开发环境

【学习目标】了解嵌入式系统裸机软件的开发方法。

1.4.1　交叉编译

嵌入式系统(目标机)的资源都是很有限的，最为典型的是，嵌入式系统的内存往往是几兆字节，没有硬盘这种大容量存储设备。在这种资源有限的环境中，我们不可能安装开发工具，然后像平时做桌面开发那样，在上面进行编码、调试，最后发布软件。

嵌入式系统的开发必须在宿主机上进行，这样就存在一个问题：当目标机的处理器与宿主机的处理器不同时(比如目标机是 ARM 处理器，而宿主机是 x86 处理器)，如何保证在宿主机上编译的程序能够在目标机上运行呢？

答案在编译器上！通常编译器是运行在什么处理器上，其编译出来的可执行程序也只能运行在同样的处理器上。实际上，我们可以让一个编译器运行在 x86 主机上，却编译出可以在 ARM 上运行的可执行程序，这种编译器叫做交叉编译器(Cross Compiler)。采用交叉编译器进行编译就是交叉编译(Cross Compiling)。

另外，嵌入式系统需要使用一组硬件和软件来完成所需的功能。由于嵌入式系统是一个专用系统，所以在嵌入式产品的设计过程中，软件设计和硬件设计是紧密结合、相互协调的，即需要软硬件协同设计。在系统开发过程中，并没有固定的设计好的硬件，因此嵌入式系统开发中还需要一种硬件的支持，这就是实验开发系统(开发板、实验箱等)。

实验开发系统是一个功能比较齐全的系统，但实际的嵌入式产品是不需要功能如此齐全的。在实际开发的系统中所用到的硬件，可以直接编写相应程序，最后根据最终产品定制自己合适的最小系统，从而使制造成本降低。

1.4.2　集成开发环境简介

目前嵌入式系统的裸机程序开发有多种集成开发环境可以选用，各种集成开发环境可分为两种类型。

一类是实验开发系统的提供商会随同硬件系统一起提供集成开发环境，由于嵌入式系统开发与硬件关系密切，因此这类集成开发环境是针对各自的实验开发系统提供的软件，使用起来可能更方便，但是通用性差，不同的系统开发环境也存在一些差别。

另一类是嵌入式处理器厂商提供的集成开发环境，这类开发环境对于某类处理器具有普遍的适用性，但使用起来可能没有实验系统厂商提供的专门用于某种实验开发系统的集成开发环境方便，例如 ARM 公司提供的集成开发环境 ADS。

对于裸机开发来说，程序的下载和运行并不依赖于目标系统上运行的操作系统。也就是说，即使目标机是裸机，没有安装任何软件，也可以通过 JTAG(Joint Test Action Group，联合测试行动小组)仿真接口或者简易 JTAG 接口直接下载、运行和调试程序。

1.4.3　集成开发环境的使用

嵌入式软件是基于交叉开发环境开发的，其开发流程和通用 PC 机软件相比有些不同，目前的裸机程序开发，有集成开发环境可以使用，因此开发环境的建立很简单，只要安装集成开发环境软件就可以了，然后通过在集成开发环境中设置处理器的型号、时钟频率、重定位信息等，可以方便地把编辑好的源代码进行编译、链接和重定位，并在宿主机和目标机之间通过某种连接方式进行通信，把可执行文件下载到目标机进行联机调试。

如果设置好了开发模式，整个过程在集成开发环境的帮助下就像在通用计算机上开发软件一样方便。

本书使用集成开发环境 ARM ADS。ADS 全称为 ARM Developer Suite，是 ARM 公司推出的 ARM 集成开发工具，包括编译和调试环境。ADS 由命令行开发工具、ARM 实时库、GUI 开发环境(CodeWarrior 和 AXD)、实用程序和支持软件组成。有了这些部件，用户就可以为 ARM 系列的 RISC 处理器编写、调试自己的开发应用程序了。

嵌入式软件开发通常需要 4 个步骤。下面这段程序是用 ARM 汇编语言编写的，完成的功能是从 1 加到 100。下面我们将通过在 ADS 集成开发环境下编译和调试此程序来说明嵌入式软件的 4 个开发步骤。

```
    AREA TEST,CODE,READONLY
    ENTRY
start
    MOV R1,#1
label1
    ADD R0,R0,R1
    ADD R1,R1,#1
    CMP R1,#101
    BNE label1
    MOV R2,#1
    END
```

1．建立开发环境

目前 ADS 的版本是 1.2。ADS 中 CodeWarrior 是编译环境。ADS 在 Windows 各个版本

下的安装都非常方便，和其他的软件安装没有区别。

　　在 ADS 1.2 安装程序目录下，找到 SETUP.EXE，双击进行安装。可以自由选择安装路径，并选择 Full 类型安装。安装完毕，需要安装 License。选择要执行的动作为 Install License，单击 Next 按钮。单击 Browse 按钮，选择 license.dat 或 license.txt 所在的路径，然后打开。安装 license 完毕，单击"完成"按钮。

　　安装好的 ADS1.2 包含两个有用的开发工具：CodeWarrior for ARM Developer Suite 为管理和开发软件工程项目提供了一个简单直观、灵活的用户界面，AXD Debuger 是一个功能强大、使用方便的调试器。

2．源代码编辑

（1）打开 CodeWarrior for ARM Developer Suite 即 ADS1.2 集成开发环境。

　　在 Windows 的"开始"菜单中选择"程序"｜ARM Developer Suite v1.2｜CodeWarrior for ARM Developer Suite 命令，如图 1-1 所示。

图 1-1　打开 ADS IDE

（2）打开新建对话框。

　　选择 File｜New 命令，如图 1-2 所示，打开如图 1-3 所示的对话框。

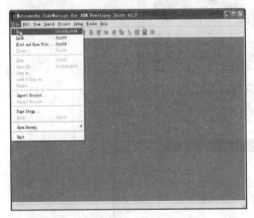

图 1-2　选择 File｜New 命令

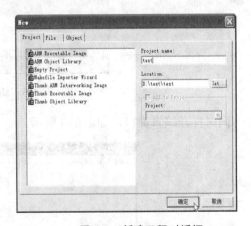

图 1-3　新建工程对话框

（3）新建工程。

　　在 Project 选项卡中，选择 ARM Executable Image，在 Location 文本框中输入要把工程保存到的文件夹或者磁盘盘符；在 Project name 文本框中输入工程名，这里我们输入 test，此时在 Location 文本框中会自动添加一个文件夹，这是此工程最终的保存路径。也可以修改此文件夹，把工程保存到其他位置。最后单击"确定"按钮，如图 1-3 所示，打开如图 1-4 所示的窗口。

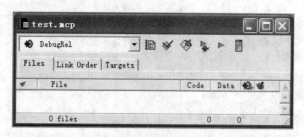

图 1-4　工程窗口

提示: 新建工程时，在 Project name 文本框中输入工程名会自动在 Location 文本框中的文件夹或者磁盘盘符后面再添加一个和工程名同名的文件夹，作为新建工程的保存路径，用户可以修改此保存路径。

(4)　新建文件。

重复步骤(2)，打开 New 对话框，选择 File 选项卡，输入文件名，文件名需要加相应后缀(如 test.s，它是汇编程序源文件)。如果要加入当前工程，则选中 Add to Project，然后从下拉列表框中选择要加入的工程名，再选择 Targets。单击"确定"按钮，如图 1-5 所示。

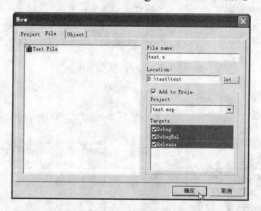

图 1-5　新建文件对话框

同时打开编辑窗口，如图 1-6 所示。

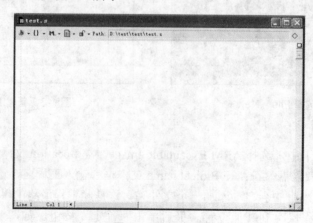

图 1-6　编辑窗口

💡 提示：如果 ADS 安装后默认的字体是 Courier，对中文支持不完善，可以从菜单栏选择 Edit | Preferences 命令，打开 IDE Preferences 对话框，如图 1-7 所示。单击 Font & Tabs 选项，设置字体为 Fixedsys，Script 为 CHINESE_GB2312。由于 Tab 在不同的文本编辑器解释不同，建议选中 Tab Inserts Spaces 复选框，使 Tab 键插入的是多个空格。

图 1-7　IDE Preferences 对话框

　　此时的工程窗口在编辑窗口的下面。也可以使用其他文本编辑软件(如记事本)来编辑 ARM 汇编程序，然后保存为文件名.s 文件。只要在工程窗口中右击鼠标，然后从弹出的快捷菜单中选择 Add Files 命令，添加已经编辑好的文件，如图 1-8 所示。

　　(5) 建立好一个工程后，默认的 target(目标)是 DebugRel，还有另外两个可用的 target，分别为 Release 和 Debug，如图 1-9 所示。

● DebugRel：使用该目标，在生成目标的时候，为每个源文件生成调试信息。
● Debug：使用该目标为每个源文件生成最完全的调试信息。
● Release：使用该目标不会生成任何调试信息，目标代码的优化等级最高。

在此使用默认的 DebugRel 目标。

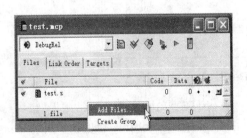

图 1-8　添加文件

图 1-9　目标选项

(6) 在如图 1-6 所示的编辑窗口里编辑程序。

```
    AREA TEAT,CODE,READONLY
    ENTRY
start
    MOV R1,#1
label1
    ADD R0,R0,R1
    ADD R1,R1,#1
    CMP R1,#101
    BNE label1
    MOV R2,#1
    END
```

> **注意：** 在建立源程序时，源程序名字必须包括后缀，其中汇编源程序的后缀是.s，C 语言源程序后缀是.c，C++语言源程序后缀是.cpp，汇编头文件的后缀是.inc，C 语言头文件的后缀是.h。
>
> 编辑汇编语言程序时，程序的第一、第二两条语句和最后一条语句必须在前面按 Tab 键插入多个空格，start 和 label1 必须顶格写，具体规则请参阅第 2 章。

(7) 编辑完成之后保存退出，回到工程窗口。

3．交叉编译、链接和重定位

在进行编译和链接前，首先要对工程项目的生成目标选项进行相关的配置。选择 Edit | DebugRel Settings 命令或者在工程窗口中单击 DebugRel Settings 图标按钮(即图 1-8 中目标栏旁边第一个图标按钮)，打开 DebugRel Settings 对话框，如图 1-10 所示。

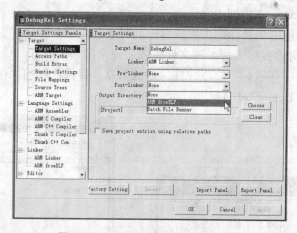

图 1-10　DebugRel Settings 对话框

DebugRel Settings 对话框中包含了对目标机、编译器和链接选项的常用设置。

(1) Target Setting 设置选项，如图 1-10 所示，一般使用默认配置即可。

(2) Language Settings 是对所使用的编译器的配置。

① ARM Assembler 设置。

ARM Assembler 配置界面有多个选项卡，例如 Target、ATPCS 和 Options 等。

在 Target 选项卡中，如图 1-11 所示，Architecture or Processor 选项用于设置目标 CPU 的类型，ARM 不同系列的产品其体系结构和版本也不同，如果程序的指令版本和目标 CPU 不符，会给出错误或者报警。这里如果使用硬件的话，可以根据你的硬件开发系统选择，比如 ARM920T。

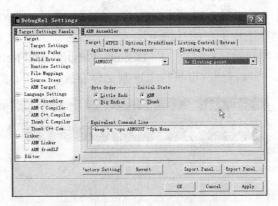

图 1-11　ARM Assembler 配置界面

在 ATPCS 选项卡中主要设置是选中 ARM/Thumb interwork，该选项支持 ARM 指令和 Thumb 指令混合使用。

其他用默认设置。

② ARM C Compiler 设置。

这是对 C 语言编译器的配置，和 ARM Assembler 类似。

(3) Linker 项是对链接选项的设置。通常需要设置 ARM Linker，如图 1-12 所示。

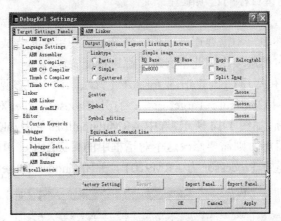

图 1-12　Output 选项卡

在一个工程项目内，可以添加多个源文件，这些文件编译后是一些孤立的目标文件。这些目标文件既不能运行，也不能调试，需要把这些文件进行链接，链接后生成一个 ELF 格式的映像文件。

ARM 链接器相关的选项(ARM Linker)包括 5 个选项卡，分别是 Output、Options、Layout、Listings 和 Extras。(在 Output 选项卡中，RO 是 Read-only 的缩写，RW 是 Read-write 的缩

写，另外还有一个 ZI 是 Zero-initialized 的缩写)因为不需要下载到硬件 ARM 的开发系统板上运行，暂时使用默认设置。

通过对工程项目的生成目标选项进行相关的配置后，就可以对程序进行编译和链接了。

(4) 选择 CodeWarrior IDE 集成开发环境的 Project | make 命令，或者在工程窗口中单击 Make 图标按钮(即图 1-8 中目标栏旁边第三个图标按钮)，就可以对工程进行编译和链接了，如果没有错误，则出现如图 1-13 所示的窗口；如果有错误，则此窗口上显示错误信息。编译、链接完成后，会在工程所在的目录下生成一个名为“工程名_data”的子目录，在这个目录下还有 3 个不同类别的目标目录，即 Debug、DebugRel 和 Release，因为前面使用的是默认目标 DebugRel，所以得到的可执行二进制文件存放在 DebugRel 目录下。

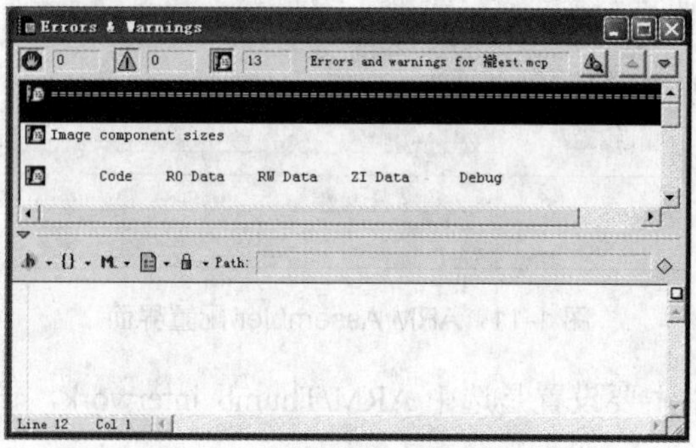

图 1-13 编译和链接信息提示窗口

4. 程序的调试

ADS 集成开发环境中调试使用 AXD Debugger。在加载需要调试的映像文件之前，必须先对 AXD 进行有关调试目标的选项配置。

在安装 ADS 以后，系统默认的 AXD 配置选项是 ARMulator 调试方法。这是一种 ARM 程序的软件仿真调试环境，不需要连接硬件。当第一次使用配置完成，以后每次打开 AXD 时都默认上一次结束时的选项，因此不必每次都进行配置。

(1) 打开 AXD。和打开 CodeWarrior for ARM 方法一样，可参见图 1-1。

(2) 选择 Options | Configure Target 命令，打开 Choose Target 对话框。这个对话框中有几个系统加载的选项，如图 1-14 所示。选中 ARMulate.dll 后单击 OK 按钮，系统回到 AXD 窗口。如果改变调试目标，则需要修改这个对话框中的目标配置。单击 Configure 按钮，然后在打开的对话框中选择 Processor 为 ARM920T。关闭 Choose Target 对话框。

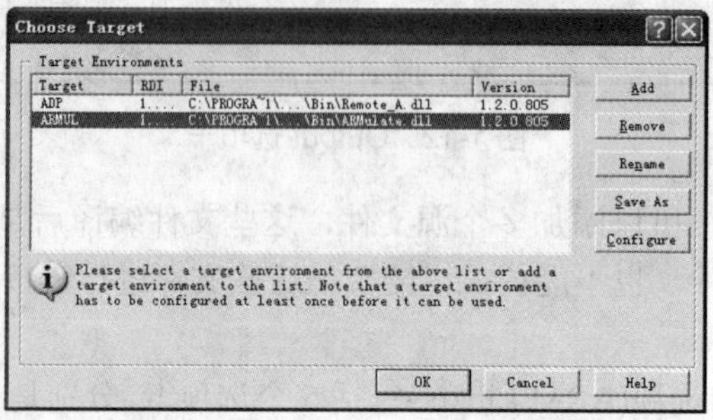

图 1-14 Choose Target 对话框

(3) 加载映像文件。选择 File｜Load Image 命令，加载映像文件，弹出文件搜索对话框。加载的映像文件在工程项目文件夹中，扩展名是 axf，文件名称和工程项目名称相同，路径是 D:\test。在这里，工程项目名称是 test。

在工程项目文件夹中的 test_data 子文件夹下面还有 3 个文件夹，分别是 Debug、DebugRel 和 Release。在编译和链接时，选择哪一个目标(Targets)项目，链接所生成的映像文件就存储在哪一个文件夹中。前面编译、链接时选择的是 DebugRel，所以文件就存储在 DebugRel 文件夹中。

选择 DebugRel 文件夹中的 test.axf，然后单击"打开"按钮，弹出源文件 test.s 调试窗口，如图 1-15 所示。

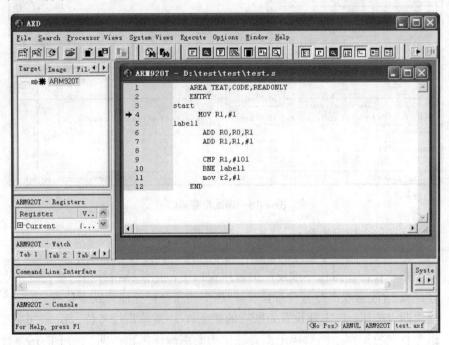

图 1-15　调试窗口

(4) 设置在调试时观察的寄存器和存储器。ARM 调试中有两种寄存器：一种是 ARM 内部的寄存器，另一种是 ARM 外部其他模块的寄存器，它们统称为系统寄存器。而存储器只有一种。

通过选择 Processor Views｜Registers 命令，可以打开处理器内部寄存器窗口。同理，选择 Processor Views｜Watch 命令和 Processor Views｜Variables 命令，可以分别打开观察窗口和变量窗口；选择 Processor Views｜Memory 命令，可以打开存储器观察窗口。通过这些窗口，可以观察程序运行的结果，如图 1-16 所示。

查看存储器内容时，需要设置要观察存储器的起始地址，设置方法是修改存储器显示窗口中的 Memory Start address 文本框中的十六进制地址值(如 0x00000800)，修改完成后按 Enter 键确认。这个地址决定存储器的显示区域。

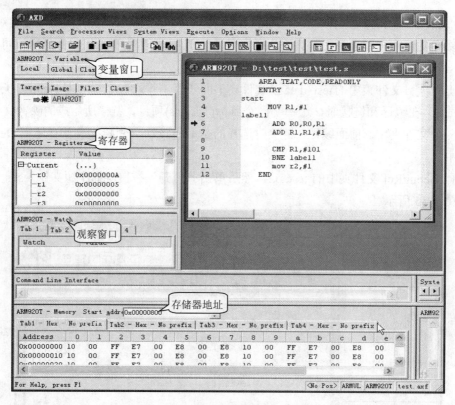

图 1-16　调试观察窗口

(5)　在调试过程中使用的断点。

使用断点是一种控制程序运行的方法，可以使用下列几种方法来设置断点。

- 双击指令行：在源程序或反汇编程序窗口中，把鼠标指针指向要设置断点的指令行，双击(注意双击行号位置)，即把选中的指令行标注为断点位置。
- 使用断点按钮：单击要设置为断点的指令行(注意单击行号位置)，画面显示选中的指令行颜色加深，然后单击工具栏中的断点操作按钮，即把选中的指令行标注为断点位置。
- 使用菜单命令：单击要设置为断点的指令行(源程序或反汇编程序)，然后选择 Execute | Toggle Breakpoint 命令实现设置断点功能。
- 使用断点管理窗口：所有的断点都罗列在这个窗口中。在这个窗口中，可以增加、修改、观察和删除断点。

(6)　运行。

打开 Execute 菜单，下面是各种执行的命令。

- Go 是全速运行命令，使程序运行直到下一个断点停止。
- Step In 是单步进入命令，进入函数内部运行。
- Step 是单步运行命令，每次移动一行。
- Step Out 是跳出单步命令，跳出循环或函数。
- Run To Cursor 命令，执行到光标处然后停止。

提示: 设置断点与执行到光标处的区别在于，执行到光标处是一次性的，执行完成后设置自动消失。如果要调试大段程序，而这些程序中有部分或过程并不重要，那么就可以在这些程序段的结尾设置断点。当程序运行到断点处时会自动停止，然后观察运行的结果或者向下运行。

1.4.4　调试器

调试的目的在于检测所设计的系统硬件是否满足要求，软件是否能够达到目的，软件和硬件是否和谐统一。

AXD 调试器本身是一个软件，通过这个软件使用 Debug agent(调试代理)可以对包含有调试信息、正在运行的可执行代码进行变量查看、断点控制等调试操作。

通常把要调试的对象称为目标，在这里目标就是所设计的系统。在软件开发的最初阶段，可能还没有具体的硬件设备，如果要测试所开发的软件是否达到了预期的效果，可以由软件仿真来完成。

调试器能够发送以下指令。

- 下载映像文件到目标内存。
- 启动或停止程序的执行。
- 显示内存、寄存器或变量的值。
- 允许用户改变存储的变量值。

Debug agent 执行调试器发出的命令，比如设置断点，从存储器中读数据，把数据写到存储器等。Debug agent 既不是被调试的程序，也不是调试器。在 ARM 体系中，可以使用 3 种方式的 Debug agent 来对目标进行调试。

1. 使用 JTAG 调试方法

JTAG 符合 IEEE 1149.1 标准，这是一种边界扫描测试标准。JTAG 调试方法的基本结构是：在目标板和调试计算机之间使用一个调试模块，这个调试模块的作用是在主机和目标之间建立一个协议，如图 1-17 所示。

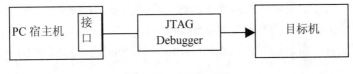

图 1-17　JTAG 调试

ARM 处理器内部有一个专门在调试时使用的调试部件，全称是 Embedded-ICE(嵌入式内部电路仿真器)。这个部件配有一个串行通信控制器 TPA，在调试时，TPA 把外部调试命令发送给调试部件 Embedded-ICE。Embedded-ICE 是一个功能模块，它有自己的寄存器，包括调试控制寄存器、调试状态寄存器以及断点寄存器等。当外部调试信号被加载到这些寄存器后，Embedded-ICE 就会按照调试命令工作。

ARM 公司的 JTAG 是 Multi-ICE，如图 1-18 所示。使用 JTAG 的调试方法的主要特点是：调试完全依赖 ARM 内部资源。使用这种方法调试目标，在 AXD 中使用的软件支持工具(调试环境)是 multi-ice.dll，multi 是 Multi-processor 的省略写法。该文件的含义是：基于 JTAG 的嵌入式系统多处理器调试工具。

图 1-18   JTAG

2．使用 Angel 的调试方法

Angel 是 AXD 中的另一种调试方法或工具，这种方法的软件支持工具(调试环境)称为 ADP (Angel Debug Protocol)，其文件名是 remote_a. dll。

Angel 调试方法的结构包括计算机和目标板两部分。这种调试方法与 JTAG 的不同之处在于，在目标板上必须含有调试监控程序。计算机和目标板的通信实际上是计算机与调试监控程序之间的通信，它们之间的接口可以采用串行通信、并行通信或以太网通信，如图 1-19 所示。

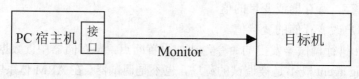

图 1-19   Angel 调试

Angel 调试方法的特点是：调试要占用用户资源。

3．使用 ARMulator 的调试方法

以上两种方法在调试过程中都必须连接目标板。除此之外，AXD 还提供了另一种软件仿真的调试方法，即 ARMulator 调试方法。

ARMulator 调试方法是一种脱离硬件调试软件的方法，在系统开发早期或学习软件时十分方便。这种方法所使用的工具软件是 armulate.dll。

以上 3 种调试方法可以通过在 AXD 的 Choose Target(选择目标)界面中设置、选择。

 ## 1.5　回到工作场景

通过对本章内容的学习，读者应该掌握了嵌入式系统的基本概念、嵌入式系统开发的基本步骤和嵌入式系统集成开发环境，下面我们将回到 1.1 节中介绍的工作场景中，完成工作任务。

1.5.1　回到工作场景一

【工作过程】 对智能洗衣机的分析

在智能洗衣机中，从外观上看不到有计算机系统，但在洗衣机内部，有一个单片计算机系统，它只是洗衣机的一部分，用户感觉不到它的存在，但它可以完成洗衣过程的控制，它的功能是专用的。

由此可见，洗衣机内部嵌入了一个功能专一的计算机系统，它的工作可靠，体积很小，功耗也不大。也就是说，洗衣机是一个嵌入式设备，里面有一个嵌入式系统。

1.5.2　回到工作场景二

下面我们继续在 D:\test 文件夹下添加工程 test1，完成工作场景二中的任务。

【工作过程一】 新建工程并编辑代码

(1) 打开 CodeWarrior for ADS 集成开发环境。选择 File | New 命令，然后在打开的 New(新建)对话框的第一个选项卡中选择 ARM Executable Image，新建一个工程，输入工程名 test1。

(2) 在第二个选项卡中，新建一个汇编语言源程序 test1.s，并将其加入到工程 test1 中。程序代码如下：

```
    AREA TEAT,CODE,READONLY
    ENTRY
start
    MOV R0,#0
    MOV R1,#1
repeat
    ADD R2,R1,#1
    MUL R3,R2,R1
    ADD R0,R0,R3
    ADD R1,R1,#1
    CMP R1,#10
    BLE repeat
    LDR R4, =0x30008000
    STR R0,[R4]
    END
```

【工作过程二】 设置工程

单击工程窗口的 DebugRel Setting 图标按钮，打开设置对话框。在左侧导航栏中单击 Language Settings 下面的 ARM Assembler，然后从对话框右侧的 Architecture or Processor 下拉列表框中选择 ARM920T，再单击 OK 按钮。

【工作过程三】 编译整个工程

单击工程窗口的 Make 图标按钮，如果没有错误则表示成功，否则根据错误信息，修改源代码。

【工作过程四】 代码调试、运行并观察结果

(1) 打开 AXD 调试窗口。选择 Options｜Configure Target 命令，然后在打开的对话框中选择 ARMUL，再单击 Configure 按钮，并从 Processor 下拉列表框中选择 ARM920T，如果不是第一次使用且没有改变，则不用设置。

(2) 在 AXD 调试窗口中，选择 File｜Load Image 命令，然后在打开的对话框中选择刚刚生成的 test1.axf 文件。分别选择 Processor Views｜Register 命令和 Processor Views｜Memory 命令，然后在存储器窗口的 Memory Start address 文本框中输入 0x30008000，按 Enter 键，以便在运行时观察寄存器和存储器值的变化。

(3) 选择 Execute｜Step 命令或按 F10 功能键，单步运行，观察寄存器窗口 Current 模式下的 r0、r1、r2、r3 以及 cpsr 和 r15 值的变化，最后查看存储单元 0x30008000 开始的 4 个存储单元的内容。

1.6　工作实训营

1．训练内容

以汽车控制系统为例，说明现实中一辆汽车上有多个嵌入式系统。

2．训练目的

掌握嵌入式系统的定义和特点，理解嵌入式系统的无处不在。

3．训练过程

汽车中通常具有多个嵌入式系统，在一辆高档汽车中可能有几十个嵌入式系统。例如：发动机控制系统、前车门控制系统、座椅控制系统、后车门控制系统和尾灯控制系统等。所有的控制系统都是一个完整的嵌入式系统，它们通过 CAN 总线连接，这些嵌入式系统使汽车更轻快、干净，更容易驾驶。

4．技术要点

20 世纪 90 年代之前，嵌入式系统通常是很简单且有很长的产品生命周期。近年来，嵌入式系统在很多产业中得到了广泛的应用并逐步改变着这些产业，包括工业自动化、国防、运输和航天领域。例如神舟飞船和长征火箭中就有很多嵌入式系统，导弹的制导系统也是嵌入式系统，高档汽车中也有几十个嵌入式系统。

在日常生活中，人们使用各种嵌入式系统，但未必知道它们。事实上，几乎所有带有一点"智能"的家电(全自动洗衣机、电脑电饭煲等)都是嵌入式系统。嵌入式系统广泛的适应能力和多样性，使得视听、工作场所甚至在健身设备中到处都有嵌入式系统。

1.7 习题

问答题

(1) 什么是嵌入式系统？列举你身边的嵌入式系统的例子并进行分析。

(2) ARM 处理器有哪些应用领域？

(3) 嵌入式系统的开发和通用计算机应用程序的开发有哪些差别？

(4) 描述嵌入式系统的软件平台和硬件平台的发展。

(5) 熟悉使用 ADS 1.2 平台创建工程项目文件的过程。试安装 ADS 1.2 平台创建一个工程项目，然后添加相应源代码。使用 AXD 调试，写出详细操作步骤。

(6) 在 ADS 中添加文件时 target(目标)有哪几个选项？其含义分别是什么？

(7) AXD 中有几种调试方法，各种方法有何区别？

第2章

ARM 体系结构与指令系统

 本章要点

- ARM 处理器内核和处理器核。
- ARM9 体系结构的特点。
- ARM9 的内部寄存器。
- ARM9 的存储组织结构。
- ARM9 的寻址方式。
- ARM 指令集。
- Thumb 指令集。

技能目标

- 了解处理器内核和处理器核的概念。
- 掌握 ARM9 微处理器的体系结构特点。
- 了解 ARM9 的存储组织结构。
- 掌握 ARM9 存储的相关概念。
- 掌握 ARM9 微处理器的寻址方式。
- 能够读懂 ARM 汇编程序，了解系统启动程序的汇编代码。

2.1 工作场景导入

2.1.1 工作场景一

【工作场景】大/小端存储方式

要把数据 0x87654321 存储在存储器地址 0x31000000 开始的存储单元中，分别采用大端存储方式和小端存储方式时，存储的结果是什么？

【引导问题】

(1) ARM9 处理器的体系结构有什么特点？
(2) ARM9 处理器有哪些寄存器？
(3) ARM9 处理器采用了几级流水线技术？
(4) ARM9 有哪些异常模式？

2.1.2 工作场景二

【工作场景】汇编程序代码分析

阅读下面的汇编程序，此程序完成了什么功能？分析每条语句的作用。

```
addr EQU 0x80000100
    AREA TEST,CODE,READONLY
    ENTRY
    CODE32
START
    LDR R0 ,=addr
    MOV R1,#10
    MOV R2,#20
    ADD R1,R1,R2
    STR R1,[R0]
    B START
    END
```

【引导问题】

(1) ARM9 处理器的寻址方式有哪些？
(2) ARM 指令集有哪些主要指令？

2.1.3 工作场景三

【工作场景】汇编程序代码分析

阅读下面的汇编程序，此程序完成了什么功能？分析每条语句的作用。

```
    AREA  TEST,CODE,READONLY
    ENTRY
START
    MOV R0,#1
    MOV R1,#1
REPEAT
    ADD R2,R1,#1
    MUL R3,R2,R1
    ADD R0,R0,R3
    ADD R1,R1,#1
    CMP R1,#10
    BLE REPEAT
STOP
    B STOP
    END
```

2.2 ARM9 处理器简介

2.2.1 ARM 简介

ARM(Advanced RISC Machines)既是一个公司的名字，也是对一类微处理器体系结构的通称，还可以认为是一种技术的名字。

ARM 公司 1991 年成立于英国剑桥，是微处理器行业的一家知名企业，设计了大量高性能、廉价、耗能低的 RISC(精简指令集)处理器。

ARM 公司的特点是只设计芯片，而不生产芯片。ARM 是知识产权(IP)供应商，它将技术授权给世界上许多著名的半导体、软件和 OEM 厂商，并提供服务。目前全世界有百余家半导体公司在 ARM 处理器内核或 ARM 处理器核的基础上进行再设计，嵌入各种外围或处理部件，形成各种嵌入式微处理器(MPU)或微控制器(MCU)。

ARM 公司也提供基于 ARM 架构的开发设计技术：软件工具、评估板、调试工具、应用软件，总线架构和外围设备单元等。

ARM 公司开发了很多系列的 ARM 处理器核，目前最新的系列已经是 ARM11 了，ARM6 核以及更早的系列已经很罕见。目前应用比较广泛的系列是 ARM7、ARM9、ARM9E、ARM10E、ARM11 和 SecurCore 及 Cortex 等。每个系列提供一些特定的性能来满足设计者对功耗、性能和体积的需求，例如 SecurCore 是专门为安全设备设计的。

作为一种 16/32 位高性能、低成本和低功耗的嵌入式 RISC 微处理器，ARM 微处理器目前已经成为应用广泛的嵌入式微处理器，因此 ARM 几乎成了嵌入式的代名词。

2.2.2 ARM 处理器内核及其体系结构

ARM 微处理器包含一系列的内核结构，以适应不同的应用领域。ARM 处理器内核结构包括 ARM7TDMI 系列、ARM7TDMI-S 系列、ARM9TDMI 系列、ARM9E-S 系列、ARM926EJ-S 系列、ARM10E 系列、ARM10EJ-S 系列、ARM1136J 系列以及其他内核系列等，ARM 内核名称的含义如下。

- -T：Thumb，可从 16 位指令集扩充到 32 位 ARM 指令集。
- -D：Debug，该内核中放置了用于调试的结构。
- -M：Multiplier，采用增强型乘法器。
- -I：Embedded ICE Logic，实现断点及变量观测的逻辑电路。
- -S：SoftCore，可综合的软核。
- -E：具有 DSP 的功能。
- -J：Jazeller，允许直接执行 Java 字节码。

几种 ARM 处理器内核系列之间的比较如表 2-1 所示，具体芯片性能请参阅其芯片手册。

表 2-1　ARM 系列处理器内核比较

项目 处理器	ARM7	ARM9	ARM10	ARM11
体系结构	冯·诺依曼	哈佛	哈佛	哈佛
流水线级数	三级	五级	六级	八级
典型频率(MHz)	80	150	260	335
功耗(mW/MHz)	0.06	0.19(+Cache)	0.5(+Cache)	0.4(+Cache)
指令集版本	ARMV4T	ARMV4T	ARMV5T	ARMV6
乘法器	8×32	8×32	16×32	16×32

ARM 处理器内核均采用 RISC(Reduced Instruction Set Computer)技术，其简单的结构使 ARM 内核非常小，也使得器件的功耗非常低；ARM7 为冯·诺依曼体系结构，采用三级指令流水线；ARM9 为哈佛体系结构，采用五级指令流水线；ARM10 将 ARM9 的流水线扩展到六级，而 ARM11 采用的是八级指令流水线。

1. 冯·诺依曼体系结构和哈佛体系结构

数据和指令都存储在一个存储器中的计算机称为冯·诺依曼机。这种结构的计算机系统由一个中央处理器单元(CPU)和一个存储器组成，如图 2-1 所示。

1945 年，冯·诺依曼首先提出了"存储程序"的概念和二进制原理，后来人们把利用这种概念和原理设计的电子计算机系统统称为冯·诺依曼体系结构计算机。在冯·诺依曼体系结构的计算机系统中，程序和数据使用同一个存储器，经由同一个总线传输。这种指令和数据共享同一总线的结构，使得信息流的传输成为限制计算机性能的瓶颈，影响了数据处理速度的提高。

哈佛体系结构为数据和程序提供了各自独立的存储器，程序计数器只指向程序存储器而不指向数据存储器，如图 2-2 所示。

哈佛结构的中央处理器首先到程序存储器中读取程序指令内容，解码后得到数据地址，再到相应的数据存储器中读取数据，并进行下一步的操作(通常是执行)。程序的指令和数据分开存储，可以使指令和数据有不同的数据宽度，也可以在执行时预先读取下一条指令，因此哈佛结构的微处理器通常具有较高的执行效率。

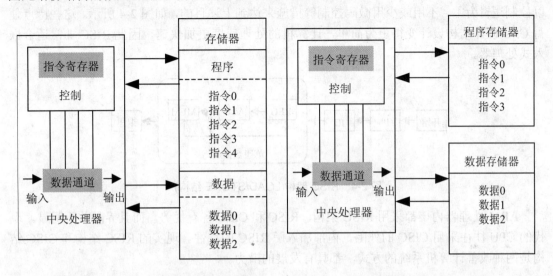

图 2-1　冯·诺依曼体系结构模型　　　　图 2-2　哈佛体系结构模型

除了早期的 ARM7 以前的处理器内核采用冯·诺依曼体系结构外，ARM9 之后的处理器都采用哈佛体系结构。

2. CISC 技术和 RISC 技术

CPU 从指令集的特点上可以分为两类：CISC(Complex Instruction Set Computer)和 RISC，例如我们所熟悉的 Intel 系列 CPU 就是 CISC 的 CPU 的典型代表。

1) CISC 指令集

CISC 就是复杂指令集计算机，它的处理器比较复杂，其中算术逻辑单元(Arithmetic Logical Unit，ALU)不仅和寄存器打交道，还要和存储器打交道，即可以直接处理存储器的数据，如图 2-3 所示。这种指令集的计算机有以下特点。

- 具有大量的指令。指令的长度不固定，执行一条指令需要多个指令周期。
- 寻址方式多。处理器能够直接处理存储器的数据。
- 满足 8/2 原则。即 80%的程序中只使用了 20%的指令，大多数程序只使用少量的指令就能够运行。

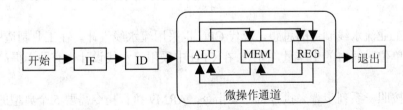

图 2-3　CISC 架构

2) RISC 指令集

RISC 就是精简指令集计算机，RISC 结构优先选取使用频率最高的简单指令，在通道中只包含最有用的指令，避免复杂指令；将指令长度固定，指令格式和寻址方式种类减少，除 LOAD/STORE 指令外，所有指令只与寄存器打交道，并且都在一个时钟周期内执行完毕；以控制逻辑为主，不用或少用微码控制等措施来达到上述目的，如图 2-4 所示。这些特点使得 CPU 硬件结构设计变得更为简单，计算机的处理速度更加快速，因此 RISC 非常适合嵌入式处理器。

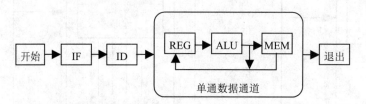

图 2-4　RISC 架构(LOAD/STORE 结构)

ARM 处理器内核都采用 RISC 架构。RISC 和 CISC 各有优势，而且界限并不明显。现代的 CPU 往往采用 CISC 的外围，内部加入了 RISC 的特性。现实的 RISC 结构和 CISC 结构是两种改善计算机系统的方式，都具有发展的潜力。

3. 流水线技术

流水线技术的思想是从工业生产中得到的启发。我们看一下汽车是怎么装配出来的，假设装配一辆汽车需要 4 个步骤。

(1) 冲压。制作车身外壳和底盘等部件。

(2) 焊接。将冲压成形后的各部件焊接成车身。

(3) 涂装。将车身等主要部件清洗、化学处理、打磨、喷漆和烘干。

(4) 总装。将各部件(包括发动机和向外采购的零部件)组装成车。

同时相应地需要冲压、焊接、涂装和总装 4 个工人。若要装配一辆汽车，某个时段中汽车在进行冲压时，其他 3 个工人处于闲置状态；焊接时，还是有其他 3 个工人处于闲置状态；一辆汽车依次经过上述 4 个步骤装配完成之后，下一辆汽车才开始进行装配，显然这是对资源的浪费。于是人们很自然地想到：在第一辆汽车经过冲压进入焊接工序的时候，立刻开始进行第二辆汽车的冲压，而不是等到第一辆汽车经过全部 4 个工序后才开始。之后的每一辆汽车都是在前一辆冲压完毕后立刻进入冲压工序，这样在后续生产中就能够保证 4 个工人一直处于生产状态，同时有四辆汽车在装配，每一时段都有一辆汽车装配完成，从而提高了单位时间的生产量。这样的生产方式就像流水川流不息，因此被称为流水线(Pipeline)。

借鉴了工业流水线制造的思想，现代 CPU 也采用流水线设计。在工业制造中采用流水线可以提高单位时间内的生产量，同样，在 CPU 中采用流水线设计也有助于提高 CPU 的吞吐量。

处理器按照一系列步骤来执行每一条指令，ARM9 执行指令需要 5 个典型的步骤。

(1) 从存储器读取指令(取指)。

(2) 把指令译码并从指令中提取操作数(操作数往往存储于寄存器中)(译码)。

(3) 对操作数进行操作，得到结果或存储器地址(执行)。

(4) 如果需要，则访问存储器以存储数据(访存)。

(5) 将结果写回寄存器(写回)。

并不是所有的指令都需要上述每一个步骤,这些步骤往往使用不同的硬件功能,例如算术逻辑单元可能只在第(3)步执行中用到。采用流水线技术,可以在取下一条指令的同时译码和执行其他指令,从而加快了执行的速度。流水线是 RISC 处理器执行指令时采用的机制。可以把流水线看作汽车生产线,每个阶段只完成专门的处理器任务。

假设指令的执行需要上述的前 3 个步骤(如 ARM7 系列),采用上述操作顺序,处理器可以这样来组织:当一条指令刚刚执行完步骤(1)并转向步骤(2)时,下一条指令就开始执行步骤(1),如图 2-5 所示。

图 2-5　三级流水线技术

流水线技术明显改善了硬件资源的使用率和处理器的吞吐量。从原理上说,这样的流水线应该比没有重叠的指令执行快 3 倍,但内部信息流要求通畅流动,然而由于硬件结构本身的一些限制,实际情况会比理想状态差一些,就像是在汽车生产过程中,在同一个阶段少了焊接用的材料,那么这一步不得不停下来,从而影响整个流水线的进展。

ARM 处理器的流水线技术每个周期前进一步:ARM7 内核为三级流水线,ARM9 内核为五级流水线,ARM10 内核为六级流水线,ARM11 内核为八级流水线。

图 2-6 为 ARM9 五级流水线正常情况下的执行情况。

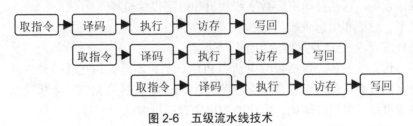

图 2-6　五级流水线技术

2.2.3　ARM 处理器核

在最基本的 ARM 处理器内核基础上,增加 Cache(高速缓冲存储器,简称缓存)、存储器管理单元 MMU、协处理器、AMBA 接口以及 EMT 宏单元等,就构成了 ARM 处理器核。

例如,在 ARM7TDMI 处理器内核基础上增加 8KB 的数据与指令缓存、支持段式和页面式存储的 MMU(存储管理单元)、写缓存及 AMBA 接口,就构成了 ARM720T 处理器核。

各种 ARM 处理器核的应用场合不同。ARM7 系列处理器主要应用于以下场合。

● 个人音频设备(如 MP3 播放器)。
● 无线设备(如 PDA)。
● 喷墨打印机。
● 数字照相机。

ARM920T 处理器核是在 ARM9TDMI 处理器内核基础上增加分离式的数据缓存与指令缓存，并有相应的存储器管理单元如指令 MMU(I-MMU)和数据 MMU(D-MMU)、写缓存及 AMBA 接口，如图 2-7 所示。

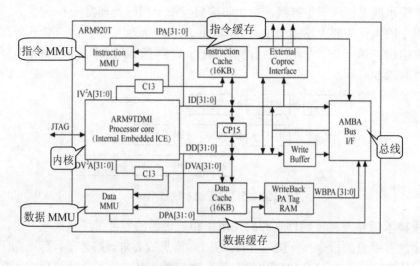

图 2-7　ARM920T 处理器核

ARM9 系列处理器具体应用于以下场合。

● 无线设备，包括视频电话和 PDA 等。
● 数字消费品，包括机顶盒、家庭网关、MP3 播放器和 MPEG-4 播放器。
● 成像设备，包括打印机、数字照相机和数字摄像机等。
● 汽车、通信和信息系统。

而 ARM10E 系列处理器具体应用于以下场合。

● 下一代无线设备，包括视频电话和 PDA、笔记本电脑和互联网设备。
● 数字消费品，包括机顶盒、家庭网关、MP3 播放器和 MPEG-4 播放器。
● 成像设备，包括打印机、数码照相机和数码摄像机。
● 汽车、通信和信息系统等。
● 工业控制，包括马达控制等。

 ## 2.3　ARM9 编程模型

【学习目标】掌握 ARM 处理器支持的数据类型及存储方式；掌握 ARM 处理器的七种工作模式和两种工作状态；掌握 ARM 处理器内部的寄存器组织；掌握 ARM 处理器支持的异常类型；掌握存储器的访问方式。

2.3.1　ARM9 的数据类型

学习任何一种编程语言，首先要学习它的数据类型，比如大家熟悉的 C 程序设计语言，首先要了解 C 语言中允许的数据类型有基本数据类型整形、浮点型和字符型，进而还有构造数据类型；而学习 ARM 编程前我们也要了解它所支持的数据类型。

ARM9 支持的数据类型比较简单，只有 3 种：字(32 位)、半字(16 位)和字节(8 位)。其中字必须是 4 字节边界对齐，半字必须是 2 字节边界对齐。

在计算机中，内存区被划分为一个个存储单元，每个单元存储一个字节的数据，即每个单元可以存放 8 位二进制数。每个存储单元都有一个编号，这个编号就是存储这个字节的内存地址。地址实际上也是一个数，这个地址数的位数是由处理器的总线位数决定的。ARM9 的地址总线是 32 位，所以 ARM9 的地址由 32 位二进制数(8 位十六进制数)表示，而 32 位二进制数能表示的数的范围是 2^{32} 个，因此在 ARM9 中可以寻址的地址范围就是 2^{32}=4GB，一个地址所代表的存储单元可以存储一个字节的数据，要存储一个半字，需要两个存储单元，而存储一个字数据，则需要相邻的 4 个单元的存储空间，如图 2-8 所示。

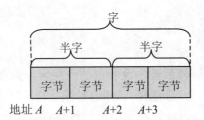

图 2-8　ARM9 支持的数据类型

一个字由 4 个字节组成，如果要说明一个字存储的地址，则是指这个字存储的最低的地址单元的地址，即一个字存储地址是 A，则它实际占用的存储单元地址是 A、$A+1$、$A+2$ 和 $A+3$ 四个单元。一个半字(两个字节)占用的地址是 A 和 A+1 两个单元，若是一个字节，则其占用的地址是 A 的一个单元。例如，在图 2-9 中，地址 0x10000000(8 位十六进制数)中存放的是一个字节的数据，0x10000000、0x10000001、0x10000002 和 0x10000003 四个存储单元中存放的是一个字数据。

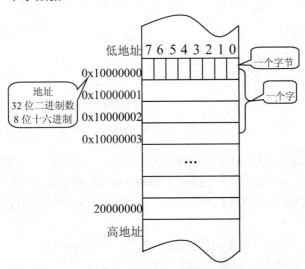

图 2-9　ARM9 存储器的数据存储

> ⚠ **注意**：V4 版本(指令集版本，见表 2-1)之后的 ARM 结构都支持这 3 种数据类型(包括 V4 版本)，而以前的版本只支持字节和字。
>
> 所有数据操作，例如 ADD(加法指令)，都以字为单位。
>
> 装载和保存指令可以对字节、半字和字进行操作，装载字节或半字时自动实现零扩展或符号扩展。
>
> ARM 指令的长度刚好是 1 个字(分配为占用 4 字节)，Thumb 指令的长度刚好是半字(占用 2 字节)。
>
> 在 C 语言中，当把数据类型定义为无符号型时，N 位数据值使用正常的二进制格式表示范围为 $0\sim2^{N}-1$ 的非负整数；当把数据类型定义为有符号型时，N 位数据值使用 2 的补码格式表示范围为 $-2^{N}-1\sim+2^{N}-1-1$ 的整数。

2.3.2 字对齐

程序中的指令和数据在编译后都占有各自的内存区，数据所占有的存储单元个数是由其数据类型决定的。ARM 规定，数据在存储的时候必须是字对齐的。存储器访问必须始终适当地保持地址对齐，非对齐地址将产生不可预测或者未定义的结果。

ARM9 的每个地址对应于一个存储字节而不是一个存储字，但 ARM9 可以访问存储字。访问存储字时，其地址应该是字对齐的。所谓字对齐，就是字的地址可以被 4 整除。也就是说，若第 1 个字在存储空间中是在第 0 个地址对应的单元(32 位)，那么第 2 个字则应在第 4 个地址对应的单元，第 3 个字应在第 8 个地址对应的单元，依此类推。一个字(32 位二进制数)是由 4 字节组成，假如某个字的地址是 A(A 能被 4 整除)，那么该字的 4 字节对应的地址就是 A、$A+1$、$A+2$ 和 $A+3$。存储器的对齐访问如图 2-10 所示。

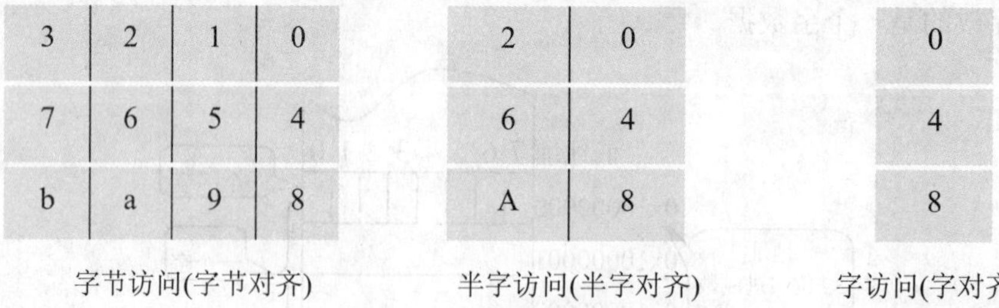

3	2	1	0
7	6	5	4
b	a	9	8

字节访问(字节对齐)

2	0
6	4
A	8

半字访问(半字对齐)

| 0 |
| 4 |
| 8 |

字访问(字对齐)

图 2-10　存储器的对齐访问

分析：假设存储器从地址 0(0x00000000)开始存放字数据，一个字数据占 4 个存储单元，即 0(0x00000000)、1(0x00000001)、2(0x00000002)和 3(0x00000003)四个单元，那么第 2 个字的数据必须放在地址 4(0x00000004)开始的单元里，第 3 个数据则放在地址 8 开始的单元里，以此类推。

即使存储了其他类型(半字或者字节)的数据，没有用到 4 个字节，那么下一个数据也必须按字对齐的原则，存放在能被 4 整除的地址单元里。

例如：一个字(32 位)的数据存放在 4(0x00000004)、5(0x00000005)、6(0x00000006)和

7(0x00000007)四个存储单元中，下一个存储单元即 8(0x00000008)存放了 1 字节(8 位)的数据，如果接着要存放 1 个字(32 位)数据，则这个字数据不能存储在 9(0x00000009)开始的存储单元中，而必须存放在 c(0x0000000C)、d(0x0000000D)、e(0x0000000E)和 f(0x0000000F)这 4 个地址单元中，这样才符合地址对齐的规定。

2.3.3 大端存储和小端存储

如果把一个字(4 字节)存储到内存单元中时，这 4 字节会存入连续的 4 个存储单元，那么每个单元存储 1 字节。但这 4 个连续的存储单元地址有高低之分，把一个字的 4 字节中哪个字节放到高地址单元，哪个字节放到低地址单元呢？ARM 在存储的时候有两种方法，即小端存储模式和大端存储模式。

1. 小端存储模式

在小端存储模式下，字的地址(4 个地址中的低地址)对应的是该字中最低有效字节所对应的地址；半字的地址对应的是该半字中最低有效字节所对应的地址。也就是说，32 位数据的高位字节存储在高地址中，而其低位字节则存储在低地址中。例如，有一个字数据为0x12345678，采用小端存储模式存储时，其结果如图 2-11 所示。

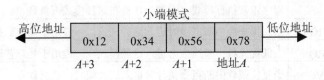

图 2-11 小端存储模式

分析：字数据 0x12345678，其中两个数字即八位二进制表示一个字节，则这个字包括4 字节，分别是 0x12，0x34，0x56 和 0x78(无论采用大端模式还是小端模式，都是以字节为单位存储的)。这个字数据的高位字节数据是 0x12，低位字节数据是 0x78(和十进制数据的个位、十位……由低位到高位一致)。假设我们把这个字存储在 0x10000000(如图 2-11 中的地址 A)地址单元中，用小端模式存储时，高位数据 0x12 应该放在高位地址中，即存储在0x10000003(地址 A+3)中，存储结果是：0x10000000 中存储的是 0x78，0x10000001 中存储的是 0x56，0x10000002 中存储的是 0x34，0x10000003 中存储的是 0x12。

2. 大端存储模式

在大端存储模式下，字的地址对应的是该字中最高有效字节所对应的地址；半字的地址对应的是该半字中最高有效字节所对应的地址。也就是说，32 位数据的低位字节数据存储在高地址中，而其高位字节则存储在低地址中。在上例中，对于字数据 0x12345678，采用大端存储模式存储时，存储结果是：0x10000000 中存储的是 0x12，0x10000001 中存储的是 0x34，0x10000002 中存储的是 0x56，0x10000003 中存储的是 0x78，结果如图 2-12 所示，原理同小端存储模式。

小端存储模式是 ARM9 处理器的默认模式。在 ARM9 汇编指令集中，没有相应的指令来选择是采用大端存储模式还是小端存储模式，改变存储方式是通过硬件输入引脚 OM[1:0]

的值来配置的。

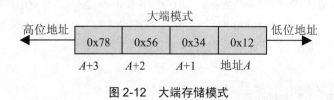

图 2-12　大端存储模式

⚠ 注意：无论是大端存储模式还是小端存储模式，字数据都是以字节为单位存储的，字数据 0x12345678 中，0x12 不会被存储为 0x21，0x78 不会被存储为 0x87。

2.3.4　ARM9 处理器工作模式

ARM9 处理器支持 7 种工作(运行)模式，即用户模式、快速中断模式、外部中断模式、特权模式、数据访问中止模式、未定义指令中止模式及系统模式，如表 2-2 所示。

表 2-2　ARM9 处理器的工作模式

处理器模式	模式符号	用　途
用户模式	usr	程序正常执行模式，大部分任务在这种模式下执行
快速中断模式	FIQ	当高优先级中断产生时进入这种模式，一般用于高速数据传送或通道处理
外部中断模式	IRQ	当低优先级中断产生时进入这种模式，一般用于处理普通中断
特权模式	SVC	当复位或软中断指令执行时进入这种模式，是操作系统保护模式
数据访问中止模式	abt	当存取异常即处理存储器故障时进入这种模式，用于虚拟存储或存储保护
未定义指令中止模式	Und	当执行未定义指令时进入这种模式，支持硬件协处理器的软件仿真
系统模式	sys	用于运行特权操作系统任务，使用和 usr 模式相同的寄存器集

对于处理器的工作(运行)模式，有几点需要说明。

(1) ARM 微处理器的运行模式可以通过软件人为改变，也可以通过外部中断或异常处理改变。

(2) 大多数的应用程序运行在用户模式下，当处理器运行在用户模式下时，某些被保护的系统资源不能被访问，处理器模式也不能被改变。

(3) 除用户模式以外，其余的所有 6 种模式称之为非用户模式或特权模式。ARM 内部寄存器和一些片内资源在硬件设计上只允许(或者可选为只允许)特权模式下访问。因此，在特权模式下，用户可以自由地访问系统资源，并且可以自由切换处理器模式。

(4) 除用户模式和系统模式以外的其余 5 种模式(快速中断模式、外部中断模式、特权模式、数据访问中止模式和未定义指令中止模式)又称为异常模式，常用于处理中断或异常，以及需要访问受保护的系统资源等情况。除了可以通过程序切换进入外，也可以由特定的异常进入。当特定的异常出现时，处理器进入相应的模式。每种异常模式都有一些独立的寄存器，以避免异常退出时用户模式的状态不可靠。

(5) 系统模式仅存在于 ARM 体系结构版本 V4 以上。系统模式与用户模式拥有完全相同的寄存器，供需要访问系统资源的操作系统任务所使用，这两种模式都不能由异常进入。

> 提示：CPSR(当前程序状态寄存器)的低 5 位 M0、M1、M2、M3 和 M4 是模式位。这些位决定了当前处理器的工作模式，关于 CPSR 请参考 2.3.6 节。

2.3.5　ARM9 处理器的工作状态

使用 V4T 版本的 ARM 处理器内核如(ARM7TDMI、ARM9TDMI)，包含 32 位 ARM 指令集和 16 位 Thumb 指令集，因此处理器有两种操作状态。

● ARM 状态。32 位，这种状态下执行的是字方式的 ARM 指令(地址[1:0]为 0)。
● Thumb 状态。16 位，这种状态下执行半字方式的 Thumb 指令(地址[0]为 0)。

如果处理器在 Thumb 状态进入异常，则会自动切换到 ARM 状态，而当异常处理返回时，则自动切换到 Thumb 状态。两个状态之间的切换并不影响处理器模式或寄存器内容。

使用 BX 指令可以将 ARM 内核的操作状态在 ARM 状态和 Thumb 状态之间进行切换。例如，下面的代码在某系统中可以完成 ARM 状态和 Thumb 状态的切换。

```
;ARM 状态下的代码，实现从 ARM 状态切换到 Thumb 状态
    LDR R0,=Label+1  ; Label 跳转地址标号,+1 使地址最低位为 1，切换到 Thumb 状态
    BX    R0
    …
;从 Thumb 状态切换到 ARM 状态
    LDR R0,=Label    ; 地址最低位为 0，表示切换到 ARM 状态
    BX    R0
    …
Label MOV R1,#6     ; Label 标号地址
```

2.3.6　内部寄存器组织

在复杂的嵌入式系统中，存储器系统的组织结构按其作用可以划分为四级：寄存器、Cache、主存储器和辅助存储器，而对于简单的嵌入式系统来说，没有必要把存储器系统设计成四级，最简单的只需要寄存器和主存储器即可。

寄存器是处理器内部的存储单元，数量有限，但读写速度快，可用来暂存指令、数据和地址。每个内部寄存器都有一个名字，但没有类似存储器的地址编号。不同的处理器有不同的寄存器配置方案。

ARM9 处理器的内部共有 37 个 32 位的寄存器，这 37 个寄存器根据处理器的工作状态及其工作模式的不同而被安排成不同的组。相同名字的寄存器在不同组中是两个不同的物理寄存器，程序代码运行时涉及的工作寄存器组是由 RAM9 微处理器的工作模式确定的。

ARM 状态在 7 种工作模式下的寄存器如表 2-3 所示。

表 2-3 ARM 状态各模式下的寄存器

寄存器类别	寄存器在汇编中的名字	各模式下实际访问的寄存器						
		用 户	系 统	管 理	中 止	未 定 义	中 断	快 中 断
通用寄存器和程序计数器	R0(a1)	R0						
	R1(a2)	R1						
	R2(a3)	R2						
	R3(a4)	R3						
	R4(v1)	R4						
	R5(v2)	R5						
	R6(v3)	R6						
	R7(v4)	R7						
	R8(v5)	R8						R8_fiq
	R9(SB,v6)	R9						R9_fiq
	R10(SL,v7)	R10						R10_fiq
	R11(FP,v8)	R11						R11_fiq
	R12(IP)	R12						R12_fiq
	R13(SP)	R13	R13	R13_svc	R13_abt	R13_und	R13_irq	R13_fiq
	R14(LR)	R14	R14	R14_svc	R14_abt	R14_und	R14_irq	R14_fiq
	R15(PC)	R15						
状态寄存器	R16(CPSR)	CPSR						
	SPSR	无		SPSR_abt	SPSR_abt	SPSR_und	SPSR_irq	SPSR_fiq

从表 2-3 可以看出，所有的 37 个寄存器被分成了两大类，31 个通用 32 位寄存器(包括程序计数器)和 6 个状态寄存器。

1. 通用寄存器

(1) 寄存器 R0～R13 为保存数据或地址值的通用寄存器。它们是完全通用的寄存器，不会被体系结构作为特殊用途，并且可用于任何使用通用寄存器的指令。

(2) 寄存器 R0～R7 为未分组的寄存器，也就是说对于任何一种处理器工作模式，这些寄存器都对应于相同的 32 位物理寄存器。

(3) 寄存器 R8～R14 为分组寄存器，它们所对应的物理寄存器取决于当前处理器的工作模式，几乎所有允许使用通用寄存器的指令都允许使用分组寄存器。例如：在使用寄存器 R13 时，如果当前处理器的工作模式是用户模式，则实际使用的寄存器为 R13；如果将处理器的工作模式切换为中断模式，则实际使用的寄存器为 R13_irq(使用时名字仍然是 R13)，而 R13 和 R13_irq 是两个不同的物理寄存器，如同 R1 和 R2 是两个不同的寄存器一样，虽然使用时寄存器名都是 R13，但实际上是两个不同的物理寄存器。

(4) 寄存器 R8～R12 为有两个分组的物理寄存器。一个用于除快中断 FIQ 模式之外的所有工作模式，另一个用于快中断 FIQ 模式。这样在发生 FIQ 中断后，可以加快 FIQ 的处理速度。

(5) 寄存器 R13、R14 分别有 6 个分组的物理寄存器。一个用于用户和系统模式，其余 5 个分别用于 5 种异常模式。

每一种异常模式均拥有自己的 R13 寄存器。异常处理程序负责初始化自己的 R13，使其指向该异常模式专用的栈地址。在异常处理程序入口处，将用到的其他寄存器的值保存在堆栈中，返回时，重新将这些值加载到寄存器。通过这种保护程序现场的方法，异常不会破坏被其中断的程序现场。

(6) 寄存器 R13 常作为堆栈指针，称为 SP。在 ARM 指令集中，没有以特殊方式使用 R13 的指令或其他功能，只是习惯上都这样使用。但是在 Thumb 指令集中存在使用 R13 的指令。

(7) 寄存器 R14 又叫做链接寄存器(LR)，在结构上有两个特殊功能。

● 在每种处理器工作模式下，模式自身的 R14 用于保存子程序返回地址。例如，当 ARM9 处理器执行带链接的分支指令(如 BL 指令)时，R14 保存 R15 的值。

● 当发生异常时，相应的寄存器分组 R14_svc、R14_abt、R14_und、R14_irq 和 R14_fiq 用来保存 R15 的返回值。

(8) 寄存器 R15 的功能是程序计数器，又称为 PC。在 ARM 状态下，R15 寄存器的[1:0] 位为 0b00(0b 表示二进制)，[31:2]位是 PC 的值。

2．状态寄存器

当前程序状态寄存器(Current Program Status Register，CPSR)又称为 R16。在所有处理器模式下，CPSR 都是同一个物理寄存器，它保存了程序运行的当前状态。在各种异常模式下，均有一个称为 SPSR 的寄存器，用于保存进入异常模式前的程序状态，即当异常出现时，SPSR 中保存 CPSR 的值。在异常中断退出时，可以用 SPSR 来恢复 CPSR。由于用户模式和系统模式不是异常中断模式，所以没有 SPSR。CPSR 和 SPSR 均为 32 位的寄存器，其格式如图 2-13 所示(CPSR 和 SPSR 格式相同)。

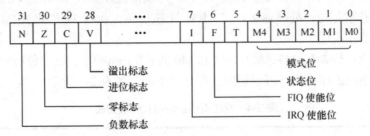

图 2-13　程序状态寄存器格式

程序状态寄存器是 32 位的寄存器，这 32 位包含以下几种功能位。

● 4 个条件代码标志(负(N)、零(Z)、进位(C)和溢出(V))位，位[31:28]。

● 2 个中断禁止位，位[7:6]，分别控制 IRQ 类型的中断和 FIQ 类型的中断。

● 5 个对当前处理器模式进行编码的位，位[4:0]。

● 1 个用于指示当前执行指令状态(ARM 还是 Thumb)的位，位[5]。

● 其余位均保留未用。

1) 条件代码标志位

N、Z、C 和 V 位都是条件代码标志。大多数"数值处理指令"都可以选择是否影响条件代码标志位。通常，如果指令带 S 后缀，则该指令的执行会影响条件代码标志；但也有一些指令的执行总是会影响条件代码标志；算术操作、逻辑操作、MSR 或者 LDM 指令可以对这些位进行设置。所有 ARM 指令都可按条件代码标志的条件来执行，而 Thumb 指令中只有分支指令可按条件执行。4 个条件代码标志位各有不同的含义。

- N：运算结果的最高位反映在该标志位上。对于有符号二进制补码，当结果为负数时 N=1，结果为正数或零时 N=0。
- Z：当指令结果为 0 时 Z=1(通常表示比较结果"相等")，否则 Z=0。
- C：当进行加法运算(包括 CMN 指令)，并且最高位产生进位时 C=1，否则 C=0。当进行减法运算(包括 CMP 指令)，并且最高位产生借位时 C=0，否则 C=1。对于结合移位操作的非加法/减法指令，C 为从最高位最后移出的值，其他指令 C 不变。
- V：当进行加法/减法运算，并且发生有符号溢出时 V=1，否则 V=0，其他指令 V 通常不变。

2) 控制位

CPSR 的最低 8 位为控制位，当发生异常时，这些位被硬件改变。当处理器处于特权模式时，可用软件操作这些位。

控制位包括 3 种类型。

(1) 中断禁止位。

在进行中断处理时，首先要保证中断没有被禁止。中断禁止位包括两位：I 位(bit[7])和 F 位(bit[6])。

- 当 I 位置位时(I=1)，IRQ 中断被禁止。
- 当 F 位置位时(F=1)，FIQ 中断被禁止。

(2) 处理器状态位。

T 位(bit[5])反映了处理器的状态。

- 当 T 位为 1 时，处理器运行在 Thumb 状态(即正在执行 16 位的 Thumb 指令)。
- 当 T 位清零时，处理器运行在 ARM 状态(即正在执行 32 位的 ARM 指令)。

(3) 处理器模式位。

五位模式位包括 M4、M3、M2、M1 和 M0 共五位(bit[4:0])，这些位决定了处理器所处的工作模式。不同工作模式下可以访问的存储器不同，如表 2-4 所示。

表 2-4　状态寄存器的模式位设置表

模式位 CPSR[4:0]	模式	可访问的寄存器
10000	用户模式(usr)	PC，R14～R0，CPSR
10001	快速中断模式(FIQ)	PC，R14_fig～R8_fig，R7～R0，CPSR，SPSR_fig
10010	外部中断模式(IRQ)	PC，R14_irq～R13_irq，R12～R0，CPSR，SPSR_fig
10011	特权模式(SVC)	PC，R14_svc～R13_svc，R12～R0，CPSR，SPSR_svc
10111	数据访问中止模式(abt)	PC，R14_abt～R13_abt，R12～R0，CPSR，SPSR_abt
11011	未定义指令中止模式(Und)	PC，R14～R13_und，R12～R0，CPSR，SPSR_und
11111	系统模式(sys)	PC，R14～R0，CPSR

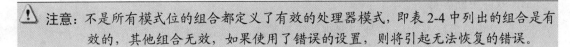

⚠ **注意**：不是所有模式位的组合都定义了有效的处理器模式，即表 2-4 中列出的组合是有效的，其他组合无效，如果使用了错误的设置，则将引起无法恢复的错误。

3)　保留位

CPSR 中的保留位被保留为将来使用。为了提高程序的可移植性，当改变 CPSR 标志位和控制位时，不要改变这些保留位。另外，要确保程序的运行不受保留位的值影响，因为将来的处理器可能会将这些位设置为 1 或者 0。

2.3.7　ARM9 的异常类型

只要正常的程序流程被暂时停止，就是发生了异常。或者说，异常是由内部或外部产生一个引起处理器处理的额外事件。例如，外部中断或处理器执行一个未定义的指令都会引起异常。在处理异常之前，处理器状态必须保留，以便在异常处理程序完成后，原来的程序能够重新执行。

ARM 体系结构支持 7 种类型的异常处理，异常出现后处理器强制从异常类型所对应的固定存储器地址开始执行程序，这些存储器地址称为异常向量(Exception Vectors)，如表 2-5 所示。

表 2-5　ARM 的 7 种异常及异常向量表

异常类型	处理器工作模式	异常向量	高地址向量
复位异常(Reset)	特权模式	0x00000000	0xFFFF0000
未定义指令异常(Undefined Interrupt)	未定义指令中止模式	0x00000004	0xFFFF0004
软件中断异常(Software Abort)	特权模式	0x00000008	0xFFFF0008
预取中止异常(Prefetch Abort)	数据访问中止模式	0x0000000C	0xFFFF000C
数据中止异常(Data Abort)	数据访问中止模式	0x00000010	0xFFFF0010
外部中断请求(IRQ)	外部中断请求模式	0x00000018	0xFFFF0018
快速中断请求(FIQ)	快速中断请求模式	0x0000001C	0xFFFF001C

1.　复位异常

处理器上一旦有复位信号输入，ARM 处理器立刻停止执行当前指令。复位后，ARM 处理器在禁止中断的管理模式下，从地址 0x00000000 或 0xFFFF0000 开始执行程序。

2.　未定义指令异常

当 ARM 处理器执行协处理器指令时，它必须等待任一外部协处理器应答后，才能真正执行这条指令。若协处理器没有响应，就会出现未定义指令异常。另外，试图执行未定义的指令，也会出现未定义指令异常。

3. 软件中断异常

软件中断异常指令 SWI 使处理器进入管理模式，以请求特定的管理函数。

4. 预取中止异常

存储器系统发出存储器中止(Abort)信号，响应取指激活的中止标记所取的指令无效，若处理器试图执行无效指令，则产生预取中止异常；若指令未执行，则不发生预取中止。

5. 数据中止异常

存储器系统发出存储器中止信号，响应数据访问激活中止标记的数据无效。

6. IRQ(外部中断请求)异常

通过处理器上的 IRQ 输入引脚，由外部产生 IRQ 异常。IRQ 异常的优先级比 FIQ 异常低。当进入 FIQ 处理时，会屏蔽掉 IRQ 异常。

7. FIQ(快速中断请求)异常

通过处理器上的 FIQ 输入引脚，由外部产生 FIQ 异常。

在某时刻可能会同时出现多个异常，ARM 处理器则按优先级的高低顺序处理它们。异常的优先级如表 2-6 所示。从表 2-6 可知，复位异常的优先级最高，未定义指令异常的优先级最低。

表 2-6　异常优先级表

优　先　级		异　　常
最高	1	复位异常
	2	数据中止异常
	3	快速中断请求
	4	外部中断请求
	5	预取中止异常
	6	软件中断异常
最低	7	未定义指令异常

2.4　ARM9 微处理器的寻址方式

【学习目标】掌握 ARM 指令系统的基本概念和 ARM9 微处理器的寻址方式。

寻址方式通常是指处理器的指令系统中规定的寻找操作数所在地址的方式，或者说通过什么样的方式找到操作数。寻址方式是否方便、快捷是衡量处理器性能的一个重要方面。

2.4.1　指令和指令格式

1. 指令

指令是指示计算机进行某种操作的命令，一条指令就是机器语言的一个语句。指令的基本格式如下。

操作码字段 地址码字段

例如：

```
ADD R0,R1,R2    ;R0=R1+R2
```

其中：ADD 是操作码(Operation Code)，操作码指明了指令要完成的操作的性质及功能(如加、减、乘、除及数据传送等)，ADD 意思是加法。

R0、R1 和 R2 是地址码，地址码用来描述该指令的操作对象，它或者直接给出操作数，或者指出操作数的存储器地址或寄存器地址(即寄存器名)。这条指令中的地址码是寄存器的编号，把寄存器的内容作为操作数。

2. 指令系统

一台计算机所能执行的各种不同类型指令的集合称为指令系统，即一台计算机所能执行的全部操作。不同计算机的指令系统包含的指令种类和数目不同。指令系统的性能很大程度上决定了计算机的基本功能，集中反映了微处理器的硬件功能和属性。

3. ARM 指令的格式

从形式上看，ARM 指令在机器中的表示形式是用 32 位的二进制数表示，计算机根据二进制代码去完成所需的操作。用 0、1 两种代码写程序很麻烦，为了提高程序设计的效率，提出了汇编语言的概念，即将二进制代码用指令助记符表示。

用助记符表示的 ARM 指令的一般格式如下所示。

<操作码> {<条件>} {S}<目的寄存器>,<第一个操作数> {,<第二个操作数>}

格式中<>的内容必不可少，{}中的内容可省略。<操作码>是指令助记符，是必需的。而{<条件>}为指令的执行条件，是可选的，缺省情况下表示使用默认条件 AL(无条件执行)。例如：

```
ADDEQS  R0, R1, #8
```

ADDEQS 是操作码，表示指令要完成的功能，例如 ADD 表示算术加法，必不可少。

EQ 是指令执行的条件域，EQ 表示相等时执行，一般是指在该条指令的前面，影响CPSR 标志的指令的执行结果是相等，条件域是可选的。

S 是后缀，决定指令的执行结果是否影响 CPSR 的值，使用该后缀则指令执行的结果影响 CPSR 的值，否则不影响。S 后缀是可选的。

R0 是目的寄存器，即存储操作结果的寄存器，可以是 R0~R15 共 16 个寄存器之一，一般是必不可少的。

R1 是第一个操作数，在这里存放的是一个加数，为寄存器，可以是 R0～R15 共 16 个寄存器之一，一般是必不可少的，少数指令只有一个操作数，比如跳转指令。

#8 是第二个操作数，在这里存放的是另外一个加数，第二个操作数可以是立即数(常数表达式)、寄存器和寄存器移位操作数，是可选的。

再看几个例子。

```
LDR R0,[R1]
```

读取 R1 寄存器中的内容所指向的存储单元的数据到寄存器 R0。这里操作码是 LDR，目的寄存器是 R0，第一个操作数是[R1]，意思是 R1 里面存放的是第一个操作数的地址，而不是把数据存放在寄存器 R1 里。

```
BEQ ENDDATA
```

条件分支执行指令，执行条件是 EQ，即相等则跳转到 ENDDATA 处；条件是看 CPSR 程序状态寄存器中的条件代码标志位的 Z 标志位，Z 位置位时该指令执行，否则不执行。

```
ADDS R2,R1,#1
```

寄存器 R1 中的内容加 1 存入寄存器 R2，并影响 CPSR 寄存器的值。这条语句的执行不受条件标志的影响，但是由于附带了后缀 S，这条指令执行的结果将影响 CPSR 中条件标志位的值：如果 R1+1 的结果为 0，则 Z 位置 1；如果 R1+1 的结果最高位有进位，则 C 位置 1；如果结果溢出，则 V 置位。

4. Load-store 结构

ARM 指令集是 load/store 结构：对存储器中的数据只能使用 load/store 指令进行存取，所有其他操作只能在寄存器中完成，即只能对存放在寄存器中的数据进行处理。

5. 指令的条件执行

在 ARM 汇编中，几乎所有的指令都可以根据 CPSR 中条件码的状态和指令的条件域有条件地执行。当指令的执行条件满足时，指令被执行，否则指令被忽略。

指令执行的条件共有 15 种，如表 2-7 所示。

表 2-7　指令执行的条件

助记符后缀	标　志	含　义
EQ	Z 置位	相等
NE	Z 清零	不相等
CS	C 置位	无符号数大于或等于
CC	C 清零	无符号数小于
MI	N 置位	负数
PL	N 清零	正数或零
VS	V 置位	溢出
VC	V 清零	未溢出
HI	C 置位 Z 清零	无符号数大于
LS	C 清零 Z 置位	无符号数小于或等于

助记符后缀	标　　志	含　　义
GE	N 等于 V	带符号数大于或等于
LT	N 不等于 V	带符号数小于
GT	Z 清零且(N 等于 V)	带符号数大于
LE	Z 置位或(N 不等于 V)	带符号数小于或等于
AL	忽略	无条件执行

条件后缀只影响指令是否执行，不影响指令的内容。例如 ADDEQ 指令，可选后缀 EQ 并不影响本指令的内容，在执行时仍然是一条加法指令。

> ⚠️ 注意：如果既有条件后缀又有 S 后缀，则书写时 S 排在后面。例如 ADDEQS R1,R0,R2。
> 该指令在 Z=1 时执行，将 R0+R2 的值放入 R1，同时刷新条件标志位。
> 条件后缀是要测试条件标志位，而 S 后缀是要刷新条件标志位。
> 条件后缀要测试的是执行前的标志位，而 S 后缀是依据指令的结果改变条件标志。

2.4.2　ARM9 微处理器的寻址方式

ARM9 微处理器的基本寻址方式有 9 种，下面通过示例讲述每种寻址方式。

1. 寄存器寻址方式

```
ADD  R0,R1,R2          ;R0=R1+R2
```

在这条指令中，所需要的操作数在寄存器中，指令中地址码给出的是寄存器编号，即把寄存器的内容直接作为操作数。

2. 立即数寻址方式

```
MOV R0,#10        ;把 10 传送到寄存器 R0 中
```

在这条指令中，在操作码字段后面的地址码部分不是操作数地址，而是操作数本身。

立即寻址是一种特殊的寻址方式。立即数要求以 # 为前缀，对于以十六进制表示的立即数，还要求在 # 后加上 0x 或 &；对于以二进制表示的立即数，要求在 # 后加上 0b；对于以十进制表示的立即数，则要求在 # 后加上 0d 或缺省。

> 💡 提示：ARM 指令中的常数表示式(立即数)并不是任意的数都可以，而必须对应 8 位位图。所谓 8 位位图就是由一个 8 位的常数通过循环右移偶数位(0，2，4，…，26，28，30)得到。
> 例如，合法的常数 0xff、0x104、0xff00、0xff000000 和 0xF000000F，非法的常数 0x101、0x102、0xff1、0xFF003 和 0xffffffff。

3. 寄存器移位寻址方式

```
ADD R0,R1,R2,LSL #1      ;R0=R1+R2<<1
```

在这条指令中，首先将寄存器 R2 中的内容向左移动 1 位，然后把移位结果作为第二个操作数(移位操作不消耗额外的时间)，再与第一个操作数相加，最后结果存放到寄存器 R0 中。

寄存器移位寻址方式是 ARM 指令集中所特有的。实际上，ARM 硬件结构上有一个桶形移位器，使得移位操作不需要消耗额外的时间。桶形移位器支持的移位操作如表 2-8 所示。

表 2-8　移位操作

操作码	说　明	移位操作	结　　果	y 值
LSL	逻辑左移	x LSL y	x<<y	#0～31 或 Rs
LSR	逻辑右移	x LSR y	(unsigned)x>>y	#1～32 或 Rs
ASR	算术右移	x ASR y	(signed)x>>y	#1～32 或 Rs
ROR	循环右移	x ROR y	((unsigned)x>>y | (x<<32-y))	#1～32 或 Rs
RRX	扩展的循环右移	x RRX y	(c flag<<31) | ((unsigned)x>>1)	none

在寄存器移位寻址方式的移位操作中，移动位数(即上表中的 y 值)可以有如下 3 种表达方式。

(1) 立即数控制的寄存器移位表达式。

立即数控制方式就是寄存器 Rm 移位的位数由一个数值常量来控制，例如：

```
ADD R0,R1,R2,LSL #2      ;R0 = R1 + (R2 左移 2 位)
```

在这个表达式中，对 R2 中的数据逻辑左移 2 位，然后和 R1 相加，其结果放入寄存器 R0 中。

(2) 寄存器控制的寄存器移位表达式。

寄存器控制方式就是寄存器 Rm 移位的位数由另一个寄存器 Rs 来控制，Rs 是通用寄存器，但不可以使用 R15(程序计数器)。例如：

```
ADD R0,R1,R2,LSL R3
MOV R0,R1,LSR R3
```

假设寄存器 R3 中的值为 3，则第一个表达式表示对 R2 中的数据逻辑左移 3 位，然后和 R1 相加，其结果放入寄存器 R0 中；第二个表达式表示对 R1 中的数据逻辑右移 3 位，结果传送到 R0 中。

(3) 数字常量表达式控制的寄存器移位表达式。

数字常量表达式可以简单到一个立即数，还可以使用单目操作符、双目操作符、逻辑操作符和算术操作符等。例如：

```
#0x88                   ;立即数
#0x40+0x20              ;使用加法
#0x40+0x20*4            ;使用加、减、乘、除算术运算
#0x80:ROR:02           ;使用移位操作，循环右移 2 位
#2_11010010            ;使用二进制
```

```
#0xFF:MOD:08              ;取模操作
#0xFF0000:AND:660000      ;逻辑操作,两数相与
```

> 提示: LSL 和 LSR 是逻辑左移和逻辑右移,表示按操作数 y 所指定的数量向左或向右
> 移位,移出去的数据位被丢弃,低位(LSL)或高位(LSR)用 0 填充。
> ASR 是算术右移,表示按操作数 y 所指定的数量向右移位,被移出去的低位数
> 据被丢弃,而左端用最高位的值填充。
> ROR 是循环右移,表示按操作数 y 所指定的数量向右循环移位,左端(高位)用
> 右端(低位)移出的位来填充。
> RRX 是带 C 标志的循环右移,表示寄存器的值右移一位,左端(高位)空出的一
> 位并用原 C 标志值填充。

4. 寄存器间接寻址方式

```
LDR R0,[R4]        ;R4 中的内容作为地址,该地址中的内容放到 R0 中
```

在这条指令中,地址码给出某一通用寄存器的编号,在指定的寄存器中存放操作数的有效地址,而操作数则存放在该地址对应的存储单元中,即寄存器为地址指针。

5. 变址寻址方式

```
LDR R0,[R1,#4]     ;R4 中内容+4 作为地址,该地址中的内容放到 R0 中
```

在这条指令中,将基址寄存器 R1 的内容与指令中给出的偏移量立即数 4 相加,形成操作数有效地址。

变址寻址又叫做基址变址寻址,用于访问基址附近的单元,包括基址加偏移和基址加索引寻址。寄存器间接寻址是偏移量为 0 的基址加偏移寻址。

基址加偏移寻址中的基址寄存器包含的不是确切的地址。基址需加上(或减去)最大 4KB的偏移来计算访问的地址。变址寻址有多种形式,例如:

```
LDR R0,[R1,#4]     ;R0←[R1+4]
LDR R0,[R1,#4]!    ;R0←[R1+4]、R1←R1+4
LDR R0,[R1],#4     ;R0←[R1]、R1←R1+4
LDR R0,[R1,R2]     ;R0←[R1+R2]
```

这里用到了 ! 后缀。

(1) 如果指令地址表达式中不含 ! 后缀,则基址寄存器中的地址值不会发生变化。

例如: LDR R3,[R0,#4]指令没有后缀 !,该指令的结果是把 R0 加 4 后作为地址指针,再把这个指针所指向的地址单元所存储的数据读入 R3,R0 的值不变。

(2) 指令的地址表达式中含有 ! 后缀,指令执行后,基址寄存器中的地址值将发生变化,变化的结果如下。

基址寄存器中的值(指令执行后)=指令执行前的值+地址偏移量

例如: LDR R3,[R0,#4]!指令含有后缀 !,该指令的结果是把 R0 加 4 后作为地址指针,然后把这个指针所指向的地址单元所存储的数据读入 R3,再把 R0+4 的结果送到 R0 中。

⚠ 注意：！后缀必须紧跟在地址表达式后面，而地址表达式要有明确的地址偏移量。
　　　　！后缀不能用在 R15(PC)的后面。
　　　　当用在单个地址寄存器后面时，必须确信这个寄存器有隐性的偏移量。例如
　　　　STMDB R1!{R3,R5,R7}，此时基址寄存器 R1 的隐性偏移量是 4。

6. 多寄存器寻址方式

```
LDMIA  R1,{R0,R2,R5}   ;R0=[R1], R2=[R1+4], R5=[R1+8]
```

在这条指令中，同时传送了 3 个值到 3 个寄存器中：把寄存器 R1 中的内容作为地址，所指向的存储单元中的数据传送给 R0；把 R1 中的内容+4 后作为地址，所指向的存储单元中的数据传送给 R2；把 R1 中的内容+8 后作为地址，所指向的存储单元中的数据传送给 R5。

多寄存器寻址可以实现一次传送几个寄存器的值，允许一条指令传送 16 个寄存器的任何子集或所有寄存器。例如：

```
LDMIA  R0!,{R1-R4}   ;R1←[R0], R2←[R0+4], R3←[R0+8], R4←[R0+12]
```

⚠ 注意：由于传送的数据项总是 32 位的字，所以基址寄存器给出的应该是字对齐的地址。

7. 堆栈寻址方式

堆栈是一种按特定顺序进行存取的存储区，这种特定顺序既是“先进后出”或“后进先出”。堆栈寻址是隐含的，它使用一个专门的寄存器(堆栈指针)指向一块存储器区域。栈指针所指定的存储单元就是堆栈的栈顶。堆栈可以分为以下两种方式。

● 向上生长：又称递增堆栈，即地址向高地址方向生长。
● 向下生长：又称递减堆栈，即地址向低地址方向生长。

ARM 中采用 LDMFD 和 STMFD 指令分别支持 POP 操作(出栈)和 PUSH 操作(进栈)，R13 作为堆栈指针。例如：

```
STMFD R13!,{R0-R4}  ;进栈
LDMFD R13!,{R0-R4}  ;出栈
```

8. 块拷贝寻址方式

块拷贝寻址指令是一种多寄存器传送指令，用于把一块数据从存储器的某一位置拷贝到另一位置。块拷贝指令的寻址操作取决于数据是存储在基址寄存器所指的地址之上还是之下，地址是递增还是递减，并与数据的存取操作有关。块拷贝寻址方式的具体用法请参阅 2.5.4 节的内容。

9. 相对寻址方式

相对寻址是变址寻址的一种变通，由程序计数器 PC 提供基地址，把指令中的地址码字段作为偏移量，两者相加后得到操作数的有效地址。偏移量指定了操作数与当前指令之间的相对位置。

子程序调用指令即是相对寻址指令。

```
BL proc        ;跳转到子程序proc处执行
    …
proc  MOV R0,#1
```

 ## 2.5　ARM9 指令集

【学习目标】了解 ARM 汇编指令集中指令的用法,能够读懂 ARM 汇编程序;了解启动程序的汇编代码的意义。

2.5.1　汇编语言的地位

计算机硬件能够识别的只有电平的高和低,用 0、1 代码表示。如果想和计算机通信,只能把想做的事用 0、1 代码表示出来,这就是机器语言。机器语言是与计算机硬件最为密切的硬件级语言,也是软件系统和硬件系统之间的纽带。

然而用 0、1 两种代码写程序很麻烦,为了提高程序设计的效率,人们提出了汇编语言的概念:将机器码用指令助记符表示,这样就比机器语言方便得多。在使用汇编语言后,编程的效率和程序的可读性都有所提高,因为汇编语言同机器语言非常接近,它的书写风格在很大程度上取决于特定计算机的机器指令,所以它仍然是一种面向机器的语言。

高级语言在执行前必须被转换为汇编语言或其他中间语言,最终转换为机器语言。通常有两种方法实现这个转换:编译或解释。

计算机程序设计语言的层次结构可分为机器语言级、汇编语言级和高级语言级。

2.5.2　ARM9 指令集的特点

32 位 ARM 指令集由 13 种基本指令类型组成,分成 4 大类。

- 3 种类型的存储器访问指令:用于控制存储器和寄存器之间的数据传送。第一种类型用于优化的灵活寻址;第二种类型用于快速上下文切换;第三种类型用于交换数据。
- 3 种类型的数据处理指令:使用片内的累加器(ALU)、桶形移位器和乘法器,对 31 个寄存器完成高速数据处理操作。
- 4 种类型的分支指令:用于控制程序执行流程、指令优先级、ARM 代码和 Thumb 代码的切换。
- 3 种类型的协处理器指令:专用于控制外部协处理器。这些指令以开放和统一的方式扩展了指令集的片外功能。

下面将通过 3 个 ARM 汇编程序的例子,讲解常用的 ARM 汇编中的一些指令。

2.5.3 数据传送指令、算术运算指令、比较指令和跳转指令

例题一：编写 1+2+3+ … +100 的汇编程序。

```
        AREA SUM, CODE,READONLY      ;定义一个代码段，名称为 SUM
        ENTRY                        ;程序入口
        MOV     R0,#0                ;给 R0 赋值为 0                    ①
        MOV     R1,#0                ;R1 初始值为 0，存放 1～100 的总和   ②
START                                ;标号
        ADD     R0,R0,#1             ;用来判断终止，每次加 1            ③
        ADD     R1,R1,R0             ;从 1 加到 100                    ④
        CMP     R0,#100              ;R0-100，但不保存，只影响 CPSR 值   ⑤
        BLT     START                ;R0 小于 100 时跳转到 START 处执行   ⑥
STOP
        B       STOP                 ;死循环                          ⑦
        END
```

1．数据传送指令

数据传送指令主要用于将一个寄存器中的数据传送到另一个寄存器，或者将一个立即数传送到寄存器，这类指令通常用来设置寄存器的初始值。例如在本例题中，语句①②给寄存器 R0 和 R1 赋初值。

数据传送指令有以下两条。

- MOV：数据传送指令。
- MVN：数据取反传送指令。

1） MOV 指令

格式：MOV{条件}{S} 目的寄存器 Rd, 源操作数

功能：MOV 指令将源操作数传送到目的寄存器 Rd 中。通常源操作数是一个立即数、寄存器或被移位的寄存器。S 选项决定指令的操作是否影响 CPSR 中条件标志位的值，有 S 时指令执行后的结果影响 CPSR 中条件标志位 N 和 Z 值。在计算源操作数时更新标志 C，但不影响 V 标志。例如：

```
MOV   R1,R0           ;将寄存器 R0 的值传送到寄存器 R1
MOV   PC,R14          ;将寄存器 R14 的值传送到 PC，常用于子程序返回
MOV   R1,R0,LSL #2    ;将寄存器 R0 的值左移 2 位后传送到 R1
MOV   R0,#10          ;将立即数 10 传送到寄存器 R0
```

2） MVN 指令

格式：MVN{条件}{S} 目的寄存器 Rd, 源操作数

功能：MVN 指令可完成从另一个寄存器、被移位的寄存器或将一个立即数传送到目的寄存器 Rd。与 MOV 指令不同之处是：数据在传送之前被按位取反，即把一个被取反的值传送到目的寄存器中。S 选项决定指令的操作是否影响 CPSR 中条件标志位的值，有 S 时指令执行后的结果影响 CPSR 中条件标志位 N 和 Z 值。在计算源操作数时更新标志 C，但不影响 V 标志。例如：

```
MVN R0,#0          ;将立即数 0 按位取反后传送到寄存器 R0 中，完成后 R0=-1
MVN R1,R2          ;将 R2 取反，结果存到 R1 中
```

2. 算术运算指令

ARM 中的算术指令主要指加法指令和减法指令，这些指令主要实现两个 32 位数据的加减操作，该类指令常常和桶形移位器结合起来，获得许多灵活的功能。例如在本例题中，语句③和④循环变量加 1 和 1 加到 100 求累加和的语句。

算术运算指令有以下 6 条。

- ADD：加法指令。
- ADC：带进位加法指令。
- SUB：减法指令。
- SBC：带借位减法指令。
- RSB：逆向减法指令。
- RSC：带借位的逆向减法指令。

除了上述的算术运算指令以外，还有一类算术运算指令就是乘法指令。乘法指令把一对寄存器的内容相乘，然后根据指令类型把结果累加到其他的寄存器中。ARM 微处理器支持的乘法指令与乘加指令共有 6 条，根据运算结果可分为 32 位运算和 64 位运算两类。

64 位乘法又称为长整型乘法指令，由于结果太大，不能再放到一个 32 位的寄存器中，所以把结果存放在两个 32 位的寄存器 Rdlo 和 Rdhi 中。Rdlo 存放低 32 位，Rdhi 存放高 32 位。与前面的数据处理指令不同，指令中的所有源操作数、目的寄存器必须为通用寄存器，不能对操作数使用立即数或被移位的寄存器。同时，目的寄存器 Rd 和操作数 Rm 必须是不同的寄存器。乘法指令与乘加指令共有以下 6 条。

- MUL：32 位乘法指令。
- MLA：32 位乘加指令。
- SMULL：64 位有符号数乘法指令。
- SMLAL：64 位有符号数乘加指令。
- UMULL：64 位无符号数乘法指令。
- UMLAL：64 位无符号数乘加指令。

1) ADD 加法指令

格式：ADD{条件}{S}目的寄存器 Rd,寄存器 Rn,operand2

功能：ADD 指令用于把寄存器 Rn 的值和操作数 operand2 相加，并将结果存放到目的寄存器 Rd 中。即 Rd=Rn + operand2，其中 Rn 为操作数 1，operand2 是操作数 2，可以是一个寄存器、被移位的寄存器或一个立即数。S 选项决定指令的操作是否影响 CPSR 中条件标志位的值，有 S 时指令执行后的结果影响 CPSR 中条件标志位 N、Z、C 和 V 标志。例如：

```
ADD R0,R1,R2          ;R0 = R1 + R2
ADD R0,R1,#10         ;R0 = R1 + 10
ADD R0,R1,R2,LSL#3    ;R0 = R1 + (R2 左移 3 位)
```

2) ADC 带进位加法指令

格式: ADC{条件}{S} 目的寄存器 Rd, 寄存器 Rn, operand2

功能: ADC 指令用于把寄存器 Rn 的值和操作数 operand2 相加, 再加上 CPSR 中的 C 条件标志位的值, 并将结果存放到目的寄存器 Rd 中。即 Rd=Rn+operand2+!C, 其中 Rd 和 Rn 是一个寄存器, operand2 为操作数 2, 可以是一个寄存器, 即被移位的寄存器或一个立即数。S 选项决定指令的操作是否影响 CPSR 中条件标志位的值, 有 S 时指令执行后的结果影响 CPSR 中条件标志位 N、Z、C 和 V 标志。该指令使用一个进位标志位, 这样可以做比 32 位大的数的加法, 注意不要忘记设置 S 后缀来更改进位标志。该指令用于实现超过 32 位的加法。例如, 用 ADC 指令完成 64 位加法。设第一个 64 位操作数放在 R2(高 32 位)和 R3(低 32 位)中, 第二个 64 位操作数放在 R4(高 32 位)和 R5(低 32 位)中。64 位结果放在 R0(高 32 位)和 R1(低 32 位)中。例如:

```
ADDS R1, R3,R5
ADC R0, R2, R4
```

3) SUB 减法指令

格式: SUB{条件}{S} 目的寄存器 Rd, 寄存器 Rn, operand2

功能: SUB 指令用于把寄存器 Rn 的值减去操作数 operand2, 并将结果存放到目的寄存器 Rd 中。即 Rd=Rn-operand2, 其中 Rn 为操作数 1, operand2 是操作数 2, 可以是一个寄存器、被移位的寄存器或一个立即数。该指令可用于有符号数或无符号数的减法运算。S 选项决定指令操作的结果是否影响 CPSR 中条件标志位的值, 有 S 时指令执行后的结果影响 CPSR 中条件标志位 N、Z、C 和 V 标志。例如:

```
SUB R0,R1,R2            ;R0 = R1 - R2
SUB R0,R1,#6            ;R0 = R1 - 6
SUB R0,R2,R3,LSL #1     ;R0 = R2 - (R3 左移 1 位)
```

4) SBC 带借位减法指令

格式: SBC{条件}{S} 目的寄存器 Rd,寄存器 Rn,operand2

功能: SBC 指令用于把寄存器 Rn 的值减去操作数 operand2, 再减去 CPSR 中的 C 条件标志位的反码, 并将结果存放到目的寄存器 Rd 中。即 Rd=Rn-operand2-!C, 其中 Rn 为操作数 1, operand2 是操作数 2, 可以是一个寄存器、被移位的寄存器或一个立即数。S 选项决定指令的操作是否影响 CPSR 中条件标志位的值, 有 S 时指令执行后的结果影响 CPSR 中条件标志位 N、Z、C 和 V 标志。例如, 用 SBC 指令完成 64 位减法, 设第一个 64 位操作数放在 R1(高 32 位)和 R0(低 32 位)中, 第二个 64 位操作数放在 R3(高 32 位)和 R2(低 32 位)中。64 位结果放在 R1(高 32 位)和 R0(低 32 位)中。例如:

```
SUBS R0,R0,R2
SBC R1,R1,R3
```

5) RSB 逆向减法指令

格式: RSB{条件}{S} 目的寄存器 Rd, 寄存器 Rn, operand2

功能: RSB 指令称为逆向减法指令, 该指令表示把操作数 2 减去寄存器 Rn, 并将结果存放到目的寄存器中。即 Rd= operand2-Rn, 其中 Rn 为操作数 1, operand2 为操作数 2, 可以是一个寄存器、被移位的寄存器或一个立即数。S 选项决定指令的操作是否影响 CPSR 中条件标志位的值，有 S 时指令执行后的结果影响 CPSR 中条件标志位 N、Z、C 和 V 标志。该指令可用于有符号数或无符号数的减法运算。例如：

```
RSB R0,R1,R2              ;R0 = R2-R1
RSB R0,R1,#5             ;R0 = 5-R1
RSB R0,R2,R3,LSL #2      ;R0 = (R3 左移 2 位)-R2
```

6)　RSC 带借位的逆向减法指令

格式：RSC{条件}{S}　目的寄存器 Rd,寄存器 Rn,operand2

功能：RSC 指令表示把操作数 operand2 减去寄存器 Rn 的值，再减去 CPSR 中的 C 条件标志位的反码，并将结果存放到目的寄存器 Rd 中。即 Rd=operand2-Rn-!C，其中 Rd 和 Rn 是一个寄存器，operand2 是操作数 2，可以是一个寄存器、被移位的寄存器或一个立即数。S 选项决定指令的操作是否影响 CPSR 中条件标志位的值，有 S 时指令执行后的结果影响 CPSR 中条件标志位 N、Z、C 和 V 标志。例如：

```
RSC R0,R1,R2              ;R0 = R2-R1-!C
```

7)　MUL 32 位乘法指令

格式：MUL{条件}{S}　目的寄存器 Rd,寄存器 Rm,寄存器 Rs

功能：MUL 指令完成将操作数 Rm 与操作数 Rs 的乘法运算，并把结果放置到目的寄存器 Rd 中，即 Rd=Rm×Rs。S 选项决定指令的操作是否影响 CPSR 中条件标志位的值，有 S 时指令执行后的结果影响 CPSR 中条件标志位 N 和 Z 值。在 ARM v4 及以前版本中，标志 C 和 V 不可靠，在 ARM v5 及以后版本中不影响 C 和 V 标志(以下几个乘法指令对 S 的规定与此相同)。例如：

```
MUL R0,R1,R2              ;R0 = R1×R2
MULS R0,R1,R2            ;R0 = R1×R2，同时设置 CPSR 中的相关条件标志位
```

8)　MLA 32 位乘加指令

格式：MLA{条件}{S}　目的寄存器 Rd,寄存器 Rm,寄存器 Rs,寄存器 Rn

功能：MLA 指令完成将操作数 Rm 与操作数 Rs 的乘法运算，再将乘积加上 Rn，并把结果放置到目的寄存器 Rd 中，即 Rd=(Rm×Rs)+Rn。如果有 S 后缀，同时根据运算结果设置 CPSR 中相应的条件标志位。例如：

```
MLA R0,R1,R2,R3          ;R0 = R1×R2+R3
MLAS R0,R1,R2,R3        ;R0=R1×R2+R3，并设置 CPSR 中的相关条件标志位
```

9)　SMULL 64 位有符号数乘法指令

格式：SMULL{条件}{S}　目的寄存器 Rdlo,目的寄存器 Rdhi,寄存器 Rm,寄存器 Rs

功能：SMULL 指令实现 32 位有符号数相乘，得到 64 位结果。32 操作数 Rm 与 32 操作数 Rs 作乘法运算，并把结果的低 32 位放置到目的寄存器 Rdlo 中，结果的高 32 位放置到目的寄存器 Rdhi 中，即[Rdhi Rdlo]=Rm×Rs。如果有 S 后缀，同时根据运算结果设置 CPSR 中相应的条件标志位。其中，操作数 Rm 和操作数 Rs 均为 32 位的有符号数。例如：

```
SMULL R0,R1,R2,R3        ;R0=(R2×R3)的低 32 位，R1=(R2×R3)的高 32 位
```

10) SMLAL 64 位有符号数乘加指令

格式：SMLAL{条件}{S} 目的寄存器 Rdlo,目的寄存器 Rdhi,寄存器 Rm,寄存器 Rs

功能：SMLAL 指令实现 32 位有符号数相乘并累加，得到 64 位结果。32 位操作数 Rm 与 32 位操作数 Rs 作乘法运算，并把结果的低 32 位同目的寄存器 Rdlo 中的值相加后再放置到目的寄存器 Rdlo 中，结果的高 32 位同目的寄存器 Rdhi 中的值相加后再放置到目的寄存器 Rdhi 中，即[Rdhi Rdlo]= [Rdhi Rdlo]+Rm×Rs。如果有 S 后缀，同时根据运算结果设置 CPSR 中相应的条件标志位。其中，操作数 Rm 和操作数 Rs 均为 32 位的有符号数。对于目的寄存器 Rdlo，在指令执行前存放 64 位加数的低 32 位，指令执行后存放结果的低 32 位。对于目的寄存器 Rdhi，在指令执行前存放 64 位加数的高 32 位，指令执行后存放结果的高 32 位。例如：

```
SMLAL R0,R1,R2,R3    ;R0=(R2×R3)的低 32 位+R0，R1=(R2×R3)的高 32 位+R1
```

11) UMULL 64 位无符号数乘法指令

格式：UMULL{条件}{S} 目的寄存器 Rdlo,目的寄存器 Rdhi,寄存器 Rm,寄存器 Rs

功能：UMULL 指令实现 32 位无符号数相乘，得到 64 位结果。32 操作数 Rm 与 32 操作数 Rs 作乘法运算，并把结果的低 32 位放置到目的寄存器 Rdlo 中，结果的高 32 位放置到目的寄存器 Rdhi 中，即[Rdhi Rdlo]=Rm×Rs。如果有 S 后缀，同时根据运算结果设置 CPSR 中相应的条件标志位。其中，操作数 Rm 和操作数 Rs 均为 32 位的无符号数。例如：

```
UMULL R0,R1,R2,R3            ;R0=(R2×R3)的低 32 位；R1=(R2×R3)的高 32 位
```

12) UMLAL 64 位无符号数乘加指令

格式：UMLAL{<cond>}{S}目的寄存器 Rdlo,目的寄存器 Rdhi,寄存器 Rm,寄存器 Rs

功能：UMLAL 指令实现 32 位无符号数相乘并累加，得到 64 位结果。例如：

```
UMLAL R0,R1,R2,R3  ;R0=(R2×R3)的低 32 位+R0，R1=(R2×R3)的高 32 位+R1
```

⚠ 注意：在操作中使用寄存器，但 R15 不可用。

在寄存器的使用中，注意 Rd 不能同时作为 Rm，即 Rdlo、Rdhi 和 Rm 必须使用不同的寄存器。

有符号运算和无符号运算的低 32 位是没有区别的。

对于 UMULL 和 UMLAL，即使操作数的最高位为 1，也可理解为无符号数。

3. 比较指令

比较指令通常用于把一个寄存器与一个 32 位的值进行比较或测试。比较指令根据结果更新 CPSR 中的标志位，但不影响其他的寄存器。在设置标志位后，其他指令可以通过条件执行来改变程序的执行顺序。对于比较指令，不需要使用 S 后缀就可以改变标志位的值。例如本例题中的语句⑤，将计数值和 100 进行比较，方法是计数值寄存器 R0 的值-100，但结果不保存，即结果不放入任何寄存器中，而只是根据相减的结果影响 CPSR 中条件标志位的值。

比较指令有以下 4 条。

● CMP：比较指令。

● CMN：反值比较指令。

- TST：位测试指令。
- TEQ：相等测试指令。

1) CMP 比较指令

格式：CMP{条件} 寄存器 Rn,operand2

功能：CMP 指令将寄存器 Rn 的内容和另一个操作数 operand2 进行比较，同时更新
CPSR 中条件标志位的值(不需要指定 S 后缀)。该指令实质上是进行一次减法运算，但不存
储结果，只更改条件标志位。后面的指令就可以根据条件标志位来决定是否执行。例如：

```
CMP  R1,#10      ;将寄存器 R1 的值与 10 相减，并设置 CPSR 的标志位
ADDGT R0,R0,#5   ;如果 R1>10，则执行该指令，将 R0 加 5
```

上面两条语句表示：当寄存器 R1 的值大于 10 时，执行完第一条语句的 CMP 指令后，
再在执行第二条语句的 ADDGT 时，会执行 R0=R0+5。

2) CMN 反值比较指令

格式：CMN{条件} 寄存器 Rn,operand2

功能：CMN 指令用于把寄存器 Rn 的内容和另一个操作数 operand2 取反后进行比较，
同时更新 CPSR 中条件标志位的值(不需要指定 S 后缀)。该指令实际上是将操作数 Rn 和操
作数 operand2 相加，并根据结果更改条件标志位。同样，后面的指令可以根据条件标志位
来决定是否执行。例如：

```
CMN  R0,R1  ;将 R0 的值与 R1 的值相加，根据结果设置 CPSR 的标志位
CMN  R0,#10 ;将 R0 的值加 10，并根据结果设置 CPSR 的标志位
```

3) TST 位测试指令

格式：TST{条件} 寄存器 Rn,operand2

功能：TST 指令用于把寄存器 Rn 的内容和另一个操作数 operand2 按位进行与运算，并
根据运算结果更新 CPSR 中条件标志位的值(不需要指定 S 后缀)。该指令通常用来检查是否
设置了特定的位，即检查某些位是否为 1。其中操作数 Rn 是要测试的数据，操作数 operand2
可以看作一个 32 位的掩码，如果在掩码中设置了某一位(即某一位置 1)，则表示检查该位，
未设置的掩码位则表示不检查。例如，要检查 R0 中的第 0 位和第 1 位是否为 1，则应执行：

```
TST  R1,#3
```

分析：立即数 3 即为 11(32 位中的其他位全部为 0)，即第 0 位和第 1 位是 1，如果被检
查的 R1 的第 0 位和第 1 位中某一位为 1(或者两位)，与 11 进行与运算后，仍然是 1，而其
他位与 0 进行与运算结果为 0。据此改变 CPSR 的标志位，结果为 0 则设置 Z 标志，否则清
除 Z 标志。通过检查 CPSR 值即可知道 R0 中第 0 位和第 1 位是否为 1。

4) TEQ 相等测试指令

格式：TEQ{条件} 寄存器 Rn,operand2

功能：TEQ 指令用于把寄存器 Rn 的内容和另一个操作数 operand2 按位进行异或运算，
并根据运算结果更新 CPSR 中条件标志位的值(不需要指定 S 后缀)。该指令通常用于比较操
作数 Rn 和操作数 operand2 是否相等。例如：

```
TEQ  R1,R2
```

若寄存器 R1 的值和寄存器 R2 的值相等，那么按位异或的结果为 0，再根据结果置位 CPSR 的 Z 标志位。

4．跳转指令

跳转指令是一种很重要的指令，用于实现程序流程的跳转，这类指令可用来改变程序的执行流程或者调用子程序。例如例题一中的⑥和⑦两条语句，BLT 表示"带符号数小于"条件满足时跳转到标号处，B 是无条件跳转到标号处。

跳转指令有以下 4 条。

- B：跳转指令。
- BL：带返回的跳转指令。
- BX：带状态切换的跳转指令。
- BLX：带返回和状态切换的跳转指令。

1）B 跳转指令

格式：B{条件} label

功能：B 指令是最简单的跳转指令。一旦遇到 B 指令，ARM 处理器将立即跳转到给定的目标地址 label，即 PC=label，然后从那里继续执行。这里 label 表示一个符号地址，它的实际值是相对当前 PC 值的一个偏移量，而不是一个绝对地址，它的值由汇编器来计算。它是一个 24 位有符号数，左移两位后有符号扩展为 32 位，然后与 PC 值相加，即得到跳转的目的地址。跳转的范围为-32M～+32M。例如，下面的程序段完成循环 10 次的功能：

```
    MOV R0,#10
loop
    SUBS  R0,R0,#1
    BNE loop
```

下面的代码可以跳转到绝对地址 0x1000 处。

```
    B 0x1000                    ;跳转到绝对地址 0x1000 处执行
```

条件跳转：当 CPSR 寄存器中的 C 条件标志位为 1 时，程序跳转到标号 forward 处执行。

```
    BCC  forward
```

2）BL 带返回的跳转指令

格式：BL{条件} label

功能：BL 指令是另一个跳转指令，与 B 指令不同的是，在跳转之前，将 PC 的当前内容保存到寄存器 R14(LR)中。因此，可以通过将 R14 的内容重新加载到 PC 中，再返回到跳转指令之后的那个指令处执行。该指令用于实现子程序的调用，程序的返回可通过把 LR 寄存器的值复制到 PC 寄存器中来实现。例如：

```
    …
    BL func              ;跳转到子程序
    ADD R1,R2,#2         ;子程序调用完返回后执行的语句，返回地址
    …
Func                     ;子程序
    …                    ;子程序代码
```

```
        MOV R15,R14       ;复制返回地址到 PC，实现子程序的返回
```

3)　BX 带状态切换的跳转指令

格式：BX{条件} Rm

功能：BX 指令跳转到指令中所指定的目标地址，并实现状态的切换。

Rm 是一个表达目标地址的寄存器。当 Rm 中的最低位 Rm[0]为 1 时，强制程序从 ARM 指令状态跳到 Thumb 指令状态；当 Rm 中的最低位 Rm[0]为 0 时，强制程序从 Thumb 指令状态跳到 ARM 指令状态。

4)　BLX 带返回和状态切换的跳转指令

格式：BLX{条件} label｜Rm

功能：BLX 指令跳转到指令中所指定的目标地址，并实现状态的切换，同时将 PC(R15)的值保存到 LR 寄存器(R14)中，其目标地址可以是一个符号地址(label)或者一个表达目标地址的寄存器 Rm。如果目标地址处为 Thumb 指令，则程序状态从 ARM 状态切换为 Thumb 状态。因此，当子程序使用 Thumb 指令集，而调用者使用 ARM 指令集时，可以通过 BLX 指令实现子程序的调用和处理器工作状态的切换。同时，子程序的返回可以通过将寄存器 R14(LR)值复制到 PC 中来完成。

BLX 指令是在 ARM v5 架构(如 ARM1020E)下支持的分支指令。

> 提示：在 ARM 程序中有两种方法可以实现程序流程的跳转，一种是使用跳转指令，另一种是直接向程序计数器 PC(R15)写入目标地址值。
>
> 通过向程序计数器 PC 写入跳转地址值，可以实现在 4GB 的地址空间中任意跳转，而使用跳转指令，其跳转空间受到限制。

2.5.4　寄存器加载/存储指令和伪指令

例题二：访问变量。

```
    AREA    M1TOM2,CODE,READONLY
    ENTRY                       ;程序入口
NumCount  EQU  0x40003000       ;定义变量 NumCount              ①
    LDR  R0,=NumCount           ;使用 LDR 伪指令读取 NumCount 的地址到 R0   ②
    LDR  R1,[R0]                ;取出变量值                    ③
    ADD  R1,R1,#1               ;NumCount=NumCount+1
    STR   R1,[R0]               ;保存变量                     ④
    LDR  R0,=0X10               ;把地址 0X10 赋给 R0            ⑤
    LDR  R5,=0X20               ;把地址 0X20 赋给 R5            ⑥
    STMIA  R0,{R1-R4}           ;把 R1 到 R4 的值依次赋给以 R0 为首地址   ⑦
                               ;的内存单元中，每次赋完一次值，R0 自动加 1
    LDMIA   R5,{R1-R4}          ;把 R1 到 R4 的值依次赋给以 R5 为首地   ⑧
                               ;址的内存单元中，R5 每次自动加 1
STOP
    B  STOP                     ;死循环
    END
```

1. 汇编伪操作

EQU 是汇编伪操作，例如本例题中的语句①，关于伪操作，请参见第 3.2.2 节 "常用伪操作的用法"。

2. 寄存器加载/存储指令

ARM 处理器是典型的 RISC 处理器，是加载/存储(Load/Store)体系结构的处理器，对存储器的访问只能通过专门的加载和存储指令来实现。

数据加载与存储指令在 ARM 处理器的寄存器和存储器之间传送数据。数据加载与存储的方向问题常常容易被搞混，如图 2-14 所示，Load 用于把内存中的数据装载到寄存器中，而 Store 则用于把寄存器中的数据存入内存。本例中的语句③、④、⑦和⑧，分别是加载和存储单寄存器及多寄存器的 4 条语句。另外，LDR 也是一种伪指令的操作码。

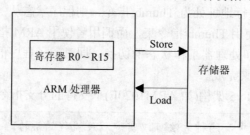

图 2-14　Load/Store 指令的方向

ARM 指令集中有 3 种基本的数据加载与存储指令。

- 单寄存器加载与存储指令。
- 多寄存器加载与存储指令。
- 单寄存器交换指令。

1) 单寄存器加载与存储指令

例如本例题中的③和④语句，这种指令用于把单一的数据传入或者传出一个寄存器。支持的数据类型有字(32 位)、半字(16 位)和字节。常用的单寄存器加载与存储指令包括以下 4 条。

- LDR/STR：字数据加载/存储指令。
- LDRB/STRB：字节数据加载/存储指令。
- LDRH/STRH：半字数据加载/存储指令。
- LDRSB/LDRSH：有符号数字节/半字加载指令。

(1) LDR/STR 字数据加载/存储指令。

格式：LDR/STR{条件}{T} 寄存器 Rd,addr

功能：LDR 指令用于从存储器中将一个 32 位的字数据加载到目的寄存器 Rd 中。该指令通常用于从存储器中读取 32 位的字数据到通用寄存器，然后对数据进行处理。当程序计数器 PC(R15)作为目的寄存器时，指令从存储器中读取的字数据被当作目的地址，从而可以实现程序流程的跳转。

STR 指令用于从源寄存器 Rd 中将一个 32 位的字数据存储到存储器中。STR 指令和 LDR 指令的区别在于数据的传送方向。T 为可选后缀，若指令中有 T，那么即使处理器是在特权模式下，存储系统也将访问看成处理器是在用户模式下。T 在用户模式下无效，不能与前索引一起使用。

① addr 是存储器地址，它的寻址非常灵活，可表示为[Rn,offset]，其中 Rn 表示基址寄存器，可以为任一个通用寄存器；offset 表示地址偏移量。地址偏移量有 3 种格式：立即数、寄存器和寄存器移位。

- 立即数就是一个无符号的数值，这个数值可以被加到基址寄存器中，也可以从基址寄存器中减去这个数值。例如：

```
LDR R1,[R0,#0x12]   ;R1<-[R0+0x12]
STR R6,[R7],#-0x08  ;[R7]<-R6,R7=R7-0x08,此时基址不能是 R15(PC)
```

- 寄存器中的数值可以被加到基址寄存器中，也可以从基址寄存器中减去这个数值。例如：

```
LDR R5,[R6,-R3]     ;R5<-[R6-R3]
STR R6,[R7],R8      ;[R7]<-R6,R7=R7+R8
```

- 寄存器移位由一个通用寄存器和一个立即数组成，寄存器中的数值可以根据指令中的移位标志以及移位常数作一定的移位操作，生成一个地址偏移量。这个地址偏移量可以被加到基址寄存器中，也可以从基址寄存器中减去这个数值。例如：

```
LDR  R1,[R0,R2,LSL #2]      ;R1<-[R0+R2*4]
```

② 另外，还有一种简单的寻址方法，就是使用标号。在这种方法中，程序计数器 PC 是隐含的基址寄存器，偏移量是语句标号所在的地址和 PC(当前正在执行的指令)之间的差值。例如：

```
LDR R4,START       ;将存储地址为 START 的字数据读入 R4
STR R5,DATA1       ;将 R5 存入存储地址为 DATA1 中
```

③ addr 的寻址方式非常灵活，在指令中的地址索引也是指令的一个功能，索引作为指令的一部分，它影响指令的执行结果。地址索引分为前索引(Pre-indexed)、自动索引(Auto-indexed)和后索引(Post-indexed)。

- 前索引也称为前变址，这种索引是在指令执行前把偏移量和基址相加/减，再把得到的值作为寻址的地址。例如：

```
LDR R5,[R6,#0x04]
STR R0,[R5,-R8]
```

在上述第一条指令中，寻址前先把 R6 加上偏移量 4，作为寻址的地址值；在第二条指令中，寻址前先把基址 R5 和偏移量 R8 相减，再把计算的结果作为地址值。这两条指令执行完成后，基址寄存器 R6 和 R5 的地址值和指令执行前相同，并不发生变化。

- 自动索引也称为自动变址，有时为了修改基址寄存器的内容，使之指向数据传送地址，可使用这种方法自动修改基址寄存器。例如：

```
LDR R5,[R6,#0x04]!
STR R0,[R1,R2,LSL #2]!
```

在上述第一条指令中，寻址前先把 R6 加上偏移量 4，作为寻址的地址值，再通过可选后缀！完成基址寄存器的更新，执行完操作后 R6(基址寄存器)的内容加 4。在第二条指令中，寻址前将 R0 字数据存入地址为 R1＋R2×4 的存储单元中并将新地址 R1＋R2×4 写入 R1。

● 后索引也称为后变址，后索引就是用基址寄存器的地址值寻址，找出操作数进行操作，操作完成后，再把地址偏移量和基址相加/减，结果被送到基址寄存器中，作为下一次寻址的基址。例如：

```
LDR R5,[R6],#0x04
STR R6,[R7],#-0x08
```

在上述第一条指令中，先把 R6 指向的地址单元的数据赋给 R5，再把偏移量 4 加到基址寄存器 R6 中去；在第二条指令中，先把 R6 的值存储到 R7 指向的地址单元中去，再把偏移量-8 加到 R7 上。在后索引中，基址在指令的执行前后是不相同的。

⚠️ 注意：立即数绝对值不大于 4095，可使用带符号数，即在-4095～4095 之间。

语句标号不能指向程序存储器的程序存储区，而是指向程序存储器的数据存储区或数据存储器的数据存储区，另外指向的区域是可修改的。

字传送时，偏移量必须保证偏移的结果能够使地址对齐。

使用寄存器移位的方法计算偏移量时，移位的位数不能超过规定的数值。各类移位指令的移位位数的规定不同。

ASR #n; 算术右移($1 \leqslant n \leqslant 32$)
LSL #n; 逻辑左移($0 \leqslant n \leqslant 31$)
LSR #n; 逻辑右移($1 \leqslant n \leqslant 32$)
ROR #n; 循环右移($1 \leqslant n \leqslant 31$)

R15 作为基址寄存器 Rn 时，不可以使用回写功能,即不可以使用后缀！。另外，R15 不可作为偏移寄存器使用。

💡 提示：前索引和自动索引的区别是，前索引方式利用对基址寄存器的改变值进行寻址，但是基址寄存器在操作之后仍然保持原值。自动索引在计算出新的地址后要用新的地址更新基址寄存器的内容，然后再利用新的基址寄存器进行寻址。

前索引和后索引的区别是，前索引在指令执行完成后并没有改变基址寄存器的值，后索引在指令执行完成后改变了基址寄存器的地址值。

后索引和自动索引的区别是，后索引和自动索引类似，也要更新基址寄存器的内容，但变址方式是先利用基址寄存器的原值进行寻址操作，然后再更新基址寄存器。这两种方式在遍历数组时很有用。

---

(2) LDRB/STRB 字节数据加载/存储指令。

格式：LDRB/STRB {条件}{T} 寄存器 Rd, addr

功能：LDRB/STRB 字节数据加载/存储指令与 LDR/STR 字数据加载/存储指令相比，差别在于传送的数据类型不同，即 LDR/STR 传送的是 32 位字数据，而 LDRB/STRB 传送的是 8 位字节数据。

LDRB 指令用于从存储器中将一个 8 位的字节数据加载到目的寄存器 Rd 中，同时将寄存器的高 24 位清零。

STRB 指令用于从源寄存器中将一个 8 位的字节数据存储到存储器中。该字节数据为源寄存器中的低 8 位。

必须明确的是：即使传送的是 8 位数据，地址总线仍然以 32 位的宽度工作，而数据总线也是以 32 位的宽度工作。传送 16 位的半字数据，地址总线和数据总线也是以 32 位的宽度工作，因此字节传送过程和字传送过程相差很大。

STRB 指令从寄存器存储到存储器的过程：由于寄存器中的数据是 32 位结构，在向存储器存储 8 位字节时，只能传送寄存器最低 8 位，即最低字节[7:0]。如果想要存储其他字节，可以采用移位的方法把要存储的字节移至最低字节。如图 2-15(a)所示，要传送的字节只能是寄存器的最低字节数据 A。例如：

```
STRB R0,[R1]      ;将寄存器 R0 中的字节数据写入以 R1 为地址的存储器中
```

LDRB 指令从存储器到寄存器的加载过程：在实现从存储器到寄存器的加载过程时，可以选择任何一个存储器的地址单元，这时不要求地址对齐。也就是说，可以不加限制地选择任何存储器中的字节加载。如图 2-15(b)所示，要加载的字节地址可以是 Adress、Adress+1、Adress+2 和 Adress+3 四个地址中的任何一个，一个地址中存储的是一个字节的数据。例如：

```
LDRB R0,[R1]
```

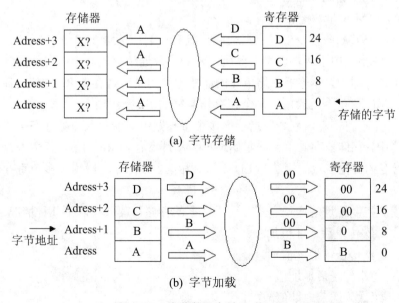

(a) 字节存储

(b) 字节加载

图 2-15　字节数据存储/加载过程

上述指令实现将存储器地址为 R1 的字节数据读入寄存器 R0，并将 R0 的高 24 位清零。

(3) LDRH/STRH 半字数据加载/存储指令。

格式：LDRH/STRH{条件} 寄存器 Rd, addr

功能：LDRB 指令用于从存储器中将一个 8 位的字节数据加载到目的寄存器 Rd 中，同时将寄存器的高 24 位清零。

STRH 指令用于从源寄存器中将一个 16 位的半字数据存储到存储器中。该字节数据为源寄存器中的低 16 位。

(4) LDRSB/LDRSH 有符号数字节/半字加载指令。

格式：LDRSB/LDRSH{条件} 寄存器 Rd, addr

功能：LDRSB 指令用于从存储器中将一个 8 位的字节数据加载到目的寄存器中，同时将寄存器的高 24 位设置为该字节数据的符号位的值，即将该 8 位字节数据进行符号位扩展，生成 32 位数据。

LDRSH 指令用于从存储器中将一个 16 位的半字数据加载到目的寄存器 Rd 中，同时将寄存器的高 16 位设置为该字数据的符号位的值，即将该 16 位字数据进行符号位扩展，生成 32 位数据。

2) 多寄存器加载与存储指令

例如例题二中的⑦和⑧语句。多寄存器加载与存储指令也称为批量数据加载/存储指令，ARM 微处理器所支持的批量数据加载/存储指令可以一次在一片连续的存储器单元和多个寄存器之间传送数据。批量加载指令用于将一片连续的存储器中的数据加载到多个寄存器，批量数据存储指令则完成相反的操作。

多寄存器加载与存储指令在数据块操作、上下文切换和堆栈操作等方面，比单寄存器加载与存储指令会有更高的执行效率。

常用的多寄存器加载存储指令有两条：LDM 指令和 STM 指令。

(1) LDM/STM 批量数据加载/存储指令。

格式：LDM/STM{条件}{模式} 基址寄存器 Rn{!}, 寄存器列表{^}

功能：LDM 指令用于从基址寄存器所指示的一片连续存储器中读取数据到寄存器列表所指示的多个寄存器中，存储器存储单元的起始地址为基址寄存器 Rn 的值，各个寄存器由寄存器列表表示。该指令一般用于多个寄存器数据的出栈操作。

STM 指令用于将寄存器列表所指示的多个寄存器中的值存入由基址寄存器所指示的一片连续存储器中，存储器存储单元的起始地址为基址寄存器 Rn 的值，各个寄存器由寄存器列表表示。指令的其他参数的用法和 LDM 指令相同，该指令一般用于多个寄存器数据的进栈操作。

指令中模式控制地址的增长方式，用于数据的存储与读取有以下几种情况。

● IA：每次传送后地址值加。
● IB：每次传送前地址值加。
● DA：每次传送后地址值减。
● DB：每次传送前地址值减。

用于堆栈操作时有以下几种情况。

- FD：满递减堆栈。
- ED：空递减堆栈。
- FA：满递增堆栈。
- EA：空递增堆栈。

寄存器列表可以包含多个寄存器，它们使用","隔开，比如{R1,R2,R6-R9}。寄存器由小到大排列，允许一条指令传送 16 个寄存器的任何子集或所有寄存器。

{!}为可选后缀，表示在操作结束后，将最后的地址写回 Rn 中：若选用该后缀，则当数据加载与存储完毕之后，将最后的地址写入基址寄存器，否则基址寄存器的内容不改变。基址寄存器 Rn 不允许为 R15，寄存器列表可以为 R0～R15 的任意组合。

{^}为可选后缀，当指令为 LDM 且寄存器列表中包含 R15，选用该后缀时表示：除了正常的数据加载与存储之外，还将 SPSR 复制到 CPSR。同时，该后缀还表示传入或传出的是用户模式下的寄存器，而不是当前模式下的寄存器。

LDM/STM 指令依据其模式(如 IA、IB)的不同，其寻址方式也有很大不同。LDM/STM 寻址方式对照表如表 2-9 所示。

表 2-9　LDM/STM 的寻址对照表

模　式	说　明	模　式	说　明
IA	每次传送后地址加 4	FD	满递减堆栈
IB	每次传送前地址加 4	ED	空递减堆栈
DA	每次传送后地址减 4	FA	满递增堆栈
DB	每次传送前地址减 4	EA	空递增堆栈
数据块传送操作		堆栈操作	

可以看出，指令分为两组：一组用于数据的存储与读取，对应于 IA、IB、DA 和 DB；一组用于堆栈操作，即进行压栈与出栈的操作，对应于 FD、ED、FA 和 EA。

(2) 数据块传送操作。

在进行数据块传送操作时，先设置好源数据地址和目标数据地址，然后使用块拷贝寻址指令 LDMIA/STMIA、LDMIB/STMIB、LDMDA/STMDA 以及 LDMDB/STMDB 进行读取和存储。

例如，设执行前 R0=0x00090010、R6=R7=R8=0x00000000，存储器地址为 0x00090010，存储的内容如图 2-16(a)所示，则分别执行以下两条指令：

```
LDMIA R0!,{R6-R8}
LDMIB R0!,{R6-R8}
```

各相关寄存器的值如何变化呢？

指令 LDMIA R0!,{R6-R8}的执行过程为：以 R0 的值 (0x00090010)为基址取出一个 32 位数据(0x00000001)放入寄存器 R6，然后将 R0 值加 4 (0x00090014)写回到 R0，继续取出一个 32 位数据放入 R7。以此类推，最后 LDMIA R0!,{R6-R8}指令执行完后各寄存器的值如图 2-16(b)所示。

指令 LDMIB R0!,{R6-R8}的执行过程为：以 R0 的值加 4 (0x00090014)为基址取出一个 32 位数据(0x00000002)放入寄存器 R6，然后将地址值(0x00090014)写回到 R0，继续取出一个 32 位数据放入 R7。依此类推，最后 LDMIB R0!,{R6-R8}指令执行完后各寄存器的值如图 2-16(c)所示。

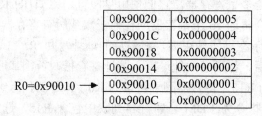

(a) 指令执行前

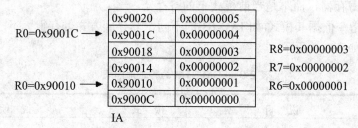

(b) LDMIA R0!,{R6-R8}指令执行后

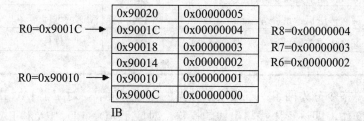

(c) LDMIB R0!,{R6-R8}指令执行后

图 2-16　数据传送操作指令执行情况

通过以上例子可以比较 IA 和 IB 的区别：IA 每次取值后增加地址值，IB 每次地址值增加后再取值。同理可以得出 DA 和 DB 的区别，只不过此时地址值不是做加法，而是做减法。

(3) 堆栈操作。

进行堆栈操作时，要先设置堆栈指针(SP)，然后使用堆栈寻址指令 STMFD/LDMFD、STMED/LDMED、STMFA/LDMFA 和 STMEA/LDMEA 实现堆栈操作。

堆栈就是在 RAM 存储器中开辟(指定)一个特定的存储区域，在这个区域中，信息的存入(此时称为推入)与取出(此时称为弹出)的原则不再是随机存取，而是按照后进先出，我们称该存储区为堆栈。

按照上述定义，我们可以把堆栈想象成一个开口朝下的容器。堆栈的构造示意图如图 2-17 所示。

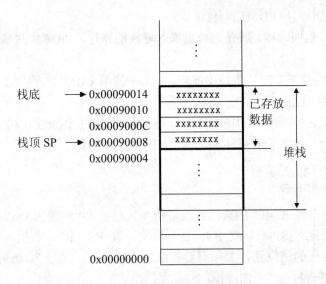

图 2-17　堆栈的结构

堆栈的一端是固定的，另一端是浮动的。堆栈固定端是堆栈的底部，称为栈底。堆栈浮动端可以推入或弹出数据。向堆栈推入数据时，新推入的数据堆放在以前推入数据的上面，而最先推入的数据被推至栈底，最后推入的数据堆放在栈顶。从堆栈弹出数据时，栈顶数据最先弹出，而最先推入的数据则是最后弹出。

由于栈顶是浮动的，为了指示现在堆栈中存放数据的位置，通常设置一个堆栈指针 SP(R13)，它始终指向栈顶。这样，堆栈中数据的进出都由 SP 来指挥。

当一个数据(32 位)被推入堆栈时，SP(R13 的值减 4)向下浮动指向下一个地址，即新的栈顶。当数据从堆栈中弹出时，SP(R13 的值加 4)向上浮动指向新的栈顶。

ARM 体系结构中使用多寄存器指令来完成堆栈操作。出栈使用 LDM 指令，进栈使用 STM 指令。

在使用堆栈的时候，需要确定堆栈在存储器空间中是向上生长还是向下生长的。向上称为递增(Ascending)，向下称为递减(Descending)。

满堆栈(Full stack)是指堆栈指针 SP(R13)指向堆栈的最后一个已使用的地址或满位置(也就是 SP 指向堆栈的最后一个数据项的位置)。相反，空堆栈(Empty stack)是指 SP 指向堆栈的第一个没有使用的地址或空位置。

堆栈的操作包括建栈、进栈和出栈 3 种基本操作。

建栈就是规定栈底在 RAM 存储器中的位置。例如，可以通过 LDR 命令设置 SP 的值来建立堆栈。

```
LDR R13,=0x90010
LDR SP,= 0x90010          ;与上一条指令功能一样
```

这时，SP 指向地址 0x90010，栈中无数据，堆栈的底部与顶部是重叠的，是一个空栈。

ARM 制定了 ARM-Thumb 过程调用标准(ATPCS)，定义了例程如何被调用，寄存器如何被分配。在 ATPCS 中，堆栈被定义为满递减式堆栈，因此 LDMFD 和 STMFD 指令分别

用来支持 POP 操作(出栈)和 PUSH 操作(进栈)。

进栈(PUSH)操作也叫入栈,就是把数据推入堆栈的操作。ARM 中进栈或出栈操作都是以字(32 位)为单位的。

出栈(POP)操作就是把数据从堆栈中取出,ARM 使用 LDMFD 实现出栈操作。下列指令说明了进栈和出栈的过程。

例如:指令执行前 SP=0x00090010(R13),R4=0x00000003,R3=0x00000002,R2=0x00000001,将 R2-R4 入栈,然后出栈,看看进栈和出栈后 SP 的值是多少。

```
STMFD SP!,{R2-R4}
LDMFD SP!,{R6-R8}
```

分析:第一条指令将 R2-R4 的数据入栈,指令执行前 SP 的值为 0x00090010,指令执行时 SP 指向下一个地址(SP-4)存放 R4,然后依次存放 R3、R2,数据入栈后 SP 的值为 0x00090004,指向堆栈的满位置,如果有数据继续入栈则下一地址为 0x90000。其过程如图 2-18 所示,入栈的顺序是 R4 先入栈。

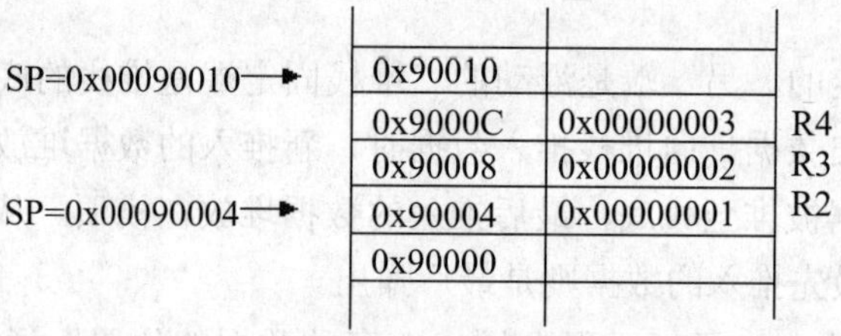

SP=0x00090010→ 0x90010		
0x9000C	0x00000003	R4
0x90008	0x00000002	R3
SP=0x00090004→ 0x90004	0x00000001	R2
0x90000		

图 2-18 进栈操作

第二条指令实现出栈操作,在第一条指令的基础上,表示将刚才入栈的数据分别出栈到 R6-R8,出栈后 SP 指向 0x00090010。实际上 STMFD 指令相当于 STMDB 指令,LDMFD 指令相当于 LDMIA 指令。

```
STMDA   R0!,{R5-R6}              ;使用数据块传送指令进行堆栈操作
…
LDMIB   R0!,{R5-R6}

STMED   R13!,{R5-R6}             ;使用堆栈指令进行堆栈操作
…
LDMED   R13!,{R5-R6}
```

两段代码的执行结果是一样的,但是使用堆栈指令的进栈和出栈操作编程很简单(只要前后一致即可),而使用数据块指令进行进栈和出栈操作则需要考虑空与满、加与减对应的问题。

3) 单寄存器交换指令(Single Register Swap)

数据交换指令允许把寄存器和存储器中的数值进行交换,在一条指令中有效地完成 Load/Store 操作。它们在用户级编程中很少用到,主要用途是在多处理器系统中实现信号量(Semaphores)操作,以保证不会同时访问公用的数据结构。

交换指令是数据加载与存储指令的一种特例,交换指令是一个原子操作,操作期间会

阻止其他任何指令对该存储单元的读/写。

数据交换指令有如下两条。

- SWP：字数据交换指令。
- SWPB：字节数据交换指令。

(1) SWP 字数据交换指令。

格式：SWP{条件} 目的寄存器 Rd,源寄存器<Rm>,[寄存器 Rn]

功能：SWP 指令用于将寄存器 Rn 所指向的存储器中的字数据加载到目的寄存器 Rd 中，同时将源寄存器 Rm 中的字数据存储到寄存器 Rn 所指向的存储器([寄存器 Rn])中。例如：

```
Rd=[Rn], [Rn]=Rm(当 Rm 与 Rd 是同一寄存器时：Rd=[Rn], [Rn]=Rd)
```

显然，当寄存器 Rm 和目的寄存器 Rd 为同一个寄存器时(两者应与 Rn 不同)，指令交换该寄存器和存储器的内容。例如：

```
SWP R0,R1,[R2]
SWP R0,R0,[R1]
```

在上述第一条指令中，将 R2 所指向的存储器([R2])中的字数据加载到 R0，同时将 R1 中的字数据存储到 R2 所指向的存储单元；在第二条指令中，将 R1 所指向的存储器([R1])中的字数据与寄存器 R0 中的字数据交换。

(2) SWPB 字节数据交换指令。

格式：SWPB{条件} 目的寄存器 Rd,源寄存器 Rm,[寄存器 Rn]

功能：SWPB 指令用于将寄存器 Rn 所指向的存储器([寄存器 Rn])中的字节(8 位)数据加载到目的寄存器 Rd 中，目的寄存器的高 24 清零，同时将源寄存器 Rm 中的低 8 位数据存储到寄存器 Rn 所指向的存储器中。显然，当寄存器 Rm 和目的寄存器 Rd 为同一个寄存器时(两者应与 Rn 不同)，指令交换该寄存器和存储器的内容。例如：

```
SWPB R0,R1,[R2]
SWPB R0,R0,[R1]
```

在上述第一条指令中，将 R2 所指向的存储器([R2])中的字节数据加载到 R0，R0 的高 24 位清零，同时将 R1 中的低 8 位数据存储到 R2 所指向的存储单元；在第二条指令中，将 R1 所指向的存储器([R1])中的字节数据与 R0 中的低 8 位数据交换。

> ⚠ 注意：PC 不能用作 SWP/SWPB 指令中的任何寄存器。
> 基址寄存器 Rn 不应与源寄存器 Rm 或目的寄存器 Rd 相同,但是 Rm 和 Rd 可以相同。
> 寄存器位置不可为空，必须满足 3 个寄存器。
> 数据交换指令是指在寄存器和存储器之间进行数据交换。

3. LDR 伪指令

伪指令是 ARM 处理器支持的汇编语言程序里的特殊助记符，伪指令不是 ARM 指令集中的指令，只是为了编程方便而定义的，伪指令可以像其他 ARM 指令一样使用，它不在处理器运行期间由机器执行，只是在汇编时将被合适的机器指令代替成 ARM 或 Thumb 指令，从而实现真正的指令操作。例如例题二中的语句②、⑤和⑥，它们是把变量值或者地址值传送到寄存器的 3 个语句。

ARM 汇编中的伪指令有四条。

- LDR 大范围的地址读取伪指令。
- ADRL 中等范围的地址读取伪指令。
- ADR 小范围的地址读取伪指令。
- NOP 空操作伪指令。

(1) LDR 大范围的地址读取伪指令。

格式：LDR{条件} 寄存器 Rm,=addr

功能：LDR 指令用于加载 32 位立即数或一个地址值到指定寄存器 Rm。在汇编编译源程序时，LDR 伪指令被编译器替换成一条合适的指令。addr 是 32 位立即数或基于 PC 的地址表达式或外部表达式。例如：

```
LDR R0,=0x0AA00
LDR R0,=DATA_BUF+60
```

在上述第一条指令中，加载 32 位立即数 0x12345678 到寄存器 R0，汇编后的指令是 MOV R0,#43520；在第二条指令中，加载 DATA_BUF 地址+60 到 R0。

伪指令 LDR 常用于加载芯片外围功能部件的寄存器地址(32 位立即数)，以实现各种控制操作，例如：

```
    …
LDR R0,=IOPIN          ;伪指令，加载 GPIO 的寄存器 IOPIN 的地址
LDR R1,[R0]            ;ARM 指令，读取 IOPIN 寄存器的值
    …
LDR R0,=IOSET          ;伪指令，加载 GPIO 的寄存器 IOSET 的地址
LDR R1,=0x00500500     ;伪指令，加载立即数到 R1
STR R1,[R0]            ;ARM 指令，IOSET=0x00500500
    …
```

上述程序代码实现了从处理器的某个通用输入/输出接口读取数据和把一个数据写到输入/输出接口的控制寄存器中。

💡 提示：若加载的常数未超出 MOV 或 MVN 的范围，则使用 MOV 或 MVN 指令代替该 LDR 伪指令。否则，汇编器将常量放入文字池，并使用一条程序相对偏移的 LDR 指令从文字池读出常量。

⚠ 注意：从 PC 到文字池的偏移量必须小于 4KB。

与 ARM 指令的 LDR(加载)相比，伪指令的 LDR 的参数有 = 号。

(2) ADRL 中等范围的地址读取伪指令。

格式：ADRL{条件} 寄存器 Rm,addr

功能：ADRL 指令将基于 PC 相对偏移的地址值或基于寄存器相对偏移的地址值读取到寄存器中。addr 是地址表达式。当地址值是非字对齐时，取值范围为−64～64KB；当地址值

是字对齐时，取值范围-256～256KB。

ADRL 比 ADR 伪指令可以读取更大范围的地址。在汇编编译源程序时，ADRL 伪指令被编译器替换成两条合适的指令。若不能用两条指令实现，则产生错误，编译失败。下面的例子使用 ADRL 加载地址，可以实现程序跳转。

```
        …
ADR LR,RETURN1                ;设置返回地址
ADRL R1,Thumb_sub+1           ;取得 Thumb 子程序入口地址，且 R1 的 0 位置 1
BX R1                         ;调用 Thumb 子程序，并切换处理器状态
RETURN1
        …
        CODE16
Thumb_sub MOV R1,#10
        …
```

(3) ADR 小范围的地址读取伪指令。

格式：ADR{条件} 寄存器 Rm,addr

功能：ADR 指令将基于 PC 相对偏移的地址值或基于寄存器相对偏移的地址值读取到寄存器中。addr 是地址表达式。当地址值是非字对齐时，取值范围为-255～255Byte；当地址值是字对齐时，取值范围为-1020～1020Byte。

在汇编编译源程序时，ADR 伪指令被编译器替换成一条合适的指令。通常，编译器用一条 ADD 或 SUB 指令来实现该 ADR 伪指令的功能，若不能用一条指令实现，则产生错误，编译失败。下面的例子使用 ADR 伪指令加载地址，实现查表功能。

```
        …
ADR R0,ADDR_TAB      ;加载转换表首地址
LDRB R1,[R0,R2]      ;使用 R2 作为参数，进行查表
        …
ADDR_TAB DCB 0xA0,0xF8, 0x80,0x48, 0xE0,0x4F, 0xA3,0xD2
```

在上面的程序代码中，通过 ADR 伪指令将转换表的首地址值(ADDR_TAB)加载到 R0 中，每个表项的偏移地址值由 R2 传入，即在基址 ADDR_TAB 上进行偏移 R2，得到每一个表项的值，从而可以实现查表功能。

(4) NOP 空操作伪指令。

格式：NOP

功能：NOP 是空操作伪指令，在汇编时将会被代替成 ARM 中的空操作，比如 MOV R0,R0 指令等。NOP 可用于延时操作，请看下面的例子。

```
        …
DELAY
NOP
NOP
NOP
SUBS R1,R1,#1
BNE DELAY1
        …
```

2.5.5　程序状态寄存器访问指令和逻辑运算指令

例题三：参考 CPSR 寄存器中各标志位的含义，使处理器处于系统模式，采用使能 IRQ 中断。

```
    AREA       EXAMPLE,CODE,READONLY
    ENTRY
START
    MOV R0,#0X1F    ;给 R0 赋值，2 进制为 11111，R0 的[4:0]五位都为 1
    MSR CPSR_c,R0   ;把 CPSR 的控制位域的[4:0]置 1                      ①
    MRS R1,CPSR     ;把 CPSR 的值复制到 R1                             ②
    BIC R1,R1,#0x80 ;清除 R1 的位 7                                    ③
    MSR CPSR_c,R1   ;把 R1 的值复制到 CPSR                             ④
STOP
    B       STOP    ;死循环
    END
```

1．程序状态寄存器访问指令

ARM 微处理器中的程序状态寄存器不属于通用寄存器。为了使用方便，ARM 专门为程序状态寄存器设立了两条访问指令，用于在程序状态寄存器和通用寄存器之间传送数据。例如本例题中的语句①、②和④，第一条语句实现了把当前的程序状态寄存器 CPSR 的模式位设置为 11111，从表 2-2 可以看到，此时 ARM 处理器的工作模式是系统模式；第二条语句把 CPSR 的值传送到寄存器 R1；第三条语句把 R1 的值传送到 CPSR。

在程序状态寄存器和通用寄存器之间传送数据的指令有两条。

● MSR：通用寄存器到程序状态寄存器的数据传送指令。

● MRS：程序状态寄存器到通用寄存器的数据传送指令。

(1) MSR 通用寄存器到程序状态寄存器的数据传送指令。

格式：MSR{条件} <CPSR｜SPSR>_<fields>,寄存器 Rm 或立即数

功能：MSR 指令用于将操作数的内容传送到程序状态寄存器的特定域中。其中，状态寄存器是指 CPSR 或 SPSR，一般指当前工作模式下的状态寄存器。操作数可以为通用寄存器 Rm 或立即数#immed。域<fields>用于设置程序状态寄存器中需要操作的位，32 位的程序状态寄存器可分为 4 个域，如图 2-19 所示。

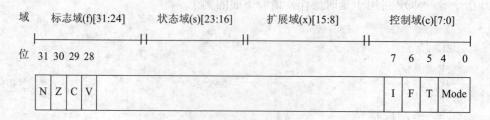

图 2-19　CPSR 的位域

- 位[31:24]为条件标志位域，用 f 表示。
- 位[23:16]为状态位域，用 s 表示。
- 位[15:8]为扩展位域，用 x 表示。
- 位[7:0]为控制位域，用 c 表示。

位域的表示方法：在 CPSR 或 SPSR 后面使用下划线，然后是位域。上述位域可以任意组合，之间不用隔点，但必须小写才有效。例如 CPSR_c 和 CPSR_cxsf 都是正确的表达式。

MSR 指令通常用于恢复或改变程序状态寄存器的内容。使用时，一般要在 MSR 指令中指明将要操作的域。例如：

```
MSR CPSR,R0          ;传送 R0 的内容到 CPSR
MSR SPSR,R0          ;传送 R0 的内容到 SPSR
MSR CPSR_c,R0        ;传送 R0 的内容到 CPSR，仅修改 CPSR 的控制位域
```

(2) MRS 程序状态寄存器到通用寄存器的数据传送指令。

格式：MRS{条件}　寄存器 Rd,<CPSR｜SPSR>

功能：MRS 指令用于将程序状态寄存器的内容传送到通用寄存器中。该指令一般用两种情况：在异常处理或进程切换时，需要保存程序状态寄存器的值，可先用该指令读出程序状态寄存器的值，然后保存。当需要改变程序状态寄存器的内容时，可用 MRS 将程序状态寄存器的内容读入通用寄存器，修改后再写回程序状态寄存器。例如：

```
MRS R0,CPSR          ;传送 CPSR 的内容到 R0
MRS R0,SPSR          ;传送 SPSR 的内容到 R0
```

将 MRS 和 MSR 指令结合起来可以对程序状态寄存器进行修改，从而实现处理器模式转换，设置异常中断的开或关。正确的修改方法是对状态寄存器进行读，然后修改，再写入状态寄存器。例如，下列指令序列说明了使能 IRQ 中断的过程。

```
MRS R1,CPSR
BIC R1,R1,#0x80
MSR CPSR_c,R1
```

在上述第一条指令中，MRS 指令先把 CPSR 的值复制到 R1；在第二条指令中，使用 BIC 清除 R1 的位 7；在第三条指令中，使用 MSR 把 R1 的值复制到 CPSR，从而实现了使能 IRQ 中断的功能。这个例子中只是修改了控制域的 I 位，而没有修改其他位。该例是在 SVC 模式下执行。

⚠ 注意：在用户模式下可以读取 CPSR，但是只能更改条件标志域 f。只能在特权模式下修改状态寄存器。

2. 逻辑运算指令

逻辑运算是对操作数按位进行操作，位与位之间无进位或借位，没有数的正负与数的大小之分，这种运算的操作数称为逻辑数或逻辑值。如例题三中的语句③，用位清除指令清除寄存器 R1 的位 7。

逻辑运算指令有以下 4 条。

- AND：逻辑与指令。
- ORR：逻辑或指令。
- EOR：逻辑异或指令。
- BIC：位清除指令。

1) AND 逻辑与指令

格式：AND{条件}{S} 目的寄存器 Rd,寄存器 Rn,operand2

功能：AND 指令将两个操作数按位进行逻辑与运算，结果放到目的寄存器 Rd 中。即 Rd=Rn AND operand2，其中 Rn 为操作数 1，operand2 为操作数 2，可以是一个寄存器、被移位的寄存器或一个立即数。S 选项决定指令的操作是否影响 CPSR 中条件标志位的值，有 S 时指令执行后的结果影响 CPSR 中条件标志位 N 和 Z 值，并在计算操作数 2 时更新标志 C，不影响 V 标志。

该指令常用于将寄存器 Rn 的特定位清零的操作，所谓将某位清零就是将该位设置 0。例如：

```
ANDS R0,R0,#0x0F          ;R0=R0&0x0F，取出最低 4 位数据
ANDEQ R2,R1,R3            ;R2=R1&R3
AND R0,R0,#0xFFFFFFF0     ;最低 4 位置 0，高位不变
```

2) ORR 逻辑或指令

格式：ORR{条件}{S} 目的寄存器 Rd,寄存器 Rn,operand2

功能：ORR 指令将两个操作数按位进行逻辑或运算，结果放置到目的寄存器 Rd 中。即 Rd=Rn OR N，其中 Rn 为操作数 1，operand2 为操作数 2，可以是一个寄存器，被移位的寄存器或一个立即数。S 选项决定指令的操作是否影响 CPSR 中条件标志位的值，有 S 时指令执行后的结果影响 CPSR 中条件标志位 N 和 Z 值，并在计算第 2 操作数时更新标志 C，不影响 V 标志。

ORR 指令常用于将寄存器 Rn 的特定位置位的操作，所谓将特定位置位就是将该位设置 1。例如：

```
ORR R0,R0,#0x0F          ;R0=R0 | 0x0F
MOV R1,R2,LSR #24        ;R2 逻辑右移 24 位，传送给 R1
ORR R3,R1,R3,LSL #8      ;R3 逻辑左移 8 位，和 R1 逻辑或后再放到 R3 中
```

在上述第一条指令中，将 R0 与二进制的 1111 进行或运算，完成了把 R0 的低 4 位置 1 的功能；在第二条指令中，将 R2 中数据逻辑右移 24 位，结果是把 R2 的最高 8 位的数据移到了最低 8 位即 R2 的[7:0]，高 24 位为 0，并把结果传送给 R1；在第三条指令中，先将 R3 逻辑左移 8 位，结果是 R3 的低 8 位为 0，原来的[23:0]位移到[31:8]位，再和 R1 进行或运算，结果是把 R1 的低 8 位和 R3 的高 24 位组成一个 32 位的字数据。

如果把第二条指令和第三条指令放在一个程序段中，则完成了将 R2 的高 8 位数据移入到 R3 低 8 位中。假设 R2=0x12345678，R3=0xaabbccdd，则经过上述指令后，R3 中的结果为 R3=0xbbccdd12。第二条指令完成后，R1=0x12；第三条指令中，R3,LSL #8 使 R3=0xbbccdd00，再进行 R1 | R3 后，R3=0xbbccdd12。

3)　EOR 逻辑异或指令

格式：EOR{条件}{S}　目的寄存器 Rd,寄存器 Rn,operand2

功能：EOR 指令将两个操作数按位进行逻辑异或运算，并把结果放置到目的寄存器 Rd 中。即 Rd=Rn EOR operand2，其中 Rn 为操作数 1，operand2 为操作数 2，可以是一个寄存器、被移位的寄存器或一个立即数。S 选项决定指令的操作是否影响 CPSR 中条件标志位的值，有 S 时指令执行后的结果影响 CPSR 中条件标志位 N 和 Z 值，并在计算第 2 操作数时更新标志 C，不影响 V 标志。

EOR 指令常用于反转操作数 1 的某些位。例如：

```
EOR R0,R0,#0x0F          ;将 R0 的低 4 位取反，高 28 不变
EOR R2,R1,R0             ;R2=R1^R0
EORS R0,R5,#0x01         ;R0=R5^0x01，并影响标志位
```

4)　BIC 位清除指令

格式：BIC{条件}{S}　目的寄存器 Rd,寄存器 Rn,operand2

功能：BIC 指令将寄存器 Rn 的值与 operand2 的值的反码按位作逻辑与操作，用于清除操作数 Rn 的某些位，并把结果放置到目的寄存器 Rd 中。即 Rd=Rn AND (!operand2)，其中 Rn 为操作数 1，operand2 为操作数 2，可以是一个寄存器、被移位的寄存器或一个立即数。S 选项决定指令的操作是否影响 CPSR 中条件标志位的值，有 S 时指令执行后的结果影响 CPSR 中条件标志位 N 和 Z 值，并在计算第 2 操作数时更新标志 C，不影响 V 标志。

指令中 operand2 可以看作一个 32 位的掩码，如果在掩码中设置了某一位，则清除 Rn 中相应的位。未设置掩码位的则 Rn 中相应位保持不变。例如本例中的语句③，它把 0x80 作为操作数 2，设置了掩码的位是第 7 位，因此实现了把 R1 中第 7 位清除的功能。再如：

```
BIC R1,R1,#0x0F     ;将 R1 的低 4 位清零，其他位不变
BIC R1,R2,R3        ;R3 的反码和 R2 相逻辑与，结果保存到 R1 中
BIC R0, R0, #0x1001 ;将 R0 的第 0 位和第 3 位清 0，其余位不变
```

2.6　Thumb 指令集

为兼容数据总线宽度为 16 位的应用系统，ARM 体系结构除了支持执行效率很高的 32 位 ARM 指令集以外，同时支持 16 位的 Thumb 指令集。

Thumb 指令集是 ARM 指令集的一个子集，允许指令编码长度为 16 位。与等价的 32 位代码相比较，在 16 位外部数据总线宽度下，ARM 处理器使用 Thumb 指令的性能要比使用 ARM 指令的性能更好；而在 32 位外部数据总线宽度下，使用 Thumb 指令的性能要比使用 ARM 指令的性能差。因此，Thumb 指令多用于存储器受限的系统中。

所有的 Thumb 指令都有对应的 ARM 指令，而且 Thumb 的编程模型也对应于 ARM 的编程模型。在应用程序的编写过程中，只要遵循一定的调用规则，Thumb 子程序和 ARM 子程序就可以互相调用。

当处理器在执行 ARM 程序段时，称 ARM 处理器处于 ARM 工作状态；当处理器在执行 Thumb 程序段时，称 ARM 处理器处于 Thumb 工作状态。

由于 Thumb 指令的长度为 16 位, 只用 ARM 指令一半的位数来实现同样的功能, 所以要实现特定的程序功能, 所需的 Thumb 指令的条数较 ARM 指令多。一般情况下, Thumb 指令与 ARM 指令的时间效率和空间效率关系如下。

- Thumb 代码所需的存储空间约为 ARM 代码的 60%～70%。
- Thumb 代码使用的指令数比 ARM 代码多约 30%～40%。
- 若使用 32 位的存储器, ARM 代码比 Thumb 代码快约 40%。
- 若使用 16 位的存储器, Thumb 代码比 ARM 代码快约 40%～50%。

与 ARM 代码相比较, 使用 Thumb 代码, 存储器的功耗会降低约 30%。

显然, ARM 指令集和 Thumb 指令集各有其优点, 若对系统的性能有较高要求, 应使用 32 位的存储系统和 ARM 指令集; 若对系统的成本及功耗有较高要求, 则应使用 16 位的存储系统和 Thumb 指令集。当然, 若两者结合使用, 充分发挥各自的优点, 则会取得更好的效果。

每一条 Thumb 指令都和一条 32 位的 ARM 指令相关。在 Thumb 状态下, 不能直接访问所有的寄存器, 只有寄存器 R0～R7 是可以被任意访问的, 寄存器 R8～R12 只能通过 MOV、ADD 或 CMP 指令来访问; CMP 指令和所有操作 R0～R7 的数据处理指令都会影响 CPSR 中的条件标志; 不能直接访问 CPSR 和 SPSR, 即没有与 MSR 和 MRS 等价的 Thumb 指令。为了改变 CPSR 和 SPSR 的值, 必须切换到 ARM 状态, 再使用 MSR 和 MRS 来实现。同样, 在 Thumb 状态下没有协处理器指令, 要访问协处理器来配置 Cache 和进行内存管理, 也必须在 ARM 状态下。

两种状态(ARM 和 Thumb)之间可以进行转换, ATPCS 定义了 ARM 和 Thumb 过程调用的标准。从一个 ARM 例程调用一个 Thumb 例程, 内核必须切换状态。状态的变化由 CPSR 中的 T 位来显示。跳转到一个例程时, BX 和 BLX 分支指令可用于 ARM 和 Thumb 状态的切换。

 ## 2.7　回到工作场景

通过前面内容的学习, 读者应该掌握了 ARM 处理器体系结构的基本知识和 ARM 汇编的编程模型及基本指令。下面回到第 2.1 节中介绍的工作场景, 完成工作任务。

2.7.1　回到工作场景一

【工作过程】存储结果

要把字数据 0x87654321 存储到存储器地址 0x31000000 开始的地址中, 采用大端存储方式存储结果是:

```
0x31000000: 0x87 0x31000001: 0x65 0x31000002: 0x43 0x31000003: 0x21
```

而采用小端存储方式时存储结果是:

```
0x31000000: 0x21 0x31000001: 0x43 0x31000002: 0x65 0x31000003: 0x87
```

【工作过程二】 注意事项

这里要注意，数据在存储的时候是以字节为单位存储的，每个存储单元存储 1 字节的数据，并且不能拆开，例如 87 是 1 字节(8 位)，不能写成 8 7。

2.7.2　回到工作场景二

【工作过程一】 程序所能完成的功能

此汇编程序完成的功能是 10+20=30(1E)，结果放到内存地址 0x80000100。

【工作过程二】 对程序语句的分析

对每条语句的分析以注释的形式标注在语句的后面。

```
addr EQU 0x80000100        ;伪操作，宏定义，定义 addr 代表地址 0x80000100
    AREA TEST,CODE,READONLY  ;伪操作，定义段
    ENTRY                   ;伪操作，定义入口
    CODE32                  ;伪操作，定义以下是 32 位的 ARM 指令
START                       ;标号，后面的跳转语句跳到此处
    LDR R0 ,=addr           ;伪指令，地址值 0x80000100 加载到寄存器 R0
    MOV R1,#10              ;R1=10(A)
    MOV R2,#20              ;R2=20(14)
    ADD R1,R1,R2            ;10(R1)+20(R2)结果 1E 放到 R1 中
    STR R1,[R0]            ;把寄存器 R1 中的结果存储到 R0 所指向的存储单元中
    B START                ;跳转到标号 START 处循环执行
    END                    ;伪操作，结束标志
```

2.7.3　回到工作场景三

【工作过程一】 程序所能完成的功能

此汇编程序完成的功能是：1+2*1+3*2+4*3+…+11*10=0x1B9

【工作过程二】 对程序语句的分析

对每条语句的分析以注释的形式标注在语句的后面。

```
    AREA  TEST1,CODE,READONLY    ;伪操作，定义段
    ENTRY                        ;伪操作，定义入口
START                            ;语句标号，可以不用
    MOV R0,#1                    ;R0 用作累加器，用数据传送指令 MOV 赋初值 1
     MOV R1,#1                   ;R1 用作第一个乘数，赋初值 1
REPEAT                           ;语句标号，后面用 BLE 跳转到这句，形成循环
    ADD R2,R1,#1                 ;算术运算指令加法，R2 用作第二个乘数 R2=R1+1
    MUL R3,R2,R1                 ;算术运算指令乘法，部分积 R3=R2*R1=(R1+1)*R1
     ADD R0,R0,R3                ;将部分积累加至 R0，R0=R0+R3
    ADD R1,R1,#1                 ;修改循环变量值 R1=R1+1，得到下一轮乘数
```

```
        CMP R1,#10          ;比较指令，R1-10，影响 CPSR，循环次数比较
        BLE REPEAT          ;R1<=10 未完则重复，跳转到 REPEAT
STOP                        ;语句标号
        B STOP              ;跳转到语句标号 STOP，结束时进入死循环的标号
        END                 ;伪操作，结束标志
        AREA  TEST1,CODE,READONLY    ;伪操作，定义段
        ENTRY               ;伪操作，定义入口
START                       ;语句标号，可以不用
        MOV R0,#1           ;R0 用作累加器，用数据传送指令 MOV 赋初值 1
        MOV R1,#1           ;R1 用作第一个乘数，赋初值 1
REPEAT                      ;语句标号，后面用 BLE 跳转到此句，形成循环
        ADD R2,R1,#1        ;算术运算指令加法，R2 用作第二个乘数 R2=R1+1
        MUL R3,R2,R1        ;算术运算指令乘法，部分积 R3=R2*R1=(R1+1)*R1
        ADD R0,R0,R3        ;将部分积累加至 R0，R0=R0+R3
        ADD R1,R1,#1        ;修改循环变量值 R1=R1+1，得到下一轮乘数
        CMP R1,#10          ;比较指令，R1-10，影响 CPSR，循环次数比较
        BLE REPEAT          ;R1<=10 未完则重复，跳转到 REPEAT
STOP                        ;语句标号
        B STOP              ;跳转到语句标号 STOP，结束时进入死循环的标号
        END                 ;伪操作，结束标志
```

2.8 工作实训营

2.8.1 训练实例 1

1．训练内容

在 ADS 集成开发环境中，调试工作场景二的汇编程序。

2．训练目的

掌握 ARM 汇编指令的用法和 ADS 集成开发环境的使用方法。

3．训练过程

(1) 建立一个新工程。

打开 CodeWarrior for ADS 集成开发环境，选择 File | New 命令，然后在打开对话框的 Project 选项卡中，选择 ARM Executable Image 工程模板，建立一个工程，工程名称为 test2，保存在 D:\test\test2 目录下。

(2) 建立一个汇编程序，并将其添加到工程中。

选择 File | New 命令，切换到 File 选项卡，然后在 File name 文本框中输入 test2.s。在 Location 文本框中输入该文件要保存的位置，此处保存在 D:\test\test2 目录下。选中 Add to Project，确认所要添加到的工程是刚刚建立的 test2 工程(通过下拉列表框可选择)，Targets 中有 3 个可选选项，全部选中，单击“确定”按钮，则建立好了 test2.s。在打开的编辑界面中输入如下源程序，注释的内容说明编辑文件时的注意事项。

```
addr EQU 0x80000100                    ;此语句前面不能有空格
     AREA TEST,CODE,READONLY            ;此语句前面必须有空格或用 Tab 键空格
     ENTRY                             ;同上
     CODE32                            ;同上
START                                  ;此语句前面不能有空格
     LDR R0 ,=addr                     ;此语句前面必须有空格或用 Tab 键空格
     MOV R1,#10                        ;以下所有语句同上
     MOV R2,#20
     ADD R1,R1,R2
     STR R1,[R0]
     B START
     END
```

(3) 设置编译链接控制选项。

选择 Edit | DebugRel Settings 命令，然后在 DebugRel Settings 对话框中选择 ARM Assembler，再从 Architecture or Processor 下拉列表框中选择 ARM920T。选择 ARM Linker 选项，然后在 Output 选项卡的 RO Base 文本框中输入 0x30000000，表示把程序段放在此地址开始的存储单元中；再切换到 Layout 选项卡，在 Object/Symbol 文本框中输入 test2.o，在 Section 文本框中输入 TEST(即在程序中 AREA TEST,CODE, READONLY 定义的段名字 TEST，因为只有一段程序文件，这里不输入也可以)。单击 OK 按钮关闭属性设置对话框。

(4) 编译链接工程。

选择 Project | Make 命令，编译链接工程，编译过程如果没有错误则表示编译成功。如果第一次编译或者修改过源文件再次编译，则显示图 2-20 所示的 Errors & Warnings 窗口表示编译成功，否则此窗口中会显示错误和警告信息；如果已经编译成功且没有修改过源文件再次编译，则不会显示 Errors & Warnings 窗口。

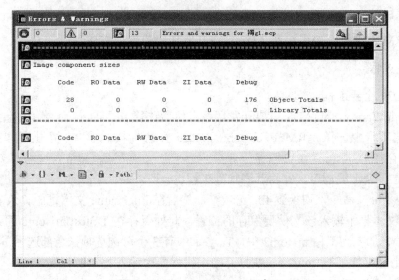

图 2-20　Errors&Warnings 窗口

(5) 设置 AXD 调试选项。

启动 AXD 调试器。可以通过在 CodeWarrior IDE 集成开发环境中选择 Project | Run 命

令或者选择 Project｜Debug 命令启动 AXD 调试器；也可以通过选择 Windows 的开始｜程序｜ARM Developer Suite v1.2｜AXD Debugger 命令，启动 AXD 调试器。

选择 Option｜Configure Target 命令，然后在打开的对话框中选择 ARMUL 调试器，并在该对话框中单击 Configure 按钮。在打开的对话框中的 Processor 文本框中输入 ARM920T，依次单击两次 OK 按钮退出。如果已经设置过且没有改变，则这步可省略。

(6) 使用 AXD 调试工程。

在 AXD 界面中选择 File｜Load Image 命令，将 D:\test\test2\test2 _Data\DebugRel\test2.axf 文件加载到调试器。

选择 Projcessor Views｜Registers 命令，打开寄存器观察窗口，并在窗口中选择 Current 寄存器；选择 Processor Views｜Memory 命令，打开内存观察窗口，并输入地址 0x80000100 后按回车。按 F10 键单步执行程序，执行过程中观察每条指令对相关的寄存器和存储器的影响。

4．技术要点

不同工程中的源文件名可以相同。在 CodeWarrior IDE 中，每个新建工程都需要重新设置，而在 AXD 中的调试选项的设置，一旦设置如果没有改变，则会一直生效。

2.8.2 训练实例 2

1．训练内容

在 ADS 集成开发环境中，实现将存储器中源地址 src 处的 4 个字数据移动到目的地址 dst 处。

2．训练目的

掌握 ARM 汇编指令的用法和 ADS 集成开发环境的使用方法。

3．训练过程

(1) 建立一个新工程。

打开 CodeWarrior for ADS 集成开发环境，然后选择 file｜new 命令，并在打开对话框的 Project 选项卡中选择 ARM Executable Image 工程模板，建立一个工程，工程名称为 m1tom2，保存在 D:\test\m1tom2 目录下。

(2) 建立一个汇编程序，并将其添加到工程中。

选择 file｜new 命令，切换到 file 选项卡，然后在 File name 文本框中输入 m1tom2.s。在 Location 文本框中输入该文件要保存的位置，此处保存在 D:\test\m1tom2 目录下。选中 Add to Project，加入到工程 m1tom2 中，Targets 中有 3 个可选选项，全部选中，再单击"确定"按钮，则建立好了 m1tom2.s。在打开的编辑界面中输入如下源程序。

```
AREA    D
```

(3) 设置编译链接控制选项。

选择 Edit｜DebugRel Settings 命令，打开 DebugRel Settings 对话框。在该对话框中选择

ARM Assembler 选项，然后从 Architecture or Processor 下拉列表框中选择 ARM920T，再选择 ARM Linker 选项。在 Output 选项卡的 RO Base 文本框中输入 0x30000000，表示把程序段放在此地址开始的存储单元中。再切换到 Layout 选项卡，在 Object/Symbol 文本框中输入 m1tom2.o，在 Section 文本框中输入 M1TOM2(即在程序中 AREA M1TOM2, CODE, READONLY 定义的段名字 M1TOM2，因为只有一段程序文件，这里不输入也可以)。单击 OK 按钮关闭属性设置对话框。

(4) 编译链接工程。

选择 Project | Make 命令，编译链接工程，编译过程如果没有错误则表示编译成功。

(5) 使用 AXD 调试工程。

启动 AXD 调试器，选择 Option | Configure Target 命令，然后在打开的对话框中选择 ARMUL 调试器，并在该对话框中单击 Configure 按钮。在打开的对话框中的 Processor 文本框中输入 ARM920T，依次单击两次 OK 按钮退出。如果已经设置过，则这步省略。

选择 File | Load Image 命令，将 D:\test\m1tom2\m1tom2_Data\DebugRel\m1tom2.axf 文件加载到调试器。

选择 Projcessor Views | Registers 命令，打开寄存器观察窗口，并选择 Current 寄存器。选择 Processor Views | Memory 命令，打开内存观察窗口，要观察的存储器地址，需要在程序运行过程中根据 src 和 dst 的地址确定。然后按 F10 单步执行程序，执行过程中观察每条指令对相关的寄存器和存储器的影响。

2.9　习题

一、填空题

1. 指出下列 ARM 指令分别使用了哪种寻址方式。

(1) ADD R0,R1,R2　　　＿＿＿＿＿＿＿＿

(2) LDR R0,[R4]　　　　＿＿＿＿＿＿＿＿

(3) LDR R0,[R1,#4]　　　＿＿＿＿＿＿＿＿

(4) LDR R0,[R1],#4　　　＿＿＿＿＿＿＿＿

(5) MOV R0,#15　　　　＿＿＿＿＿＿＿＿

(6) MOV R2,R0　　　　＿＿＿＿＿＿＿＿

(7) CMP R7,#1000　　　＿＿＿＿＿＿＿＿

2. 下列两段代码用来实现打开中断和关闭中断，请补齐空白处内容。

```
MRS R1,CPSR
BIC R0,R1,_____
MSR CPSR_c,R0
MRS R1,CPSR
ORR R1,_____
MSR CPSR_c,R1
```

3. 判断下列指令正误，并说明理由。

(1) ADD R6,R5,#4!

(2) LDMIA R6,{R3-R7}!

(3) LDMFD R13!,{R2,R4}

(4) STR R2,[R3],#0xFFFF8

(5) AND R5,[R6],R7

(6) MSR CPSR,#0x001

(7) LDR R1,[R2,R5]!

(8) STREQ R4,[R0,R4,LSL R5]

(9) LDR PC,R6

(10) LDR R1,[R3,R15]

二、问答题

(1) ARM 指令的寻址方式有几种？试分别举例说明。

(2) 哈佛体系结构和冯·诺依曼体系结构有什么区别？

(3) ARM 处理器有几种工作模式，处理器通过什么方法来标识各种不同的工作模式？

(4) 寄存器 PC、CPSR 和 SPSR 分别有何作用？R13 通常用来存储什么？LR 是什么寄存器？CPSR 中的 C 标志位表示什么？

(5) ARM 处理器中有哪几种工作状态，其区别是什么？ARM 处理器如何标识不同的工作状态？

(6) 32 位立即数 0xFF19E468 分别采用大端模式和小端模式存放在地址 0x900100 处，则其在内存中是如何存储的？

(7) ARM 指令的条件码有多少个？分别是什么条件？默认条件码是什么？

(8) MOV 指令与 LDR 指令有何区别？

(9) 分析下面的汇编程序代码，指出各语句所使用的寻址方式，并在 ADS 中进行调试。

```
    AREA    EXAMPLE1,CODE, READONLY
    ENTRY
START
    MOV    R0,#0x1
    MOV    R3,#0x3
    MOV    R4,#0x3
ENDDATA
    SUB    R1,R0,R3
    SUBS   R1,R0,R3
    CMP    R3,R4
    LDR    R3,[R0,#4]
    LDR    R3,[R0,#4]!
    ADD    R4,R3,#1
    ADDEQ  R4,R3,#1
    LDR    R0,[R1]
    BEQ    ENDDATA
    ADDS   R2,R1,#1
```

```
STOP
    B STOP
        END
```

(10) 下面是用跳转指令实现两段程序间的切换，请在 ADS 中进行调试。

```
    AREA      EXAMPLE2,CODE, READONLY
    ENTRY
    BL    a                    ;跳到 a，对 R0、R1 赋值

START
    CMP R0,R1                   ;比较 R0、R1 的值
    BNE b                       ;不等时跳转到 b
    BEQ STOP                    ;相等时跳转到 STOP
a
    MOV R0,#3                   ;对 R0、R1 赋值
    MOV R1,#2
    MOV R15,R14                 ;返回
b
    ADD R1,R1,#1                ;R1 自加 1
    B    START                 ;跳转到 START
STOP
    B STOP
        END
```

第 3 章

嵌入式程序设计语言

 本章要点

- ■ ARM 汇编语言的伪操作。
- ■ ARM 汇编语言程序设计。
- ■ 嵌入式 C 语言程序设计。
- ■ 嵌入式 C 程序和汇编程序的混合编程方法。

技能目标

- ■ 了解 ARM 汇编器支持的伪操作和 GNU ARM 支持的伪操作。
- ■ 了解 ARM 汇编程序的编程规则。
- ■ 掌握嵌入式 C 语言的基本知识。
- ■ 了解嵌入式 C 语言程序和汇编程序混合编程的方法。

3.1 工作场景导入

3.1.1 工作场景一

【工作场景】 分析初始化程序

若要用程序控制 ARM 实验箱上的硬件工作，则需要对实验箱进行初始化。初始化程序对实验箱做了哪些设置？分析一种 ARM 实验箱的汇编启动代码。

【引导问题】

(1) ARM 汇编和 GNU ARM 支持的伪操作如何使用？

(2) ARM 汇编程序的编程有哪些规则？

(3) ARM 汇编如何调用 C 语言代码？

3.1.2 工作场景二

【工作场景】 ARM C 语言程序

编写 C 语言程序，用扫描显示的方法，在六只数码管上显示出 0、1、2、3、4 和 5。

【引导问题】

(1) 嵌入式 C 语言编程与普通的 C 语言相比，有哪些特点？

(2) 如何在程序中实现汇编和 C 语言混合编程？

3.2 ARM 汇编中的伪操作

【学习目标】 了解汇编语言中伪操作的概念，了解 ARM 汇编器所支持的伪操作和 GNU ARM 汇编器支持的伪操作，学习、掌握常用的 ARM ASM 伪操作和 GNU ARM ASM 伪操作的用法。

在 ADS 集成开发环境下运行的汇编程序中，有一些指令助记符或语句，比如 AREA、ENTRY 和 END 等。可以看到，它们并没有实际操作的内容，就像汇编程序的语法格式框架和要求(例如 ENTRY，就是告诉编译器这是程序的入口，像 C 语言中的 main。END 告诉编译器程序结束了)。

在 ARM 汇编语言程序中，有一些特殊的指令助记符，与指令系统的助记符不同，它们没有对应的操作码，它们在源程序中的作用是为了完成汇编程序做各种准备工作的，通常称这些特殊的指令助记符为伪操作标识符(Directive)，它们所完成的操作称为伪操作。这些伪操作仅在汇编过程中起作用，而不是在计算机运行期间由处理器执行。一旦汇编结束，伪操作的使命就完成。

目前常见的 ARM 编译开发环境有两种。

一种是第 1 章介绍的 ADS/SDT IDE 集成开发环境(ARM ASM)，它由 ARM 公司开发，使用了 CodeWarrior 公司的编译器，绝大多数 Windows 下的开发者都在使用这一环境，它完全按照 ARM 的规定开发。

另一种是集成了 GNU 开发工具的 IDE 集成开发环境(GNU ARM ASM)，它由 GNU 的汇编器 as、交叉编译器 gcc 和链接器 ld 等组成，与 ARM ASM 略有不同。

无论是哪一种开发环境，无论用的哪一种汇编器，其中的 ARM 指令是没有区别的，不同之处仅在于伪操作，类似于高级语言中的语法格式的不同规定。

我们先看看下面两段代码。第一段代码是第 2 章工作场景三的汇编程序代码，这是在 ARM ASM 开发环境下可以执行的程序。代码如下：

```
        AREA TEST1,CODE,READONLY              ①
        ENTRY                                 ②
        CODE32                                ④
START
        MOV R0,#1
        MOV R1,#1
REPEAT
        ADD R2,R1,#1
        MUL R3,R2,R1
        ADD R0,R0,R3
        ADD R1,R1,#1
        CMP R1,#10
        BLE REPEAT
STOP
        B STOP
    END                                       ③
```

第二段代码完成的功能和第一段代码完全相同，它是在 GNU ARM ASM 集成开发环境下可以执行的程序。代码如下：

```
.section .text, "x"                           ①
.global _start
_start:                                       ②
        MOV R0,#1
        MOV R1,#2
repeat:
        ADD R2,R1,#1
        MUL R3,R2,R1
        ADD R0,R0,R3
        ADD R1,R1,#1
        CMP R1,#10
        BLE repeat
stop:
        B stop
.end                                          ③
```

比较上面完成同样功能的两段代码可以看到，其中 ARM 汇编的指令是相同的，另外还有一些不同的语句，而且这些语句一般对程序所完成的功能没有影响，这些语句的作用是为了完成汇编程序做各种准备工作，即伪操作。之所以完成同样功能的程序代码的伪操作不同，是因为它们用的编译开发环境不同。第一段代码是 ARM 汇编集成开发环境所支持的伪操作，第二段代码是 GNU ARM 汇编集成开发环境所支持的伪操作。

可见，不同的编译开发环境所使用的伪操作可能有所不同。

3.2.1 常用伪操作的分类

虽然不同的开发环境所支持的伪操作有所差别，但完成同样作用的伪操作在各种开发环境下都有相对应的表示方法，以 ARM ASM 的 ADS 编译环境为例，伪操作可分为以下 6 类。

1. 符号定义伪操作

符号定义伪操作用于定义 ARM 汇编程序中的变量、对变量赋值以及定义寄存器的别名等操作。常用的符号定义伪操作有如下 4 种。

- 用于定义全局变量的 GBLA、GBLL 和 GBLS。
- 用于定义局部变量的 LCLA、LCLL 和 LCLS。
- 用于对变量赋值的 SETA、SETL 和 SETS。
- 为通用寄存器列表定义名称的 RLIST。

2. 数据定义伪操作

数据定义伪操作用于为特定的数据分配存储单元，同时完成已分配存储单元的初始化。常用的数据定义伪操作有如下 9 种。

- DCB：用于分配一片连续的字节存储单元并用指定的数据初始化。
- DCW(DCWU)：用于分配一片连续的半字存储单元并用指定的数据初始化。
- DCD(DCDU)：用于分配一片连续的字存储单元并用指定的数据初始化。
- DCFD(DCFDU)：用于为双精度的浮点数分配一片连续的字存储单元并用指定的数据初始化。
- DCFS(DCFSU)：用于为单精度的浮点数分配一片连续的字存储单元并用指定的数据初始化。
- DCQ(DCQU)：用于分配一片以 8 字节为单位的连续的存储单元并用指定的数据初始化。
- SPACE：用于分配一片连续的存储单元。
- MAP：用于定义一个结构化的内存表首地址。
- FIELD：用于定义一个结构化的内存表的数据域。

3. 汇编代码控制伪操作

汇编代码控制伪操作用于控制汇编程序的执行流程。常用的汇编控制伪操作有如下 4 种。

- IF、ELSE 和 ENDIF 这 3 个符号连用，进行条件汇编。

- WHILE 和 WEND 这两个符号连用，进行重复汇编。
- MACRO 和 MEND 这两个符号连用，定义一个宏定义。
- MEXIT 用来在宏结束前退出宏定义。

4．信息报告伪操作

信息报告伪操作用于程序汇编指示，主要是在程序调试阶段使用。常用的信息报告伪操作包括如下 4 种。

- 错误信息报告伪操作 ASSERT。
- 诊断信息报告伪操作 INFO。
- 列表选项设置伪操作 OPT。
- 插入文件标题伪操作 TTL 与 SUBT。

5．指令集类型标识伪操作

指令集类型标识伪操作用来告诉编译器所处理的是 32 位的 ARM 指令还是 16 位的 Thumb 指令，常用的指令集类型标识伪操作包括以下两种。

- ARM 或 CODE32 指示编译器将要处理的是 32 位的 ARM 指令。
- THUMB 或 CODE16 指示编译器将要处理的是 16 位的 Thumb 指令。

6．其他伪操作

ARM 汇编中还有一些其他的伪操作，在汇编程序中经常会被使用，包括以下几种。

- AREA：用于定义一个代码段或数据段。
- ALIGN：用于使程序当前位置满足一定的对齐方式。
- ENTRY：用于指定程序入口点。
- END：用于指示源程序结束。
- EQU：用于定义字符名称。
- EXPORT(或 GLOBAL)：用于声明符号可以被其他文件引用。
- EXPORTAS：用于向目标文件引入符号。
- IMPORT：用于通知编译器当前符号不在本文件中。
- EXTERN：用于通知编译器要使用的标号在其他的源文件中定义，但要在当前源文件中引用。
- GET(或 INCLUDE)：用于将一个文件包含到当前源文件中。
- INCBIN：用于将一个文件包含到当前源文件中。

3.2.2　常用伪操作的用法

在嵌入式系统应用开发中，不可避免地要使用 GNU 工具。在 Linux 环境下以及某些集成开发环境中，比如由武汉创维特信息技术有限公司开发的 ADT (ARM Development Tools) 嵌入式系统开发环境，都集成了 GNU 工具。本节介绍几个常用的伪操作在 ARM ASM(以下用 ARM 表示)以及 GNU ARM ASM 中的用法(以下用 GNU 表示)示例。

1．定义常量或标号名称的伪操作

定义常量或标号名称的伪操作，类似 C 语言中的宏定义#define。例如在 2.5.4 节例题二

中的语句①，用到了 EQU 伪操作。

```
NumCount  EQU  0x40003000            ;定义变量 NumCount          ①
```

1) ARM 中的用法

语法格式：

```
标号名称 EQU/SETA expr(,type)
```

expr 可以是 32 位整形常量、基于寄存器的地址值、程序相对的地址以及绝对地址。例如：

```
USERMODE EQU 0x10
```

2) GNU 中的用法

语法格式：

```
.equ/.set 标号名称, <value>
```

value 同 expr，表示数字常量或程序中的标号。例如：

```
.equ    USERMODE,0x10           @将常量 0x10 定义成符号 USERMODE
```

2. 段属性定义的伪操作

段属性定义用于定义一个代码段或数据段，或者开始一个新的代码段或数据段。例如在 3.2 节的两段代码中的语句①。

```
AREA  TEST1,CODE,READONLY              ;第一段代码中，ARM 汇编定义段属性
.section .text, "x"                    @第二段代码中，GNU 汇编定义段属性
```

段是不可分的已命名独立代码或数据块，由链接器处理，在汇编程序中常常用到段属性定义。

1) ARM 中的用法

语法格式：

```
AREA 段名(,属性) (…,属性)…
```

上面例子中第一条语句表示定义一个代码段(CODE)，段名是(TEST1)，属性是只读(READONLY)。

再如：

```
AREA  M1TOM2,DATA,READWRITE ;定义数据段
```

这条语句定义了一个数据段(DATA)，段名是(M1TOM2)，属性是读写(READWRITE)。

> ⚠ **注意：** ADS ARM 汇编中段属性定义的语句前面必须有空格(用空格键或者 Tab 键)。ADS ARM 汇编集成开发环境中的语句对顶格有前导空格的要求，例如指令前要空格，标号前不能有空格，AREA、END 及 ENTRY 等要空格，EQU 语句前不能有空格等。另外，使用协处理器的时候，还对大小写敏感，必须用小写字母表示协处理器，例如 mrc p15,0,r0,c1,c0,0。在 ADS 开发环境中,如果提示 Unknown opcode、Bad register name symbol 等错误，可以查找这些原因。

2)　GNU 中的用法

语法格式：

```
.section .段名 {,"标志"}
```

标志：各段有缺省标志，ELF 格式允许的段标志如表 3-1 所示。

表 3-1　ELF 格式允许的段标志

<标　志>	含　义
A	允许段
W	可写段
X	执行段

例如.section .text, "x" 表示定义了一个代码段是可执行的。

在 GNU 汇编中，有些段名是汇编系统预定义的，例如.text 为代码段；.data 为初始化数据段；.bss 为未初始化数据段等，每个段以段名开始，以下一个段名或者文件结尾为结束。

也可以不使用系统预定义的段名，而通过上面的伪操作自定义一个段。例如：

```
.section .mysection        @自定义数据段，段名为.mysection
```

3．声明程序的入口点伪操作

声明程序的入口点伪操作用于指定程序的入口点，例如第 3.2 节的两段代码中的语句②。

```
ENTRY                      ;第一段代码中，ARM 汇编入口点声明
_start:                    @第二段代码中，GNU 汇编入口点声明
```

1)　ARM 中的用法

语法格式：

```
ENTRY
```

2)　GNU 中的用法

语法格式：

```
_start
```

4．源程序结尾标识伪操作

源程序结尾标识用于通知汇编程序它已到达源文件的末尾，例如第 3.2 节的两段代码中的语句③。

```
END                        ;第一段代码中，ARM 汇编结尾标识
.end                       @第二段代码中，GNU 汇编结尾标识
```

1)　ARM 中的用法

语法格式：

```
END
```

2)　GNU 中的用法

语法格式：

```
.end          @常常省略不用
```

5. 指令集类型标识伪操作

指令集类型标识伪操作用来告诉编译器所处理的是 32 位的 ARM 指令还是 16 位的 Thumb 指令，例如第 3.2 节的第一段代码中的语句④。

```
CODE32
```

1) ARM 中的用法

语法格式：

```
ARM(CODE32/THUMB/CODE16)
    ...
```

表示将要处理的是 32 位的 ARM 指令，其他 3 个伪操作用法相同。

2) GNU 中的用法

语法格式：

```
.arm(.thumb)
```

或者使用

```
.code: .code16/.code32.
        ...
```

设定指令宽度，16 表示 Thumb 指令，32 表示 ARM 指令。

6. 对齐方式设置伪操作

对齐方式设置，通过添加填充字节的方式，使当前位置满足一定的对齐方式。

1) ARM 中的用法

语法格式：

```
ALIGN {对齐表达式{,偏移量{,填充的字节}}}
```

对齐表达式的值用于指定对齐方式，可能的取值为 2 的幂，例如 1、2、4、8 和 16 等。若未指定表达式，则将当前位置对齐到下一个字的位置。

偏移量也为一个数字表达式，若使用该字段，则当前位置的对齐方式为 n*expr+偏移量。例如：ALIGN 4,3。

填充的字节如果没有指定，则用零填充。例如下面的代码段。

```
aa DCB 0x58                ;定义一个字节存储空间，字对齐方式被破坏
ALIGN                      ;声明字对齐
```

2) GNU 中的用法

语法格式：

```
.align/.balign {对齐表达式}{,填充的数据}
```

对齐表达式的值用于指定对齐方式，取值为 0～15 之间。

7. 声明全局标号伪操作

在 ARM 和 C 语言混合编程中，经常要用到全局标号声明，例如下面的代码段。

```
EXPORT FUNCNAME
    ...
FUNCNAME
    ...
```

声明全局标号用于在程序中声明一个全局的标号，该标号可在其他文件中引用，标号在程序中区分大小写。类似 C 语言中的全局变量。

1) ARM 中的用法

语法格式：

```
EXPORT/GLOBAL {符号} {[WEAK],[attr]}
```

其中的参数说明如下。

- [WEAK]选项声明其他的同名标号优先于该标号被引用。
- [attr]符号属性用于定义所定义的符号对其他文件的可见性(visibility)，attr 可以是下面一些属性值。
  - ◆ DYNAMIC 符号可以被其他文件引用，并且可以在其他文件中被重新定义。
  - ◆ HIDDEN 符号不能被其他文件引用。
  - ◆ PROTECTED 符号可以被其他文件引用，但不可重新定义。

2) GNU 中的用法

语法格式：

```
.global/.globl 符号        @符号为要声明的全局变量名称
```

例如声明全局变量_start 的语句：

```
.global _start
```

8. 声明外部标号伪操作

声明外部标号伪操作用于通知编译器要使用的标号在其他的源文件中定义，但要在当前源文件中引用，标号在程序中区分大小写。

1) ARM 中的用法

语法格式：

```
IMPORT/EXTERN {符号} {[WEAK],[attr]}
```

其中的参数说明如下。

- [WEAK]选项表示当所有的源文件都没有定义这个标号时，编译器也不给出错误信息。在多数情况下将该标号置为 0，若该标号被 B 或 BL 指令引用，则将 B 或 BL 指令置为 NOP 操作。
- [attr]符号属性用于定义所定义的符号对其他文件的可见性(visibility)，用法同 EXPORT 中的 attr。

⚠ 注意：IMPORT 和 EXTERN 用法相似，IMPORT 声明的符号无论当前源文件是否引用该标号，该标号均会被加入当前源文件的符号表中。EXTERN 声明的符号，如果当前源文件实际未引用该标号，则该标号不会被加入当前源文件的符号表中。

2) GNU 中的用法

语法格式：

```
.extern 符号        @符号为要声明的外部变量名称
```

9. 声明数据缓冲池伪操作

在使用 LDR 伪指令时，要在适当的位置声明数据缓冲池，这样会把要加载的数据保存到缓冲池中，再使用 ARM 加载指令读出。数据缓冲池类似于 C 中的数组，如果没有使用声明数据缓冲池的伪操作，则汇编器会在程序末尾自动声明。

```
...
    LTORG
src
    DCD    1,2,3,4,5,6,7,8,1,2,3,4,5,6,7,8,1,2,3,4 ;字数据
dst
    DCD    0,0,0,0,0,0,0,0,0,0,0,0,0,0,0,0,0,0,0,0
```

1) ARM 中的用法

语法格式：

```
LTORG
```

💡 **提示:** 数据缓冲池类似于 C 语言中的数组，它会根据数据定义(如 DCD、DCW 和 DCB 等)的指示，开辟一段连续的存储空间并赋值，每个值相当于是数组的元素。

2) GNU 中的用法

语法格式：

```
.ltorg
```

.ltorg 在当前段的当前地址产生一个文字池，例如：

```
LDR R0,=src
...
.ltorg          @定义数据缓冲池，存放在 src 开始的地址处
src:
    .LONG    1,2,3,4,5,6,7,8,1,2,3,4,5,6,7,8,1,2,3,4
dst:
    .LONG    0,0,0,0,0,0,0,0,0,0,0,0,0,0,0,0,0,0,0,0
```

10. 数据定义伪操作

数据定义伪操作用于特定的数据分配存储单元，也可以完成已分配存储单元的初始化。

1) ARM 中的用法

ARM 中的伪指令是 DCB(分配字节存储单元)/DCW(DCWU 分配半字存储单元)/DCD (DCDU 分配字存储单元)/DCFS(单精度浮点数)/DCFD(双精度浮点数)/DCQ(双字)。

语法格式：

```
{标号} DCB(DCW/DCWU/DCD/DCDU) expr{,expr}...
```

其中，DCB 是-128～255 之间的数字或字符串，DCW(DCWU)是-32768～65535 之间的数字表达式，DCD(DCDU)是表达式。

2) GNU 中的用法

GNU 中的伪指令是.byte/.hword/.word/.long/.quad/.float/.string/.asciz/.ascii。

语法格式：

```
.byte(.hword/.word/.quad/…) <expr1> {,<expr2>}…
```

其中，.byte 是单字节定义，相当于 DCB。hword(或.short 为定义双字节数据，比如.short 0x1234,60000)相当于 DCW。.word(或.long:定义 4 字节数据，比如.long 0x12345678)相当于 DCD。.quad 为定义 8 字节，例如.quad 0x1234567890abcd。.float 为定义浮点数。.string/.asciz/.ascii 定义多个字符串。

11．固定填充字节内存单元伪操作

固定填充字节内存单元伪操作用于分配一片连续的存储单元。

1) ARM 中的用法

ARM 中的伪指令 SPACE 用于分配一片连续的存储区域并初始化为 0。

语法格式：

```
{标号} SPACE 分配字节数              ;标号可选
```

例如：

```
DataS SPACE 100                  ;分配 100 字节的连续存储单元并初始化为 0
```

2) GNU 中的用法

语法格式：

```
.space/.skip 字节数 {,填充字节}
```

分配 number_of_bytes 字节的数据空间，并填充其值为 fill_byte，若未指定该值，缺省填充 0。

例如：

```
.space 100,0x55                  @分配一段长度为 100 字节的内存单元，并用 0x55 初始化
```

12．IF 条件编译伪操作

用于条件编译的汇编代码控制伪操作的使用方法类似于 C 语言中的 if 语句。

1) ARM 中的用法

语法格式：

```
    IF 逻辑表达式
    …
    {ELSE
    …}
    ENDIF
```

2) GNU 中的用法

语法格式：

```
.if
...
{.else
...}
.endif
```

13. 宏定义伪操作

将一段代码定义为一个整体，称为宏指令，然后就可以在程序中通过宏指令多次调用该段代码。其中，$标号在宏指令被展开，标号会被替换为用户定义的符号。在子程序代码比较短，而需要传递的参数比较多的情况下可以使用宏。

1) ARM 中的用法

ARM 中的宏定义伪操作的指令为 MACRO/MEND/MEXIT。

语法格式：

```
MACRO
{$标号} 宏名 {$参数{,$参数}…}
...
MEND
```

例如：

```
    MACRO                        ;宏定义伪操作
$HandlerLabel HANDLER $HandleLabel

$HandlerLabel
    sub sp,sp,#4             ;  sp-4 (保存跳转地址)
    stmfd   sp!,{r0}            ;工作寄存器入栈
    ldr     r0,=$HandleLabel;加载地址到 HandleXXX 到 r0
    ldr     r0,[r0]             ;加载处理例程起始地址
    str     r0,[sp,#4]          ;  HandleXXX(ISR) 地址存储到堆栈
    ldmfd   sp!,{r0,pc}         ;工作寄存器和 PC 出栈（跳转到 ISR）
    MEND                        ;宏定义结束
```

2) GNU 中的用法

GNU 中的相关伪指令是.macro/.endm(宏结束标志)/.exitm(宏跳出)。

语法格式：

```
.macro 宏名 {<参数 1> } {,<参数 2>} … {,<参数 N>}
                ...
                .endm
```

参数可以通过"\字符"直接使用，例如：

```
MOV R0,\arg ;arg 为宏参数
```

例如：

```
    .MACRO HANDLER HandleLabel        @宏定义伪操作
@HandlerLabel:
    sub sp,sp,#4
```

```
stmfd    sp!,{r0}
ldr      r0,=\HandleLabel
ldr      r0,[r0]
str      r0,[sp,#4]
ldmfd    sp!,{r0,pc}
.ENDM                              @宏定义结束
```

14．文件包含伪操作

文件包含伪操作将一个源文件包含到当前源文件中，并将被包含的文件在其当前位置进行汇编处理。也有一类文件包含伪操作，对被包含文件不进行汇编处理。文件包含类似 C 中的#include。

1）　ARM 中的用法
语法格式：

```
INCLUDE 文件名              ;文件名不用双引号等符号
```

⚠️**注意：**　可以使用 GET 代替 INCLUDE。GET(INCLUDE)伪操作用于将一个源文件包含到当前的源文件中，并将被包含的源文件在当前位置进行汇编处理。GET(INCLUDE)伪操作只能用于包含源文件，包含目标文件则需要使用 INCBIN 伪操作。语法格式为 GET 文件名。

2）　GNU 中的用法
语法格式：

```
.include 文件名
```

3.3　汇编语言程序设计

【学习目标】 了解 ARM 汇编语言的语法规则，了解 ARM 编译器和 GNU ARM 编译器的不同之处，掌握汇编程序中子程序的实现和调用方法。

嵌入式系统开发的编程语言有汇编语言、C/C++语言及 C 与汇编混合编程和 Java 语言。ARM 源程序文件(简称源文件)可以由任意一种文本编辑器来编写程序代码，它一般为文本格式。在 ARM 程序设计中，常用的源文件可以简单分为几种类型，如表 3-2 所示。

表 3-2　源文件类型

文件后缀	源文件类型
*.s	用 ARM 汇编语言编写的 ARM 程序或 Thumb 程序
*.c	C 语言源文件
*.cpp	C++源文件
*.inc	引入文件
*.h	头文件

3.3.1　汇编语言程序的编程规则

目前常见的两种 ARM 编译开发环境：ARM 公司开发的 ADS 集成开发环境和 GNU ARM 集成开发环境。它们在指令系统方面没有区别，区别仅在于控制汇编程序执行的各种伪操作，因此在编写汇编程序的时候，要区分开发环境的不同，采用不同的编程规则，即使用不同的伪操作。从第 3.2 节完成相同功能的两个不同开发环境下的汇编程序中可以看出，无论使用 ARM 汇编器还是 GNU ARM 汇编器，汇编语言程序的基本结构是一样的。

完整的 ARM 汇编语言源文件一般由一个或几个段组成，每个段均由 AREA(或者 GNU ARM 下的.section)伪操作声明，并且以 END(或者 GNU ARM 下的.end)作为汇编源文件的结束。段可以分为多种(如代码段、数据段等)，每个段又有不同的属性(如代码段的属性一般设为 READONLY，数据段的属性一般设为 READWRITE)。下面是声明代码段的语法。

在 ARM 汇编环境下使用的是：

```
AREA TEST,CODE,READONLY
…
END
```

在 GNU ARM 汇编环境下使用的是：

```
.section .text
…
.end
```

在段的内部是汇编语言语句，ARM 汇编语言语句格式如下：

{标签}　{指令|伪操作|伪指令}　{;注释}

标签是一个符号，可以代表指令的地址、变量、数据的地址和常量。一般以字母开头，由字母、数字和下划线组成。当用符号代表地址时又称标号，可以数字开头，其作用范围为当前段或者在下一个 ROUT 伪操作之前。标号代表一个地址，段内标号的地址值在汇编时确定，段外标号的地址值在链接时确定。在程序段中，标号代表其所在位置与段首地址的偏移量。在 ARM 汇编编译器中，所有的标签必须在一行的开头顶格写，前面不能留空格，后面也不能像 C 语言中的标签那样加上：；而在 GNU ARM 汇编编译器中，标签的后面需要加上：，对前面是否留空格也没有严格的规定。

注释从；或@开始，到该行结束为止。在 ARM 汇编编译器中，注释从；开始；而在 GNU ARM 汇编编译器中，注释从@开始。

指令/伪操作/伪指令是指令的助记符或者定义符，它告诉 ARM 处理器应该执行什么样的操作或者告诉编译器伪指令语句的伪操作功能。指令助记符、伪操作和寄存器名既可以用大写字母，也可以用小写字母，但不能混用。

在 ARM 汇编语言源程序中，除了标签和注释外，指令、伪指令和伪操作都必须有前导空格，而不能顶格书写。

如果每一行的代码太长，可以使用字符 \ 将其分行书写，并允许有空行。

在上面的规定中，一般 GNU ARM 汇编编译器的限制不是很严格，具体可以查看所使用的编译器的说明文档。

> 提示: ROUT 伪操作用于给一个局部变量定义作用范围。在程序中未使用该伪操作时,
> 局部变量的作用范围为所在的 AREA, 而使用 ROUT 后,局部变量的作用范围
> 为当前 ROUT 和下一个 ROUT 之间。

3.3.2 汇编语言程序的变量

在各种编程语言中,通常要根据程序的需要定义一些内存单元,即变量。在高级语言程序中,要给存储单元取一个符号名,即变量名,然后通过引用变量名,可以访问对应的存储单元。而在汇编语言程序中则比较灵活,对于存储单元,可以取符号名,也可以不取符号名。当给存储单元取符号名时,则可通过该符号名来访问其对应的存储单元;当不给存储单元取符号名时,则可通过存储单元的偏移量(有效地址)来访问。

ARM 汇编中的变量有多种类型。

1. 预定义变量

ARM 汇编器对 ARM 的寄存器进行了预定义,所有的寄存器和协处理器名都是大小写敏感的。ARM 汇编器预定义的寄存器即作为预定义的变量使用。

- R0~R15 和 r0~r15: 内部通用寄存器名,相应的大写和小写字母对应的是同一个物理寄存器。
- a1~a4: 参数、结果或临时值的存储变量,与 r0~r3 同义。
- v1~v8: 变量寄存器,与 r4~r11 同义。
- sb 和 SB: 用作静态基址寄存器,与 r9 同义。
- sl 和 SL: 用作堆栈限制寄存器,与 r10 同义。
- fp 和 FP: 用作帧指针,与 r11 同义。
- ip 和 IP: 用作过程调用中间临时寄存器,与 r12 同义。
- sp 和 SP: 用作堆栈指针,与 r13 同义。
- lr 和 LR: 用作链接寄存器,与 r14 同义。
- pc 和 PC: 用作程序计数器,与 r15 同义。
- cpsr 和 CPSR: 用作程序状态寄存器。
- spsr 和 SPSR: 用作保存程序状态寄存器的值,即备份 CPSR。
- f0~f7 和 F0~F7: 用作 FPA 寄存器,相应的大写和小写字母对应的是同一个 FPA 寄存器。
- s0~s31 和 S0~S31: 用作 VFP 单精度寄存器。
- d0~d15 和 D0~D15: 用作 VFP 双精度寄存器。
- p0~p15: 用作协处理器 0~15。
- c0~c15: 用作协处理器寄存器 0~15。

2. 内置变量

ARM 汇编器的内置变量说明如下。

- {PC}或.：当前指令的地址。
- {VAR}或@：存储区位置计数器的当前值。
- {TRUE}：逻辑常量真。
- {FALSE}：逻辑常量假。
- {OPT}：当前设置列表选项值，OPT 用来保存当前列表选项，改变选项值，恢复它的原始值。
- {CONFIG}：如果汇编器汇编 ARM 代码，则值为 32；如果汇编器汇编 Thumb 代码，则值为 16。
- {ENDIAN}：如果汇编器在大端模式下，则值为 big；如果汇编器在小端模式下，则值为 little。
- {CODESIZE}：如果汇编器汇编 ARM 代码，则值为 32；如果汇编器汇编 Thumb 代码，则值为 16，与{CONFIG}同义。
- {CPU}：选定的 CPU 名，缺省时为 ARM7TDMI。
- {FPU}：选定的 FPU 名，缺省时为 SoftVFP。
- {ARCHITECTURE}：选定的 ARM 体系结构的值，比如 3、3M、4、4T 和 4TxM。
- {PCSTOREOFFSET}：STR：pc，[...]或 STM：Rb，[...PC]指令的地址和 PC 存储值之间的偏移量。
- {ARMASM_VERSION}或| ads $ version |：ARM 汇编器的版本号，为整数。

> 提示：内置变量 |ads$version| 必须全部小写，其他内置变量的名称可以是大写、小写或混合大小写。
>
> ARM 汇编器内置变量的设置不能用 SETA、SETL 或 SETS 等，只能用表达式或条件来设置。例如 IF {ARCHITECTURE} = "4T"和 IF {CPU} = "Generic ARM"。

3．常量

ARM 汇编器可使用如下几种常量。

- 十进制数常量：如 123、1 和 0。
- 十六进制数常量：如 0x123,0xab,0x7b。
- *n* 进制数：*n*_XXX，*n* 表示 *n* 进制，从 2～9；XXX 是具体的数。
- 字符常量：由单引号及中间的字符组成，包括 C 语言中的转义字符，如'a', '\n'。
- 字符串常量：由一对双引号及双引号之间字符串组成，并包含 C 中的转义字符。如"abcdef\0xa\r\n"。
- 逻辑常量(布尔型常量)：如{TRUE}和{FALSE}。

4．汇编程序的变量代换

这里所说的变量是相对于汇编程序的变量，仅用于汇编程序进行处理，一旦编译到程序中，则不会改变，成为常量。

- 如果在字符串变量的前面有一个$字符，则在汇编时编译器将用该字符串变量的内容代替该串变量，类似于取变量的值。
- 如果在数字变量前面有一个代换操作符 $ ，则编译器会将该数字变量的值转换为十六进制的字符串，并用该十六进制的字符串代换 $ 后的数字变量。

- 如果需要将 $ 字符加入到字符串中，可以用 $$ 代替，此时编译器将不再进行变量代换，而是把 $$ 看作一个 $，类似于转义字符的用法。

3.3.3　子程序的实现及调用

子程序又称为函数，它相当于高级语言中的过程和函数。在一个程序的不同部分，往往要用到类似的程序段，这些程序段的功能和结构形式都相同，只是某些变量的赋值不同，此时可以把这些程序段写成子程序形式，以便需要时调用它。某些常用的特定功能的程序段也可以编制成子程序的形式供用户使用。

1．汇编语言中子程序的定义

下面我们看一个 ARM 汇编中子程序定义的例子。

```
asse_add                ;ARM 汇编中不加：，GNU ARM 汇编中用：
    ADD r0, r0, r1      ;r0 = r0 + r1
    MOV pc, lr          ;函数返回
```

上面的代码相当于 C 语言中的代码：

```
int asse_add(int x, int y)
{
    return (x+y);
}
```

在汇编程序中定义子程序比较简单，不需要考虑类型和参数，只要用一个标签表示程序名称，在子程序最后用一条语句(MOV　pc, lr)返回，把保存在 lr 寄存器中的 PC 指针值恢复，返回调用的程序就可以了。

2．汇编语言中子程序的调用

```
BL asse_add             ;用 BL 指令调用子程序
```

使用 BL 跳转指令实现子程序的调用。调用时不需要考虑参数的问题，只要用带返回的跳转指令直接跳转即可。

3．子程序调用的实现过程

下面是 ARM 汇编开发环境下的一个子程序调用的例子(GNU 汇编中基本一样)。

```
    …
    BL func             ;跳转到子程序
    ADD R1,R2,#2        ;子程序调用完返回后执行的语句，返回地址
    …
func                    ;子程序定义，ARM 汇编中不加：，GNU 汇编中用：
    …                   ;子程序代码
    MOV R15,R14         ;复制返回地址到 PC，实现子程序的返回(MOV pc,lr)
```

分析：该例说明了子程序调用和返回的结构。程序执行到 BL 语句时，PC 指向下一个

要执行的语句，此时 PC(R15)中的值为下一条语句(ADD R1,R2,#2)指令所在的地址。由于 BL 是一个分支指令，这个指令将改变 PC 的值，使之指向子程序所在的地址，同时还自动将断点地址(PC 中的值，此例中即 ADD R1,R2,#2 指令所在的地址)保存在 LR(R14)寄存器中，即保存现场，从而调用子程序，保存现场的工作是自动完成的。子程序的功能完成后，需要用一个 MOV 指令将 LR(14)中的值复制到 PC(R15)中，即恢复现场，从而实现了子程序调用的返回功能。恢复现场即恢复 PC 的值，但不是自动完成的，必须使用 MOV pc,lr 语句。

 ## 3.4 嵌入式 C 语言程序设计

【学习目标】掌握嵌入式 C 语言编程的基础知识，掌握嵌入式 C 语言编程的基本技巧，能够熟练、正确地运用 C 语言进行嵌入式系统的软件开发。

不同于一般形式的软件编程，嵌入式系统程序依赖于特定的硬件平台，势必要求其编程语言具备较强的硬件直接操作能力。无疑，汇编语言具备这样的特质。但是，由于汇编语言开发过程的复杂性，它并不是嵌入式系统开发的最好选择。与之相比，C 语言——一种"高级的低级"语言，则成为嵌入式系统开发的最佳选择。

嵌入式系统开发的 C 语言程序设计是利用基本的 C 语言知识，面向嵌入式应用而进行程序设计，从而将 C 语言灵活应用在嵌入式系统开发中，开发出高质量的嵌入式应用程序，因此掌握基于 C 语言的 ARM 嵌入式编程是学习嵌入式程序设计的关键。

3.4.1 嵌入式 C 语言基础

对于 C 语言大家应该都比较熟悉了，它是一种结构化的程序设计语言，它的优点是运行速度快、编译效率高、移植性好和可读性强，最主要的是它可以直接操纵硬件，因此在嵌入式程序设计中经常会用到 C 语言。本节介绍嵌入式 C 语言程序设计基础，不仅是对 C 语言基础知识的回顾，还着重介绍 C 语言的一些基本语句和语法在嵌入式系统开发中的应用。

例题：已知存储器地址单元 0x10000000 可以存储 8 位二进制数(bit[7]…bit[0])即一个字节，假设其中高 4 位(bit[7]…bit[4])分别可以控制 4 个发光二极管的一个(发光二极管即 LED 显示器，原理参见第 11.2.2 节的内容，此处可以不考虑其原理，只是简单假设某位为 0 时，LED 发光；为 1 时，LED 熄灭)。下面这段代码实现了使 4 个发光二极管同时由亮到灭再由灭到亮的循环。

 提示：如果不考虑 LED 显示器的显示原理，那么我们只要简单地认为 0x10000000 是存储器单元，相当于一个变量，这个存储单元中可以存放 8 位二进制数，其中的高 4 位即 bit[7:4]中的每一位控制一个发光二极管。当值为 0 时 LED 发光，也就是 bit[7]=0 时，对应的一个 LED 亮；当 bit[7]=1 时，该 LED 灭。其余类推。

```
#include "def.h"                                    ①
#define rled_display (*(U8 *)0x10000000)            ②
```

```
void main(void)
{
    int i;
    for(;;){
        rled_display = 0xFF;    //*((unsigned char *)0x10000000)=0xFF  ③
        for(i=100000;i!=0;i--); //利用循环延时，延时可使 LED 反映出亮灭状态
        rled_display = 0x0F;    //LED 亮                                ④
        for(i=100000;i!=0;i--);
    }
}
```

上面的例子是一段简单的 C 语言程序，和我们通常写的 C 语言程序相比，虽然基本的语法都是一样的，但在嵌入式 C 语言程序设计中，经常会使用预处理指令以及对地址进行操作的指针等。

1．预处理指令

1)　文件包含

文件包含的作用是将另一源文件的全部内容包含到本文件中，C 语言中头文件的后缀是.h，如例题中的语句①。

格式：

```
#include <头文件名.h> //用于包含标准头文件
#include "头文件名.h" //用于自定义头文件，先在当前目录查找再查找其他目录
```

包含文件有两种：标准头文件和自定义头文件。使用形式也有两种，两者的区别是搜索路径不一样。

文件名外用尖括号括起来时为标准头文件。标准头文件就是按 DOS 系统的环境变量所指定的目录顺序搜索头文件，也就是我们通常说的到系统指定的目录去搜索头文件，即按标准方式检索。例如：#include <string.h>。

文件名外用双引号括起来时为用户自定义头文件。搜索自定义头文件时，首先在当前目录(通常为源文件所在目录)中查找，如果没找到，再按环境变量所指定的目录顺序搜索(即后按标准方式检索)。例如：#include "2410addr.h"。

在嵌入式系统开发中，有很多头文件都是用户自定义头文件，这类包含文件在引用时使用双引号，如果需要引用标准头文件(如 string.h、stdio.h 等)，则改用尖括号。

在包含文件时，也可以指定路径，例如#include "..\头文件名.h"，表示在当前目录的上一层目录下的"头文件名.h 文件"(..表示当前目录的上一层目录)；#include "..\include\头文件名.h"，表示在当前目录的上一层目录下的 include 目录下的"头文件名.h 文件"；也可以加入绝对路径，即在引号里面写上从盘符开始的全部路径。假设所要包含的头文件在 D:\test\头文件名.h，则在程序中使用#include "D:\test\头文件名.h"。

嵌入式系统开发中通常把一些常量、地址宏定义及函数声明等设计在用户自定义的头文件中，这样当程序用到这些定义及说明时只需将这些头文件包含进来即可。上面例子中的 def.h 中的内容是：

```
#ifndef __DEF_H__
#define __DEF_H__
```

```
#define U32 unsigned int
#define U16 unsigned short
#define S32 int
#define S16 short int
#define U8  unsigned char            //程序中用到这个定义
#define S8  char
#define UINT16 U16
#define UINT32 U32
#define UINT8  U8

#define TRUE     1
#define FALSE    0
#define BOOL   int
#define VOID   void
#define BYTE   S8
#define WORD   S16
#define DWORD  S32
#endif /*__DEF_H__*/
```

在这个头文件中定义了数据类型及一些常量。例如，在程序中用到 unsigned char 时就可以直接用 U8 表示，但要用#include "def.h"把头文件包含进来。

2)　宏定义

用一个指定的标识符来代表一个字符串，例如例题中的语句②。

格式如下：

> #define 标识符 字符串

嵌入式系统开发中常常使用宏定义把存储单元定义为变量。例如，在嵌入式系统开发中，经常要操作特殊功能寄存器或存储器的地址，这些地址很难记忆，也很难书写，容易出错，因此常常把地址定义设计在头文件里，需要的时候只要用一条包含语句就可以用一个标识符来代替繁杂的地址了。定义这些地址就是宏定义，下面的代码段是地址定义头文件(如 2410addr.h)中的一部分，是定义中断所使用的特殊功能寄存器。

```
// INTERRUPT
#define rSRCPND    (*(volatile unsigned *)0x4a000000) //源未决寄存器
#define rINTMOD    (*(volatile unsigned *)0x4a000004) //中断模式寄存器
#define rINTMSK    (*(volatile unsigned *)0x4a000008) //中断屏蔽寄存器
#define rPRIORITY  (*(volatile unsigned *)0x4a00000c) //中断优先级寄存器
#define rINTPND    (*(volatile unsigned *)0x4a000010) //中断未决寄存器
#define rINTOFFSET (*(volatile unsigned *)0x4a000014) //中断偏移寄存器
#define rSUBSRCPND (*(volatile unsigned *)0x4a000018) //子源未决寄存器
#define rINTSUBMSK (*(volatile unsigned *)0x4a00001c) //子屏蔽寄存器
```

分析：

进行中断处理时需要用到这些寄存器，如果编程时直接使用地址进行赋值等，既不好记忆又容易出错，如果换一种硬件还不容易修改，就利用宏定义。例如第一个中断源未决寄存器地址是 0x4a000000，取一个相关的名字 rSRCPND(r 表示是寄存器)，则以后在程序中就可以使用这个名字进行赋值操作了，如同使用一个普通的变量一样，例如本节例题中的语句②③④。

```
#define rled_display (*(U8 *)0x10000000)                          ②

   …
rled_display = 0xFF;                                              ③

   …
rled_display = 0x0F;                                              ④
```

unsigned 意思是无符号整数，即 32 位的寄存器(CPU 以字节为单位编址，而 C 语言指针以指向的数据类型长度作自增和自减)。也有些寄存器是存放 8 位的字节数据，则定义的时候使用 unsigned char，例如实时时钟 RTC 的存放时间的寄存器。

```
#define rBCDMIN (*(volatile unsigned char *)0x57000074) //分钟寄存器
```

例题中的语句②定义的存储器地址，因为只用于存储一个字节，因此定义的时候也使用 U8 (unsigned char)。

unsigned *或 unsigned char *表示后面的十六进制数(如 0x4a000000 或 0x10000000)的数据类型是一个指针(指针即地址)，所存放的内容是 32 位的字数据或 8 位的字节数据。

(*(volatile unsigned *)0x4a000000)或(*(U8 *)0x10000000)前面的*表示这个地址里的内容，可以取这个地址里的内容或者给这个地址里赋值。

修饰符 volatile 将在后面介绍。

还有一些常量的定义，例如 def.h 中用到的#define TRUE 1，把 1 用 TRUE 表示，使程序读起来更加直观。

3)　条件编译

条件编译是先测试条件是否成立，比如测试是否定义过某标识符，然后根据测试结果决定如何处理。

例如，在上面的 def.h 文件中用到了下面这样的结构。

```
#ifndef __DEF_H__
#define __DEF_H__
…
#endif /*__DEF_H__*/
```

这就是条件编译，这段代码的意思是：如果没有定义过标识符__DEF_H__，则首先用#define 定义一个标识符__DEF_H__，接着定义一些标识符作为数据类型及常量的名字，最后的#endif 是结束标志。当然，如果定义过标识符__DEF_H__，则这段代码不会被执行，这样可以避免重复定义。

条件编译的格式如下：

```
#ifndef 标识符
   程序段 1
#else
   程序段 2
#endif
```

在嵌入式系统软件开发中，经常会包含多个头文件，而这些头文件中可能还有包含的头文件，这样可能造成重复定义。使用条件编译，可以避免这种错误的发生。

2. 关键字 const 和关键字 volatile

在嵌入式系统软件开发中，经常会用到这两个关键字。

1) 关键字 const

const 意味着只读，可以称其为不能改变的变量。const 常量是以变量的形式来定义一个标识符，并且通过使用关键字 const 表明这个变量的值不能被改变。例如：const int x = 1。

下面是关于 const 使用方法的几个例子。

```
const int   a ;           //a 是一个常整型数
int   const   a ;         //a 是一个常整型数
const int *a;             //a 是一个指向常整型数的指针，等同于 int const *a;      ①
int * const a;            //a 是一个指向整型数的常指针                            ②
int const * const a;      //a 是一个指向常整型数的常指针
```

如果 const 位于星号的左侧，则 const 就是用来修饰指针所指向的变量，即指针指向为常量，如例子中的①，const int *a;和 int const *a;是一样的，都是指针所指向的内容为常量(const 放在变量声明符的位置无关)，这种情况下不允许对内容进行更改操作。

如果 const 位于星号的右侧，const 就是修饰指针本身，即指针本身是常量。如例子中的②，int * const a;表示指针本身是常量，而指针所指向的内容不是常量，这种情况下不能对指针本身进行更改操作，比如 a++是错误的。

通常，对于函数中的指针参数，如果在函数中是只读的，建议用 const 修饰。

在编译阶段用到的常数仍然只能用#define 宏定义进行定义。例如，在 C 语言中如下程序是非法的：

```
const int SIZE = 10;
char a[SIZE];             //非法：编译阶段不能用到变量
```

2) 关键字 volatile

volatile 的作用是避免编译器优化。编译器优化是编译器为了提高程序运行速度，可能对变量进行优化，比如变量用过后会将其放在缓存中，下次再使用的时候可以直接到缓存器中取变量值，以提高程序运行的速度。当编译器察觉到在代码中没有修改变量的值，就有可能在访问该变量时提供上次访问的缓存值。这样做可能会产生问题，例如，硬件寄存器中内容的改变，可能不是程序中改变的，因而每次访问其中的值都可能不一致。

采用 volatile 关键字可以禁止这种优化，例如：

```
int a,b,c;
a = inWord(0x100);        //读取 I/O 空间 0x100 端口的内容存入 a 变量
b = a;
a = inWord (0x100);       //再次读取 I/O 空间 0x100 端口的内容存入 a 变量
c = a;
```

很可能被编译器优化为：

```
int a,b,c;
a = inWord(0x100);        //读取 I/O 空间 0x100 端口的内容存入 a 变量
b = a;
c = a;
```

但是这样的优化结果可能导致错误。如果 I/O 空间 0x100 端口的内容在执行第一次读操作后被其他程序写入新值，则其实第二次读操作读出的内容与第一次不同，b 和 c 的值应该不同。

在变量 a 的定义前加上 volatile 关键字则可以防止编译器的类似优化，正确的定义方法如下：

```
volatile int a;
```

volatile 变量可能用于如下几种情况。

- 并行设备的硬件寄存器(如状态寄存器，例子中的代码属于此类)。
- 一个中断服务子程序会访问到非自动变量(也就是全局变量)。
- 多线程应用中被几个任务共享的变量。

3. 数据指针

在嵌入式系统软件开发中，常常要求在特定的内存地址单元中读写内容，汇编有对应的 MOV 指令，而除 C/C++以外的其他高级编程语言基本没有直接访问绝对地址的能力。在嵌入式系统的实际调试中，大多借助 C 语言指针所具有的对绝对地址单元内容的读写能力，即用指针直接操作内存。例如：

```
unsigned char *p = (unsigned char *)0xF000FF00;
*p = "11";
```

以上程序的意义为在绝对地址 0xF0000FF00 中写入 8 位字节数据 11。这是在 C 语言中常用的指针的形式，把这两条语句合并成一条语句就是：

```
*((unsigned char *)0xF000FF00) = "11";
```

上面这种形式的赋值语句在嵌入式系统程序设计中经常使用。也可以使用前面介绍的宏定义的方法，把物理地址定义为一个名字。例如：

```
#define rSOURCE      (*(volatile unsigned char *)0xF000FF00)
```

可以像 C 语言的变量一样使用 rSOURCE，更加方便，它代表一个物理地址里面的内容。

在使用绝对地址指针时，要注意指针自增/自减操作的结果取决于指针指向的数据类型。上例中 p++后的结果是 p 指向 0xF000FF01，因为定义的指针 p 是指向 unsigned char，即 8 位字节数据；若指针 p 指向 32 位的字数据，即：

```
unsigned *p = (unsigned *)0xF000FF00;
```

则 p++(或++p)的结果是 p 指向 0xF000FF04。

> ⚠ 注意：CPU 以字节为单位编址，而 C 语言指针以其所指向的数据类型长度作自增和自减。理解这一点对以指针直接操作存储单元地址是非常重要的。

4. 位运算

在嵌入式系统开发中，经常会需要直接对底层硬件进行操作，因此需要用到位操作运算符。高级语言中的 C 语言可以使用位运算操作，例如 C 语言中进行位操作的运算符如下。

- &：与操作。

- |：或操作。
- ^：异或操作。
- ～：取反操作。
- >>：右移操作。
- <<：左移操作。

在计算机程序中数据的位(bit)是可以操作的最小数据单位，理论上可以用"位运算"来完成所有的运算和操作，因而灵活的位操作可以有效地提高程序运行的效率，例如<<(乘 2)和>>(除 2)操作。C 语言位运算除了可以提高运算效率外，在嵌入式系统的编程中，它的另一个最典型的应用，而且十分广泛地正在被使用着的是位间的与(&)、或(|)以及取反(～)操作，这跟嵌入式系统的编程特点有很大关系。因为经常要对硬件寄存器进行位设置，这在嵌入式系统的编程中是非常常见的，需要牢固掌握。

例如，下面是一些使用位操作的示例。

```
a |= 0x4         // 0x4 即二进制 0100，把 a 的第二位设置为 1(最后位为 0 位)
b &= ～0x4        //～0x4 即 1011，把 b 的第二位设置为 0
c &= ～(1 << 3)   //1 左移 3 位后取反，位 3 为 0 其他位为 1，把 c 的第三位置为 0
d ^= (1 << 5)    //与 1 异或用于反转，把第五位反转
e >>= 2          //右移一位相当于除以 2，左移一位相当于乘 2。此句 p 等于把 e 除以 4
```

如果要对一个字数据(或者半字、字节数据)中的某些位进行操作，常常使用掩码(Mask)来表示这些位在数据中的位置。掩码可以简单地认为就是把要操作的相应的位置 1，其他位置 0，比如掩码 0x0000ff00 表示对一个 32 位字数据的 8～15 位(bit8～bit15 是 1)进行操作，例如：

(1) 取出 8～15 位。

```
unsigned int a, b, mask = 0x0000ff00;
a = 0x12345678;
b = (a & mask) >> 8;      // 0x00000056
```

或者用如下语句也可以达到同样的效果。

```
b = (a >> 8) & ~(~0 << 8);
```

(2) 将 8～15 位清 0。

```
unsigned int a, b, mask = 0x0000ff00;
a = 0x12345678;
b = a & ~mask;            // 0x12340078
```

(3) 将 8～15 位置 1。

```
unsigned int a, b, mask = 0x0000ff00;
a = 0x12345678;
b = a | mask;             // 0x1234ff78
```

(4) 查询某位的状态(是否为 1 或为 0)。

```
while(!(rUTRSTAT0 & 0x1));   //若 rUTRSTAT0 位[0]为 0 则!(rUTRSTAT0 & 0x1)为真
```

掩码的方法是一种具有极高可移植性的方法，可以使用#define 和位掩码(bit masks)提高程序的移植性，例如：

```
#define BIT2  (0x1 <<2)
static  int   a;
void Set_bit2(void)          //声明函数，功能是设置位[2]
{
    a |= BIT2;
}
void Clear_bit2(void)        //声明函数，功能是清除位[2]
{
    a &= ~BIT2;
}
```

3.4.2 嵌入式 C 语言编程

在 3.4.1 节例题中，用嵌入式 C 语言实现了 4 个二极管同时亮或同时灭的效果。本节将对 3.4.1 节例题进行修改，实现跑马灯的效果，再编程使数码管显示指定的字形，学习嵌入式 C 语言编程的方法。

对于跑马灯(假设此处的跑马灯是并排放置的 4 个发光二极管)，我们仍然用存储器地址 0x10000000 的高 4 位控制。在下面的控制程序中，假设跑马灯 1(最左边的发光二极管)由位[4]控制，跑马灯 2(左边第二个发光二极管)由位[5]控制，以此类推。

例题一：使跑马灯从左开始，依次亮、灭(全灭→1 亮→全灭→2 亮→全灭→3 亮……)。

```
void main(void)
{
    int i,j;
    while(1){
        for(j=4;j<8;j++){
            *((unsigned char *)0x10000000)=0xFF;//放在循环内，每次亮过后全灭
            for(i=100000;i!=0;i--);       //延时程序，自己调节延时时间
            *((unsigned char *)0x10000000)=~(0x1<<j); //位 j 为 0 灯亮
            for(i=100000;i!=0;i--);
        }
    }
}
```

例题二：使跑马灯从左开始，一个亮、两个亮、三个亮……最后全灭(1 亮、12 亮、123 亮……)。

```
void main(void)
{
    int i,j;
    while(1){
        *((unsigned char *)0x10000000)=0xFF;    //全灭，在循环外
        for(i=1000000;i!=0;i--);
        for(j=1;j<5;j++){
```

```
        *((unsigned char *)0x10000000)=~(0x0F<<j);  //4～3+j 为 0
        for(i=1000000;i!=0;i--);
    }
}
```

例题三：数码管显示程序。

数码管(8 段 LED 显示器，a-g 加小数点 dp)是嵌入式系统中常用的显示器件，一个 8 字形的数码管其每个笔画是一个 LED 发光二极管，如图 3-1 所示。若要使这个 8 字形的数码管显示某种字形，就要点亮其中的某些 LED 发光二极管。

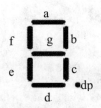

图 3-1　数码管示意图

说明：若要显示 0，则中间的二极管 g 和 dp 不能亮；若要显示 1，则只有右边的 b 和 c 两个二极管亮，等等。数码管的显示原理请参见第 11.2.3 节 "数码管"。本节暂时不考虑其显示原理，我们假设现有两只数码管，由存储器地址 0x10000006 来控制哪只数码管亮(两只数码管用到了低 2 位，bit[0]对应右边一只数码管，bit[1]对应左边一只数码管)，由地址 0x10000004 控制发光的数码管显示什么字形，其中字节数据 8 位二进制数正好对应 8 段 8 个发光二极管(bit[0]对应二极管 a，bit[1]对应二极管 b，以此类推)。假设两个地址中的内容都是输出 0 有效，即当地址 0x10000006 中的位数据为 0 时，选中相应的数码管亮；当地址 0x10000004 中某位数据为 0 时，点亮相应的发光二极管，即为 1 时灭。下面的 C 语言程序控制两只数码管同时从 0 到 F 依次将字符显示出来，再从 F 到 0 依次将字符显示出来。

```
#define U8 unsigned char          //没有包含头文件，因此直接使用宏定义
unsigned char seg7table[16] = {
    /* 0     1     2     3     4     5     6     7*/
    0xc0, 0xf9, 0xa4, 0xb0, 0x99, 0x92, 0x82, 0xf8,
    /* 8     9     A     B     C     D     E     F*/
    0x80, 0x90, 0x88, 0x83, 0xc6, 0xa1, 0x86, 0x8e,
};       //定义显示字形的数组，某位为 0 时点亮，下标对应要显示的字形，方便查表
void Delay(int time);           //延时函数
void Test_Seg7(void) {
    int i;
    *((U8*) 0x10000006) = 0x00;    //位码置全 0，两只数码管同时选中，同时亮
    while(1) {
        for(i=0;i<0x10;i++) {      //数码管从 0 到 F 依次将字符显示出来
            *((U8*) 0x10000004) = seg7table[i];   //查表并输出字形数据
            Delay (100000);
        }
        for(i=0xf;i>=0x0;i--){      //数码管从 F 到 0 依次将字符显示出来
```

```
                  *((U8*) 0x10000004) = seg7table[i];    //查表并输出数据
                  Delay (100000);
              }
          }
      }
```

分析：在程序中，把要显示的字符 0-F 相应的字形对应的字节数据(如字符 0 对应的字节数据是 0xc0)存储在一张表中，把这张一维表用一维数组来存储，数组元素的下标刚好与要显示的字符对应。例如下标 0 对应字符 0 的数据，下标 1 对应字符 1……下标 15 对应字符 F 的数据，F 是十六进制的 15。这样在显示某个字符的时候就去查表，用数组的下标就可以方便地显示出与此下标对应的字符，例如数组元素 seg7table[i]显示字符 i。

嵌入式系统中的软件通常是不需要人为干预就可以一直运行的，因此常常使用死循环，其形式一般如下所示。

```
while(1)
{
    …
}
```

或者写成下面的代码段。

```
for(;;)
{
    …
}
```

3.5 C 语言和汇编语言混合编程

【学习目标】了解 C 语言程序内嵌汇编语言的编程方法，了解 C 语言程序调用汇编程序的方法，了解汇编语言程序中调用 C 代码的方法，了解汇编语言中函数的实现方法。

在嵌入式系统开发中，目前使用的主要编程语言是 C 语言和汇编语言。在稍微大一点的规模的嵌入式软件中，例如基于操作系统的嵌入式软件开发中，大部分的代码都是用 C 语言编写的，但还是有很多地方要用到汇编语言。例如开机时硬件系统的初始化，对性能非常敏感的代码块，以及一些中断处理方面的程序也可能涉及汇编语言。

通过如下两段汇编程序代码，让我们认识一下 C 语言和汇编语言混合编程的方法。(两段代码在下面几小节中还会引用，引用时记为第 3.5 节的例题。)

汇编程序代码如下：

```
      IMPORT  main                    ;声明 C 程序 main,是在外部定义的        ①
      EXPORT  asse_add                ;声明可被外部程序引用                 ②
      AREA init, CODE, READONLY       ; 定义段
      ENTRY                           ; 程序入口地址
start
      MOV    sp, #0x33000000          ;建立栈指针(r13)
      BL     main                     ;调用 C 程序的函数,要用 BL(不能用 B)调用③
```

```
stop
    B       stop
asse_add                                ;此函数可被外部程序引用              ④
    ADD    r0, r0, r1                   ;r0 = r0 + r1
    MOV    pc, lr                       ;函数返回                          ⑤
    END
```

C 语言程序代码如下：

```
extern int asse_add(int x, int y);      //声明外部定义的函数              ⑥
int embed_add(int x, int y);            //函数声明                       ⑦
void main()
{
    int x, y;
    x = asse_add(10, 20);               //调用汇编函数 asse_add           ⑧
    y = embed_add(10, 20);              //调用函数 embed_add             ⑨
}
int embed_add(int x, int y)
{
    int tmp;
    __asm                               //内嵌了汇编代码                 ⑩
    {
        add tmp, x, y
    };
    return tmp;
}
```

在这两段代码中，用到了 C 语言程序中内嵌汇编指令、汇编程序中调用 C 函数、C 程序中调用汇编程序以及在汇编语言程序函数的实现。ARM 体系结构支持 ARM 的汇编语言与 C/C++的混合编程，本节主要讨论 C 语言和汇编语言的混合编程，包括相互之间的函数调用。

3.5.1 在 C 语言程序中内嵌汇编指令

在本节的例题中，语句⑩是在 C 语言程序中内嵌的汇编指令。在 ARM 的 C 语言程序中，可以使用关键字__asm(__asm__)来嵌入一段汇编语言的程序。

1. ARM 编译器(如 ADS IDE)中使用的格式

```
__asm                   //使用两个下划线
{
    指令[; 指令]          //注释 or /*注释*/，不能用分号注释
    ...
    [指令]
};
```

2. GNU ARM 编译器中使用的格式

```
__asm__("指令
```

```
...
        指令");
```

例如，在 3.5 节例题中，用 C 语言内嵌汇编语言实现和 3.3.3 节中的 asse_add 相同的功能。

```
int embed_add(int x, int y)
{
        int tmp;
        __asm
        {
            add tmp, x, y
        };
        return tmp;
}
```

在 C 语言中内嵌的汇编指令包含了大部分的 ARM 和 Thumb 指令，不过其使用方法与汇编文件中的指令有些不同，存在一些限制。在 C 语言程序中嵌入 ARM 汇编需要注意以下的问题。

(1) 在汇编指令中，可以使用表达式，使用逗号作为分隔符；如果一行中有多个汇编指令，那么应该使用分号将多个指令隔开。

(2) 如果一条指令占用了多行，需要使用符号 \ 续行。在汇编程序中，不能使用分号作为注释行的开头，分号在 C 语言中是语句结束的标记，要使用 C 语言中的 /**/ 或者 // 进行注释。

(3) 一般不要直接指定物理寄存器，不要使用一个物理寄存器去改变一个 C 变量。要避免使用 R0~R3、R12 及 R14 这些物理寄存器，它们可能已经被使用。

(4) 对于内嵌的汇编代码用到的寄存器，编译器在编译时会自动加入保存和恢复这些寄存器的代码而不需要用户去管理，除了寄存器 CPSR 和 SPSR，其他寄存器都必须先赋值然后再读取，否则编译时将出现错误。

3.5.2　在 C 语言程序中调用汇编程序

在 C 语言程序中也可以调用汇编语言程序。

1. C 语言中的函数声明

在 C 语言程序中，把被调用的汇编语言的函数声明为 extern，例如例题中的语句⑥。

```
  extern int asse_add(int x, int y);
```

当调用函数与被调用函数位于不同文件中时，在 C 语言程序中把被调函数先声明为 extern，表示此函数已经在其他源文件中定义，函数 asse_add 是在汇编语言程序中定义的。

2. 汇编语言程序中的函数声明

在汇编语言程序中，把被调用的函数声明为 EXPORT，例如例题中的语句②。

```
  EXPORT  asse_add
```

如果被调用的函数是在 ARM 汇编中定义的，则需要在 ARM 汇编程序中使用伪操作(如 EXPORT)声明此函数为全局符号，可被外部程序引用。

3. 调用函数

调用函数，例如例题中的语句⑧。

```
x = asse_add(10, 20);          //在 C 程序中直接调用，参数遵循 APCS
```

为了满足 ARM 汇编、C/C++之间的互相调用，必须保证所编写的代码遵循 APCS(ARM Procedure Call Standard，ARM 过程调用标准)。APCS 规定了子程序调用的基本规则，这些规则包括子程序调用过程中寄存器和数据栈的使用规则以及参数的传递规则。

> ⚠ **注意：** 如果函数有不多于 4 个参数，则将分别用寄存器 r0、r1、r2 和 r3 来传递；如果参数多于 4 个，则多余的参数将被压入堆栈，通过堆栈传递。
>
> 一定要保证 IMPORT(引入)和 EXPORT(输出)是成对使用的，若没有 EXPORT 则 IMPORT 无效，若只有 EXPORT 而没有 IMPORT 也无法引用符号。若要在 C 语言程序中引入汇编的代码，则使用 extern 代替 IMPORT。

再看一个如何在 C 程序中调用汇编语言子程序的例子，该段代码实现了将一个字符串复制到另一个字符串中。

```
#include <stdio.h>
extern void strcopy(char *d, const char *s);
                    //声明被引用的函数在其他源文件中定义
int main()
{
    const char *srcstr = "First string - source";
    char dststr[ ] = "Second string - destination";
    printf("Before copying:\n");
    printf(" '%s'\n '%s'\n",srcstr,dststr);
    strcopy(dststr,srcstr);             //调用函数
    printf("After copying:\n");
    printf(" '%s'\n '%s'\n",srcstr,dststr);
    return 0;
}
```

下面为调用它的汇编程序。

```
    AREA  SCopy, CODE, READONLY
    EXPORT strcopy        ;用于声明全局符号，可以被其他文件引用
strcopy
                          ;R0 指向目的字符串
                          ;R1 指向源字符串
    LDRB R2, [R1],#1      ;加载字节并更新源字符串指针地址
    STRB R2, [R0],#1      ;存储字节并更新目的字符串指针地址
    CMP R2, #0            ;判断是否为字符串结尾
    BNE strcopy           ;如果不是，程序跳转到 strcopy 继续复制
    MOV pc,lr             ;程序返回
    END
```

3.5.3 在汇编语言程序中调用 C 代码

在汇编语言程序中可以调用 C 语言程序中的函数。

1. 汇编程序中的函数声明

在汇编程序中声明要调用或跳转到的 C 语言程序中的函数，它是在外部文件中定义的，例如例题中的语句①。

```
IMPORT  main
```

在汇编语言程序中调用 C 语言的函数或者 C 语言风格的字符串，需要在汇编中使用 **IMPORT** 伪操作声明，然后将 C 语言的代码放在一个独立的 C 文件中，其间的调用通过编译程序编译后由链接器来处理。**IMPORT** 相当于 C 语言中的 extern，告诉编译器引用的函数或符号不是在本文件中定义的，而是在其他源文件中定义的。

格式如下：

```
IMPORT C语言的函数名(只有函数名不用参数)或者符号名
```

2. 函数调用

在汇编程序中用 BL 指令调用函数或 B 指令跳转，例如例题中的语句③。

```
BL main
```

B 指令和 BL 指令的区别在于是否需要返回调用的地方：B 指令用于跳转，不保护现场，因而不能够返回；而 BL 指令会自动保护现场，因此可以在被调用的函数执行结束后返回调用的地方。

3. 参数传递

C 程序和汇编程序之间的参数传递是通过 APCS 的规定进行的。假如函数有不多于 4 个参数，对应用 R0～R3 来进行传递，多于 4 个参数则借助堆栈，函数的返回值通过 R0 来返回。

例如，有 3 个参数时的一段 C 语言函数代码如下：

```
int cFun(int a, int b, int c)
{
    return a+b+c;
}
```

在 ARM 汇编程序中调用上面的函数的代码如下：

```
AREA asmfile, CODE, READONLY
IMPORT cFun        ;声明引用的函数在其他源文件中定义
ENTRY
mov r0, #11
mov r1, #22
mov r2, #33
```

```
BL cFun               ;调用函数
END
```

分析：在汇编代码中分别为 r0、r1 和 r2 赋了初值，当用 BL 指令调用 C 语言中的函数时，形参 a 得到的实参值是 r0 的值，形参 b 得到的实参值是 r1 的值，形参 c 得到的实参值是 r2 的值，而在 C 语言中函数的返回值 a+b+c 的值存放在 r0 中。

另外，通过跳转指令 B 加上 C 的函数名(如 main)，可以使程序从汇编代码跳转到 C 语言程序中执行。例如，在启动程序初始化 ARM 结束后，就使用这条语句跳转到 C 程序。

例如，汇编语言代码如下：

```
IMPORT main
...
MOV sp, #0x33000000
B  main                       ;主调语句
...
```

C 语言代码如下：

```
int main(void) {              //要与主调名字相同
  ...
}
```

3.5.4 汇编语言中的函数定义

在汇编语言中对函数的定义比较简单，直接用函数入口地址标号代表函数名，不需要像 C 语言程序中的函数那样的形式参数和实参，例如例题中的函数定义语句④和语句⑤。

```
asse_add
ADD   r0, r0, r1              ;r0 = r0 + r1
MOV   pc, lr                  ;函数返回
```

但在函数结束时必须显示地恢复现场，通常使用语句 MOV pc,lr，相当于 C 语言中的返回语句 return 或右括号 }。

3.5.5 小结

以上通过几个简单的例子说明了嵌入式开发中常用的 C 语言和汇编语言混合编程的一些方法和基本的思路，其实最核心的问题就是如何在 C 和汇编之间传值，其余的问题就是各自用自己的方式进行处理。

3.6 回到工作场景

通过前面内容的学习，读者应该了解了 ARM 汇编语言的伪操作的使用，掌握了在嵌入

式系统软件开发过程中 C 程序设计语言的使用技巧和方法，并且了解了汇编语言程序和 C 语言程序混合编程的方法。下面我们将回到第 3.1 节介绍的工作场景，完成工作任务。

3.6.1 回到工作场景一

初始化程序即系统的启动代码，是系统在加电后运行的第一段代码，主要任务是初始化处理器模式，设置堆栈，以及初始化变量等。由于以上操作均与处理器体系结构和系统配置密切相关，所以一般采用汇编语言编写。

系统初始化程序是在硬件上执行的第一段程序代码，它通常被安排在系统复位异常向量地址处。系统初始化程序依赖于具体的硬件环境，除了依赖于 CPU 的体系结构外，还依赖于具体的板级硬件配置。也就是说，对于两块不同的嵌入式系统板而言，即使它们采用的 CPU 是相同的，它们的初始化程序也可能不同。在一块板子上运行正常的初始化程序，要想移植到另一块板子上，也必须进行修改。

不同的硬件，启动代码会有差异，但基本原理是相似的，因此我们选择其中一种进行简单的分析，以期了解一下汇编语言程序的实际应用(本段启动代码是使用 ARM 汇编开发环境)。

【工作过程一】参数初始化

通常在程序的最开始的地方做变量定义等初始化工作，ARM 的启动代码也不例外，在启动代码最开始的地方，对代码中使用到的变量进行定义。具体程序代码省略，可以参看任何一种启动代码。

【工作过程二】异常入口

启动代码从 ENTRY 处开始执行，这里放的是异常向量表，第一个就是复位异常，b ResetHandler 跳转到复位异常处。

异常向量置于 0 地址开始的几个地址，这些是必须处理的。由于复位向量位于 0 地址处，紧接着的代码仍然是其他的异常向量，没有接着放复位的代码，因此也需要一条跳转指令。碰到 7 种异常中任何一种时，PC 会被强制设置为对应的异常向量，从而跳转到相应的异常处理程序，处理完后再返回到主程序继续执行。具体代码如下：

```
b    ResetHandler      ;复位异常，跳转到 ResetHandler 标号处
b    HandlerUndef      ;未定义指令异常
b    HandlerSWI        ;软件中断异常
b    HandlerPabort     ;指令终止异常
b    HandlerDabort     ;数据终止异常
b    .                 ;保留
b    HandlerIRQ        ;IRQ 中断异常
b    HandlerFIQ        ;FIQ 中断异常
```

【工作过程三】关看门狗定时器

```
ResetHandler                   ;复位中断时跳到这里开始执行，复位异常入口
```

```
    ldr r0,=WTCON              ;禁止看门狗,即设置看门狗控制寄存器
    ldr r1,=0x0                ;此三条汇编代码使寄存器 WTCON 置为 0
    str r1,[r0]
```

【工作过程四】 关中断(包括中断和子中断)

```
    ldr r0,=INTMSK
    ldr r1,=0xffffffff         ;禁止所有中断,即设置中断屏蔽寄存器
    str r1,[r0]

    ldr r0,=INTSUBMSK
    ldr r1,=0x3ff              ;禁止所有子中断,即设置子中断屏蔽寄存器
    str r1,[r0]
```

【工作过程五】 设置系统时钟频率

有时需要设置系统 CPU 的速度和时钟频率(各寄存器的意义参见第 10 章的 2410 时钟设置)。

```
;调整 LOCKTIME 寄存器,首先设置锁相环的 lock time
    ldr r0,=LOCKTIME
    ldr r1,=0xffffff
    str r1,[r0]
;如果启用锁相环,则需要使用下面的代码配置 MPLL
    IFDEF PLL_ON_START
    ldr r0,=MPLLCON
    ldr r1,=((M_MDIV<<12)+(M_PDIV<<4)+M_SDIV) @Fin=12MHz,Fout=50MHz
    str r1,[r0]
    ENDIF
```

【工作过程六】 设置随机存储器

若系统使用了 DRAM 或其他存储器外设,则需要设置相关寄存器,以确定其刷新频率、总线宽度等信息。

```
;设置存储器控制寄存器
    ldr r0,=SMRDATA
    ldr r1,=BWSCON            ;BWSCON 地址
    add r2, r0, #52          ;SMRDATA 的结束地址,共有 13 个寄存器
0                            ;标号,循环指令跳转到这里
    ldr r3, [r0], #4         ;每次在地址上加 4
    str r3, [r1], #4
    cmp r2, r0
    bne %B0
```

上面这段代码用于设置存储器控制寄存器。首先把设置的值存放在程序的文字池中(代码放在本程序段的后面),用 LTORG 伪操作定义文字池,如下所示。

```
    LTORG
SMRDATA
DCD (0+(B1_BWSCON<<4)+(B2_BWSCON<<8)+(B3_BWSCON<<12) +
```

```
\ (B4_BWSCON<<16)+(B5_BWSCON<<20)+(B6_BWSCON<<24)+(B7_BWSCON<<28))
    ...
    DCD 0x30            ;MRSR6 CL=3clk
    DCD 0x30            ;MRSR7
```

文字池中共有 13 个值,分别对应控制存储器的 13 个不同的寄存器(需要设置的 13 个寄存器是相邻的,所以可以在首地址基础上加 4)。其中 B1_BWSCON 等的值根据执行的是 ARM 指令或者 Thumb 指令而有所不同,即具有如下形式的定义(这个定义可以单独定义在汇编程序头文件中,比如编写启动代码的包含文件 2410memcfg.inc)。

```
;BWSCON
DW8 EQU      (0x0)
DW16    EQU      (0x1)
...
;区分总线宽度是 16 位还是 32 位,所定义的值不同
    ASSERT:DEF:BUSWIDTH
[ BUSWIDTH=16
B1_BWSCON EQU (DW16)
B2_BWSCON EQU (DW8)
...
|               ;BUSWIDTH=32
B1_BWSCON EQU (DW32)
B2_BWSCON EQU (DW8)
...
]
;BANK0CON
B0_Tacs    EQU 0x0 ;0clk
B0_Tcos    EQU 0x0 ;0clk
...
```

【工作过程七】 设置堆栈

系统堆栈初始化取决于用户使用了哪些异常,以及系统需要处理哪些错误类型。一般情况下,管理模式堆栈必须设置。若使用了 IRQ 中断,则 IRQ 中断堆栈必须设置。

对于堆栈的设置,使用了汇编程序子函数调用的形式。在主程序中,使用 bl 指令调用子函数。

```
    bl  InitStacks              ;跳转到初始化堆栈子函数
```

子函数对各种工作模式下的堆栈都进行了初始化,初始化堆栈段代码中用到的常量在程序的开始部分定义。

```
;常量定义
USERMODE            EQU 0x10
FIQMODE        EQU 0x11
...
NOINT          EQU 0xc0

; 堆栈位置
```

```
UserStack  EQU (_STACK_BASEADDRESS-0x3800);0x33ff4800 ~
SVCStack   EQU (_STACK_BASEADDRESS-0x2800)   ;0x33ff5800 ~
...
```

初始化堆栈段代码如下所示(在下面的程序中"msr cpsr,r1"与"msr cpsr_cxsf,r1"等价)。

```
InitStacks
    mrs r0,cpsr                          ;把状态寄存器的值送到 r0
    bic r0,r0,#MODEMASK                  ;把 cpsr 的低 4 位清零
    orr r1,r0,#UNDEFMODE|NOINT           ;把 r0 的值置为 11011011，然后送给 r1
    msr cpsr_cxsf,r1                     ;把 r1 的值送到状态寄存器
    ldr sp,=UndefStack                  ;把堆栈的位置送给 SP
    orr r1,r0,#ABORTMODE|NOINT           ;以下是其他异常模式下堆栈设置
    msr cpsr_cxsf,r1                     ;AbortMode
    ldr sp,=AbortStack
    orr r1,r0,#IRQMODE|NOINT
    msr cpsr_cxsf,r1                     ;IRQMode
    ldr sp,=IRQStack
    orr r1,r0,#FIQMODE|NOINT
    msr cpsr_cxsf,r1                     ;FIQMode
    ldr sp,=FIQStack
    bic r0,r0,#MODEMASK|NOINT
    orr r1,r0,#SVCMODE
    msr cpsr_cxsf,r1                     ;SVCMode
    ldr sp,=SVCStack
    mov pc,lr                            ;子函数返回
```

初始化所需的存储器空间。为正确运行应用程序，在初始化期间应将系统需要读写的数据和变量从 ROM 复制到 RAM 里。一些要求快速响应的程序(例如中断处理程序)，也需要在 RAM 中运行。如果使用 Flash，对 Flash 的擦除和写入操作也一定要在 RAM 里运行。ARM 软件开发工具包中的链接器提供了分布装载功能，可以实现这一目的。

【工作过程八】中断处理程序

```
; Setup IRQ handler
    ldr r0,=HandleIRQ    ;This routine is needed
    ldr r1,=IsrIRQ       ;if there isn't 'subs pc,lr,#4' at 0x18, 0x1c
    str r1,[r0]
IsrIRQ
    sub sp,sp,#4         ;reserved for PC
    stmfd   sp!,{r8-r9}

    ldr r9,=INTOFFSET
    ldr r9,[r9]          ;把 INTOFFSET 寄存器的值装载到 r9
    ldr r8,=HandleEINT0  ;把中断服务例程向量基地址装载到 r8
    add r8,r8,r9,lsl #2  ;取得中断服务例程向量 r8 = r8 + r9 * 4
    ldr r8,[r8]          ;装载中断服务例程地址
    str r8,[sp,#8]       ; store to sp, new PC
    ldmfd   sp!,{r8-r9,pc} ;跳转到新的 PC 处，即中断处理例程处
```

在启动代码的起始位置放置异常入口代码。

```
b    ResetHandler
b    HandlerUndef              ;未定义指令异常
b    HandlerSWI       ;软件中断异常
b    HandlerPabort    ;指令终止异常
b    HandlerDabort    ;数据终止异常
b    .               ;保留
b    HandlerIRQ      ;IRQ 中断异常
b    HandlerFIQ      ;FIQ 中断异常
```

各种异常向量放在文字池中。

```
     LTORG               ;文字池列出各种异常向量
HandlerFIQ      HANDLER HandleFIQ
HandlerIRQ      HANDLER HandleIRQ
HandlerUndef    HANDLER HandleUndef
HandlerSWI      HANDLER HandleSWI
HandlerDabort   HANDLER HandleDabort
HandlerPabort   HANDLER HandlePabort
```

定义异常向量的地址的数据段。

```
     ALIGN
     AREA RamData, DATA, READWRITE
     _ISR_STARTADDRESS
HandleReset      #  4
HandleUndef      #  4
HandleSWI        #  4
HandlePabort     #  4
HandleDabort     #  4
HandleReserved   #  4
HandleIRQ        #  4
HandleFIQ        #  4
```

【工作过程九】初始化应用程序执行环境

初始化系统需要读写的数据和变量，从 ROM 复制到 RAM 里，对需要清零的区域清零。

```
     ldr r0, =|Image$$RO$$Limit|;得到 ROM 只读数据区结束地址+1
     ldr r1, =|Image$$RW$$Base|  ;得到 RAM 读写段起始地址
     ldr r3, =|Image$$ZI$$Base|  ;需要清零的区域起始地址

     ; Zero init base => top of initialised data
     cmp r0, r1        ;检查是否不同
     beq %F2           ;向后跳
1
     cmp r1, r3        ;复制初始化的数据
     ldrcc   r2, [r0],#4 ;--> LDRCC r2, [r0] + ADD r0, r0, #4
     strcc   r2, [r1],#4 ;--> STRCC r2, [r1] + ADD r1, r1, #4
     bcc %B1           ;向前跳
```

```
2
    ldr r1, =|Image$$ZI$$Limit|        ;对需要清零的区域清零
    mov r2, #0
3
    cmp r3, r1                         ;Zero init
    strcc   r2, [r3], #4
    bcc %B3
```

【工作过程十】跳转到 C 程序的入口点

```
bl   Main        @ 跳转到 C 程序入口点……
```

至此，启动代码执行完毕，启动代码完成了：参数初始化；设置中断异常向量表；初始化硬件，包括锁相环、看门狗、中断、系统时钟和主频等；初始化 RAM；初始化堆栈；复制 RW 段到 RAM，将 Zi 段清零；最后跳转到 C 语言程序。

3.6.2　回到工作场景二

参考 3.4.2 节中例题三的分析，现在假设有 6 只数码管，由存储器地址 0x10000006 中的数据控制哪一只数码管亮(6 只数码管用到了低 6 位，bit[0]对应最右边一只数码管，bit[5]对应最左边一只数码管)，由地址 0x10000004 来控制发光的数码管显示什么字形，两个地址中的内容都是输出 0 时才有效。

要想在 6 只数码管上显示不同的字形，因为控制字形的地址只有一个，因此必须用扫描显示的方法：即在点亮某一只数码管时，字形地址里根据该数码管的显示内容确定，接着点亮下一只数码管，此时字形地址变成下一只数码管要显示的内容，依次使每一只数码管点亮，字形地址也依次变成相应的内容。每只数码管点亮短暂的时间，由于数码管的余辉效应以及人眼的视觉暂留现象，使 6 只数码管看上去就像同时显示不同的数字一样。

【工作过程一】建立字形表

用数组建立字形表。因为只要显示 6 种字形 0~5，所以建立的字形表只需要 6 个元素。

```
#define U8 unsigned char    //用宏定义，定义 U8
U8 seg7table[6] = {         //如果前面没有定义 U8，也可以直接使用 unsigned char
    /* 0     1     2     3     4      5*/
    0xc0,  0xf9,  0xa4,  0xb0,  0x99,  0x92,
};        //只用到 0~5
```

【工作过程二】动态扫描显示

在函数中，当点亮左边第一只数码管时，字形数据为显示 0；点亮第二只时，显示 1。因此，可以用移位取反的方法，保证地址 0x10000006 中的值只有一位为 0。当某位为 0 时，相应的字形地址 0x10000004 里的值与移位的位数一致，即与所赋的值下标一致，显示下标的字形。

```
void Main(void) {    //此处 Main 名称必须和初始化程序 2410init.s 最后跳转的函数名一致
    int i,j;
```

```
while(1) {
    for(i=0;i<0x6;i++) {              //数码管从 0 到 5 依次将字符显示出来
        *((U8*) 0x10000006) = ~(0x20>>i);      //1 右移 i 位,取反为 0,点亮一位
        *((U8*) 0x10000004) = seg7table[i];    //下标为 i 的元素,输出字形数据
        for(j=0;j<0x1000;j++);  //循环次数控制延时时间,可以调整
    }
}
}
```

 ## 3.7　工作实训营

1. 训练内容

编写程序控制步进电机的转动。

当给步进电机加一个脉冲信号时,电机转过一个步距角。电机有两种工作模式:半步模式和整步模式。整步模式下的步距角为 180,半步模式则为 90。

假设某实验箱上的步进电机由存储器地址单元 0x28000006 的 bit3~bit0 控制,当电机以整步模式工作时,控制方法是:当前状态为 0101B 时,要想使电机正转 180,下一个状态应该是 1001B;再继续正转 180,下面的状态分别是 1010B 和 0110B,之后回到 0101B。按如此状态顺序循环下去,每改变一个状态,电机转动 180;反向转动时控制方法类似,如表 3-3 所示。

表 3-3　步进电机整步模式下脉冲分配信号表

序　号 *	当前状态	正转脉冲	反转脉冲
1	0101(0x05)	1001	0110
3	1001(0x09)	1010	1010
5	1010(0x0a)	0110	1001
7	0110(0x06)	0101	0101

* 因为此表是整步模式的状态表,序号为 1、3、5 和 7,而 2、4、6 和 8 在半步模式时出现。

编写 C 语言程序控制电机以整步模式正向转动。

2. 训练目的

掌握嵌入式系统开发中 C 语言的编程方法及使用技巧,掌握 ADS 集成开发环境的使用方法。

3. 训练过程

在 CodeWarrior IDE 中新建一个工程,输入工程名 step,存放在 D:\test\step 目录下。再新建一个 C 源文件,放在同一目录下,然后编写如下的程序。

```
#define U8 unsigned char
U8 table_pulse [4] =
{
    0x05, 0x09, 0x0a, 0x06,
```

```
};
void main(void)
{
    int row = 0;
    int i;
    for( ; ; )
    {
        if( row == 4 ) row = 0;
        (*(volatile unsigned char*)0x28000006) = table_pulse [row++];
        for(i=0;i<1000;i++);           //延时时间决定电机转动速度，自行调整
    }
}
```

4. 技术要点

(1) 数组的使用。无论是整步模式还是半步模式，在每个脉冲到来的时候都会进行状态转换，电机会转动一定的角度，而在这些状态之间并无规律可循，不能循环使用移位、与、或等操作得到，所以把这些状态放到数组里作为数组元素，数组下标从 0 开始递增 1。

(2) 如果想让电机反向转动，只需要把数组中的元素按反转脉冲的方式重新赋值即可。因为正转和反转的脉冲值正好是相反的顺序，在循环的时候使数组下标按递减顺序循环也可达到同样的效果。

(3) 另外要注意，在整步模式中，4 个状态循环一次转动的角度是 180×4，并没有转一圈。半步模式也是一样。

(4) 在 AXD 中调试时，可以通过变量观察窗口观察变量的变化情况。

3.8 习题

问答题

(1) 一个汇编语言程序由哪几部分组成，相关的伪操作是什么？

(2) 汇编语言程序设计中对符号的命名有什么要求？

(3) 汇编语言程序设计中常用的伪操作有哪几类，各有何作用？

(4) 写出声明以下变量所用到的伪操作。

① 声明全局算术变量 DATE1。

② 声明全局逻辑变量 STATUS。

③ 声明全局字符变量 OPEN，并为 OPEN 赋值 ON OF POWER

④ 声明局部算术变量 DATE2，并为局部算术变量 DATE2 赋值。

⑤ 声明一个局部逻辑变量 LOGIC3。

(5) ARM 指令和伪指令的主要功能是什么？在进行 ARM 汇编程序设计时，有哪些主要类型的伪指令，试举例说明各类伪指令的功能。

(6) 试列举在进行嵌入式软件开发时，ARM 汇编语言多用来开发哪些类型的程序。

(7) 为什么要尽可能地遵循 APCS 标准，有什么好处？在 APCS 中，函数调用及返回遵循哪些规则？

第 4 章

S3C2410 概述及应用实例

 本章要点

- S3C2410 的结构特点。
- 嵌入式实验开发系统。
- 嵌入式系统软件开发环境。
- ARM 选型的原则。

技能目标

- 掌握 S3C2410 的体系结构特点。
- 掌握 S3C2410 芯片所集成的外围部件及主要功能。
- 了解嵌入式实验开发系统。
- 掌握嵌入式软件开发环境的使用。
- 了解在进行 ARM 选型时需要考虑的因素。

4.1 工作场景导入

4.1.1 工作场景一

【工作场景】基于 S3C2410 的数字电子钟

如果用 S3C2410 芯片制作电子钟，请写出电子钟的基本功能，以及用到了哪些片上外围接口设备。

【引导问题】

(1) ARM9TDMI、ARM920T 和 S3C2410 之间是什么关系？
(2) S3C2410 有哪些片上外围设备？
(3) 嵌入式实验开发系统的作用是什么？
(4) 嵌入式处理器选型应考虑哪些因素？

4.1.2 工作场景二

【工作场景】在 ADS 集成开发环境中调试数码管动态扫描程序

在 ADS 中调试第 3 章工作场景二的程序，在实验箱上用数码管显示稳定的 012345。

【引导问题】

如何使用集成开发环境开发嵌入式裸机程序？

4.2 Samsung S3C2410 简介

【学习目标】掌握 S3C2410 微处理器的结构特点，掌握 S3C2410 芯片所集成的主要功能部件，掌握总线的基本概念及 S3C2410 的总线。

4.2.1 认识 S3C2410

Samsung S3C2410 微处理器是一款由 Samsung Electronics Co.,Ltd(三星电子有限公司)为手持设备设计的低功耗、高集成度的微处理器。

在 S3C2410 微处理器芯片内集成了 ARM920T 核，采用 AMBA 新型总线结构和哈佛体系结构，16/32 位 RISC 技术和 ARM920T 内核强大的指令集；加强的 ARM 体系结构 MMU 用于支持 Windows CE、Linux 等嵌入式操作系统；片上在 ARM920T 基础上增加 16KB 的指令缓存和 16KB 的数据缓存(Cache 的含义是高速缓冲存储器，简称缓存)。

　　S3C2410 微处理器最高主频可达 203MHz，支持 TFT、USB HOST、DEVICE、SD HOST 和 MMC 接口、触摸屏接口以及 NAND FLASH 直接引导等。S3C2410 微处理器芯片的内核工作电压为 1.8/2.0V，存储器供电电压为 3.3V，外部 I/O 设备的供电电压也是 3.3V。S3C2410 微处理器芯片采用 272 脚 FBGA 封装，如图 4-1 所示，采用 0.18μm CMOS 标准宏单元和存储器单元，它的低功耗、精简和出色的全静态设计特别适用于对成本和功耗敏感的应用，适用的产品包括 POS、PDA、E-BOOK、GPS、智能电话、电子书包、机顶盒、手持游戏机、电子相册、多媒体产品、视频监控以及智能控制仪表等，支持 Windows CE、Linux、Symbian 等嵌入式操作系统。

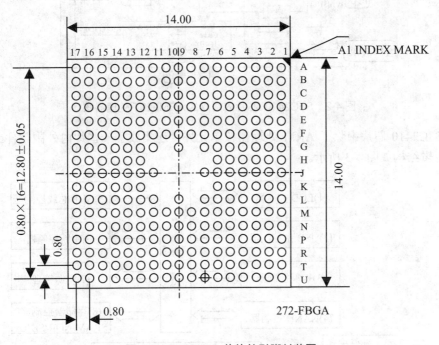

图 4-1　S3C2410 芯片的引脚封装图

　　提示：　FBGA 是塑料封装的 BGA，FBGA(通常称作 CSP)是一种在底部有焊球的面阵引脚结构，使封装所需的安装面积接近于芯片尺寸。这种高密度、小巧、扁薄的封装技术非常适宜用于设计小巧的手持式消费类电子装置，例如个人信息工具、手机、摄录一体机以及数码相机。

　　BGA 是英文 Ball Grid Array Package 的缩写，即球栅阵列封装。

　　随着技术的进步，20 世纪 90 年代芯片集成度不断提高，I/O 引脚数急剧增加，功耗也随之增大，对集成电路封装的要求也更加严格。BGA 封装具有更小的体积，更好的散热性能和电性能。为了满足发展的需要，BGA 开始应用于生产。

4.2.2　S3C2410 的体系结构

　　S3C2410 微处理器芯片内集成 ARM920T 处理器核，ARM920T 核是在 ARM9TDMI 处理器内核基础上，增加了存储器管理单元 MMU(存储器管理单元包括指令存储器管理单元和数据存储器管理单元)、指令缓存以及数据缓存，如图 4-2 所示。

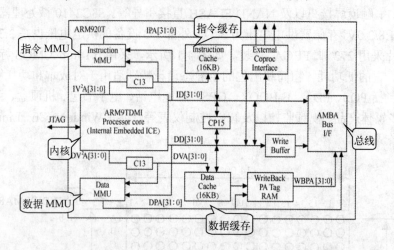

图 4-2 S3C2410 芯片内集成的 ARM920T 处理器核

在 S3C2410 芯片中除了 ARM 处理器核单元外，还集成了一些片内外围部件或接口，相应的逻辑结构如图 4-3 所示。

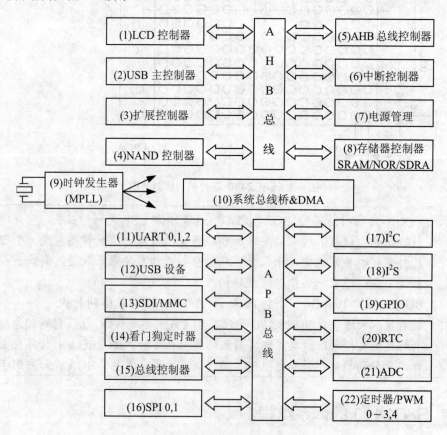

图 4-3 S3C2410 芯片集成的片内外围部件或接口

S3C2410 微处理器集成了丰富的片内外设和接口。

(1) LCD 控制器。最大支持 4096 色 STN 和 256 色 TFT，带有触摸屏的液晶显示器，提供 1 通道 LCD 专用 DMA。

(2) 2 端口 USB 主机。

(3) 扩展控制器。

(4) NAND Flash 控制器。

(5) AHB 总线控制器。

(6) 24 通道外部中断源。

(7) 功耗控制模式：具有普通、慢速、空闲和掉电模式。

(8) 外部存储器控制(SRAM/NOR/SDRAM 控制器和片选逻辑)。

(9) 片上集成 PLL 时钟发生器。

(10) 4 通用 DMA 并带外部请求管脚的 DMA 通道。

(11) 3 通道 UART(IrD1.0、16 字节 TxFIFO 和 16 字节 RxFIFO)。

(12) 1 端口 USB 设备(1.1 版)。

(13) 兼容 SD 主接口协议 1.0 版和 MMC 卡协议 2.11 兼容版。

(14) 16 位的看门狗定时器，支持定时中断请求和系统复位。

(15) APB 总线控制器。

(16) 2 通道 SPI。

(17) 1 通道带中断的多主机 I^2C 总线控制器。

(18) 1 通道带 DMA 的音频 I^2S 总线控制器。

(19) 117 个通用可编程 I/O 口。

(20) 具有日历功能的 RTC(实时时钟)。

(21) 8 通道 10 位 ADC 和触摸屏接口。

(22) 4 通道 16 位带 PWM 的定时器和 1 通道 16 位基于 DMA 或基于中断的内部定时器。

从图 4-3 可以看出，S3C2410 提供了丰富的外围部件接口，以上外围部件中前 8 种接在 AHB 高速总线上，而第 11～12 种接在 APB 外部总线上。

所有这些片内外设和 ARM 处理器核一起，包括在如图 4-1 所示的芯片封装内。

在时钟方面 S3C2410 处理器也有突出的特点，该芯片集成了一个具有日历功能的 RTC 和具有 PLL(锁相环，包括 MPLL 和 UPLL)的芯片时钟发生器。MPLL 产生主时钟，能够使处理器工作频率最高达到 203MHz。这个工作频率能够使处理器轻松运行于 Windows CE(WinCE)和 Linux 等操作系统以及进行较为复杂的信息处理。UPLL 产生实现主从 USB 功能的时钟。

在系统管理方面看，S3C2410 处理器支持大端存储/小端存储模式，将系统的存储空间分成 8 组(Bank)，每组大小是 128MB，共 1GB。其中 Bank0～Bank5 的开始地址是固定的，用于 ROM 和 SRAM。Bank6 和 Bank7 用于 ROM、SRAM 或 SDRAM，这两个组可编程且大小相同。Bank7 的开始地址是 Bank6 的结束地址，灵活可变。所有内存块的访问周期都可编程。S3C2410 采用 nGCS [7:0]8 个通用片选信号选择这些组。

S3C2410 支持从 NAND Flash 启动，NAND Flash 具有容量大，比 NOR Flash 价格低等特点。系统采用 NAND Flash 与 SDRAM 组合，可以获得非常高的性价比。S3C2410 具有 3 种启动方式，可通过 OM [1:0]管脚进行选择。

4.2.3 S3C2410 的总线

CPU 与 I/O 接口设备之间的信息交换是通过总线传送的。总线是计算机系统内部各独立模块之间传递各种信号的渠道。所交换的信息概括起来有 3 种：数据信息、状态信息和控制信息。

1) 数据信息

数据信息通常有 3 种基本形式：数字量、模拟量和开关量。

- 数字量：连续几位二进制形式表示的数或字符，例如从键盘输入的信息以及打印机、显示器输出的信息等。
- 模拟量：时间上连续变化的量，例如温度、压力和流量等。
- 开关量：只有两个状态的量，例如阀门的合与断、电路的开与关等。

2) 状态信息

状态信息是反映外设当前工作状态的信息，例如，输入设备是否准备好信号，输出设备是否忙等。

3) 控制信息

控制信息是 CPU 向外部设备发送的控制命令信息，主要包括：读写控制信号、时序控制信号、中断信号、片选信号以及其他操作信号。

数据信息、状态信息和控制信息都是通过 CPU 的总线传送，总线的物理结构包括多条信号线，例如，传送数据的数据总线，如果处理器支持 32 位数据，那么数据总线有 32 根线组成，同时传送 32 个高低电平，代表 32 个 0 和 1。

微处理器是嵌入式系统硬件平台的核心构件，但不是全部。计算机的硬件是由 CPU、存储器和 I/O 设备三部分组成的，总线是把 CPU 与存储器和 I/O 设备相连接的信息通道。但总线并不仅仅指一束信号线，而应包含相应的通信协议。按照使用场合不同，总线分成芯片级总线(CPU 总线)、板卡级总线(内总线)和系统级总线(外总线、I/O 总线)。

评价一种总线的性能主要注意以下几个方面参数。

- 总线时钟频率：总线的工作频率，以 MHz 表示，它是影响总线传输速率的重要因素之一。
- 总线宽度(位宽)：数据总线的位数，用位(bit)表示，例如总线宽度为 8 位、16 位、32 位和 64 位。
- 总线传输速率(带宽)：在总线上每秒钟传输的最大字节数(MB/s)，即每秒处理多少兆字节。

三者之间有如下的关系：

$$传输速率(带宽)=总线时钟频率×总线宽度/8$$

举个例子，总线带宽就像是高速公路的车流量，总线位宽仿佛高速公路上的车道数，总线时钟工作频率相当于车速，高速公路上的车流量取决于公路车道的数目和车辆行驶速度，车道越多、车速越快则车流量越大。相应的，总线位宽越宽、总线工作时钟频率越高，则总线带宽越大。另外，总线宽度是位宽，而带宽是以每秒处理的字节数为单位的，所以需要除以 8。

ARM 微处理器内置了先进的微控制器总线接口 AMBA(Advanced Microcontroller Bus Architecture)。AMBA 是 1996 年提出的，被 ARM 处理器作为片上总线结构。AMBA 总线规范是 ARM 公司设计的一种用于高性能嵌入式系统的总线标准。

(1) AMBA 总线规范是一个开放标准，可免费从 ARM 获得。

(2) 在基于 ARM 处理器内核的 SoC 设计中，已经成为事实上的工业标准。

(3) AMBA 总线是一个多总线系统，该规范定义了 3 种可以组合使用的不同类型的总线。

● 先进的高性能总线 AHB(Advanced High-performance Bus)：最初的 AMBA 总线包含 ARM 系统总线(ASB)和 ARM 外设总线(APB)。AHB 是新的标准，可以支持 64 位和 128 位宽度的 ARM 总线。

● 先进的系统总线 ASB(Advanced System Bus)。

● 先进的外设总线 APB(Advanced Peripheral Bus)，该总线已经逐渐废弃。

(4) AHB 主要用以满足 CPU 和存储器之间的大带宽要求，而系统的大部分低速外部设备则连接在低带宽总线 APB 上。系统总线和外设总线之间用一个桥接器(AHB-APB-Bridge)进行连接。

4.3　实验开发系统

【学习目标】了解嵌入式系统开发所需的软硬件环境，嵌入式系统开发与通用计算机软件开发的不同以及实验开发系统的作用，了解 S3C2410 如何实现上述实例的功能。

评估板是指用来作为开发者使用的开发平台，例如学习板、实验板和开发板等，它们可以作为应用目标板(即真正的嵌入式系统产品)出来之前的软件测试和硬件调试的电路板。

实验开发系统(开发板、实验箱等)一般是由芯片供应商提供，或者第三方提供的试验板，这样的板子往往将 ARM 的所有功能都集成在一起，就是做成一个功能比较齐全的系统。但实际的嵌入式产品是不需要功能如此齐全的，比如说开发板预置了串行通信接口，那么如果实际开发的系统中需要用到，就可以直接编写相应程序来使用，可是肯定会占用一部分管脚，而实际产品如果不需要串行通信，那么这些管脚就可以作为普通的 I/O 口使用，这样根据最终产品定制自己合适的最小系统，制造成本就可以降低，并且可以考虑使用不具备或不需要的功能的更低一级的芯片。

要学习嵌入式系统的开发，需要有这样的一个实验开发系统：它可以是一个实验箱，也可以是一块开发板。无论是实验箱还是开发板和学习板，使用的目的都是一样的，只是实验箱除了带有开发板的功能外还附带了更多的模块，开发起来更加方便，并且比开发板接口丰富很多。实验箱的价格也会比开发板贵一些，图 4-4 是实验箱和开发板的示意图。

图 4-4　实验箱(左)和开发板(右)示意图

4.3.1　基于 S3C2410 的实验开发系统

无论是实验箱还是开发板，除了包含嵌入式处理器外还会提供键盘、LED 和串口等一些常用的功能模块，并且具有 IDE 硬件接口、CF 存储卡接口、以太网接口和 SD 卡接口等，对进行 ARM 嵌入式产品的开发实验非常方便。

不同厂家、不同型号的实验开发系统可能包含的功能模块和接口不尽相同，但基本功能相差不大，都是尽量把处理器的功能集成在一起。图 4-5 是一种实验箱的功能分布图。

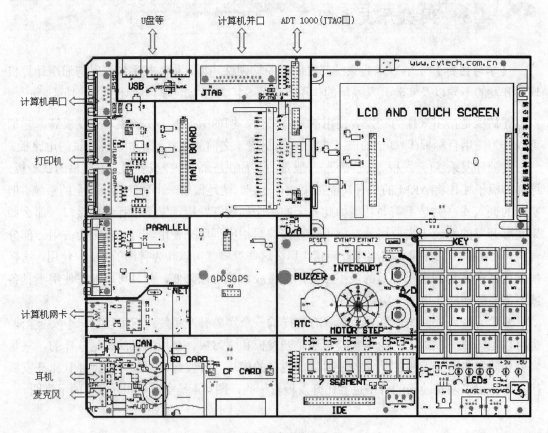

图 4-5　实验箱功能分布图

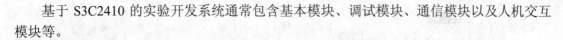

基于 S3C2410 的实验开发系统通常包含基本模块、调试模块、通信模块以及人机交互模块等。

1. 基本模块

基本模块中包含如下功能部件或接口。

- CPU：有的实验开发系统的 CPU 也是可以换的，可以支持多种处理器，例如 S3C2410 和 S3C44B0。
- 存储器：一般会包含 64M 的 SDRAM 存储器和 Flash 存储器 NOR Flash，可以存放启动代码 Bootloader、Linux 内核映像等。NAND Flash 用于存储文件系统。
- 串行通信口：可以和宿主机进行通信，通常利用串口，宿主机和目标机通过超级终端可以进行人机交互，串口也可以用于文件传输。有些实验箱除了 RS232 串行接口还有 RS485 接口。
- I^2S 录放音接口：支持立体声，可以基于 DMA 操作。
- I^2C 总线接口：可以接 EEPROM 芯片，存放一些固定的配置数据。
- 多个 LED 发光二极管：多个 7(8)段数码管，实验开发系统一般都会提供 LED 指示灯和数码管，供编程时做显示部件。
- PWM 定时器：通常用来控制蜂鸣器，可以用不同的频率和不同的占空比来控制蜂鸣器发出声音。

另外也会提供其他一些接口模块，例如 8 通道 10bit ADC 接口、实时时钟控制、看门狗定时器、用于外部中断的按键以及具有外部请求引脚的外设 DMA 等模块。

2. 调试模块

实验箱或开发板都会配有调试接口，用于下载 Bootloader 或者进行裸机调试。调试模块有标准 JTAG 接口，14 针或者 20 针标准接口，用于高速仿真调试；有的实验开发系统还提供简易的 JTAG 调试接口，即直连标准计算机并口，该接口用于简易仿真调试。

> 提示：JTAG(Joint Test Action Group，联合测试行动小组)是一种国际标准测试协议，主要用于芯片内部测试及对系统进行仿真、调试。JTAG 技术是一种嵌入式调试技术，它在芯片内部封装了专门的测试电路 TAP(Test Access Port，测试访问口)，通过专用的 JTAG 测试工具对内部节点进行测试。目前大多数比较复杂的器件都支持 JTAG 协议，例如 ARM、DSP 和 FPGA 器件等。
> 通过 JTAG 接口，可对芯片内部的所有部件进行访问，这是开发调试嵌入式系统的一种简洁高效的手段。

3. 通信模块

通信模块包括以下几种接口。

- 以太网通信接口：通常提供 10MB 的以太网接口。
- USB 接口：通常提供两个 USB HOST 接口，可以挂接 U 盘、USB 鼠标和 USB 摄像头等 USB 设备。
- 并口：通常还会提供标准计算机打印口。

4．人机交互模块

基本模块里通常都提供串行通信接口即 UART 接口，利用 Windows 的超级终端(或者 Linux 下的 minicom)可以进行人机交互，超级终端被认为是嵌入式实验开发系统的显示屏。

除此以外，还可以通过显示器或触摸屏、按键进行人机交互，这些并不是基本模块，所以很多开发板不提供 LCD 显示器或触摸屏，这样价格也会比较低，但一般都会提供它们的接口以供扩展。

按键也是一种人机交互模块，一般实验开发系统都配置有按键，有 4×4 按键、5×4 按键或者其他按键组合。

另外，还会提供 PS/2 键盘和鼠标接口或者 USB 接口，也可以挂接 USB 鼠标和键盘。

5．工业控制模块

实验开发系统通常都会集成一些工业控制模块，例如步进电机或直流电机驱动模块、CAN 总线接口和 RS485 总线接口。

6．IDE/CF/SD/MMC 接口模块

提供标准 IDE 硬盘接口、标准 CF 存储卡接口以及 SD/MMC 卡接口等。

7．GPRS 无线通信模块和 GPS 全球定位系统模块

GPRS 和 GPS 模块一般是系统的扩展功能模块，以扩展板的形式提供，即可选模块，需要的时候可以进行扩展。

以上模块是实验开发系统通常提供的硬件资源。嵌入式系统开发是软硬件结合的，和硬件关系密切，而硬件的千差万别会使不同的实验开发系统稍有不同，但功能模块基本类似，相差不多。

生产厂家也会提供硬件资源的地址空间分配及端口分配的数据手册，再加上处理器的数据手册，例如 S3C2410 的数据手册。对照手册就可以实现对这些硬件的控制。

4.3.2 实验开发系统的软件开发环境

嵌入式系统的软件开发环境有针对处理器的裸机软件开发环境和针对操作系统的软件开发环境，ARM ADS 和下面提到的 ADT IDE 等都是针对特定处理器的裸机开发环境。

常见的 ARM 集成开发环境很多，例如 ARM 公司早期开发的一整套开发工具 ARM SDT，后来用于取代 ARM SDT 集成开发环境也是在第 1 章中介绍过的 ARM ADS 1.2。RealView MDK 作为 ARM 公司主推的 ARM 处理器集成开发环境，界面友好，功能强大，再配合 ARM 公司的 ULINK2 仿真器，可以进行 ARM 处理器的仿真调试功能。为了满足 SoC 调试的挑战，ARM 公司推出了 RealView Developer Suite(RVDS)。除了 ARM 公司提供的 ARM 集成开发环境外，还有其他实验开发系统生产厂商自主研发的 ARM 集成开发环境，例如 EmbestIDE 和 ADT IDE for ARM 等。

实验箱一般作为教学实验系统使用，通常厂商会提供进行裸机开发的集成开发环境，并且配备精心设计的众多的实验例程。当然也可以使用第 1 章介绍的 ARM 公司的集成开发

环境 ADS。

无论使用哪种集成开发环境进行开发，集成开发环境只不过是一个工具而已，只要按照规定的步骤去做，就可以进行嵌入式系统的裸机程序开发。

在本书后面的例题中，主要涉及用 C 语言编程控制各种外设，用汇编语言编写的部分代码，它由实验开发系统厂商提供，只要添加到工程中就可以了。在后面的示例中，不再强调开发环境的设置。而汇编代码涉及两种编译器：ARM 汇编编译器和 GNU ARM 汇编编译器。不同的集成开发环境集成的编译器不同，因此代码也会稍有差别。

> ⚠ 注意：不同的集成开发环境的代码格式也可能有不同的要求，请参考自己所使用的开发环境的使用文档说明。

4.3.3 嵌入式软件开发步骤

下面以 ARM ADS 集成开发环境为例，简要说明嵌入式系统裸机软件开发中的主要步骤。ADS 的安装以及在 PC 机的软件仿真调试方法见第 1.4 节，本节通过实验箱上 6 只数码管的显示示例，介绍使用基于 JTAG 的调试方法。

假设已知某实验箱上有 6 只数码管及其物理地址空间分配的结果，地址 0x10000004 作为数码管的八段数据寄存器，由 6 只数码管共用。地址 0x10000006 的低 6 位作为数码管的位控制寄存器，为 0 的位对应的数码管发光。因此可以编写程序控制 6 个数码管同时从 0 显示到 F，再从 F 显示到 0。暂时不考虑程序的原理(数码管显示的原理见第 11 章中的介绍)，只是在 ADS 中进行开发调试。

1. 硬件连接

如果使用 JTAG 调试，则需要连接仿真器 JTAG。一端接到宿主 PC 机，另一端接到实验箱的 JTAG 接口，再接上 JTAG 的电源。

如果使用简易仿真，即不接实际的 JTAG 仿真器，则通过连接线(比如并口线)直接把宿主机和目标机连上。

2. 安装仿真器驱动或工具软件

安装软件由仿真器厂商提供，可参考仿真器的说明文档。

3. 安装 ADS 集成开发环境

见第 1.4.3 节集成开发环境的使用方法。

4. 配置超级终端

通常使用超级终端作为嵌入式系统开发时的显示屏，如果使用其他显示屏(如二极管、数码管等)，可以不进行配置。下面介绍超级终端的配置方法。

(1) 单击 Windows 的开始|程序|附件|通讯|超级终端，开始进行配置。首先在默认 Telnet 程序的对话框中根据自己的需要选择是或否，然后在打开的连接描述对话框中，为此连接取一个名字，例如 ARM。这个名字会出现在开始的程序菜单里，选择一个图标(用

默认值)，再单击"确定"按钮，如图 4-6 所示。

如果使用已经配置过的超级终端，只要选择"开始"│"程序"│"附件"│"通讯"│
"超级终端"命令(此时的超级终端是最下面的一项所保存过的名字)，则直接打开超级终端，
不需进行下面的配置步骤。

(2) 选择所使用的端口。一般 PC 机有一个串口，选择 COM1。如果有多个串口，请选
择所使用的串口。设置方法如图 4-7 所示。

图 4-6 超级终端连接描述   图 4-7 超级终端端口设置

(3) 端口属性的设置。包括波特率、数据位数、是否设置奇偶校验位、是否有停止位
以及是否需要流控，这些设置是通信的格式和协议，需要和目标机实验箱或开发板的设置
一致才能进行通信，如图 4-8 所示。

图 4-8 超级终端端口属性设置

(4) 设置完成后，使用串口连接线连接宿主机设定的串口与实验箱的串口(一般是串口
0)。给实验箱通电，如果超级终端有打印出启动信息，表示设置正确。

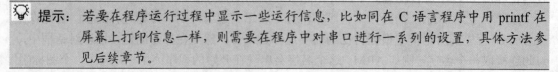

提示： 若要在程序运行过程中显示一些运行信息，比如同在 C 语言程序中用 printf 在
       屏幕上打印信息一样，则需要在程序中对串口进行一系列的设置，具体方法参
       见后续章节。

5．使用 ADS 开发嵌入式裸机程序

(1)　建立工程，工程名是 seg，保存在 D:\test\seg 目录下，如图 4-9 所示。

(2)　建立一个 C 源程序文件 seg.c，保存在 D:\test\seg 目录下，并添加到工程 seg，如图 4-10 所示。

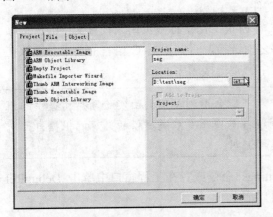

图 4-9　建立工程

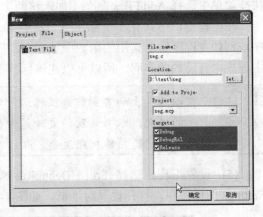

图 4-10　建立文件

(3)　打开编辑窗口，编辑如下的 C 源程序。

```c
#define U8 unsigned char
unsigned char seg7table[16] = {
    /* 0      1      2      3      4      5      6      7*/
    0xc0,  0xf9,  0xa4,  0xb0,  0x99,  0x92,  0x82,  0xf8,
    /* 8      9      A      B      C      D      E      F*/
    0x80,  0x90,  0x88,  0x83,  0xc6,  0xa1,  0x86,  0x8e,
};
void Delay(int time);
void Main(void) {
    int i;
    *((U8*) 0x10000006) = 0x00;        //位码全为 0，所有数码管同时显示
    for( ; ; ) {
        for(i=0;i<0x10;i++) {
            *((U8*) 0x10000004) = seg7table[i];      //段码从 0~F，依次显示
            Delay (100000);                //延时
        }
        for(i=0xf;i>=0x0;i--){
            *((U8*) 0x10000004) = seg7table[i];      //从 F~0
            Delay (100000);                //延时
        }
    }
}

void Delay(int time) {
    int i;
    int LoopCount=1000;
    for(;time>0;time--);
        for(i=0;i<LoopCount;i++);
}
```

(4) 添加其他文件。初始化 ARM 板的程序一般由实验开发系统的厂商提供,可参考相关说明文档。这里假设需要添加的文件是 asm 文件夹中的 2410init.s 和 2410slib.s。首先把厂商提供的光盘中的 asm 文件夹复制到自己的工程目录 D:\test 下(这样在此目录下会有文件夹 asm 和 seg,以及第 1 章中建立的文件夹 test),然后在工程窗口中单击鼠标右键,在弹出的快捷菜单中选择 Add Files 命令,加入这两个文件。

在工程窗口中共有 3 个标签页,其中第二个 Link Order 标签页用来设置文件的链接顺序,例如主程序中所调用的函数应该在主程序之前链接,否则根据 C 语言的要求,应该在主程序中有函数的声明,所以可以在该标签页中调整链接顺序。

> ⚠ **注意**: 在以后各章的实例或者工作场景中,可能会用到类似的由实验箱厂商提供的程序的情况,本书涉及的文件是由创维特实验开发系统提供的,可以根据自己所使用的实验箱作相应改变。以后不再说明。

(5) 设置工程。选择 Edit | DebugRel Settings 命令或者在工程窗口中单击 DebugRel Settings 图标按钮,打开设置对话框,如图 4-11 所示。

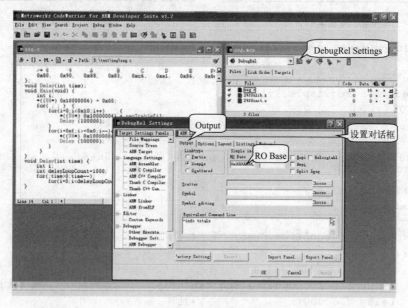

图 4-11　设置链接属性

在设置对话框中单击左边列表框的 ARM Linker,然后选择 Output 选项卡。Output 选项卡用来控制链接器进行链接操作的类型。Linktype 选项用来确定所使用的链接方式,其中选项 Simple 表示链接器根据链接器选项中指定的地址映射方式,生成简单的二进制格式的映像文件。

在 RO Base 文本框中设置程序代码所存放的地址(RO Base 文本框设置映像文件中 RO 属性段的加载时地址和运行时地址),这里的代码段放在 SDRAM 里运行,并没有固化,例如设置为 0x30000000,这在本书所使用的实验箱中是 SDRAM 的地址,如图 4-11 所示。

(6) 设置 Layout 选项卡。在 Object/Symbol 文本框中输入初始化程序的目标文件名,在 section 文本框中输入段名,如图 4-12 所示。

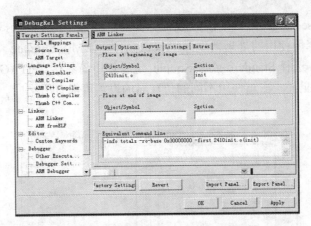

图 4-12　链接器的 Layout 选项卡

Place at beginning of image 指定一个输入段 section-id 放在执行域的前面。一般情况下，都是把一个包含异常中断(包括复位)向量地址的输入段放在执行域的前面，系统复位或中断后从这个段开始执行。指定输入段有以下两种方法。

一种方法是在 Object/Symbol 文本框中指定一个符号名称，这个符号(symbol)代表定义它的段。这个符号不能在不同的段中定义，因为放在域前面的段只能有一个。

另一种方法是在 Object/Symbol 文本框中指定一个目标文件名(如 2410init.o)，然后在 Section 文本框指定目标(object)中一个输入段的名称，从而确定一个输入段作为指定的输入段(如 init)。

(7) 编译工程。选择 CodeWarrior IDE 集成开发环境的 Project | Make 命令，或者在工程窗口中单击 Make 图标按钮，可以对工程进行编译和链接。如果编译成功，得到的可执行的二进制文件存放在 DebugRel 目录下，其后缀为.axf。

(8) 调试工程。打开 AXD Debugger，选择 Options | Configure Target 命令，弹出 Choose Target 对话框，此对话框中已有两个 Target Environments，分别对应 1.4.4 节"调试器"中的 3 种调试方式中的使用 Angel 调试方法和使用 ARMulator 调试方法。在这里要使用 JTAG 仿真器或简易仿真方式调试，因此在此对话框中单击 Add 按钮，添加已安装的 JTAG 的工具软件。具体添加哪个文件，请看 JTAG 的说明文档，通常是所使用的 JTAG 后面带后缀.dll。这里使用的 JTAG 需要添加的文件是 adtrdi.dll，在 PlugIn 目录下，如图 4-13 所示。

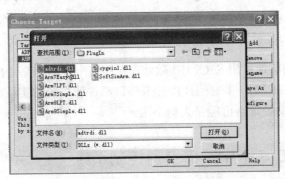

图 4-13　选择目标对话框

(9) 返回 Choose Target 对话框，选择刚刚添加的 dll 文件，再单击 Configure 按钮。在弹出的对话框中选择所使用的处理器型号(Processor)为 ARM9，Emulate 选项根据使用 JTAG 还是使用简易 JTAG 选择 Standard 或者 Simple，这里使用简易仿真 JTAG，所以选择 Simple，其他参数按图 4-14 配置。注意使用不同的仿真器的设置可能有所不同，通常只须设置处理器的型号。

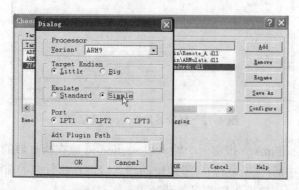

图 4-14　目标配置对话框

(10) 全部配置好之后，返回到 AXD 主窗口，选择 File | Load Image 命令，打开 Load Image 对话框，再选择 D:\test\seg\seg_Data\DebugRel\seg.axf 文件，单击"打开"按钮，加载要调试的文件。

(11) 将程序下载到目标系统后可以运行调试，可以单步运行或全速运行，也可以设置断点，查看寄存器或存储器的值等。

直接运行以后可以在实验箱上看到 6 只数码管同时显示 0、1、2、…、F，然后再同时显示 F、E、D、…、0，并按此循环下去。

 提示：以上对 AXD 的配置只在第一次使用时需要，以后启动 AXD 将自动加载上述配置，如果修改了硬件的连接方式，则需要重新配置。

 ## 4.4　S3C2410 接口功能示例

【学习目标】通过对两个嵌入式系统设备功能的分析，进一步掌握 S3C2410 微处理器的体系结构，掌握片内外设接口的应用。

在这一节里，我们将通过用 S3C2410 微处理器实现十字路口交通控制系统和 MP3 播放器的接口设计，说明 S3C2410 丰富的片内外围接口部件使系统的实现变得简单易行。当然，在这里使用 S3C2410 微处理器可能是大材小用。

4.4.1　S3C2410 与十字路口交通控制系统

使用 LED 和 7(8)段数码管模拟十字路口的交通灯。把 LED 和数码管分成两组，分别代表一个路口的东西向和南北向红、黄、绿三色交通灯。

功能：具有红、绿、黄 3 种指示信号的双车道十字路口交通控制软件。双车道是指在某个方向上有两股车道，于是配备两组信号灯，分别控制左右两股车道。

说明：

(1) 4 组信号灯，两组控制南北方向，另两组控制东西方向。每个方向上的两组信号灯分别控制右车道和左车道。每组信号灯有 3 盏灯，颜色分别为红、绿、黄。初始状态为全暗。

(2) 每个方向的控制周期为 120 秒。

(3) 南北方向的信号灯动作按照下述方式进行。

① 在该方向的 60 秒通行时间内，前 30 秒只允许右车道上的汽车直行或者右拐弯，此时右车道的信号灯为绿灯，而左车道的信号灯为红灯。后 30 秒只允许位于左车道的汽车左拐弯前进，此时右车道的信号灯为红灯，而左车道的信号灯为绿灯。

② 在该方向的 60 秒非通行时间内，控制左右车道的两组信号灯显示方式一样，均先亮红灯，倒计时显示 60 秒，实际红灯亮 57 秒，接着黄灯亮 3 秒。

③ 周而复始地进行步骤①和步骤②。

(4) 东西方向的信号灯动作方式与南北方向类似，只是先按照非通行时间执行，而后按照通行时间执行。

(5) 如果从键盘按下某个按键之后，清除所有信号灯。延时 20 秒后，重新开始同时执行步骤(3)和步骤(4)。

以此类推，可以考虑 3 车道或者 4 车道的交通信号控制功能。

4.4.2　S3C2410 与 MP3 播放器

简单的 MP3 播放器通过面板上的几个按钮就可以实现播放、暂停、选曲等功能，还可以通过 USB 数据线下载存储文件的功能。

MP3 播放器的压缩率可以达到 1∶12，但在人耳听起来，却并没有什么失真，因为它将超出人耳听力范围的声音从数字音频中去掉，而不改变最主要的声音。MP3 播放器也可以上传、下载其他任何格式的电脑文件，具有移动存储功能。MP3 播放器其实就是一个功能特定的小型电脑，也就是一个嵌入式设备。

MP3 播放器的工作原理是：将 MP3 歌曲文件从内存中取出并读取存储器上的信号→对信号进行解码→通过数模转换器将解码出来的数字信号转换成模拟信号→把转换后的模拟音频放大→低通滤波后输出到耳机输出口，输出后就是我们所听到的音乐了。

由此可见，MP3 的硬件系统包括 MCU 微控制器(或 DSP 数字信号处理器)、存储器(SDRAM、NAND Flash 和 ROM 等)，外围设备需要用到 DMA 控制器、中断控制器、USB 控制器、UART 控制器、I^2S 控制器、定时/计数器以及 MP3 播放器显示器(LCD 显示屏)。

在 MP3 中，解码部分可以通过硬件解码芯片完成，也可以通过 DSP 软件完成。即在嵌入式系统开发中，存在软件和硬件的协同设计问题。

4.4.3　软硬件协同设计

嵌入式系统体系结构包括硬件结构和软件结构。在嵌入式系统中，同样的功能有时硬件能够完成，软件也可以完成，因此在进行嵌入式系统设计时，首先要进行系统软件、硬件整体结构的设计，也就是软硬件划分。

1. 由硬件实现的部分

通常由硬件实现的部分包括基本系统(嵌入式计算基础：CPU、RAM、ROM 和总线等)和接口电路(需要硬件支持：通信接口、外设接口以及用户自定义专用接口)。

2. 由软件实现的部分

通常由软件实现的部分除基本系统和物理接口外，许多由硬件实现的功能都可以由软件实现。操作系统功能、协议栈和应用软件框架等通常由软件实现。

3. 双重性部分

在嵌入式系统开发中，还有一部分功能的实现具有双重性，例如一些算法：加密/解密、编码/解码以及压缩/解压等，还有一些数学运算，比如浮点运算和 FFT 等，这部分功能既可以由软件实现也可以由硬件实现。

4. 软硬件划分

用硬件或者用软件实现各有利弊：硬件实现的优点是速度快，可简化应用软件结构；缺点是设计费用、产品成本高，对于不成熟的新设计风险较大，另外其灵活性也差，不利于升级。软件实现的优点是成本低，灵活性高，易于升级，相对来说主要针对不成熟的新设计风险小；主要缺点就是速度慢。

具体由硬件实现还是由软件实现，要根据各个系统的不同要求来确定。例如，在 MP3 播放器的设计中，解码部分的设计就是划分的重点，用解码芯片还是用 DSP 数字信号处理器，可以根据具体的情况来确定。

4.4.4 嵌入式系统的接口设计

要完成嵌入式系统的特定功能，需要对特定的接口进行设计，我们先看看上节的两个例子中需要设计哪些接口部件。

1. 十字路口的交通控制系统

这是一个简单的嵌入式系统的应用，用到的主要硬件基本模块资源有下面几种。

1) 存储单元

S3C2410 的存储系统管理的特点如下。

- 支持大、小端模式(通过外部引脚来选择)。
- 寻址空间为每个存储块(bank)有 128MB，总共 1GB，支持可编程设置的每个存储块 8 位、16 位或 32 位数据总线带宽。从 bank0 到 bank6 采用固定的存储块起始地址，bank7 具有可编程的存储块起始地址和大小。
- 8 个存储块中 6 个适用于 ROM、SRAM 和其他种类存储器，另外两个适用于 ROM/SRAM 和同步 DRAM，所有存储块都具有可编程的操作周期。支持外部等待信号延长总线周期。支持掉电时的 SDARM 自动刷新模式。

- 支持各种型号的 ROM 引导(NOR/NAND 和 EEPROM)。

2) RTC 实时时钟接口，用来倒计时

S3C2410 的 RTC 部件的特点是：具有全时钟特点(秒、分、时、日期、星期、月和年)，运行于 32.768kHz。具有 CPU 唤醒的报警中断和时间滴答(Time tick)中断，另外还具有循环复位功能。

3) 中断控制器，用按钮控制复位

S3C2410 支持 56 个中断源(包括一个看门狗定时器、5 个定时器、9 个 UART、24 个外部中断、4 个 DMA、两个 RTC、两个 ADC、一个 IIC 中断、两个 SPI、一个 USB、一个 LCD 和一个电池故障)。

支持电平/边沿触发模式的外部中断源，具有可编程的电平/边沿触发极性。

支持紧急中断请求的 FIQ(快速中断请求)。

4) 看门狗定时器

因为交通控制系统是无人值守、循环工作的，通常应该加入看门狗功能。

S3C2410 支持 16 位看门狗定时器，当定时器溢出时发生中断请求或系统复位。

5) 通用输入/输出端口

显示部分用了发光二极管和数码管，显示部件的控制可以由系统指派特定的存储器单元，也可以用 GPIO 控制。S3C2410 共有 117 个(多功能)复用输入/输出口，24 个外部中断端口。

6) 工作电压范围

ARM 内核的工作电压一般为 1.8V 或 2.0V；外围部件(如存储器和 I/O 端口)的工作电压为 3.3V。

7) 时钟和电源管理

S3C2410 支持片上 MPLL 和 UPLL(锁相环)。采用 UPLL 产生操作 USB 主机/设备的时钟，MPLL 产生最大 266MHz 操作 MCU 所需要的时钟。

通过软件可有选择地为每个功能模块提供时钟。

电源模式分为以下几种：①正常——正常运行模式；②慢速——不带 PLL 的低频时钟；③空闲模式——只使 CPU 的时钟停止；④掉电模式——所有外设和内核的电源都切断。

可通过 EINT[15:0]或 RTC 警告中断来从掉电模式中唤醒处理器。

2．MP3 播放器

MP3 播放器的组成如图 4-15 所示，除了用到存储器、中断和电源外，还用到下面一些外围设备接口部件。

1) DMA 控制器，MP3 数据的传送要求及时

S3C2410 具有 4 通道的 DMA 控制器，支持存储器到存储器、I/O 到存储器、存储器到 I/O 以及 I/O 到 I/O 的传输，并且 DMA 传输支持猝发模式。

2) USB 控制器

MP3 播放器几乎都具有 USB 接口，支持 USB 下载和传送数据。

S3C2410 支持 USB 主控制器和 USB 从设备，主控制器有两个，符合 OHCI 1.0 和 USB 1.1 标准。USB 从设备有一个，5 个 Endpoint，符合 USB 1.1 标准。

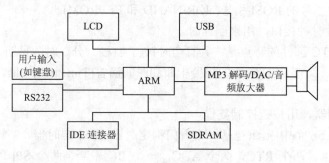

图 4-15   MP3 播放器组成图

3)   I²S 控制器

具有 1 通道可基于 DMA 操作的集成音频接口 I²S 总线接口, 每通道支持 8/16 位串行数据传送。发送和接收具备 128 字节(64+64)的 FIFO, 支持 I²S 格式和 MSB-justified 数据格式。

4)   带 PWM(脉宽可调制)的定时/计数器

S3C2410 支持 4 通道 16 位带 PWM 的定时器, 1 通道 16 位基于 DMA 或中断的内部定时器。支持外部时钟源。占空比周期、频率和极性均是可编程的, 并且定时器 1 还具有死区(Dead-zone)产生器。

5)   A/D 转换和触摸屏接口(LCD 显示屏)

S3C2410 的 8 通道多路复用 ADC, 最大转换速率为 500kSPS/10 位精度(SPS 全称是 Symbols Per Second, 即每秒符号数)。

有些 MP3 播放器还带有显示器。LCD 控制器支持 3 种类型 STN LCD 显示屏：4 位双扫描、4 位单扫描和 8 位单扫描显示类型, 支持单色模式、4 级、16 级灰度、256 色和 4096 色 STN LCD 以及多种不同尺寸的液晶屏。

TFT 彩色显示屏支持彩色 TFT 的 1、2、4 或 8bpp(每像素位数)调色显示, 支持 16bpp 无调色真彩显示。在 24bpp 模式下, 支持最大约 1600 万色 TFT, 另外支持多种不同尺寸的液晶屏。

6)   UART 控制器和 IrDA 红外数据传输

S3C2410 支持 3 通道基于 DMA 或中断的 UART, 支持 5 位、6 位、7 位和 8 位串行数据传送/接收, 波特率可编程。支持测试用的自回环模式。每个通道有 16 字节的发送 FIFO 和 16 字节的接收 FIFO。支持使用外部时钟作为 UART 运行时钟。

支持 IrDA 1.0(115.2kbps)。

除上述提到的 S3C2410 的片内外围部件以外, 还有下面几个接口。

7)   I²C 总线接口

1 通道基于中断操作的多主 I²C 总线, 8 位双向串行数据传送器能够工作于 100kbps 的标准模式和 400kbps 的快速模式。

8)   SD 主机接口

兼容 SD 存储卡协议 1.0 版、SDIO 卡协议 1.0 版。基于 DMA 或中断模式工作, 发送和接收具有 FIFO, 并且兼容 MMC 卡协议 2.11 版。

9)   SPI

基于 DMA 或中断的 SPI, 波特率可编程, 支持 8 位 SIO 的串行数据传送/接收操作。

4.4.5 ARM 处理器选择的一般原则

ARM 公司自 1990 年正式成立以来，一直以 IP(Intelligence Property)提供者的身份向各大半导体制造商出售知识产权。基于 ARM 核的通用微处理器和微控制器芯片的生产厂商很多，ARM 芯片的芯核结构多达十几种，内部功能配置组合千变万化，在选用处理器的时候应该从所设计的产品的应用角度，综合考虑各方面的性能和配置，选取满足系统要求的 ARM 芯片。

1. 性能和配置

不同的 ARM 芯片可以支持不同的应用领域，但首先要在符合产品应用领域的芯片中选取。芯片的性能参数应该满足产品的应用环境(如温度范围等)，芯片的内部配置应能尽量满足产品需求，或者可以通过外扩简单的部分功能单元满足产品的要求。

例如，在 Samsung 公司基于 ARM 处理器核的芯片系列中，产品型号较多，应用领域各不相同。

● 适合便携式/PDA 系列的有 S3C2410X、S3C44A0A、S3C44B0 和 S3C44B0A 等。

● 适合网络芯片系列的有 S3C4510、S3C4530 和 S3C4520 等。

● 适合 Flash 芯片系列的有 S3C4909A 和 S3C49F9X 等。

可见，每种应用领域可以使用的芯片也有多种，选择时对各类芯片的性能参数、片内外设的配置等也是选型中重点考虑的问题，具体包括下面几点。

1) ARM 内核

目前 ARM 处理器核主要分为带 MMU(存储管理单元)功能的 ARM720T、StrongARM、ARM920T、ARM922T 和 ARM946T 以及不带 MMU 功能的 ARM7TDMI 等。使用的时候主要根据操作系统的要求选取。例如，要使用 Windows CE 或 Linux 等操作系统，需要选择 ARM720T 以上带有 MMU 功能的 ARM 芯片。

2) 系统时钟

系统时钟决定了 ARM 芯片的处理速度。ARM7 的处理速度为 0.9MIPS/MHz，常见的 ARM7 芯片系统主时钟为 20～133MHz；ARM9 的处理速度为 1.1MIPS/MHz，常见的 ARM9 的系统主时钟为 100～233MHz，而 ARM10 最高可以达到 700MHz。根据所需要的处理速度考虑选择相应的芯片。

3) 内部存储器容量

一些 ARM 芯片有内置存储器，大小不等，在不需要大容量存储器时，可以考虑选用带有内置存储器的芯片。

4) GPIO 数量

在某些芯片供应商提供的说明书中，所标明的 GPIO 数量往往是最大可能的 GPIO 数量，但是许多引脚是和地址线、数据线及串口线等引脚复用的，这样在系统设计时需要考虑实际可用的 GPIO 数量。

5) 中断控制器

合理的外部中断设计可以在很大程度上减少任务调度工作量，因此，外部中断控制是选择芯片必须考虑的重要因素。ARM 内核只提供快速中断(FIQ)和标准中断(IRQ)两个中断

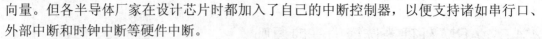

向量。但各半导体厂家在设计芯片时都加入了自己的中断控制器，以便支持诸如串行口、外部中断和时钟中断等硬件中断。

6） RTC、PWM 输出、时钟计数器和看门狗

多数 ARM 芯片都能提供实时时钟功能，但方式不同。有的需要通过软件计算出年、月、日、时、分、秒，而有的芯片可以直接提供年、月、日、时、分、秒格式；如果需要使用电机控制或语音输出等，可以考虑；有些 ARM 芯片有 2～8 路 PWM 输出，而一般 ARM 芯片都具有 2～4 个 16 位或 32 位时钟计数器和一个看门狗计数器。

7） ADC 和 DAC

有些 ARM 芯片内置 2～8 通道的 8～12 位通用 ADC，可以用于电池检测、触摸屏和温度监测等，需要时可以考虑。

8） DMA 控制器

当需要和硬盘等外部设备高速交换数据时，可以考虑那些内部集成有 DMA 的 ARM 芯片，可以减少数据交换时对 CPU 资源的占用。

9） 扩展总线

大多数 ARM 芯片都具有外部 SDRAM 和 SRAM 存储器扩展接口，不同的 ARM 芯片可以扩展的芯片数量即片选线数量不同，外部数据总线也有 8 位、16 位或 32 位。

10） 电源管理功能

ARM 芯片的耗电量与工作频率成正比，一般 ARM 芯片都有低功耗模式、睡眠模式和关闭模式。

11） 内置外设和内置接口

如果芯片的内部配置能满足产品需求，或者通过简单的外扩能够满足产品的要求，会使设计和编程变得简单，因此选取芯片的时候要考虑内置外设的配置：LCD 控制器、I^2S 控制器接口以及常用的标准总线接口，例如 USB 控制器，I^2C、CAN、SPI、UART 和 IrDA 控制器以及无线通信接口等。

2．技术支持

除了对上述性能和配置方面的考虑外，还要考虑技术支持方面的问题，例如，该芯片在市场上是否供货正常，能否方便地购买到该芯片的开发工具(如评估板、IDE 等)，相关的开发资料是否容易获得，能否得到芯片供应商或者工具提供商的技术支持等。

3．成本、封装

成本也是需要考虑的因素，有时还要考虑封装问题。目前 ARM 芯片主要的封装有 QFP、TQFP、PQFP、LQFP、BGA 和 LBGA 等形式。BGA 封装具有芯片面积小的特点，可以减少 PCB 板的面积。如果要用多层 PCB 板布线，则需要专用的焊接设备，无法手工焊接。

 ## 4.5　回到工作场景

通过前面内容的学习，读者应该掌握了嵌入式系统接口设计的原则和方法。下面我们将回到第 4.1 节介绍的工作场景，完成工作任务。

4.5.1　回到工作场景一

【工作过程一】数字电子钟的功能要求

数字电子钟的设计方法有许多种。例如，可以用数字电路技术或者用中小规模集成电路组成电子钟，也可以利用专用的电子钟芯片配以显示电路及其所需要的外围电路组成电子钟，还可以利用单片机来实现电子钟等，这些方法都各有其特点。

数字式电子钟的面板样式可以根据用户需求和喜好设计。比如，可以设计成时钟的时间用 6 个数字以 12 小时格式显示时、分、秒，再用一个小指示灯来区别是上午还是下午。用几个按钮来设定时钟的初始时间和闹铃的时间。当按了"小时"和"分钟"按钮时，分别是预置小时和分钟。设定时间时，在按"小时"和"分钟"按钮的同时，必须按住"设置时间"按钮，"设置闹铃"也是如此操作。秒的校准可以由正常显示情况下的按钮来校准，按下按钮自动对准到整秒。可以用"闹铃开"和"闹铃关"来设置是否需要闹铃功能，当闹铃激活后，"闹铃就绪"指示灯亮，并设计一个扬声器(或蜂鸣器)来发出闹铃声。6 个数字由数码管显示，也可以在液晶屏上显示。

也可以设计成时钟的时间用 6 个数字以 24 小时格式显示，不需要上下午的指示灯。用一个按钮设定时钟(一般电子钟不会使用太多的按钮)，按下不同次数预置不同的时间。一个按钮设定闹铃，一个指示灯指示是否激活闹铃，由蜂鸣器发出闹铃声。秒的校准由按钮控制，时、分、秒 6 个时间数字由数码管显示。

【工作过程二】数字式电子钟的需求分析

根据上面对数字式电子钟功能要求的说明，从设计者角度确定系统的具体需求，形成系统需求表。

目的：一个有闹铃的可显示 24 小时的数字钟，采用 12 小时格式。

输入：6 个按钮，分别用于设置时间、闹铃、小时、分钟、闹铃开和闹铃关。

输出：4 个数字式的时间显示，下午指示灯，闹铃就绪灯，蜂鸣器。

功能如下。

- 默认模式：显示当前时间，下午灯从中午 12 点开始亮，到午夜 12 点灭。
- 小时和分钟按钮：用来设置当前时间和闹铃时间，按一次增加一小时或一分钟。
- 按下设定时间按钮：按下设置时间按钮的同时再按下小时或分钟按钮，可进行设置闹钟时间，实时显示当前闹铃设置的时间。
- 闹铃开：使闹铃处于闹铃开的状态，当时间到了闹铃时间时，使时钟打开蜂鸣器，并打开闹铃就绪灯。
- 闹铃关：关掉蜂鸣器，闹钟不再处于闹铃开状态，关掉闹铃就绪灯。

性能：显示小时和分钟，不显示秒。在典型微处理器时钟信号的准确度之内保持准确。(准确性要求过高只会不合理地增加费用)。

生产成本：低。

功耗：小。

物理尺寸和重量：小而轻。

【工作过程三】数字式电子钟的接口设计

(1) 存储器接口设计。

(2) RTC 实时时钟接口。

除了设置实时时间外，还需要设计时钟报警中断和时间滴答(Time tick)中断，设置循环复位功能。

(3) 外部中断接口设计。

通过按钮设置实时时间的时、分，设置闹铃时间，如果鉴于面板的设计不能使用过多的按钮，则需要设计同一个按钮的不同设置功能。

(4) PWM 定时器接口设计。

用 PWM 驱动蜂鸣器产生闹铃声。

(5) 二极管指示灯和数码管显示。

通过两种显示器件的接口设计来显示时间和指示状态。

4.5.2　回到工作场景二

【工作过程一】建立一个工程

在 CodeWarrior IDE 中新建一个工程，输入工程名 leddemo，存放在 D:\test\leddemo 目录下。再新建一个 C 语言的源文件，输入文件名 leddemo.c，放在同一目录下。最后在工程中添加初始化实验箱硬件的汇编程序 2410ini.s。

【工作过程二】编写 leddemo.c 程序

1．用数组建立字形表

因为只需显示 6 种字形 0～5，所以建立的字形表只需要 6 个元素。

```
#define U8 unsigned char    //用宏定义，定义 U8
U8 seg7table[6] = {         //如果前面没有定义 U8，也可以直接使用 unsigned char
    /* 0     1     2     3     4     5*/
    0xc0,  0xf9,  0xa4,  0xb0,  0x99,  0x92,
};          //只用到 0～5
```

2．动态扫描显示

在函数中，当点亮左边第一只数码管时，显示 0；点亮第二只时，显示 1。因此，可以用移位取反的方法，保证地址 0x10000006 中的值只有一位为 0。当某位为 0 时，相应的字形地址 0x10000004 里的值与移位的位数一致，即与所赋的值下标一致，显示下标的字形。

```
void Main(void) {        //此处 Main 名称必须和 2410init.s 程序最后跳转的函数名一致
    int i,j;
    while(1) {
        for(i=0;i<0x6;i++) {          //数码管从 0 到 5 依次将字符显示出来
            *((U8*) 0x10000006) = ~(0x20>>i);  //1 右移 i 位，取反为 0，点亮一位
            *((U8*) 0x10000004) = seg7table[i];//下标为 i 的元素，输出字形数据
            for(j=0;j<0x1000;j++);                //循环次数控制延时时间，可以调整
```

```
          }
      }
  }
```

【工作过程三】设置工程

选择 Edit｜DebugRel Settings 命令或者在工程窗口中单击 DebugRel Settings 图标按钮，打开 DebugRel Settings 对话框。除了设置目标板为 ARM920T 外，还需要设置 Linker 项下面的 ARM Linker 中第一个选项卡 Output 的 Linktype 为 Simple，Simple image 中的 RO Base 文本框为所使用的文件下载位置(如 SDRAM 的地址 0x30000000)，再设置 Layout 选项卡中 Object/Symbol 文本框为启动程序代码的目标文件，此处设置为 2410init.o，再设置 Section 文本框为启动代码段名，此处设置为 init。

【工作过程四】编译工程

选择 Project｜make 命令或者在工程窗口中单击 Make 图标按钮，就可以对工程进行编译和链接了。如果编译成功，那么得到的可执行的二进制文件存放在 DebugRel 目录下，其后缀为.axf。

【工作过程五】下载程序

打开 AXD Debugger，选择 Options｜Configure Target 命令，弹出 Choose Target 对话框。在此对话框中单击 Add 按钮，然后添加所使用的 JTAG 工具软件，这里添加的文件是 adtrdi.dll，在 PlugIn 的安装目录下。接着单击 Choose Target 对话框中的 Configure 按钮，再从弹出的对话框中选择所使用的处理器型号(Processor)为 ARM9，Emulate 选项选择 Simple。

如果已经添加过，则不需要再次添加。

返回到 AXD Debugger 主窗口，然后选择 File｜Load Image 命令，打开 Load Image 对话框。选择 D:\test\leddemo\leddemo_Data\DebugRel\leddemo.axf 文件，再单击"打开"按钮，加载要调试的文件。

【工作过程六】调试、运行

将程序下载到目标系统后，可以在 AXD Debugger 窗口选择 Execute｜Go 命令运行，或者选择 Execute｜Step 命令等单步运行。运行的结果是，可以看到实验箱上的 6 只数码管分别显示 012345，如果显示不够稳定，有闪烁，可以通过调整程序 leddemo.c 中的延时时间来使其稳定显示。

4.6　工作实训营

4.6.1　训练实例

1. 训练内容

实现步进电机的正反转。

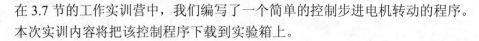
在 3.7 节的工作实训营中，我们编写了一个简单的控制步进电机转动的程序。本次实训内容将把该控制程序下载到实验箱上。

2．训练目的

掌握在 ADS 集成开发环境下使用简易仿真方式调试程序的方法。

3．训练过程

编辑程序的过程同 3.7 节的训练过程。

程序编译通过后，使用 AXD 进行调试。

(1) 打开 AXD Debugger，然后选择 Options | Configure Target 命令，弹出 Choose Target 对话框。在此对话框中单击 Add 按钮，添加所使用的 JTAG 的驱动，通常是带后缀 .dll 的文件。例如 ADT1000 仿真器需要添加的文件是 adtrdi.dll。

(2) 返回到 Choose Target 对话框，然后选择刚刚添加的 dll 文件，再单击 Configure 按钮，并从弹出的对话框中选择所使用的处理器型号(Processor)为 ARM9，Emulate 选项选择 Simple，使用简易仿真 JTAG。

(3) 全部配置好之后，返回到 AXD 主窗口，然后选择菜单命令 File | Load Image，打开 Load Image 对话框。选择 D:\test\step\step_Data\DebugRel\step.axf 文件，再单击"打开"按钮，将程序下载到目标系统。

(4) 运行调试，可以单步运行或全速运行，也可以设置断点，查看寄存器或存储器的值等。可以看到步进电机转动的情况。

4．技术要点

在使用简易仿真时，需要设置仿真器目标环境即 target environment，并且在 Configure 对话框中设置处理器型号和简易仿真 Simple。另外，在硬件连接上，需要把并口线直接连接到实验系统和宿主 PC 机上，无需通过 JTAG。

4.6.2　工作实践常见问题解析

【常见问题】如果在单步或者设置断点调试时，遇到类似软件中断的问题，怎么解决？

【答】 在单步或者设置断点调试遇到类似软件中断的问题时，结果无法调试。要解决这个问题，需要修改 AXD 的设置。选择 Options | Configure Processor 命令，然后在打开的 Processor Properties 对话框中，将 Semihosting 选项取消选中即可。

 ## 4.7　习题

问答题

(1) ARM 处理器内核、ARM 处理器核和 S3C2410 三者之间是什么关系？

(2)　试列举 S3C2410 处理器的常用外围接口及主要功能。

(3)　从硬件和软件两个方面分析一个嵌入式系统主要具备哪些显著特点？

(4)　试列出一个嵌入式产品的硬件常见的外围接口及主要功能。

(5)　试列出一个嵌入式产品所具备的层次结构以及各层的主要功能。

(6)　试指出嵌入式软件开发和传统的 x86 平台软件开发的差异，常见的嵌入式开发工具和开发平台有哪些？

(7)　在 ADS 集成开发环境中调试第 3.4.2 中的 3 个例题及第 3.5 节的例题。

第 5 章

存储器接口设计

 **本章要点**

- 嵌入式系统中存储器的种类和结构。
- S3C2410 存储空间的分配。
- 配置存储空间的存储器控制寄存器。

技能目标

- 了解嵌入式系统中所使用的存储器的种类。
- 掌握 S3C2410 存储空间的分配方法。
- 掌握通过特殊功能寄存器配置存储空间的方法。

5.1　工作场景导入

【工作场景】 配置 SDRAM 控制器

在设计一个嵌入式系统时，所使用的微处理器芯片是 S3C2410，但由于处理器本身的片内存储资源有限，不能满足实际应用要求，需要外接 Flash 存储器和 SDRAM 存储器。若在系统中选用两片 HY57V561620CT-H 芯片并联，组成 64MB、32 位宽的 SDRAM 存储器，为使其正常工作应如何设置？

【引导问题】

(1) 嵌入式系统中通常使用哪些类型的存储器芯片？
(2) S3C2410 的存储空间地址如何分配？
(3) 什么情况下需要外接存储器芯片？
(4) 外接存储器芯片时接口如何设计？
(5) 外接存储器芯片时需要如何配置才能正确使用？
(6) NAND Flash 和 NOR Flash 有什么不同？

5.2　嵌入式系统的存储系统

【学习目标】 了解嵌入式系统的存储器结构及常用存储器种类。

存储器是嵌入式系统硬件平台的重要部件，用来存储数据和程序代码。随着嵌入式系统越来越复杂，对存储系统的速度和容量要求也越来越高。

5.2.1　存储系统组织结构

在复杂的嵌入式系统中，存储系统的组织结构可以分为四层，呈金字塔形，包括寄存器、高速缓存(Cache)、主存储器和辅助存储器。处于上端的存储器具有较高的访问速度以及较贵的价格，因此一般具有较小的存储容量，如图 5-1 所示。

其中寄存器和 Cache 在微处理器内部，存放指令执行时的数据，例如，ARM 体系结构中介绍的寄存器 R0～R15，就是微处理器体系结构的一部分，即是由所选用的微处理器芯片所决定的。

主存储器是处理器能直接访问的存储器，用来存放系统和用户的程序和数据，可以做主存的存储器包括 NOR Flash 和 SDRAM 等类型的存储器。嵌入式系统的主存可位于嵌入式处理器内也可以位于处理器外，位于片内的存储器存储容量小、速度快，片外存储器容量大。

辅助存储器通常存放的是代码的备份，相当于通用计算机中的外存，一般可以是 NAND Flash、CF 和 SD 等类型的存储器。

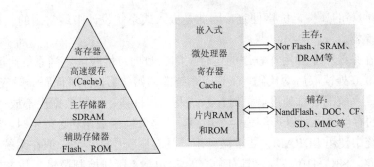

图 5-1 存储系统结构

当然，并不是所有的嵌入式系统都必须有这 4 种类型的存储器，有些嵌入式微处理器芯片内部会集成有一定容量的存储单元，这些存储单元可以用作主存储器。因此，如果嵌入式系统所需要的存储容量不大，微处理器芯片自带的存储单元容量能够满足要求，无须外接其他的存储器。

> 💡 **提示:** 主存和辅存的存储单元靠地址识别，S3C2410 有 32 根地址线，因此可以由一个 32 位的二进制地址信号选定一个具体的存储单元。通常，地址可以写成 0xnnnnnnnn，其中 0x 表示十六进制，n 为 0～F(f)之间的一个十六进制数，共 8 位，每位十六进制数表示 4 位二进制，所以地址是 32 位的二进制数。

5.2.2 常用存储器简介

存储器根据其存取方式分成两类：随机存储器(RAM)和只读存储器(ROM)。RAM 是易失性存储器，即掉电后数据会丢失；ROM 是非易失性存储器，即掉电后数据不会丢失。

1. 随机存储器

随机存储器是指数据可以从存储器读出，也可以写入存储器，存储单元中的数据在掉电后会丢失，并且对存储器进行数据读写可以从存储器的任意地址处开始，不是一定要从开始地址处按顺序读/写。随机存储器又分为两大类：静态随机存储器和动态随机存储器。

1) 静态随机存储器

静态随机存储器(SRAM)的存储单元中的内容在通电状态下是不会丢失的，因此其存储单元不需要定期刷新。

2) 动态随机存储器

动态随机存储器(DRAM)的存储单元中的内容即使在通电状态下随着时间的推移也会丢失，因此 DRAM 需要不断刷新。所谓刷新，就是指为维持动态存储单元中所存储的信息，必须设法使信息再生。

DRAM 又分为 SDRAM 和 DDRSDRAM 两种。

SDRAM 全称是 Synchronous Dynamic Random Access Memory，即同步动态随机存储器，同步代表它的工作速度与系统总线速度同步，也就是与系统时钟同步，这样就避免了不必要的等待周期，减少数据存储时间。

SDRAM 不具有掉电保持数据的特性，主要优点是集成度高，单片存储容量大，存取速度快，且具有读/写的属性，价格便宜，因此是嵌入式系统设计中最常用的一类 DRAM，经常被用作主存储器。

SDRAM 在系统中主要用作程序的运行空间、数据及堆栈区。当系统启动时，CPU 首先从复位地址 0x0 处读取启动代码。在完成系统的初始化后，程序代码一般应调入 SDRAM 中运行，以提高系统的运行速度。同时，系统及用户堆栈、运行数据也都放在 SDRAM 中。

SDRAM 的存储单元可以理解为一个电容，总是倾向于放电，必须定时刷新以避免数据丢失。要在系统中使用 SDRAM，要求微处理器具有刷新控制逻辑，或在系统中另外加入刷新控制逻辑电路。S3C2410 在片内具有独立的 SDRAM 刷新控制逻辑，与 SDRAM 连接非常方便。刷新控制器决定刷新的时间间隔，刷新计数器保证每个单元都能被刷新。当然，这意味着 SDRAM 的部分周期必须分配给刷新操作从而降低了系统性能，SDRAM 可以采用自动刷新或自刷新，自动刷新实现较为简单，而自刷新功耗更小。SDRAM 一般采用 3.3V 工作电压。

ARM 处理器内部有一个可编程的 16 位或者 32 位宽的 SDRAM 接口，允许连接两组容量 512Mb(64MB) 的 SDRAM。有了 SDRAM 控制器，只要选取标准的 SDRAM 芯片，按照接口电路连接起来就可以了。

DDR SDRAM 全称是 Double Data Rate SDRAM，顾名思义，就是数据传输速率加倍之意。DDR 主要在 PC 中用得比较普遍。DDR 采用了一种新的设计，在一个内存时钟周期中，在方波上升沿时进行一次操作，在方波的下降沿时也做一次操作，所以在一个时钟周期中，DDR 可以完成 SDRAM 两个周期才能完成的任务，理论上同速率的 DDR 内存与 SDR 内存相比，速度要快一倍。

2. 只读存储器

只读存储器是指通常情况下存储单元中的数据只能读出不能写入，并且内部存储单元中的数据不会因掉电而丢失的存储器。在嵌入式系统中，只读存储器通常用于存储代码和常数。

只读存储器的内容一旦写入就不能改变，其内容的改变一般需要借助于专门的设备，ROM 中内容的写入通常称为编程，根据编程方式的不同，只读存储器又可以分为两种类型：掩模编程只读存储器和现场可编程只读存储器。

1) 掩膜编程只读存储器

在芯片生产时就已写入特定的程序或数据，以后无法再改变，因此一般在需求量大时采用。

2) 可编程只读存储器

可编程只读存储器可以分为一次性可编程 ROM(PROM) 和现场可编程 ROM；现场可编程 ROM 通常又分为可擦除可编程 ROM(EPROM)、电可擦除可编程 ROM(EEPROM) 和闪存 (Flash ROM)。

(1) EPROM(Erasable Programmable ROM，可擦除可编程 ROM) 芯片可重复擦除和写入，解决了 PROM 芯片只能写入一次的弊端。EPROM 芯片有一个明显的特征，就是在其正面的陶瓷封装上，开有一个玻璃窗口，透过该窗口，可以看到其内部的集成电路。紫外线透过该孔照射内部芯片就可以擦除其内的数据，完成芯片擦除操作要用到 EPROM 擦除器。EPROM 内数据的写入要用专用的编程器，写入数据后要用不透光的贴纸或胶布把窗口封住，以免受到周围的紫外线照射而使数据受损。

(2) EEPROM(Electrically Erasable Programmable ROM，电可擦除可编程 ROM)芯片是用户可更改的只读存储器，在特殊管脚上施加电压，同时输出相应命令，就可以擦除内部数据和重编程(重写)。EEPROM 的一种特殊形式是闪存。

(3) Flash ROM(闪速只读存储器)的 Flash 是快速读写的意思，本质上属于 EEPROM——电可擦除可编程 ROM，是一种可在系统(In-System)进行电擦写，掉电后信息不丢失的存储器。它具有低功耗、大容量、擦写速度快、可整片或分扇区在系统编程(烧写)、擦除等特点，并且可由内部嵌入的算法完成对芯片的操作，作为只读存储器在嵌入式系统中被大量采用，通常用于存放程序代码、常量表及一些在系统掉电后需要保存的用户数据等。闪存使用标准电压 3.3 伏即可擦除和编程，在系统中常用的 Flash 为 8 位或 16 位的数据宽度。

NOR 和 NAND 是现在市场上两种主要的非易失闪存技术。Intel 于 1988 年首先开发出 NOR Flash 技术，彻底改变了原先由 EPROM 和 EEPROM 一统天下的局面。紧接着，1989 年东芝公司发表了 NAND Flash 结构，强调降低每比特的成本，更高的性能，并且像磁盘一样可以通过接口轻松升级。当需要选择使用哪一种 Flash 作为存储器件时，可以参考以下的各项因素。

- 读速度：NOR 的读取速度比 NAND 稍快一些。
- 写入速度：NAND 的写入速度比 NOR 快很多。
- 擦除操作：NAND Flash 执行擦除操作是十分简单的，而 NOR Flash 则要求在进行擦除前先将目标块内所有的位都写为 1；NAND 的擦除速度(4ms)远比 NOR(5s)快；任何 Flash 器件的写入操作只能在空或已擦除的单元内进行，因此大多数写入操作需要先进行擦除操作；NAND 的擦除单元更小，相应的擦除电路更少；在 NAND Flash 中每个块的最大擦写次数是 100 万次，而 NOR Flash 的擦写次数是 10 万次。
- 可靠性：NAND Flash 的可靠性不如 NOR Flash，NAND Flash 中的坏块是随机分布的，NOR Flash 上不存在坏块；另外 NAND Flash 的位翻转(一个 bit 位发生翻转)出现几率要比 Nor Flash 大得多，所以在使用 NAND Flash 时要同时使用 EDC/ECC 等校验算法。
- 接口：NOR Flash 对处理器的接口要求低，而 NAND Flash 器件使用复杂的 I/O 口，所以一般处理器最好集成 NAND 控制器。
- 升级：不同容量的 NOR Flash 的地址线需求不一样，升级较为麻烦，而不同容量的 NAND Flash 的接口是固定的，所以升级简单。
- 容量和成本：NOR Flash 的容量一般在 1～16MB 之间，比 NAND Flash 要小，而 NOR Flash 价格比 NAND Flash 高；通常，如果闪存只是用来存储少量的代码，则 NOR Flash 更适合一些，而 NAND Flash 则是数据存储密度高时的理想选择，NAND 读和写操作采用 512 字节的块，因此基于 NAND 的存储器就可以取代硬盘或其他块设备。

> 💡 提示：ROM 虽然叫做只读存储器，但里面的数据还是要写进去的，只不过因为最初这种类型的存储器在写入的时候需要一定的条件，通常情况下只能读，所以叫做只读存储器。发展到后来，有些 ROM(如 EEPROM)，在正常情况正常电压下就

可以写入数据，而且掉电后数据仍然不丢失。有些书上也把这类存储器单独列出，叫做混合存储器，意即可以随意读写，但掉电后还能保持数据不变的存储器，这类存储器还有 NAND Flash 和 NOR Flash 等。EPROM 之前的存储器在写入的时候都是有条件的。

5.3 S3C2410 存储空间

【学习目标】掌握 S3C2410 存储空间的分配。

5.3.1 S3C2410 处理器的存储器映射

存储器映射就是为存储器分配地址的过程。实际上就是指把处理器芯片中或处理器芯片外的 Flash、RAM 和外设等进行统一编址，即用地址来表示对象。这个地址一般是由厂家规定好的，用户只能用而不能改。用户只能在使用外部 RAM 或 Flash 的情况下可进行自定义。

S3C2410 芯片采用的是 ARM920T 核，ARM9 的地址总线是 32 位，因此 S3C2410 处理器可以寻址的地址范围是 $2^{32}=4GB$，其地址从 0x00000000 到 0xFFFFFFFF，如图 5-2 所示。左边对应不使用 NAND Flash 作为启动设备时的地址空间布局，右边对应使用 NAND Flash 作为启动设备时的地址空间布局。

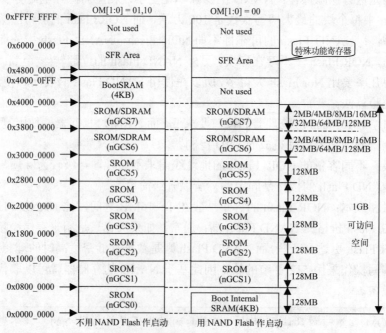

1．SROM：ROM 或 SRAM 型内存
2．SFR：特殊功能寄存器

图 5-2 S3C2410 存储器映射图

其中，从 0x00000000 到 0x3FFFFFFF 共 2^{30}=1GB 的地址空间用于支持外部存储器的连接。例如，如果需要外接 Flash ROM 或者 SDRAM，其地址可以安排在此地址范围内。剩余的空间有一小部分是 CPU 内部寄存器的地址，用于 I/O 端口或部件的寻址，如图 5-2 中的 SFR(特殊功能寄存器)，地址从 0x48000000 开始，这些特殊功能寄存器作为 S3C2410 功能部件的寄存器，例如中断用的各种控制寄存器、串行通信接口的控制和数据寄存器等；其他的地址空间没有用到。

> 提示：在 ARM 中，采用存储器映射编址。I/O 端口的地址与内存单元地址统一编址，即 ARM 的 I/O 端口与内存在同一地址空间，即它们分享 0x00000000 到 0xFFFFFFFF 共 4GB 地址空间。
>
> 优点是可采用丰富的内存操作指令访问 I/O 单元,无需单独的 I/O 地址译码电路,也无需专用的 I/O 指令。
>
> 缺点是外设占用内存空间,I/O 程序不易读。

5.3.2　外接存储器的地址空间划分

S3C2410 处理器提供了 32 位的地址总线，理论上可以寻址的空间为 4GB，但实际留给外部存储器可寻址的空间只有 1GB，也就是地址 0x00000000～0x3fffffff，总共应该有 30 根地址线(2^{30}=1GB)用于外部存储器寻址。

在这 1GB 的空间里，S3C2410 处理器根据所支持的设备的特点将它分为 8 份，每份空间有 128MB(128MB*8=1GB)，把每份的空间称为一个存储块(Bank，也叫存储体)。在这 8 个存储块中有 6 个(Bank0～Bank5)用于 ROM、SRAM 等存储器，两个(Bank6 及 Bank7)用于 ROM、SRAM 和 SDRAM 等存储器。

当 S3C2410 对外寻址时，采用了部分译码的方式，即低位地址线用于外部存储器的片内寻址，而高位地址线用于外部存储器的片外寻址。

> 提示：因为每个存储块有 128MB，128M=2^{27}，只需要 0、1、2、…、26 共 27 根地址线就可以标识出一个存储块内的地址，即外部存储器的片内寻址。另外，因为共有 8 个存储块，要想区分 8 个不同的存储块，需要三根地址线，即 2^3=8。
>
> 这样，我们就可以用 0～26 共 27 根低位地址线寻址一个存储块内的存储单元，用 27～29 三根高位地址线寻址究竟使用的哪个存储块,即外部存储器的片外寻址。
>
> 2^{10}=1K(1024)，2^{20}=1M，2^{30}=1G，因此若计算 2^{13} 和 2^{25}，可以用如下方法：
> $2^{13}=2^3*2^{10}$=8*1K=8K；　$2^{25}=2^5*2^{20}=2^5*1M$=32M。

对于系统要访问的任意外部地址，S3C2410 可以方便地利用内部地址总线的高 3 位 ADDR[29:27]来选择该地址属于哪一个存储块，从而激活相应的存储块选择信号(nGCSx，其中 n 表示低电平有效)。也就是说，各存储块的选择信号 nGCS0、nGCS1、nGCS2、nGCS3、nGCS4、nGCS5、nGCS6:nSCS0 和 nGCS7:nSCS1，实际上这些信号是通过 S3C2410 内部由地址信号 ADDR27、ADDR28 和 ADDR29 译码产生，即这 8 个片选信号可以看作 S3C2410 处理器内部 30 根地址线的最高 3 位所做的地址译码的结果。正因为这 3 根地址线所代表的地址信息已经由 8 个片选信号(nGCS7～nGCS0)来传递了，因此 S3C2410 处理器最后输出的实际地址线只有 A26～A0，如图 5-3 所示。若信号 nGCSx 与存储器的片选相连，其决定了该存储器所在的存储块，即决定了该存储器的地址范围。

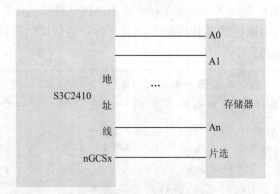

图 5-3　地址片选示意图

例如要寻址 0x31000000，首先这个地址在 0x00000000～0x3fffffff 之间，即在 1GB 空间之内，所以是片外存储器。根据位[29:27]=110(0x31000000 的第 29 到第 27 位为 110B=6)，可知片选信号是 nGCS6，即选中 Bank6，Bank6 可以是 SDRAM 存储器或者 SROM 存储器；而片内的地址是 0x1000000，当外部存储器的 BANK 信号设置好后，BANK 的内部寻址由外部地址总线 A[26:0]来实现。

S3C2410 正是通过这种机制来完成外部地址空间的寻址全过程的。

5.3.3　S3C2410 存储空间的使用

S3C2410 可寻址的 1GB 外部地址空间可以使用的存储器类型有 ROM、SRAM、SDRAM、NOR Flash 和 NAND Flash 等，不同的存储块通常使用不同类型的存储器。

0 号存储块(Bank0)可以外接 SRAM 类型的存储器或者具有 SRAM 接口特性的 ROM 存储器(如 NOR Flash)，其数据总线宽度应设定为 16 位或 32 位之一。当 0 号存储块作为 ROM 区，可以完成引导装入工作时(即从地址 0x00000000 处启动)，0 号存储块的总线宽度究竟使用 16 位还是 32 位，应该在第一次访问 ROM 之前确定，方法是在复位系统时，由硬件引脚 OM1 和 OM0 的逻辑组合决定，具体如表 5-1 所示。

表 5-1　OM1、OM0 逻辑组合的作用

OM1	OM0	引导 ROM 数据的宽度
0	0	NAND Flash 模式
0	1	Bank0 的总线宽度是 16 位
1	0	Bank0 的总线宽度是 32 位
1	1	测试模式

可见，当 OM[1:0]为 00 时，系统使用 NAND Flash 启动；当 OM[1:0]为 01 时，总线宽度为 16 位；当 OM[1:0]为 10 时，总线宽度为 32 位；当 OM[1:0]为 11 时，OM[3:2]用于决

定一种测试模式。图 5-4 是某实验箱处理器电路原理图中 OM0 到 OM3 的电路图，从图可见，OM0 接地，即 OM0 为 0，而 OM1 在这里是可选的，若 OM1 接地，值为 0，则设置 NAND Flash 启动，否则说明 Bank0 的总线宽度是 32 位。

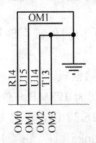

图 5-4　OM0 到 OM3 电路图

> 💡 提示：OM3、OM2、OM1 和 OM0 是 S3C2410 处理器芯片的 4 个引脚，模式控制引脚 OM3 和 OM2 可以用来选择 S3C2410 的时钟源之间的对应关系，详见 10.2、10.3 节时钟设置部分。OM1 和 OM0 可以控制操作模式，设定使用 NOR Flash 还是 NAND Flash 启动，以及设定 0 号存储块的总线宽度。OM[3:0]([y:x]表示占据了寄存器的位 x、x+1、…、y)对应 OM3、OM2、OM1 和 OM0，若某位为 0 表示此引脚接地，例如若 OM1 接高电平，OM0 接地即 OM[1:0]=10，表示采用数据总线宽度为 32 位。

1～5 号存储块也可以外接 SRAM 类型的存储器或者具有 SRAM 接口特性的 ROM 存储器(如 NOR Flash)，其数据总线宽度应设定为 8 位、16 位或 32 位，由相应存储块的总线带宽和等待控制寄存器(BWSCON，特殊功能寄存器 SFR)确定。

6 号和 7 号存储块可以外接 SDRAM 类型的存储器，它们的块容量是可改变的，并且 7 号存储块的起始地址也会随 6 号存储块的大小而改变，即为了保持 7 号存储块与 6 号存储块两个空间的地址连续，如果 6 号存储块大小改变，必然使 7 号存储块的起始地址改变，但 6 号存储块和 7 号存储块的存储器大小必须保持一致。二者之间的关系如表 5-2 所示。

表 5-2　S3C2410 复位后的存储器图(Bank6/7 地址)

地址	2MB	4MB	8MB	16MB	32MB	64MB	128MB
Bank6							
起始地址	0x3000_0000	0x3000_0000	0x3000_0000	0x3000_0000	0x3000_0000	0x3000_0000	0x3000_0000
终止地址	0x301f_ffff	0x303f_ffff	0x307f_ffff	0x30ff_ffff	0x31ff_ffff	0x33ff_ffff	0x37ff_ffff
Bank7							
起始地址	0x3020_0000	0x3040_0000	0x3080_0000	0x3100_0000	0x3200_0000	0x3400_0000	0x3800_0000
终止地址	0x303f_ffff	0x307f_ffff	0x30ff_ffff	0x31ff_ffff	0x33ff_ffff	0x37ff_ffff	0x3fff_ffff

BANK6 和 BANK 7 必须有相同的存储器大小。

5.3.4　S3C2410 存储器控制器的特性

S3C2410 的存储器控制器提供了访问外部存储设备所需的控制信号，它有以下一些特性。

- 支持小端存储模式和大端存储模式。
- 每个存储块(Bank)的地址空间为 128MB，总共 1GB(8 个存储块)。
- 可编程控制的总线位宽为 8/16/32 位，不过 Bank0 只能选择两种位宽 16/32 位。
- 总共 8 个存储块，Bank0～Bank5 可以支持外接 ROM 和 SRAM 等，Bank6～Bank7 除可以支持 ROM 和 SRAM 外，还支持 SDRAM 等。
- Bank0～Bank6 共 7 个存储块的起始地址是固定的。
- Bank7 的起始地址是可编程选择的。
- Bank6 和 Bank7 的地址空间大小是可编程控制的。
- 每个存储块的访问周期均可编程控制。
- 可以通过外部的 wait 信号延长总线的访问周期。
- 外接 SDRAM 时，支持自刷新(self-refresh)和省电模式(power down mode)。

5.4　存储器控制

【学习目标】了解存储器控制寄存器，了解 S3C2410 外接 SDRAM 存储器接口的使用方法，需要设置的寄存器及其设置方法；了解 S3C2410 外接 NAND Flash 存储器接口的使用方法，需要设置的寄存器及其设置方法。

5.4.1　控制存储器的特殊功能寄存器

S3C2410 提供了外接 ROM、SRAM、SDRAM、NOR Flash 和 NAND Flash 的接口，在使用这些外接存储器之前，应先通过其存储控制寄存器进行设置。存储器控制器有如下 13 个寄存器。

- 总线带宽和等待控制寄存器(BWSCON)，地址是 0x48000000。
- 总线控制寄存器(BANKCONx(x 为 0～7))共 8 个，地址是 0x48000004 至 0x48000020。
- 刷新控制寄存器(REFRESH)，地址是 0x48000024。
- 存储块大小控制寄存器(BANKSIZE)，地址是 0x48000028。
- SDRAM 模式寄存器集寄存器(MRSRB6 和 MRSRB7)，地址是 0x4800002C 和 0x48000030。

其中使用存储块 Bank0～Bank5 只需要设置 BWSCON 和 BANKCONx(x 为 0～5)两类寄存器；Bank6 和 Bank7 在外接 SDRAM 时，除了 BWSCON 和 BANKCONx(x 为 6 和 7)外，还需要设置 REFRESH、BANKSIZE、MRSRB6 和 MRSRB7 等 4 个寄存器。

5.4.2　SDRAM 存储器接口

在嵌入式系统中，最常使用的外部存储器是 SDRAM。S3C2410 处理器本身的内部存储资源有限，因此常常需要使用外接 SDRAM 存储器，在系统运行时把程序代码拷到 SDRAM 中运行。

假设某实验箱使用了两片容量为 32MB、16 位的 HY57V561620 芯片，工作电压为 3.3V，并联拼成容量为 64MB、32 位的 SDRAM 存储器，可以充分发挥 32 位处理器的数据处理能力。若要在 Bank6 地址空间上使用 SDRAM，则在电路连接上把这两片 SDRAM 的片选端接到 S3C2410 的 nGCS6，SDRAM 的地址就是从 0x30000000 开始的 32MB 大小的空间。两片 HY57V561620 芯片的连接方法一样，只是数据线分别连接到处理器数据总线的 D0～D15 和 D16～D31，如图 5-5 所示。图中所示为其中一片(数据线连接到 D16～D31)的连接电路。

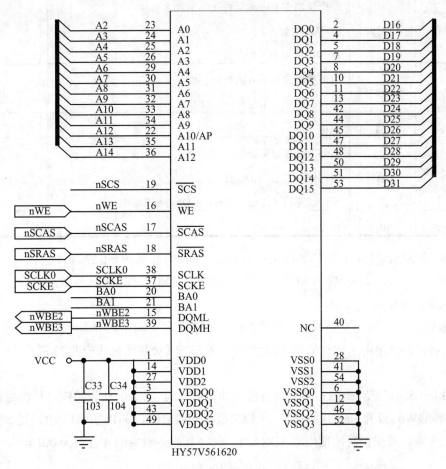

图 5-5　HY57V561620 接口电路

要使 SDRAM 存储器正常工作，需要对其进行正确配置。

1．设置外接存储器的总线宽度(位宽)和等待状态

总线带宽和等待控制寄存器(BWSCON)主要用来设置外接存储器的总线宽度(位宽)和等待状态。这个寄存器中包括对所有 8 个存储块的位宽和状态控制的设置，BWSCON 寄存器的位定义如表 5-3 所示。这里只列出了 Bank0 和 Bank6 的定义，其余各存储块的定义和 Bank6 类似。

表 5-3　BWSCON 寄存器的位定义

BWSCON	位	描　述	初始化状态
ST6	[27]	这个位决定 SRAM 在 Bank6 上是否采用 UB/LB。 0：不采用 UB/LB(引脚对应 nWBE[3:0])。 1：采用 UB/LB(引脚对应 nBE[3:0])	0
WS6	[26]	这个位决定 Bank6 是否使用 WAIT 信号。 0：WAIT 禁止。 1：WAIT 使能	0
DW6	[25:24]	这两位决定 Bank6 的数据总线宽度。 00：8 位 01：16 位 10：32 位	0
Reserved	[3]	保留	
DW0	[2:1]	指明 0 号存储块数据总线宽度。 01：16 位；10：32 位 这个状态也可以通过 OM1 和 OM0 引脚确定	
Reserved	[0]	保留	

Bank6 的总线宽度(位宽)和等待状态由 BWSCON 寄存器的 bit[27:24]4 位设置。

ST6(bit[27])用于启动/禁止 SDRAM 的数据掩码引脚。一般对于 SDRAM，此位置 0；对于 SRAM，此位置 1。

WS6(bit[26])用于配置是否使用存储器的 WAIT 信号，通常置 0 为不使用。

DW6(bit[25:24])用于设置位宽。因为要使用的 SDRAM 是两片拼成的 32 位宽，故将 DW6 设为 10。

Bank1～Bank5 及 Bank7 的设置方法与此相同，而 Bank0 比较特殊，只使用了 2 位 bit[2:1]，即 DW0。设置 Bank0 的位宽，一般由板上的 OM1 和 OM0 引脚确定(详见 5.3.3 节)。

综上所述，要想正确地使用此 SDRAM，应将 Bank6 对应的 4 位设为 0010。

```
rBWSCON = rBWSCON & ～(1101<<24) | (0010<<24);
```

2．配置存储块的时序等参数

总线控制寄存器(BANKCONn)用来配置存储块的类型和时序等参数。S3C2410 有 8 个

BANKCON 寄存器,分别对应着 Bank0～Bank7。其中 6 个寄存器 BANKCON0～BANKCON5 用来控制 Bank0～Bank5 外接设备的访问时序,一般情况下使用默认的 0x0700 即可满足所接各外设的要求。由于 Bank6～Bank7 可以作为 FP/EDO/SDRAM 等类型存储器的映射空间,因此与其他存储块的相应寄存器有所不同,其中 MT 位用于设置本存储块外接的存储器的类型是 ROM、SRAM 还是 SDRAM。BANKCONn 寄存器在 Bank6 上的位定义如表 5-4 所示。

表 5-4　BANKCON6(7)寄存器的位定义([16:15])

BANKCONn	位	描　　述	起始状态
MT	[16:15]	这两位决定了 Bank6 和 Bank7 的存储器类型。 00:ROM 或 SRAM;01:FP DRAM。 10:EDO DRAM;11:SDRAM	11

MT 的取值可定义该寄存器余下几位的作用。当 MT=11(即外接 SDRAM 型存储器)时,BANKCONn 寄存器在 Bank6 上余下的几位定义如表 5-5 所示。

表 5-5　BANKCON6(7)寄存器的位定义(在 MT=11 时,[14:0])

BANKCONn	位	描　　述	起始状态
...	[14:4]	SDRAM 类型存储器没有使用,其他类型的定义见数据手册	...
Trcd	[3:2]	RAS 到 CAS 延迟。 00:2 时钟周期;01:3 时钟周期;10:4 时钟周期	10
SCAN	[1:0]	列地址位数。 00:8 位;01:9 位;10:10 位	00

当 MT(bit[16:15])设置为 11,使用 SDRAM 时,还需要设置 bit[3:0]。

Trcd(bit[3:2])使用数据手册上的推荐值 01。

SCAN(bit[1:0])设置 SDRAM 列地址的位数,但需要根据所使用的 SDRAM 型号的芯片手册设置,查 HY57V561620 芯片手册可知此值是 9,所以设置为 01。

Bank7 的设置方法同 Bank6。

综上所述,当 Bank6 接 SDRAM 时,BANKCON6 应设为 0x00018005。

```
rBANKCON6 = (11<<15) | (01<<2) | 01;
//or  rBANKCON6 = 0x00018005;
```

3. SDRAM 的刷新控制器

刷新控制寄存器(REFRESH)是 DRAM/SDRAM 的刷新控制器。DRAM/SDRAM 的刷新周期在 DRAM/SDRAM 的数据手册上有标明,REFRESH 寄存器的位定义如表 5-6 所示。

表 5-6　REFRESH 寄存器的位定义

符　号	位	描　　述	初始状态
REFEN	[23]	DRAM/SDRAM 刷新使能。 0：禁止；1：使能(自刷新或 CBR/自动刷新)	1
TREFMD	[22]	DRAM/SDRAM 刷新模式。 0：CBR/自动刷新；1：自我刷新。 在自我刷新模式下，SDRAM 控制信号被置于适当电平	0
Trp	[21:20]	SDRAM RAS 预充电时间。 00：2 时钟周期；01：3 时钟周期。 10：4 时钟周期；11：不支持	10
Tsrc	[19:18]	SDRAM 半行周期时间。 00：4 时钟周期；01：5 时钟周期； 10：6 时钟周期；11：7 时钟周期。 行周期(Trc)=RAS 预充电时间(Trp)+半行周期时间(Tsrc)	11
Reserved	[17:16]	不使用	00
Reserved	[15:11]	不使用	00000
Refresh Counter	[10:0]	SDRAM 刷新计数器值。 刷新时间=(211-刷新计数值+1)/HCLK 例如，如果刷新时间是 15.6μs，HCLK=60MHz，刷新时间 计算为：刷新计数值=2^{11}+1-60×15.6=1113	0x0

SDRAM(刷新)之所以称为 DRAM，就是因为它要不断进行刷新(Refresh)才能保留住数据，因此刷新是 DRAM 最重要的操作，设置刷新计数器值比较重要。具体设置方法如下：bit[23:11]一般使用默认值，(1010110000000)<<11=0xac0000。

Refresh Counter(bit[10:0])需要根据给出的计算公式计算，其中的刷新时间需要查阅所使用的 SDRAM 的芯片手册。查 HY57V561620 芯片手册，对刷新周期的描述是 8192 refresh cycles / 64ms，得刷新周期为 64ms/8192=7.8125μs。利用上面的公式：刷新时间=(2^{11}-刷新计数值+1)/HCLK，可得刷新计数值= 2^{11} + 1-12×7.8125 = 1955 (HCLK=12MHz) =0x07a3。

因此，REFRESH 寄存器设置如下：

```
rREFRESH = 0xac0000 | 0x07a3 = 0x000ac07a3;
```

4．SDRAM 的参数设置

存储块大小控制寄存器(BANKSIZE)用于设置 SDRAM 的一些参数，主要是确定 6 号存储块和 7 号存储块的容量大小。Bank0～Bank5 的地址空间大小都是固定的 128MB，地址范围是(x*128M)到(x + 1)* 128M-1，x 表示 0～5。Bank6/7 存储块容量大小是可变的，为保持这两个空间的地址连续，Bank7 的起始地址也会随 Bank6 容量的大小变化而变化。BANKSIZE 寄存器的位定义如表 5-7 所示。

表 5-7 BANKSIZE 寄存器的位定义

符 号	位	描 述	初始状态
BURST_EN	[7]	ARM 内核猝发操作使能。 0：禁止猝发操作；1：使能猝发操作	0
保留	[6]	不使用	0
SCKE_EN	[5]	SCKE 使能控制。 0：SDRAM SCKE 禁止；1：SDRAM SCKE 使能	0
SCLK_EN	[4]	只有在 SDRAM 访问周期期间，SCLK 才使能，这样做是可以减少功耗。当 SDRAM 不被访问时，SCLK 变成低电平。 0：SCLK 总是激活； 1：SCLK 只有在访问期间(推荐的)激活	0
保留	[3]	未用	0
BK76MAP	[2:0]	BANK6/7 的存储空间分布。 010 = 128MB/128MB；001 = 64MB/64MB； 000 = 32MB/32MB；111 = 16MB/16MB； 110 = 8MB/8MB；101 = 4MB/4MB； 100 = 2MB/2MB	010

初始化时，BURST_EN 可以取 0 或 1，为了提高效率，最好设置为 1。SCKE_EN 设置为 1。SCLK_EN 设置为 1。

BK76MAP(bit[2:0])配置 BANK6/7 映射的大小，设置时只要比实际 RAM 大都行(因为 bootloader 和 Linux 内核都可以检测可用空间)，此处使用了两片容量为 32MB 芯片，并联拼成容量为 64MB，因此可设置为 010 = 128MB/128MB 或 001 = 64MB/64MB。

综上所述，BANKSIZE 寄存器相应的位可设为 10110010(0xb2)，设置如下：

```
rBANKSIZE=0x000000b2;
```

5. SDRAM 模式寄存器集寄存器(MRSR)

MRSR 寄存器有两个，分别为 MRSRB6 和 MRSRB7，对应着 BANK6 和 BANK7。MRSR 寄存器能被修改的只有位 CL([6:4])，这是 SDRAM 时序的一个时间参数。当代码在 SDRAM 中运行时，绝不能重新配置 MRSR 寄存器。MRSR 寄存器的位定义如表 5-8 所示。

表 5-8 MRSRBn 寄存器的位定义

符 号	位	描 述	初始状态
Reserved	[11:10]	不使用	—
WBL	[9]	猝发写的长度。 0：猝发(固定的)；1：保留	×
TM	[8:7]	测试模式。 00：模式寄存器集(固定的)；01、10 和 11：保留	××

续表

符　号	位	描　述	初始状态
CL	[6:4]	CAS 反应时间。 000：1 时钟周期；010：2 时钟周期。 011：3 时钟周期；其他：保留	×××
BT	[3]	猝发类型。 0：连续(固定的)；1：保留	×
BL	[2:0]	猝发时间。 000：1(固定的)；其他：保留	×××

SDRAM 时序的时间参数需要查所使用的 SDRAM 芯片的手册，由 HY57V561620 芯片手册可知，它不支持 CL=1 时钟周期的情况，所以位[6:4]取值为 010(CL=2)或 011(CL=3)。

可见，MRSRB6 寄存器的 CAS 反应时间设置为 3 个时钟周期，设置如下：

```
rMRSRB6 = 0x30;
```

至此，进行完如上设置就可以把 SDRAM 接到 BANK6 作为外部存储器使用了。通常对SDRAM 的设置是在启动程序里完成的，因此这些代码可以通过汇编指令实现。

5.4.3　NAND Flash 存储器接口

在嵌入式系统中，有许多数据和信息在关闭系统电源后不允许丢失，例如程序代码、设定好的参数和工作模式等。因此，这些信息需要保存在非易失性存储器里。NAND Flash类型的存储器单片的容量大，写入速度较快，常常用来完成这个功能。

S3C2410 处理器的 NAND Flash 支持由两部分组成：8 位 NAND Flash 控制器(集成在S3C2410 处理器)和 NAND Flash 存储芯片(如 K9F1208)。

当要访问 NAND Flash 中的数据时，必须通过 NAND Flash 控制器发送命令才能完成，所以 NAND Flash 相当于 S3C2410 的一个外设，而不位于它的内存地址区。

目前市场上常见的 8 位 NAND Flash 存储芯片有三星公司的 K9F1208、K9F1G08 和K9F2G08 等。NAND Flash 类型的存储器没有统一的接口标准，不同的 NAND Flash 存储器的接口可能不同，数据页大小可能不同，在寻址方式上会有一定差异，读/写命令也不一样。操作的方法虽然不完全一样，但可以参照。

若要使能 NAND Flash 控制器为自动启动模式，则首先需要设置硬件电路板上的 OM1和 OM0 引脚(详见 5.3.3 节)，设置 OM[1:0]=00b；控制 NAND Flash 操作的寄存器主要有 5个，另外还有一个存储错误校验码的寄存器。

- NAND Flash 配置寄存器(NFCONF)，地址是 0x4E000000。
- NAND Flash 命令寄存器(NFCMD)，地址是 0x4E000004。
- NAND Flash 地址寄存器(NFADDR)，地址是 0x4E000008。
- NAND Flash 数据寄存器(NFDATA)，地址是 0x4E00000C。
- NAND Flash 状态寄存器(NFSTAT)，地址是 0x4E000010。
- NAND FlashECC 寄存器(NFECC)，地址是 0x4E000014。

下面以 S3C2410 处理器和 K9F1208 存储器为例，对 NAND Flash 进行读写操作。

1. 配置 NAND Flash

NAND Flash 配置寄存器(NFCONF)用来配置 NAND Flash，比如使能 NAND Flash 控制器、初始化 ECC 以及 NAND Flash 片选信号 nFCE=1(inactive，真正使用时再让它等于 0)等。NFCONF 寄存器的格式如表 5-9 所示。

表 5-9 NFCONF 寄存器的位定义

符 号	位	描 述	初始状态
Enable /Disable	[15]	NAND Flash 使能位。 0：关闭控制器；1：使用控制器	0
Reserved	[14:13]	保留	—
Initialize ECC	[12]	初始化 ECC 编码器/解码器(只支持 512B 的 ECC 校验)。 0：不使用 ECC；1：使用 ECC	0
NAND Flash Memory chip enable	[11]	NAND Flash 芯片使能信号 nFCE。 0：nFCE 低电平；1：nFCE 高电平	0
TACLS	[10:8]	CLE 和 ALE 持续时间设置(0~7)。 持续时间 = HCLK × (设定值 + 1)	0
Reserved	[7]	保留	—
TWRPH0	[6:4]	TWRPH0 持续时间设置(0~7)。 持续时间 = HCLK × (设定值 + 1)	0
Reserved	[3]	保留	—
TWRPH1	[2:0]	TWRPH1 持续时间设置(0~7)。 持续时间 = HCLK × (设定值 + 1)	0

在配置寄存器 NFCONF 时，TACLS、TWRPH0 和 TWRPH1 三个参数控制的是 NAND Flash 信号线 CLE/ALE 与写控制信号 nWE 的时序关系。

例如，设置 TACLS(bit[10:8])=0，TWRPH0(bit[6:4])=3，TWRPH1(bit[2:0])=0，其含义为：TACLS=1 个 HCLK 时钟，TWRPH0=4 个 HCLK 时钟，TWRPH1=1 个 HCLK 时钟。

设置完毕，此寄存器的值即可设为 0xf830。也可以采用如下形式设置：

```
rNFCONF = (1<<15)|(1<<12)|(1<<11)|(TACLS<<8)|(TWRPH0<<4)|(TWRPH1<<0);
```

2. 操作命令

NAND Flash 命令寄存器(NFCMD)是 NAND Flash 的命令设置寄存器，对于不同型号的 Flash，操作命令一般也不一样，具体命令需要查阅 Flash 的手册。NFCMD 寄存器的格式如表 5-10 所示。

表 5-10 NFCMD 寄存器的位定义

符 号	位	描 述	初始状态
Reserved	[15:8]	保留	
Command	[7:0]	NAND Flash 的命令值	0x00

Flash 的操作命令是写入 NFCMD 寄存器的，例如在第一次操作 NAND Flash 前，通常需要进行复位操作。K9F1208 芯片的复位命令是 0xff，复位就是把 0xff 写入到 rNFCMD。

```
rNFCONF &= ~0x800 ;          //使能 NAND Flash
rNFCMD = 0xff;               //reset 命令
```

K9F1208 芯片的主要命令有：Read 1、Read 2、Read ID、Reset、Page Program、Block Erase 和 Read Status。

(1) Read 1：命令代码 0x00。

功能：表示将要读取 NAND Flash 存储空间中一个页的前半部分，并且将内置指针定位到前半部分的第一个字节。

(2) Read 2：命令代码 0x01。

功能：表示将要读取 NAND Flash 存储空间中一个页的后半部分，并且将内置指针定位到后半部分的第一个字节。

(3) Read ID：命令代码 0x90。

功能：读取 NAND Flash 芯片的 ID 号。

(4) Reset：命令代码 0xff。

功能：重启芯片。

(5) Page Program。

功能：对页进行编程命令，用于写操作。

命令代码：首先写入 0x00 (A 区)/0x01(B 区)/0x05(C 区)，表示写入那个区，再写入 0x80 开始编程模式(写入模式)，接下来写入地址和数据，最后写入 0x10 表示编程结束。

(6) Block Erase。

功能：块擦除命令。

命令代码：首先写入 0x60 进入擦写模式，然后输入块地址，接下来写入 0xd0，表示擦写结束。

(7) Read Status：命令代码 0x70。

功能：读取内部状态寄存器值命令。

3. 设置地址

NAND Flash 地址寄存器(NFADDR)是 NAND Flash 的地址设置寄存器，NFADDR 寄存器的格式如表 5-11 所示。

表 5-11　NFADDR 寄存器的位定义

符　号	位	描　　述	初始状态
Reserved	[15:8]	保留	—
NFADDR	[7:0]	NAND Flash 的地址值	—

写入地址时，查看 K9F1208 芯片数据手册可知，地址线 A8 未用到，因此写入地址时不使用 A8。

```
rNFADDR = addr & 0xff;        //低 8 位[7:0]
rNFADDR = (addr>>9) & 0xff;//右移 9 位，不是 8 位，A8 没用，[16:9]移入低 8 位
```

```
rNFADDR = (addr>>17) & 0xff;    //右移 17 位，不是 16 位，[24:17] 移入低 8 位
rNFADDR = (addr>>25) & 0xff;    //右移 25 位，[25] 移入低 8 位，地址共 26 位
```

1) NAND Flash 的物理结构

正如硬盘的盘片被分为磁道，每个磁道又分为若干扇区一样，一块 NAND Flash 分为若干块(block)，每个块分为若干页(page)。一般而言，块和页之间的关系随着芯片的不同而不同，典型的分配如下：

1 块= 32 页

1 页= 512 字节(数据字段) + 16 字节(OOB)

需要注意的是，对于 Flash 的读写都是以一个 page(页)开始的，但是在读写之前必须进行 Flash 的擦除，而擦除则是以一个块为单位。按照这种组织方式形成如下三类地址。

● Column Address：列地址，地址的低 8 位。

● Page Address：页地址。

● Block Address：块地址。

NAND Flash 有 8 个 I/O 引脚充当地址、数据和命令的复用端口，所以每次传送地址只能传 8 位，而 NAND Flash 的地址位为 26 位，因此读写一次 NAND Flash 需要传送 4 次(A[7:0]、A[16:9]、A[24:17]和 A[25])。

一页有 528 字节，在每一页中，最后 16 字节(OOB)用于 NAND Flash 执行完命令后设置状态，剩余 512 字节又分为前半部(1st half Page Register，前半页寄存器)和后半部(2nd half Page Register，后半页寄存器)。可以通过 NAND Flash 命令对 1st half(前半页)、2nd half(后半页)以及 OOB 进行定位，通过 NAND Flash 内置的指针指向各自的首地址。

2) NAND Flash 寻址方式

512 字节需要 9 位来表示，对于 528 字节系列的 NAND，这 512 字节被分成前半部和后半部，各自的访问由地址指针命令来选择。A[7:0]就是所谓的列地址，在进行擦除操作时，因为以块为单位擦除，所以不需要列地址。32 个页需要 5 位来表示，占用 A[13:9]，即该页在块内的相对地址。至于 A8 这一位地址用来设置 512 字节的 1st half page(前半页)还是 2nd half page(后半页)，0 表示 1st，1 表示 2nd。块的地址由 A14 以上的位来表示。

例如，64MB(512Mb)的 NAND Flash(实际上由于存在空白区域(spare area)，故都大于这个值)，共 4096 块，因此需要 12 个位来表示，即 A[25:14]。如果是 128MB(1Gb)的 528 字节/页的 NAND Flash，则块地址用 A[26:14]表示。由于地址只能在 I/O[7:0]上传递，因此，必须采用移位的方式进行。以 NAND_ADDR 为例，整个地址传递过程需要 4 步才能完成。

(1) 传递列地址，就是 NAND_ADDR[7:0]。不需移位即可传递到 I/O[7:0]上，而 half page pointer(半页指针)即 A8 是由操作指令决定的，即指令决定在哪个半页(half page)上进行读写，而真正的 A8 的值是不需程序员关心的。

(2) 将 NAND_ADDR 右移 9 位，将 NAND_ADDR[16:9]传到 I/O[7:0]上。

(3) 用同样的方法将 NAND_ADDR[24:17]放到 I/O 上。

(4) 需要将 NAND_ADDR[25]放到 I/O 上。

如果 NAND Flash 的容量是 32MB(256Mb)以下，那么块地址最高位只到 bit[24]，因此寻址只需要 3 步。

4. 数据读/写

NAND Flash 数据寄存器 NFDATA 就是 NAND Flash 的数据寄存器，只用到了低 8 位。NFDATA 寄存器的格式如表 5-12 所示。

表 5-12　NFDATA 寄存器的位定义

符　号	位	描　　述	初始状态
Reserved	[15:8]	保留	—
Data	[7:0]	NAND Flash 的数据，写时是编程数据，读时是读出的数据	—

NAND Flash 的数据读/写以字节为单位。若所操作的 NAND Flash 数据页是 512 字节，则需要连续读/写 NFDATA 寄存器 512 次，才能完成这一页数据。

5. 查询操作状态

NAND Flash 状态寄存器 NFSTAT 就是 NAND Flash 的操作状态寄存器，只允许读，且只用到位 0。bit[0]=0 时表示忙，bit[0]=1 时表示已经准备好。NFSTAT 寄存器的格式如表 5-13 所示。

表 5-13　NFSTAT 寄存器的位定义

符　号	位	描　　述	初始状态
Reserved	[16:1]	保留	—
RnB	[0]	Nand Flash 忙判断位，也可以通过 R/nB 引脚检测。 0：忙；1：准备好	—

在对 NAND Flash 进行读/写操作时，首先循环查询 NFSTAT 寄存器的位[0]，直到它的值为 1 时表示准备好，可以进行读/写操作。

```
while(!(rNFSTAT & 0x1));          //若位[0]为 0 则!(rNFSTAT & 0x1)为真，等待
```

通过以上五步，已经可以完成对 NAND Flash 的操作了。除此之外，还有一个只读的错误校验码寄存器。

6. NAND Flash 的 ECC 错误校验码寄存器(NFECC)

NFECC 寄存器是 NAND Flash 的 ECC 错误校验码寄存器，只允许读。S3C2410 内部硬件 ECC 功能，可以对 NAND Flash 的数据进行有效性的检查。NFECC 寄存器的格式如表 5-14 所示。

表 5-14　NFECC 寄存器的位定义

符　号	位	描　　述	初始状态
ECC2	[23:16]	错误校正代码#2	—
ECC1	[15:8]	错误校正代码#1	—
ECC0	[7:0]	错误校正代码#0	—

NAND Flash 容易损坏，所以对 NAND Flash 操作常常需要记录坏块并在读写数据时做 ECC 校验，S3C2410 具有硬件 ECC 校验功能。

NAND Flash 控制器不能通过 DMA 访问，只能使用 LDM/STM 指令访问。例如，下面的函数实现了从 NAND Flash 存储器的某字节处开始读取 size 大小的数据。

```
void ReadNF(unsigned src_addr,unsigned char * desc_addr,int size)
{
    int i;
    unsigned int column_addr = src_addr % 512;
    unsigned int page_address =(src_addr >> 9);
    unsigned char * buf = desc_addr;
    while((unsigned int)buf < (unsigned int)(desc_addr)+size)
    {
        rNFCONF &= ~(1<<11);      //使用时使能芯片,bit[11]=0
        if((column_addr) > 255)
            rNFCMD= 0x01;          //发送读指令,A(8)置1,读后半页
        else
            rNFCMD= 0x00;          //发送读指令,A(8)置0,读前半页
        rNFADDR = column_addr & 0xff;//以下四句分别发送4个cycle地址
        rNFADDR = page_address & 0xff;
        rNFADDR = (page_address>>8) & 0xff;
        rNFADDR = (page_address>>16) & 0xff;
        while(!(rNFSTAT&(1<<0)));            //等待系统不忙
        for(i = column_addr;i<512;i++)
        {
            *buf++= rNFDATA;        //循环读取数据寄存器,读出一页数据
        }
        rNFCONF |= (1<<11);
        column_addr = 0;
        page_address ++;
    }
    return;
}
```

5.4.4　NOR Flash 存储器接口

NOR Flash 是另一类常用的非易失性存储器，与 NAND Flash 相比，它的特点是读速度较快，写入的速度较慢。一片 NOR Flash 的存储容量一般也比较小。

NOR Flash 可以在芯片内执行，因此应用程序可以直接在 NOR Flash 内运行，不必再把代码读到系统 RAM 中，比较符合存储启动代码。

NOR Flash 存储器的接口特性类似于 SRAM，接口电路比 SDRAM 和 NAND Flash 的接口电路都简单，可以直接连接到 CPU 的地址、数据和控制总线上，对 CPU 的接口要求低。

例如，可以用两片 16MB 容量的 28F128J3A 芯片并联组成 32MB 容量的 NOR Flash 存储器，如图 5-6 所示。

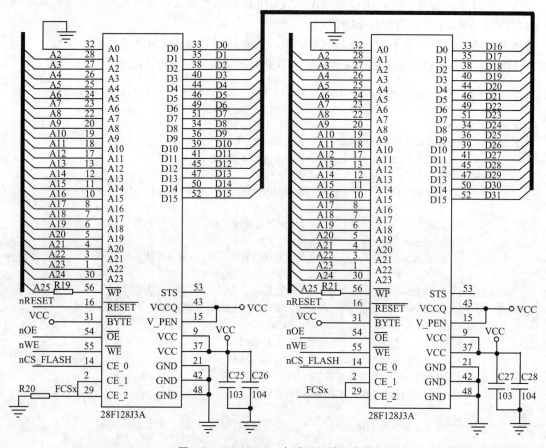

图 5-6　NOR Flash 存储器的接口电路

 注意：当使用 NOR Flash，且由两片 16 位数据宽度的芯片并联组成 32 位数据宽度使用时，应将 S3C2410 的 OM[1:0]置为 10，并选择 ROM/SRAM/Flash Bank0 为 32 位工作方式。

5.5　回到工作场景

通过前面内容的学习，读者应该掌握了 S3C2410 处理器芯片的存储组织结构及存储器接口设计的方法。下面我们回到第 5.1 节的工作场景，完成工作任务。

在系统使用 SDRAM 之前，需要对 S3C2410 的存储器控制器进行初始化。由于 C 语言程序使用的数据空间和堆栈空间都定位在 SDRAM 上，通常 Linux 操作系统内核等都需要解压到 SDRAM 中运行，因此如果没有对 SDRAM(Bank6)进行正确的初始化，那么系统就无法正确启动。

【工作过程一】 定义存储器

对 SDRAM(BANK6)相关的寄存器进行设置，一般在启动代码中用汇编程序实现。在第

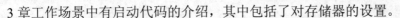

3 章工作场景中有启动代码的介绍，其中包括了对存储器的设置。

首先定义要设置的寄存器(通常对寄存器的定义放在汇编语言的头文件中，然后用包含语句包含到程序中)：

```
BWSCON     EQU  0x48000000    ;Bus width & wait status
BANKCON0   EQU  0x48000004    ;Boot ROM control
BANKCON1   EQU  0x48000008    ;Bank1 control
BANKCON2   EQU  0x4800000c    ;Bank2 control
BANKCON3   EQU  0x48000010    ;Bank3 control
BANKCON4   EQU  0x48000014    ;Bank4 control
BANKCON5   EQU  0x48000018    ;Bank5 control
BANKCON6   EQU  0x4800001c    ;Bank6 control
BANKCON7   EQU  0x48000020    ;Bank7 control
REFRESH    EQU  0x48000024    ;DRAM/SDRAM refresh
BANKSIZE   EQU  0x48000028    ;Flexible Bank Size
MRSRB6     EQU  0x4800002c    ;Mode register set for SDRAM
MRSRB7     EQU  0x48000030    ;Mode register set for SDRAM
```

此定义包括了所有 13 个和存储器相关的寄存器。在程序中可以把对寄存器地址的定义放在单独的文件中，比如 2410addr.inc(汇编程序头文件，扩展名 inc)，然后在程序中用 GET 2410addr.inc(相当于 C 语言中的#include 语句)，把此定义包含到程序中。

【工作过程二】 设置存储器

若只是对 SDRAM 进行设置，那么只需要设置与 BANK6 相关的 5 个寄存器：BWSCON、BANKCON6、REFRESH、BANKSIZE 和 MRSRB6。

1)　BWSCON 寄存器

```
ldr r1,=BWSCON           ;加载 BWSCON 地址，不用头文件时 ldr r1,=0x48000000
ldr r3,[r1]              ;取出原来的值
bic r3,r3,# (0xf<<24)    ;位清除，清除[27:24]
orr r3, #(0x2<<24)       ;设置[27:24]为 0010
str r3, [r1]            ;把设置后的值放到 BWSCON 寄存器
```

2)　BANKCON6 寄存器

```
ldr r1,=BANKCON6            ;加载 BANKCON6 地址
ldr r3,=(0x3<<15)+(0x1<<2)+0x1
str r3, [r1]              ;把设置后的值放到 BANKCON6 寄存器
```

3)　REFRESH 寄存器

```
ldr r1,=REFRESH            ;加载 REFRESH 地址
ldr r3,=(0x1<<23)+(0x0<<22)+(0x0<<20) +(0x3<<18)+1113  ;x8c0459
str r3, [r1]              ;把设置后的值放到 REFRESH 寄存器
```

4)　BANKSIZE 寄存器

```
ldr r1,=BANKSIZE           ;加载 BANKSIZE 地址
ldr r3,=0xb2
str r3, [r1]              ;把设置后的值放到 BANKSIZE 寄存器
```

5) MRSRB6 寄存器

```
ldr r1,=MRSRB6          ;加载 MRSRB6 地址
ldr r3,=0x30
str r3, [r1]            ;把设置后的值放到 MRSRB6 寄存器
```

【工作过程三】

要对所有 8 个 Bank(存储块)的存储器进行设置，请见第 3 章工作场景中对启动代码的分析。

 ## 5.6　工作实训营

1．训练内容

通常嵌入式系统外接的 Flash 存储器选用 NAND Flash 和 NOR Flash 有什么不同?

2．训练目的

掌握嵌入式系统启动程序的存储方式。

3．训练过程

在嵌入式系统中，究竟把启动代码放在 NAND Flash 里，还是放在其他 ROM 里? 这由处理器的两根引脚来设置，即图 5-4 所示的 OM1 和 OM0，这两个引脚就是用来确定使用哪种内存地址布局，内存地址布局见图 5-2。

第一种情况，在 OM0 = 0、OM1 = 0 的时候，采用 NAND Flash 作启动的方式，也就是第一个存储块的 128MB 只有 4KB 的空间可用，不可以外接其他任何存储，因为第一个存储块就只能给 SRAM 用，如果这个时候启动，则 SRAM 中没有程序。在启动之前，处理器自动把 NAND Flash 中的前 4KB 复制到 SRAM 中，无须人工干涉。

第二种情况，当 OM0 = 1、OM1 = 0，或者 OM0 = 0、OM1 = 1 时，这个时候 SRAM 实际上跟启动没有关系。因为 SRAM 的地址变到了 0x40000000，CPU 启动还是从 0 地址开始执行，但是这个时候 0 地址所在的第一个存储块就可以接 ROM 了。NOR Flash 是 ROM 的一种，当然还有 E2PROM 等，但 NAND Flash 不是 ROM。NAND Flash 跟硬盘一样，是通过 NAND Flash 控制器来访问的。在这种情况下，启动跟 NAND Flash 也没有关系。所以这时应把第一个存储块接成 NOR Flash，即 0 地址处就是 NOR Flash。这时候的启动不会有第一种情况里的自动复制过程，而是直接运行 NOR Flash 中的程序，因此需要先将启动程序(bootloader)复制到 NOR Flash 中。

4．技术要点

NOR Flash 和 NAND Flash 是现在市场上两种主要的非易失闪存技术。在一个嵌入式系统中，可能同时使用 NAND Flash 和 NOR Flash，使用 NAND Flash 存储数据和程序，但是通常必须有 NOR Flash 来启动。

5.7 习题

问答题

(1) 描述嵌入式系统中的存储系统结构、存储器分类以及各类存储器的常规用途。

(2) 处理器识别存储单元是通过地址信号来完成的，处理器所拥有的地址引脚确定了其能直接访问的存储器容量。说明 10 根地址引脚、20 根地址引脚以及 30 根地址引脚分别能访问的存储器容量。

(3) SDRAM 和 NOR Flash 的接口电路相对简单，举例说明它们的地址分配方法。

(4) S3C2410 的存储空间是如何分配的？各块地址空间的范围是什么？SDRAM 存储器应该连接到哪个存储块？

(5) 在以 S3C2410 处理器为核心设计嵌入式系统时，启动程序代码的存储空间可以采用哪几类存储器？如何设计它们的接口电路？

(6) 比较 NAND Flash 和 NOR Flash 的不同，举例说明它们的接口电路如何设计。

(7) EEPROM 与 Flash 存储器的主要区别是什么？

(8) SDRAM 的特点与作用是什么？

第6章

中断系统设计

 本章要点

- 中断方式及原理。
- 嵌入式系统中断的处理流程。
- 处理中断的编程方法。

 技能目标

- 掌握中断相关的基本概念。
- 掌握中断处理的流程。
- 掌握中断服务程序和主程序的设计方法。

6.1 工作场景导入

【工作场景】 对按键次数计数

利用实验箱上的数码管制作一个简单的计数器，记录外部中断按键的次数。

实验箱上数码管的配置仍然是由存储器地址 0x10000006 来控制哪一只数码管亮(六只数码管用到了低 6 位，bit[0]对应最右边一只数码管，bit[5]对应最左边一只数码管)，由地址 0x10000004 来控制发光的数码管显示什么字形，两个地址中的内容都是输出 0 有效。

假设实验箱上还有一个按键 2 连接到外部中断 2(IRQ_EINT2)，编程实现用右边的两个数码管来显示按键 2 被按下的次数，初始显示 00，按键 2 被按下一次显示的数字增加 1，最大显示到 99。

【引导问题】

(1) 为什么在 I/O 端口或部件之间传送数据的时候选择中断方式？
(2) 如何处理中断？
(3) 如何设计主程序和中断服务程序？
(4) 同时发生多个中断该如何处理？

6.2 基础知识

【学习目标】 理解中断的概念，中断源及识别方法，中断优先级，中断向量，中断号及中断处理函数。

6.2.1 中断方式

下面先来看一个例子。

假设你和一个朋友约好在家里见面，你在家里等朋友到来。此时，你可以有两种等待方式：第一种，你不断地去门口看朋友是否到了；第二种，你看书或者做你正在做的其他事情，朋友到的时候敲门，你停下正在做的事给朋友开门。

在嵌入式系统中，微处理器控制 I/O 端口或部件传送数据的方式和上面的例子相似，也有两种控制方式：程序查询方式和中断方式。

程序查询方式就像上面例子中的第一种情况。等人的时候一遍遍地去查看，会浪费很多时间，而且如果朋友到的时候你正好不在门口看，朋友需要在门外等候，直到下次你去查看。同样在程序查询方式下，微处理器周期性地执行一段查询程序以判断 I/O 端口或部件是否有数据需要传送，即要花费大量的时间测试 I/O 端口或部件的状态，对微处理器来说效率非常低，并且即使有数据要传送也可能得不到及时处理。

中断方式则相当于第二种情况。当 I/O 端口或部件需要执行数据传送的操作时，会产生一个信号给微处理器，这个信号就是中断请求，微处理器响应这个请求，暂停当前程序的执行，转而执行对 I/O 端口或部件读写的程序，并在执行完成后能自动恢复执行原先程序，这个过程就是中断。引入中断可以提高微处理器的效率及输入/输出的性能。

我们再把上面的例子扩充一下。

假设朋友来之前你正在看书，朋友到的时候敲门，你在开门之前首先要在书上做个记号，标明你看到哪一页了，以便朋友走之后从这里开始继续看。之后你可能会和朋友谈话，在谈话的时候电话铃响了。这时候，你可以根据谈话和电话的重要性，决定是继续谈话，还是停下来接听电话，这就是优先级判决。朋友走了之后你继续看书。

其实这就是中断的处理过程。

> 提示：人只有一个大脑，在一段时间内，可能会面对着两三个甚至更多的任务。但一个人不可能在同一时间去完成多个任务，因此人只能分析任务的轻重缓急，并采用中断的方法穿插去完成它们。单个微处理器内核也是如此，ARM 中处理器只有一个，但在同一时间内可能会面临处理很多任务的情况，例如运行主程序、数据的输入和输出，定时/计数时间已到，可能还有一些外部的更重要的中断请求(如超温超压)要先处理。此时处理器像人的思维一样，需要停下当前的工作先去完成一些紧急任务，这就是中断。

6.2.2　中断的分类

广义的中断通常分为中断、自陷和异常(Exception)等。在 ARM 中一般分为中断和异常(包括自陷和异常)两类。

中断是由于微处理器外部的原因而改变程序执行流程的过程，属于异步事件，又称为硬件中断。

自陷和异常则为同步事件。自陷表示通过处理器所拥有的软件指令，可预期地使处理器正在执行的程序的执行流程发生变化，以执行特定的程序。自陷是显式的事件，需要无条件地执行，比如 ARM 中的 SWI 指令。异常为微处理器自动产生的自陷，以处理异常事件。比如被 0 除、执行非法指令和内存保护故障等。异常没有对应的处理器指令，当异常事件发生时，处理器也需要无条件地挂起当前运行的程序，去执行特定的处理程序。ARM 体系中把自陷和异常统一称为异常。

ARM 体系中的异常中断共有 7 种，如表 6-1 所示。其中前面 5 种属于异常，后面两种属于中断。本章主要介绍普通中断 IRQ 和快速中断 FIQ 的设计方法。

表 6-1　ARM 体系支持的异常中断表

异常中断	意　义
复位	处理器上一旦有复位信号输入，ARM 处理器立刻停止执行当前指令。复位后，ARM 处理器在禁止中断的管理模式下，从地址 0x00000000 或 0xFFFF0000 开始执行程序

续表

异常中断	意　义
未定义指令	当 ARM 处理器执行协处理器指令时，它必须等待任一外部协处理器应答后，才能真正执行这条指令。若协处理器没有响应，就会出现未定义指令异常。另外，试图执行未定义的指令，也会出现未定义指令异常
软件中断(SWI)	软件中断异常指令 SWI 进入管理模式，以请求特定的管理函数
指令预取中止	存储器系统发出存储器中止(Abort)信号，响应取指激活的中止标记所取的指令无效，若处理器试图执行无效指令，则产生预取中止异常；若指令未执行，则不发生预取中止
数据中止	存储器系统发出存储器中止信号，响应数据访问激活中止标记的数据无效
IRQ(中断)	通过处理器上的 IRQ 输入引脚，由外部产生 IRQ 异常。IRQ 的优先级比 FIQ 的低。当进入 FIQ 处理时，会屏蔽掉 IRQ 异常
FIQ(快速中断)	通过处理器上的 FIQ 输入引脚，由外部产生 FIQ 异常

中断也可以按其他的方式分类，例如按中断信号的产生方式，可以把中断分为边缘触发中断和电平触发中断。

- 边缘触发中断　当中断引脚线的电平从低变到高或者从高变到低时，中断信号被发送出去，并且只有在下一次的从低变到高或者从高变到低时才会再次触发中断。
- 电平触发中断　当在硬件中断线的电平发生变化时产生中断信号，并且中断信号的有效性将持续保持下去，直到中断信号被清除。

6.2.3　中断源和中断优先级

引起中断的因素很多，比如前面例子中敲门的动作和电话铃声，都可以引起中断。发出中断请求的信号，可能引起处理器暂停执行当前程序的事件称为中断源。

嵌入式系统中采用中断方式控制的 I/O 端口或部件很多，例如 S3C2410 芯片中的中断控制器可以支持 56 个中断源提出的中断请求。其中包括外部中断 0～23，这些外部中断是在 S3C2410 芯片上有外部引脚的。还有一些是微处理器内部的外围 I/O 端口或部件产生的中断请求，例如定时器产生的中断请求，内部 DMA 通道产生的中断请求，以及串口、USB 等产生的中断请求。

嵌入式系统支持的中断源很多，不可避免地会出现同时有多个中断发生的情况，如果同时有多个中断源提出了中断请求，而微处理器在同一时刻只能处理一个中断，那么按什么顺序响应这些中断呢？

微处理器会给每个中断源指定一个优先级，称为中断优先级。当多个中断源同时发出中断请求时，CPU 按照中断优先级的高低顺序，依次响应。

6.2.4　中断向量和中断向量表

虽然嵌入式系统支持的中断源很多，但微处理器提供的中断请求信号线一般是有限的，例如 ARM 核仅有两根引脚(因为是内核的引脚，所以实际上是看不见的)用于中断请求，这样中断源和中断请求信号不是一一对应的。当 ARM 核检测到有中断信号产生时，必须能够识别是哪个中断源发出的请求，才能够去处理，这就是中断源的识别。

ARM 微处理器对中断源的识别方法采用向量识别方法。所谓中断向量，是指中断服务程序的入口地址，当处理器检测到有中断信号后，必须由中断源提供一个地址信息，此地址就是处理此中断的程序入口地址，也就是中断向量。

ARM920T 微处理器核的 7 种异常中断采用的是固定向量，即中断服务程序的入口地址是固定不变的，发生中断后，处理器的 PC 值将被强制赋予该异常中断所对应的存储器地址，处理器从此地址处开始执行程序。例如，按下复位键或看门狗产生了复位信号，则 PC 值被强制赋予为 0x00000000 或 0xFFFF0000；若有一个外部中断产生，并且是 IRQ 中断，则 PC 值被强制赋予为 0x00000018 或 0xFFFF0018。7 种异常中断的中断向量地址如表 6-2 所示，这张集中存放中断向量的一维表就是中断向量表。

表 6-2　ARM 的 7 种异常中断的中断向量地址表

异常名称	对应模式	正常向量	高地址向量
复位	管理	0x00000000	0xFFFF0000
未定义指令	未定义	0x00000004	0xFFFF0004
软件中断(SWI)	管理	0x00000008	0xFFFF0008
指令预取中止	中止	0x0000000C	0xFFFF000C
数据中止	中止	0x00000010	0xFFFF0010
IRQ(中断)	IRQ	0x00000018	0xFFFF0018
FIQ(快速中断)	FIQ	0x0000001C	0xFFFF001C

 提示：ARM920T 的异常中断向量表有两种存放方式，一种是低端存放(从存储器地址的 0x00000000 处开始存放)，另一种是高端存放(从 0xfff000000 处开始存放)，由处理器决定。本书采用低端模式，这张向量表通常在启动代码中配置好，并且是固定的，放在启动代码的开始部分，即放在 0x0 地址处。

6.2.5　中断号

一个系统中的中断源数量和实际产生并送到处理器中的中断请求信号并不是一一对应的，例如 S3C2410 芯片支持 56 个中断源，但其实只有 32 个中断请求信号。有一些中断源共用一个中断请求信号，例如 UARTn(串行口中断)中的 ERR、RXD 和 TXD 共用一个中断请求信号，EINT8～EINT23(外部中断)也共用一个中断请求信号。

为了便于微处理器判断是哪个中断源提出了中断请求，并且便于处理，一般在系统初始化的时候，在相关的启动代码中会将这些中断源和中断号进行一一的映射。利用宏定义，使中断源和中断号对应，在执行中断的时候就可根据中断控制器的状态和控制寄存器来进行转换，将相应的中断源转换成中断号，再进行中断处理程序的执行。

中断号的定义一般由实验箱或开发板的厂家提供，例如某个实验箱对中断号进行定义的相关文件放在 2410addr.h 头文件中，其中断号定义内容如下。

```
#define IRQ_EINT0        1
#define IRQ_EINT1        2
#define IRQ_EINT2        3
#define IRQ_EINT3        4
#define IRQ_EINT4_7      5
#define IRQ_EINT8_23     6
#define IRQ_NOTUSED6     7
#define IRQ_BAT_FLT      8
#define IRQ_TICK         9
#define IRQ_WDT          10
#define IRQ_TIMER0       11
...
#define IRQ_ADC          32
```

提示：从以上定义可见，S3C2410 芯片的中断号从 1 到 32，在中断编程的时候可以使用中断号代表中断。例如在中断处理程序中用 irq_no 表示中断号，而中断控制寄存器一般是 32 位的寄存器，由 0 到 31 共 32 位二进制组成，第 0 位一般表示 1 号中断的控制方法，第 n−1 位表示 n 号中断的控制方法，因此在 32 位的中断控制寄存器中，可以把中断号减 1(irq_no − 1)与每一个二进制位对应。

6.2.6　中断服务程序

微处理器响应中断请求，完成其要求功能的程序，称为中断服务程序或中断处理程序。在中断处理程序中需要做的工作还包括清除中断，即把已处理过的中断从源未决寄存器和中断未决寄存器中清除。中断处理程序也常叫做中断处理函数。

不同的中断源、不同的中断要求可能有不同的中断处理方法，但它们的处理流程基本相同。从微处理器检测到中断请求信号到转入中断服务程序入口所需要的机器周期称为中断响应时间，包括中断延迟时间、保存当前状态的时间以及转入中断服务程序的时间，它们是衡量嵌入式实时系统实时性能的主要指标。

6.3　中断处理流程

【学习目标】掌握处理中断的步骤：中断初始化，端口初始化，请求中断，使能中断，编写中断服务程序，清除中断。

嵌入式系统在正常运行时，常常会循环执行一段程序，例如手机待机时，红绿灯在某一个状态时。要想改变正常运行的工作流程，可以通过人为或定时地加入中断完成，例如手机中打入的一个电话或一个短信，人为地一次按键，红绿灯中某个状态的显示时间到等都可以作为中断。嵌入式系统在接收到中断信号以后，可以改变正常执行的程序流程，去处理这些紧急事务，处理完后再继续执行正常程序。

　　ARM920T 微处理器共支持 7 种异常中断(两种中断和 5 种异常)，对于不同的异常中断处理的方法有所不同。本章主要以 S3C2410 为例讲述普通中断 IRQ 和快速中断 FIQ 的处理方法。

　　要使用中断，需要经过这样几步：建立中断向量表，中断初始化，端口初始化，请求中断，使能中断，处理中断，清除中断。

　　ARM 是通过中断控制寄存器完成这些步骤的，中断控制寄存器包括中断源未决寄存器 SRCPND、中断模式寄存器 INTMOD、中断屏蔽寄存器 INTMSK、优先级寄存器 PRIORITY、中断未决寄存器 INTPND、中断偏移寄存器 INTOFFSET、子源未决寄存器 SUBSRCPND 以及中断子屏蔽寄存器 INTSUBMSK。这些寄存器的完整定义请参看 S3C2410 的数据手册。

6.3.1　建立中断向量表

　　建立中断向量表一般是在系统引导程序里完成的。引导系统的启动代码开始是一个异常向量表，这个向量表是固定的，由处理器决定，请参考第 6.2.4 节"中断向量和中断向量表"。在这里一般会放一条跳转指令，当发生某个类型的异常或中断时，程序首先被强制跳转到相应的入口处，再根据这里放的跳转指令跳到相应的正常向量地址。下面是启动程序中最开始的程序，会放在存储器 0x00000000 处开始的 32 字节中。

```
b    ResetHandler      @复位异常，地址 0x00000000
b    HandlerUndef      @未定义指令异常，地址 0x00000004
b    HandlerSWI        @软件中断异常，地址 0x00000008
b    HandlerPabort     @指令预取中止异常，地址 0x0000000c
b    HandlerDabort     @数据中止异常，地址 0x00000010
b    .                 @保留
b    HandlerIRQ        @ IRQ 中断，地址 0x00000018
b    HandlerFIQ        @ FIQ 中断，地址 0x0000001c
```

　　上电后，PC 指针从第一条指令开始执行，会跳转到 ResetHandler 处运行。以后系统每当有异常中断出现时，则 CPU 会根据异常中断类型，从内存的 0x00000000 处开始查表并作相应的处理。例如，系统触发了一个 IRQ 中断，IRQ 为第 6 号(复位异常是 0 号)异常中断，则 CPU 将把 PC 指针指向 0x00000018 地址(4*6=24=0x00000018)处运行，该地址处放的指令是跳转到 HandlerIRQ(IRQ 中断异常服务程序)的跳转指令，使程序跳转到中断处理程序去执行。所有的 IRQ 中断都从 0x00000018 开始执行。

> 💡 提示：在 ARM 体系中，异常中断向量表的大小为 32 字节，其中每个异常中断占据 4 字节，保留了 4 字节空间，通常存放在存储地址的低端。这段程序在启动代码中，一般由实验箱厂家提供。本实验箱的启动程序名为 2410init.s。

6.3.2　登记中断

　　S3C2410 芯片中断控制器支持的 56 个中断源，由于其中有些中断共用中断请求信号线，因此实际中断请求信号有 32 个。每个中断请求信号被赋予一个中断号,中断号从 1 到 32,在中断编程时使用到中断的时候可以用中断号表示。

当有中断发生时,必须首先进行登记。简单理解登记中断就是把所有提出中断请求的中断源都记录下来,ARM 处理器的做法是用中断控制寄存器中的源未决寄存器(SRCPND)来记录。源未决寄存器(SRCPND)由 32 位二进制数构成,每一位与一个中断请求信号即一个中断号相关联,由于中断号是从 1 开始的,所以 1 号中断对应第 0 位,2 号中断对应第 1 位,以此类推。如果相应位置为 1,说明对应的中断号有中断请求信号,否则相应位若置为 0,表示相应中断号没有提出中断请求。当有多个中断源都提出中断请求时,SRCPND 寄存器的相应位均会被置为 1,因此该寄存器可以同时有多位为 1,它记录了哪些中断源的请求在等待处理。SRCPND 寄存器的结构如表 6-3 所示。

表 6-3　SRCPND 寄存器的定义

位	描　述	初始状态
…	……	…
[3]	确定 EINT3(中断号为 4)是否有中断请求,0 没有,1 有	0
[2]	确定 EINT2(中断号为 3)是否有中断请求,0 没有,1 有	0
[1]	确定 EINT1(中断号为 2)是否有中断请求,0 没有,1 有	0
[0]	确定 EINT0(中断号为 1)是否有中断请求,0 没有,1 有	0

登记中断是自动完成的,只要相应的中断源提出了中断请求,就会自动使源未决寄存器(SRCPND)的相应位(中断号-1 位)置为 1。SRCPND 寄存器的每一位由中断源自动设置,而不管中断屏蔽寄存器(INTMASK)中对应的位是否被屏蔽。此外,SRCPND 寄存器也不受中断控制器的优先级的影响。

在表 6-4 中用位的形式表示了寄存器中各位的位定义。

表 6-4　32 位 SRCPND 寄存器的位定义

第 31 位	……	第 3 位	第 2 位	第 1 位	第 0 位
INT_ADC(32 号中断) 0 没有请求或 1 有请求	……	EINT0(4 号中断) 0 没有请求或 1 有请求	EINT0(3 号中断) 0 没有请求或 1 有请求	EINT0(2 号中断) 0 没有请求或 1 有请求	EINT0(1 号中断) 0 没有请求或 1 有请求

其他中断控制寄存器各位的定义与此类似,这里只给出寄存器的定义。

⚠ 注意:在实验箱所附光盘的 2410addr.h 文件中,对寄存器预定义了名字,例如源未决寄存器的定义如下。

```
#define rSRCPND    (*(volatile unsigned *)0x4a000000)
```

其中,地址 0x4a000000 是寄存器 SRCPND 的地址,在程序中使用此寄存器的名字是 rSRCPND。

包括中断控制寄存器在内的所有特殊功能寄存器,都有相同的定义方法和使用方法。

```
#define rINTMOD    (*(volatile unsigned *)0x4a000004) //中断模式寄存器
#define rINTMSK    (*(volatile unsigned *)0x4a000008) //中断屏蔽寄存器
#define rINTSUBMSK (*(volatile unsigned *)0x4a00001c) //中断子屏蔽寄存器
```

6.3.3　中断初始化

为了使系统能正确地响应中断，完成正常的中断流程，必须先进行一些必要的设置，即中断初始化，包括设置系统是否允许中断以及具体中断源的中断模式、中断屏蔽位和子中断屏蔽位等。

在 ARM 的程序状态寄存器 CPSR 中，有一个 I 位和一个 F 位，分别用来禁止或允许 IRQ 和 FIQ 中断。如果想使中断能够被响应，首先就要保证 CPSR 中的 I 位和 F 位处于允许中断状态，就像一个总开关一样。当 CPSR 的 I 位和 F 位均为 0 时，分别允许 IRQ 中断和 FIQ 中断，这样当 ARM 核的中断请求引脚上有中断信号到来的时候，就会产生中断响应信号。CPSR 的 I 位和 F 位在启动程序结束前会打开中断，即设置 CPSR 的 I 位和 F 位均为 0，因此一般来说在中断编程的时候可以不考虑。

在 CPSR 允许中断的情况下，需要进行中断控制寄存器的初始化，还需要按一定的程序对中断进行处理。

1．设置中断模式寄存器 INTMOD

32 位的 INTMOD 寄存器中每一位都与一个中断请求信号相关联，以确定对应的中断源的中断请求采用哪种模式，如表 6-5 所示。

表 6-5　32 位 INTMOD 寄存器的位定义

位	描　　述	初始状态
...	……	...
[3]	确定 EINT3(中断号为 4)的中断模式，0 为 IRQ 中断，1 为 FIQ 中断	0
[2]	确定 EINT2(中断号为 3)的中断模式，0 为 IRQ 中断，1 为 FIQ 中断	0
[1]	确定 EINT1(中断号为 2)的中断模式，0 为 IRQ 中断，1 为 FIQ 中断	0
[0]	确定 EINT0(中断号为 1)的中断模式，0 为 IRQ 中断，1 为 FIQ 中断	0

中断模式分为两种：FIQ 模式和 IRQ 模式。INTMOD 寄存器共有 32 位二进制数，每一位代表一个中断请求信号，如果该中断是 FIQ 模式，则相应位设置为 1；如果是 IRQ 模式，则设置为 0。

中断初始化时需要设置子屏蔽中断模式寄存器。

```
rINTMOD= 0x0;              //所有中断都设置为 IRQ 模式
```

⚠ 注意：在 S3C2410 中，只能有一个中断源在 FIQ 模式下处理，即 INTMOD 寄存器中只有一位可以设置为 1。因此，应该将最紧迫的中断源设置为 FIQ 模式。

2．设置中断屏蔽寄存器 INTMSK

32 位的 INTMSK 寄存器中每一位都与一个中断请求信号相关联，以确定对应的中断源提出的中断请求是否会被屏蔽，如表 6-6 所示。

表 6-6　32 位 INTMSK 寄存器的定义

位	描　述	初始状态
...	......	...
[3]	确定 EINT3(中断号为 4)是否被屏蔽中断，0 允许中断，1 被屏蔽	1
[2]	确定 EINT2(中断号为 3)是否被屏蔽中断，0 允许中断，1 被屏蔽	1
[1]	确定 EINT1(中断号为 2)是否被屏蔽中断，0 允许中断，1 被屏蔽	1
[0]	确定 EINT0(中断号为 1)是否被屏蔽中断，0 允许中断，1 被屏蔽	1

INTMSK 寄存器共有 32 位二进制数，每一位与一个中断请求信号相对应。若某位设置为 1，则中断控制器不会处理该位所对应的中断源提出的中断请求。否则，如果设置为 0，则对应的中断源提出的中断请求可以被处理。

中断初始化时需要设置屏蔽所有中断。

```
rINTMSK = 0xffffffff;  //在初始化时所有中断都被屏蔽
```

⚠ 注意：即使某屏蔽位被设置为 1，当其对应的中断源产生中断请求时，源未决寄存器 SRCPND 中相应的位仍将被设置成 1。

3．设置中断子屏蔽寄存器 INTSUBMSK

ARM 系统中的 56 个中断源，但只有 32 个中断请求信号。在这 32 个中断请求信号中，有几个中断请求信号(如串口 1、串口 0 等)其实是多个中断源共用一个中断请求信号。共用同一个中断请求信号的几个中断源叫做子中断源，对于这部分中断源的控制，使用两个子寄存器：子源未决寄存器 SUBSRCPND 和中断子屏蔽寄存器 INTSUBMSK。这两个寄存器的作用和操作与 SRCPND 和 INTMSK 相同，如表 6-7 和表 6-8 所示。

表 6-7　32 位 SUBSRCPND 寄存器的位定义

位	描　述	初始状态
[31:11]	没有用到	0
...	......	0
[2]	确定 INT_ERR0(中断号为 29)是否有中断请求，0 没有，1 有请求	0
[1]	确定 INT_TXD0(中断号为 29)是否有中断请求，0 没有，1 有请求	0
[0]	确定 INT_RXD0(中断号为 29)是否有中断请求，0 没有，1 有请求	0

表 6-8　32 位 INTSUBMSK 寄存器的位定义

位	描　述	初始状态
[31:11]	没有用到	0
...	......	1
[2]	确定 INT_ERR0(中断号为 29)是否被屏蔽，0 允许中断，1 被屏蔽	1
[1]	确定 INT_TXD0(中断号为 29)是否被屏蔽，0 允许中断，1 被屏蔽	1
[0]	确定 INT_RXD0(中断号为 29)是否被屏蔽，0 允许中断，1 被屏蔽	1

S3C2410 的 SUBSRCPND 和 INTSUBMSK 寄存器是 32 位的，但只使用了低 11 位，高 21 位没有用到。它们的使用方法参看 SRCPND 和 INTMSK 的使用方法，寄存器的定义参看数据手册中的子源未决寄存器 SUBSRCPND 和中断子屏蔽寄存器 INTSUBMSK。

中断初始化时需要设置子屏蔽寄存器。

```
rINTSUBMSK=0x7ff;    //所有子中断都被屏蔽
```

提示：给寄存器所赋的值可以是一个常量(如 oxffffffff)或者在头文件中以宏定义声明的字符常量。

```
#define BIT_ALLMSK    (0xffffffff)
```

再把 BIT_ALLMSK 作为符号常量赋给特殊功能寄存器。

```
rINTMSK = BIT_ALLMSK;
```

以下相同。

6.3.4　端口初始化

由于 ARM 中的端口多为功能复用，即一个端口有多个功能，所以必须在使用之前规定此时使用该端口的哪个功能。S3C2410 的 32 个中断请求信号中用到外部引脚的中断源信号多数是通用 I/O 口复用的。例如，EINT0 和 GPF0 用的同一根引脚线，当 32 位的端口控制寄存器 GPFCON 的最后两位[1:0]设置为 10 时，此引脚用作外部中断 0(EINT0)，设置为 01 时用作输出端口。此端口的初始状态设置为 00，用作输入，因此要想使用外部中断功能则需要进行设置。每个复用的端口都有一个控制寄存器(con)，可以设定此端口的功能，F 端口的控制寄存器定义如表 6-9 所示。

表 6-9　GPFCON 寄存器的位定义

符　号	位	描　述	初始状态
GPF7	[15:14]	00=输；01=输出。 10=EINT7；11=保留	00
GPF6	[13:12]	00=输入；01=输出； 10=EINT6；11=保留	00
GPF5	[11:10]	00=输入；01=输出； 10=EINT5；11=保留	00

符　号	位	描　　述	初始状态
GPF4	[9:8]	00=输入；01=输出。 10=EINT4；11=保留	00
GPF3	[7:6]	00=输入；01=输出。 10=EINT3；11=保留	00
GPF2	[5:4]	00=输入；01=输出。 10=EINT2；11=保留	00
GPF1	[3:2]	00=输入；01=输出。 10=EINT1；11=保留	00
GPF0	[1:0]	00=输入；01=输出。 10=EINT0；11=保留	00

另外，如果中断源是 24 个外部中断之一，则还需要设置外部中断请求信号的有效方式，即触发方式。中断信号的有效触发方式可以分为电平触发和边沿触发，请参见 6.2.2 节。

例如，设实验箱上有一个按键 2 连接到外部中断 2，要使用按键 2 则需要做如下设置。

```
rGPFCON = 0x55aa;        //位[5:4]设置为 10，表示把 GPF2 端口用作 EINT2
rGPFUP  = 0xff;          //位[2]设置为 0，表示引脚不接上拉电阻
rEXTINT0 = 0x22222222;   //位[10:8]设置为 010，表示设置外部中断 2 为下降沿触发
```

⚠ 注意：在系统上电初始化的时候，各个端口被设置为默认的功能，要想使用端口的其他功能，必须设置端口的控制寄存器(参见第 9 章)。

💡 提示：端口的上拉设置寄存器用来确定端口的 I/O 引脚是否接上内部拉电阻，当通用 I/O 口用作输入功能的时候，需要接上拉电阻，用作特殊功能时不接上拉电阻。

6.3.5　请求中断

请求中断就是把中断服务程序和中断请求信号对应起来。通过前面的学习我们知道，中断发生后，第一步处理器会根据异常中断类型自动跳转到一个固定地址。对于 IRQ 中断，会跳转到 0x00000018 地址处，那里放的是一条跳转指令，这条跳转指令会使程序跳转到中断服务函数，这就是请求中断要完成的工作。中断服务函数是一类特殊的程序，因此必须做特别声明。

1．为请求中断的中断源定义中断服务函数

中断服务函数也就是中断处理函数，有固定的定义方法。如果采用 ARM 汇编编译器(如 ARM ADS 集成开发环境)，定义中断服务函数需要使用如下的关键字。

__irq

而在 GNU 编辑器(如 ADT IDE)中，需要使用如下的关键字定义。

```
__attribute__ ((interrupt("IRQ")));;
```

例如：要定义外部中断 2 的中断服务函数，设函数名为 eint2_isr()，则对于两种编译器分别使用如下的方法定义。

```
void __irq eint2_isr(void);            //ARM 编译器
```

或者

```
void eint2_isr(void) __attribute__ ((interrupt("IRQ")));;        //GNU 编译器
```

2. 使程序跳转到中断服务函数的入口地址

这一步有些复杂，但其实大部分工作是在启动程序里做的，我们只要把中断服务函数的入口地址送到相应的向量中。那么处理器如何取得这个入口地址呢？

先了解一下中断偏移寄存器 INTOFFSET，这是一个内部寄存器。INTOFFSET 寄存器中保存了产生中断的中断源的偏移，即中断源号，该寄存器的值用于表明哪个中断正在被处理，是自动写入自动清除的，实际上就是正在处理的 IRQ 中断的中断号。例如，假设目前 INTPND 中第二位为 1，即要处理的是 EINT2，则 INTOFFSET 中自动写入 2。这个寄存器在启动程序中跳转到中断服务函数时使用，在我们用 C 编写的程序中，直接使用"中断号-1"。

不同的中断请求信号对应的中断服务函数的入口地址是不同的，为了取得这个地址，需要用到另一张中断向量表，这张中断向量表也是定义在启动程序里，这是真正放中断服务函数入口地址的向量。我们只要把中断服务函数的入口地址放在相应的向量中，程序就可以跳转到中断服务函数处执行。

另外一张中断向量表放在数据段中，通常放在启动代码中，内容如下。

```
    ALIGN
    AREA RamData, DATA, READWRITE
    _ISR_STARTADDRESS
HandleReset        #    4
HandleUndef        #    4
HandleSWI          #    4
HandlePabort       #    4
…
HandleEINT0     #    4
HandleEINT1     #    4
HandleEINT2     #    4
HandleEINT3     #    4
HandleEINT4_7   #    4
HandleEINT8_23  #    4
HandleRSV6      #    4
…
    END
```

其中在 option.h 头文件中有对基地址 _ISR_STARTADDRESS 的预定义。

```
#define _ISR_STARTADDRESS        0x33ffff00
```

在程序中，可以通过下面的语句把中断服务函数的入口地址放入中断向量中。

```
*(unsigned int*)((irq_no - 1) * 4+ (unsigned int)(_ISR_STARTADDRESS+0x20))
 = (unsigned int)irq_routine;
```

> 💡 **提示**：在上述赋值语句中，左值就是中断向量表与某个中断对应的地址值，例如当 irq_no = 3 时是外部中断 2(EINT2)正在等待处理。由向量表可知，基址为 _ISR_STARTADDRESS+0x20，再加上偏移(irq_no - 1) * 4=2*4=8，即为 _ISR_STARTADDRESS + 0x28，正好就是 EINT2 对应的中断向量；右值就是中断服务函数 irq_routine。这样就完成了跳转到中断服务函数的入口地址的任务。

6.3.6 使能中断

至此，准备工作全部完成，现在可以打开中断随时接受并响应中断信号了。使能中断即开中断，通过设置中断屏蔽寄存器 INTMSK 使处理器允许某个中断发生。前面在初始化中断时，INTMSK 寄存器的所有位都设置为 1，即屏蔽所有的中断，以便对中断进行设置。设置完成后，需要打开中断，参见第 6.3.3 节"中断初始化"。

如果想打开某个中断，即使能某个中断，则需要把该寄存器相应的位设置为 0。此时程序在正常运行过程中，只要有相应的中断发生，就会转去执行相应的中断服务函数。

在程序中，可以通过下面的语句打开中断。

```
rINTMSK &= ~(1 << (irq_no - 1));   //irq_no 为要打开的中断号
```

> 💡 **提示**：中断号是从 1 开始到 32，对 1 进行移位操作应该是移动 0 位到 31 位，所以要把中断号 irq_no-1。上式把 1 向左移动(irq_no-1)位后，对所有位取反，那么就只有第(irq_no-1)位的值是 0，其余位均为 1，再与原来 INTMSK 中的内容进行与运算，就只有第(irq_no-1)位被置为 0，即该位对应的中断使能。

6.3.7 中断服务程序

当微处理器核的 CPSR 是允许中断的(I 位为 0)，即中断未决寄存器 INTPND 中有一个未决位为 1，并且 INTMSK 允许中断，此时就可以转去执行中断服务程序。

中断服务程序实际上就是一个函数，因此编写中断服务程序首先要把用于处理中断的那段程序定义为中断服务函数，其次要分清哪些功能在主程序中完成，哪些功能必须放在中断服务程序中执行。例如，对于在第 6.1 节工作场景中描述的任务，我们可以在正常执行的程序中显示当前按键按下的次数，然后在中断处理函数中改变按键按下的次数，返回正常执行的程序时再重新显示，这样应该有一个共享全局变量即按键的次数，使得在中断服务程序中改变的值可以反映到主程序中。

另外，在中断服务程序中需要清除中断。

6.3.8 清除中断

只要有中断源提出中断请求，源未决寄存器 SRCPND 相应位就会自动被置 1，因此 SRCPND 寄存器可能同时有多位被置 1，而中断未决寄存器 INTPND 有且只有一位被置 1。只要 INTPND 里面有中断(即有一位为 1)，就会一直不断发出中断请求信号。当第一次发中断信号的时候，ARM 处理器响应中断，进入相应的异常中断向量，并处于 IRQ 模式。此时，INTPND 仍然在不断向 ARM 处理器发出同样的中断请求信号，因为 ARM 处理器已经处于 IRQ 模式，并不会再响应此中断。但是一旦中断处理函数执行完，要退出 IRQ 模式时，就会再次响应此中断。因此，在中断服务程序中，应该首先清除中断。

另外，如果只是清除 INTPND 寄存器的未决位，而不清除 SRCPND 寄存器的源未决位，那么因为 SRCPND 寄存器为 1 的位表示相同的中断源还在提出中断请求，清除完 INTPND 寄存器的未决位后，SRCPND 寄存器又会继续把中断送到 INTPND 寄存器。

综上所述，清除中断需要清除 SRCPND 寄存器中相应的已处理的中断位，再清除 INTPND 寄存器中相应的位。具体设置方法如下。

```
rSRCPND = (1 << (irq_no - 1));
rINTPND = (1 << (irq_no - 1));
```

> ⚠ 注意：SRCPND 和 INTPND 两个中断控制寄存器都是通过置 1 来清零的，即要把这两个寄存器中某个值为 1 的位设置为 0 时，我们不是在该位写 0，而是在该位写 1。例如，假设 rSRCPND=0x00000003，rINTPND=0x00000001，该值说明当前 0 号中断和 1 号中断被触发(SRCPND 的第 0 和第 1 位为 1)，但当前正在被处理的是 0 号中断(INTPND 的第 0 位为 1)，处理完毕后要清除已处理过的中断，我们应该这样设置 INTPND 和 SRCPND。
>
> ```
> rSRCPND=0x00000001          //位 0 被置为 0
> rINTPND =0x00000001         //位 0 被置为 0(方法是往该位写入 1)
> ```
>
> INTPND 只对 IRQ 模式下的中断有效，如果发生 FIQ 中断则不会对 INTPND 寄存器产生影响。

 ## 6.4 中断优先级

【学习目标】了解中断优先级的判别方法。

6.4.1 中断优先级判别

在 6.2 节的例子中，你在和朋友谈话的时候如果电话铃响了，你需要根据事情的紧急程度决定先处理哪件事，ARM 微处理器核在某一时刻只能对一个中断源进行中断处理，但系统中不可避免地会出现同时有多个中断发生的情况，如果同时发生了多个中断，处理器要按什么顺序处理这些中断呢？

这正是引入优先级判别的原因，通过优先级判别，处理器可以按某种顺序逐个处理中断请求。ARM 对 7 种异常中断的优先级顺序参见表 2-6，这一节我们介绍在只有 IRQ 中断时的优先级顺序。

优先级判别寄存器(PRIORITY)是 IRQ 中断模式下的中断优先级控制寄存器，如果系统中同时有多个普通中断信号 IRQ 产生，没有被屏蔽的 IRQ 中断信号都会到达 PRIORITY 优先级判别寄存器。在这里，根据优先级的判别规则，一定会判决出一个最高优先级的中断信号，只有这个信号才会被送到中断未决寄存器 INTPND 中，然后被微处理器响应。PRIORITY 优先级判别寄存器的定义如表 6-10 所示。

表 6-10　PRIORITY 寄存器的定义

位	描　　述	初始状态
[31:21]	没有用到	00
[20:19]	确定仲裁裁决器 ARBITER6 的优先级顺序。00=REQ0-1-2-3-4-5;01=REQ0-2-3-4-1-5;10=REQ0-3-4-1-2-5;11=REQ0-4-1-2-3-5	00
...	......	00
[10:9]	确定仲裁裁决器 ARBITER1 的优先级顺序。00=REQ0-1-2-3-4-5;01=REQ0-2-3-4-1-5;10=REQ0-3-4-1-2-5;11=REQ0-4-1-2-3-5	00
[8:7]	确定仲裁裁决器 ARBITER0 的优先级顺序。00=REQ1-2-3-4;01=REQ2-3-4-1;10=REQ3-4-1-2;11=REQ4-1-2-3	00
[6]	确定仲裁裁决器 ARBITER6 的循环优先级。0 不循环，1 循环	1
...	......	1
[1]	确定仲裁裁决器 ARBITER1 的循环优先级。0 不循环，1 循环	1
[0]	确定仲裁裁决器 ARBITER0 的循环优先级。0 不循环，1 循环	1

优先级寄存器 PRIORITY 的[0]～[6]位是 ARB_MODE(裁决器模式)位，分别对应 ARBITER0 至 ARBITER6 共 7 个基本裁决器，其中 ARBITER0 至 ARBITER5 为 6 个一级裁决器，ARBITER6 为二级裁决器。中断必须先由所属组的 ARBITER0 至 ARBITER5 进行第一次优先级判别(第一级判断)后再发往 ARBITER6 进行最终的判断(第二级判断)。

优先级寄存器 PRIORITY 的位[20:7]是 ARB_SEL(裁决器选择)位，它的值决定了连接到同一个裁决器的各个中断源优先级的顺序。

S3C2410 的优先级判别分为两级，我们通过下面的例子来看看优先级判别是如何工作的。

假设有 EINT2、LCD 和 DMA0 三个中断信号同时产生，3 个信号同时会被送到 SRCPND 寄存器中，即 SRCPND 中的位[2]、[16]和[17]被置 1(参看 SRCPND 寄存器的定义)，哪一个中断信号会被送到 ARM 处理器呢？

(1) 首先看中断模式寄存器 INTMOD 的位[2]、[16]和[17]，如果某位为 1，那么对应的中断被设置为 FIQ 快速中断，这个中断首先会被送到 ARM 处理器。

(2)　如果没有快速中断，就要看中断屏蔽寄存器 INTMSK 的位[2]、[16]和[17]，如果某位为 1，那么相应的中断被屏蔽，假设 3 个中断源都没有被屏蔽，那么它们都会被送到优先级寄存器 PRIORITY 中。

(3)　对所有到达中断优先级寄存器(PRIORITY)的多个中断判别出一个优先级最高的中断，如图 6-1 所示的中断仲裁逻辑。上述例子中的 3 个中断源的优先级判别过程如下。

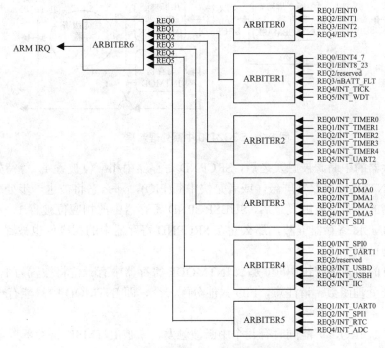

图 6-1　S3C2410 芯片的中断裁决逻辑

假设 PRIORITY 寄存器的值是 0x180000(11000000000000000000B)。由图 6-1 可见，LCD 和 DMA0 两个中断同属于 ARBITER3 裁决器，由 PRIORITY 寄存器的[14:13]位的值决定这两个中断源的优先级顺序，这两位的值是 00，优先级的顺序是 REQ0>REQ1>REQ2>REQ3>REQ4>REQ5，即 LCD(REQ0)优先级高于 DMA0(REQ1)。LCD 中断送到 ARBITER6 裁决器的 REQ3，而 EINT0 属于 ARBITER0 裁决器，送到 ARBITER6 裁决器的 REQ0。

经过第一次比较后，LCD 再和 EINT0 由 ARBITER6 裁决器进行第二次优先级判别。对于 ARBITER6 来说，LCD 对应于 REQ3，EINT2 对应于 REQ0，由 PRIORITY 寄存器的[20:19]位决定这两个中断源的优先级，而这两位的值是 11，则优先级顺序是 REQ0>REQ4>REQ1>REQ2>REQ3>REQ5，于是得到 EINT2 的优先级最高，被送到处理器的 IRQ 中断引脚上。

提示：如果 PRIORITY 寄存器的位[3]为 0，则是固定优先级模式；如果 PRIORITY 寄存器的位[3]为 1，则 PRIORITY 寄存器的[14:13]两位值按循环方式自动改变，即 LCD 被处理后，这两位的值不变，DMA0 被处理后[14:13]两位值变为 01，使 REQ1 的优先级最低。如果 REQ2 也被处理后，[14:13]两位值变为 10，REQ3 被处理后变为 11。

6.4.2 小结

S3C2410 中断的处理流程如图 6-2 所示。

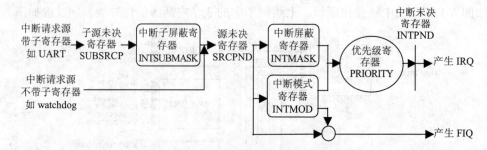

图 6-2 S3C2410 中断处理流程

不带子寄存器的中断源被触发之后，SRCPND 寄存器中相应位被置 1，等待处理。如果此中断没有被 INTMSK 寄存器屏蔽，或者是快中断(FIQ)，那么它将被进一步处理。

带子寄存器的中断源被触发之后，SUBSRCPND 寄存器中的相应位被置 1，如果此中断没有被 INTSUBMSK 寄存器屏蔽，那么它在 SRCPND 寄存器中的相应位也被置 1。在此之后，两者的处理过程一样。

如果被触发的中断中有快中断，那么 INTMODE 寄存器中有一位将被置为 1，则处理器会调用 FIQ 中断处理函数。请注意，FIQ 只能分配一个，即 INTMOD 中只能有一位被设置为 1。

对于普通中断 IRQ，可能同时有几个中断被触发，未被 INTMSK 寄存器屏蔽的中断经过比较后，选出优先级最高的中断，置位 INTPND 寄存器相应的位，然后处理器调用 IRQ 中断服务程序。中断服务程序可以通过读取 INTPND(标识最高优先级的寄存器)寄存器来确定中断源是哪个，或者通过读 INTOFFSET 寄存器来确定中断源。

 ## 6.5 回到工作场景

通过前面内容的学习，读者应该掌握了处理 IRQ 和 FIQ 中断的步骤。下面我们将回到第 6.1 节的工作场景，完成工作任务。

【工作过程一】建立一个工程

打开 CodeWarrior IDE，新建一个工程，输入工程名 inteint2，存放在 D:\test\inteint2 目录下。

新建一个 C 语言源文件，输入文件名 inteint2.c，存放在 D:\test\inteint2 文件夹中并将其加入工程 inteint2 中。

【工作过程二】编写正常执行时的 inteint2.c 程序

在打开的编辑窗口中，编写没有中断时正常执行的 C 源程序。

在该程序中完成用 6 个数码管中的最后两位数码管显示两位数字。首先编写 C 源程序 inteint2.c 显示 00，可以参考第 3 章的工作场景二，显示原理可参考 11.2.3 节。

```c
#define U8 unsigned char
U8 seg[10] = {
    0xc0, 0xf9, 0xa4, 0xb0, 0x99, 0x92, 0x82, 0xf8, 0x80, 0x90,
    /* 0,1,2,3,4,5,6,7,8,9 */
};
void Main(void) {
    int i,j;
    for( ; ; ) {
    for(i=0;i<0x2;i++) {
        *((U8*) 0x10000006) = ~(0x01<<i);
        *((U8*) 0x10000004) = seg[0];
        for(j=0;j<10000;j++);
        }
    }
}
```

【工作过程三】编写处理中断的函数

把处理中断的每一步编写成函数，放在一个 C 程序 interrupt.c 中，供主程序调用。

新建一个名为 interrupt.c 的 C 语言源程序，加入此工程中，存放在 D:\test\inteint2 文件夹中。在此 C 程序中编写函数实现中断初始化、中断请求、使能中断以及清除中断。

```c
#include "2410addr.h"          //头文件中包含寄存器的宏定义、中断号定义
void Isr_Init(void)            //中断初始化
{
    rINTMOD   = 0x0;           //把所有中断设为 IRQ 模式
    rINTMSK   = 0xffffffff;    //屏蔽所有中断
    rINTSUBMSK = 0x7ff;        //屏蔽所有子中断
}
void Irq_Request(int irq_no, void* irq_routine)
                               //中断请求，参数为 int irq_no(中断号)
{                              // void* irq_routine(中断程序入口)
    if(irq_no >= 1 && irq_no <= 32)
        *(unsigned int*)((irq_no - 1) * 4 + (unsigned int)
            (_ISR_STARTADDRESS+0x20)) = (unsigned int)irq_routine;
}
void Irq_Enable(int irq_no)    //使能中断，参数为 int irq_no(中断号)
{
    if(irq_no >= 1 && irq_no <= 32)
        rINTMSK &= ~(1 << (irq_no - 1));
}
void Irq_Clear(int irq_no)     //清除中断，参数为 int irq_no(中断号)
{
```

```
rSRCPND = (1 << (irq_no - 1));
rINTPND = (1 << (irq_no - 1));
}
```

> 💡 **提示**: 这些函数的功能也可以直接在主程序中实现。
> Interrupt.c 文件可以在实验箱配套的光盘中找到，位于 common 文件夹中。也可以把这个文件直接复制到本工程的文件夹中，再将其添加到工程的 C 源程序文件夹中。

【工作过程四】完成 inteint2.c 程序

在工作过程二中编写的 inteint2.c 程序基础上，加入中断处理部分。

(1) 加入声明包含文件和中断处理函数。

```
#include "2410addr.h"
void __irq eint2_isr(void);            //ADS 中定义中断处理函数的方法
```

(2) 加入全局变量声明。

```
int a[2];
```

把要显示的数字设为全局变量，以便在中断处理函数中改变其值。

(3) 加入处理中断过程的几个步骤，利用函数调用的方法，调用已经写在 interrupt.c 中的函数。

```
Isr_Init();            // 中断初始化
Port_Init();           // 端口初始化
pISR_EINT2=(unsigned)eint2_isr;      // 请求中断
Irq_Enable(IRQ_EINT2);               //使能中断
```

完整程序如下。

```
#include "2410addr.h"
#define U8 unsigned char
unsigned char seg[10] = {
   0xc0, 0xf9, 0xa4, 0xb0, 0x99, 0x92, 0x82, 0xf8, 0x80, 0x90,
 /* 0,1,2,3,4,5,6,7,8,9 */
};
void __irq eint2_isr(void);            /* 声明中断处理函数 */
int a[2]={0};
void Main(void){
    int i,j;
    Isr_Init();            // 中断初始化
    Port_Init();           // 初始化端口
    pISR_EINT2=(unsigned)eint2_isr;      // 请求中断
    Irq_Enable(IRQ_EINT2);               // 使能中断
    while(1){
        for(i=0;i<0x2;i++){
            *((U8*) 0x10000006) = ~(0x01<<i);
```

```
        *((U8*) 0x10000004) = seg [a[i]];   //a[0]为个位数，a[1]为十位数
        for(j=0;j<10000;j++);
        }
    }
}
```

(4) 加入中断服务程序 eint2_isr()。在中断服务程序中，修改要显示的数的内容。以下为 eint2_isr()函数。

```
void eint2_isr(void)
{
    Irq_Clear(IRQ_EINT2);              //清除中断
    a[0]++;
    if(a[0]==10){
    a[0]=0;
    a[1]++;
    if(a[1]==10)
    a[1]=0;                            //计数到 99 之后回到初值 00
    }
}
```

【工作过程五】设置工程并编译工程

(1) 加入需要的启动文件和其他需要的文件。

加入 2410init.s 和 2410slib.s。

加入 2410lib.c 和 interrupt.c(从实验箱所附的光盘资料中复制到 D:\test 目录)，并在工程窗口的 Link Order 页面设置把它们放在主程序前面。

(2) 在工程属性对话框中的 Target\Access Paths 是设置包含的头文件路径，并对工程的 ARM Linker 进行设置。

(3) 编译工程。

【工作过程六】下载程序

打开 AXD Debugger，选择 File | Load Image 命令，加载要调试的文件 D:\test\rtc\rtc_Data\DebugRel\rtc.axf，将程序下载到目标系统。

【工作过程七】调试、运行

打开超级终端，下载完成后调试运行，观察实验箱在程序运行时的效果。每按下按键 2，可以看到数码管计数值增加。

> ⚠ 注意：在 ADS 中，定义中断处理函数的方法是 void __irq 中断处理函数名(void)，请求中断的方法用 pISR_中断=(unsigned)中断处理函数名的形式。
>
> 　　　而在 GNU 环境中，定义中断处理函数的方法是 void 中断处理函数名(void) __attribute__((interrupt("IRQ")));，请求中断可以直接调用函数 Irq_Request(IRQ_EINT2,中断处理函数名);。

6.6 工作实训营

6.6.1 训练实例

1. 训练内容

实现用按键控制电机的正反转和转动与停止。

在第 4.6 节的工作实训营中，实现了一个简单的控制步进电机转动的程序。现在假设实验箱上有两个外部按键，即按键 2 和按键 3，这两个按键在电路上已经分别接到外部中断 2 和外部中断 3，即 EINT2 和 EINT3。

本次实训内容将实现以下两个功能。

(1) 用外部中断按键 3 控制步进电机的转动和停止。在停止的情况下，按下按键 3 启动步进电机转动；在转动的情况下，按下按键 3 则停止转动。

(2) 用外部中断按键 2 控制步进电机的正转和反转。按下按键 2，可以改变步进电机转动的方向。

2. 训练目的

掌握外部中断编程的方法，掌握如何划分正常执行的程序需要完成的功能和中断服务程序需要完成的功能。

3. 训练过程

关于电机的控制，仍然使用和第 4.6 节相同的方法，步进电机的知识请参看第 11.5 节"步进电机"。

(1) 首先编写 Main 函数实现控制步进电机的功能。因为需要用中断控制电机，所以需要加入中断处理程序。

```
#include "2410addr.h"
#define U8 unsigned char
U8 table_pulse [4] = {0x05, 0x09, 0x0a, 0x06,};
void __irq eint2_isr(void);
void __irq eint3_isr(void);
int s=1,row=0;
void Main(void)
{
    int i;
    Isr_Init();
    Port_Init();
    pISR_EINT2=(unsigned)eint2_isr;      //在 ADS 中请求中断的函数
    pISR_EINT3=(unsigned)eint3_isr;
    Irq_Enable(IRQ_EINT2);
    Irq_Enable(IRQ_EINT3);
    for( ; ; )
```

```
    {
        if( s==1 && row == 4 ) row = 0;
        else if( s==-1 && row == -1 ) row = 3;
        (*(volatile unsigned char*)0x28000006) = table_pulse [row];
        row=row+s;
        for(i=0;i<10000;i++);
    }
}
```

(2)　按键 2 的中断服务程序如下。

```
// EINT2 中断服务程序
void eint2_isr(void)
{
    Irq_Clear(IRQ_EINT2);
    if(s==1)
    {
        s=-1;
        row=0;
    }
    else
    {
        s=1;
        row=0;
    }
}
```

(3)　按键 3 的中断服务程序如下。

```
// EINT3 中断服务程序
void eint3_isr(void)
{
    Irq_Clear(IRQ_EINT3);
    if(s==0)
        s=1;
    else
        s=0;
}
```

4．技术要点

在上面的程序中，使用了一个全局变量 s 对步进电机的正转、反转和停止进行控制。当 s = 1 时，下标 row=row+1，正转；当 s=-1 时，下标 row=row-1，反转；当 s = 0 时，下标值没有变化，即停止转动。因此，只要在中断处理函数中改变 s 的值就可以达到不同的目的。

6.6.2　工作实践常见问题解析

【常见问题 1】 进行中断处理前是否把当前的工作状态保存起来？

【答】 通常不必考虑中断现场保护和恢复的处理，因为编译器在编译中断服务程序的源代码时，会在生成的目标代码中自动加入相应的中断现场保护和恢复的指令。一般来说，恢复现场需要手动完成。

【常见问题 2】 在中断处理函数中是否可以有死循环？

【答】 一般来说，中断处理函数是在正常执行程序的过程中有紧急事件发生时，转而处理另一段程序，在处理完成后还要返回到原来的程序继续执行，所以中断处理函数中不宜出现死循环，程序应该尽量简洁，执行时间短。

【常见问题 3】 使用按键中断时，有时候会发现按键按下一次，但执行了两次中断操作，为什么？

【答】 按键实际上就是开关。通常，简单的按键是通过触点的断开和闭合来实现按键的断开和闭合的，而触点的闭合看起来很稳定、快速，但相对于 CPU 的速度来说还是比较慢的，因此按键可能会发生抖动，不能够产生明确的 1 或 0。另外，按键也可以设置有效的方式，例如是上升沿、下降沿还是边沿触发有效，或者是低电平或高电平有效，参看第 9.3.2 节。有些方式可能会造成比较大的误差，这时候可以通过改变按键中断的有效方式或者通过软件方式进行调整。其中软件方式如产生过一次中断后规定延时一会儿，再识别第二次中断。

6.7 习题

一、问答题

(1) 什么是中断、中断源和中断优先级？

(2) 中断向量表的作用是什么？

(3) 中断响应时间是否为确定不变的？为什么？

(4) 源未决寄存器和中断未决寄存器的作用是什么？

(5) ARM 有几个中断源？有几级中断优先级？各中断标志是如何产生的？又是如何清除的？响应中断时，各中断源的中断入口地址是多少？

(6) 若 INTMOD 的值是 0x8，INT_UART0、EINT2 和 EINT3 分别工作在什么方式？

(7) 若 PRIORITY 的值是 0x100240，判别 INT_TICK、INT_WDT、EINT3 和 INT_UART0 的优先顺序。

(8) 中断处理的主要步骤有哪些？每一步的工作是什么？

二、操作题(编程题或实训题)

(1) 编写程序完成通过按键控制实验箱的二极管。按键 2 使二极管发光，按键 3 使二极管不发光。

(2) 实现模拟可控式红绿灯的功能。

假设两个发光二极管由地址 0x10000000 的高二位控制，两位数码管位码的控制地址是

0x10000006，段码的控制地址是 0x10000004，按键 3 接到 S3C2410 的外部中断 3。编写一个程序，模拟交通控制红绿灯的功能。使用两个二极管、一个表示红灯和一个表示绿灯，循环点亮，表示十字路口的红绿灯(暂时不用精确的延时时间)，两位数码管用于倒计时，且用按键 3 手动控制红绿灯的转换。实现功能：在通常的十字路口红绿灯功能的基础上，红灯状态时，按一下外部按键 3，则红灯立刻变成绿灯，并且绿灯亮的时间重新开始计数，到计数结束再变成红灯，继续正常循环。在绿灯状态下按键 3 则不起作用。

第 7 章

DMA 机制

本章要点

- DMA 传送方式原理。
- DMA 控制器的使用方法。
- 利用 DMA 机制传送数据的编程方法。

技能目标

- 了解 DMA 方式传送数据适用的范围。
- 了解 DMA 传送方式的工作原理。
- 掌握使用 DMA 方式传送数据的设置方法。
- 掌握在程序中使用串口显示信息的方法。

7.1　工作场景导入

【工作场景】 DMA 实现数据传送

将存储器的存储单元 0x31000000 开始的 800 000 个单元的内容搬移到 0x31800000 中。

假设某实验箱存储器 Bank6 是 32 位 64MB 的 SDRAM 存储器，地址从 0x30000000 开始。编写一段程序实现把存储单元 0x31000000 开始的 800 000 个单元的内容搬移到 0x31800000 中，并验证数据搬移是否正确。

此结果要求通过连接串口在超级终端上显示，并通过在集成开发环境中直接观察存储器中的内容加以验证。

【引导问题】

(1)　当高速 I/O 设备与存储器之间有大批量数据要传送时，如何提高数据传送速率？

(2)　DMA 控制方式的工作原理是什么？

(3)　DMA 方式控制的过程如何？

(4)　DMA 方式传输数据如何编程？

(5)　如何利用超级终端通过串口显示程序的信息？

7.2　基础知识

【学习目标】 理解 DMA 的概念、DMA 请求源、DMA 模式以及 DMA 操作过程。

7.2.1　DMA 方式

当高速外设要与系统内存之间进行大量数据的快速传送，或者要在系统内存的不同区域之间进行大量数据的快速传送时，比如图像数据传输，SD 卡数据传输以及 USB 数据传输等，通常的做法是使用查询方式和中断方式。查询方式就是 CPU 不断地检查有没有数据要传送，CPU 浪费了大量的时间在查询上。中断方式是当有数据要传送时，主动告诉 CPU，CPU 就要停下正在做的事，转而传送数据，而且 ARM CPU 并不会对内存中的数据进行操作。在传送数据时都需要通过内部的寄存器中转，当有大量的数据要传送并且传送数据的双方速度相差比较多时，这两种方式都会使处理器效率很低，系统性能很差，可能不能满足要求。

DMA 的英文拼写是 Direct Memory Access，即直接存储器存取，可以不通过 CPU 直接在外设和系统内存或者在系统内存之间实现数据的传输。DMA 的运行由一个专门的硬件控制器(DMAC)来控制，也就是在采用 DMA 方式传送数据时，在一定时间段内，由 DMA 控制器(DMAC)取代 CPU，获得总线控制权，实现内存与外设或者内存的不同区域之间大量数据的快速传送，不必经过 CPU 的内部寄存器，这样可以大大提高数据传送的效率。因此 DMA

机制主要是对嵌入式系统的性能比较重要，在需要进行大量数据传送时，只有灵活使用 DMA，CPU 的性能才能得到提高。

7.2.2　DMA 请求源

S3C2410 有 4 个通道的 DMA 控制器，位于系统总线和外设总线之间。每个 DMA 通道都能没有约束地实现系统总线或者外设总线之间的数据传输。每个 DMA 通道支持的工作方式基本相同，但支持的源和目的数据可能略有不同。每个 DMA 通道都能处理下面 4 种情况。

- 源和目的都在系统总线上。
- 源在系统总线而目的在外设总线上。
- 源在外设总线而目的在系统总线上。
- 源和目的都在外设总线上。

> 提示：DMA 传送方式的优先级高于程序中断，两者的区别主要表现为对 CPU 的干扰程度不同。中断请求不但使 CPU 停下来，而且要 CPU 执行中断服务程序为中断请求服务，这个请求包括对断点和现场的处理以及 CPU 与外设的传送，所以 CPU 付出了很大的代价。DMA 请求仅仅使 CPU 暂停一下，不需要对断点和现场做处理，并且是由 DMA 控制器控制外设与主存之间的数据传送，无需 CPU 的干预，DMA 只是借用了一点 CPU 的时间而已。
> 还有一个区别，就是 CPU 对这两个请求的响应时间不同。对中断请求一般都在执行完一条指令的时钟周期末尾响应，而对 DMA 的请求，由于考虑它的高效性，CPU 在每条指令执行的各个阶段都可以让给 DMA 使用，且立即响应。

7.2.3　DMA 控制器

典型的 DMA 控制器(以下简称 DMAC)的工作电路如图 7-1 所示。

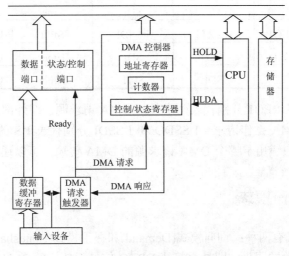

图 7-1　DMAC 的工作电路图

DMA 控制器的工作过程如下。

(1) 向 DMAC 发出 DMA 传送请求。

(2) DMAC 通过连接到 CPU 的 HOLD 信号向 CPU 提出 DMA 请求。

(3) CPU 在完成当前总线操作后会立即对 DMA 请求做出响应，CPU 的响应包括两个方面：一是 CPU 将控制总线、数据总线和地址总线浮空，即放弃对这些总线的控制权。二是 CPU 将有效的 HLDA 信号加到 DMAC 上，以通知 DMAC，此时 CPU 已经放弃了总线的控制权。

(4) CPU 将总线浮空，即放弃了总线控制权后，由 DMAC 接管系统总线的控制权，并向外设送出 DMA 的应答信号。

(5) DMAC 送出地址信号和控制信号，实现外设与内存或不同内存之间大量数据的快速传送。

(6) DMAC 将规定的数据字节传送完之后，通过向 CPU 发 HOLD 信号，撤销对 CPU 的 DMA 请求。CPU 收到此信号，一方面使 HLDA 无效，另一方面又重新开始控制总线，实现正常取指令、分析指令和执行指令的操作。

7.2.4 DMA 请求模式

DMA 请求的来源有两种：软件模块和硬件模块，表示一个 DMA 操作是由谁发起的。由 DMA 控制寄存器 DCONn 的 bit[23]控制。当 DCONn 的 bit[23]为 0 时是软件请求模式(S/W 模式)，由软件对 DMA 屏蔽寄存器 DMASKTRIG 的 bit[0]置位触发一次 DMA 操作。当 DCONn 的 bit[23]为 1 时是硬件请求模式(H/W 模式)。

S3C2410 共有 4 条 DMA 通道(通道 0～通道 3)，当硬件请求模式(H/W)被选中时，DMA 请求源的具体来源由 DCON[26:24]控制。每条通道的 5 个请求源，如表 7-1 所示。

表 7-1 每个 DMA 通道的 DMA 请求源

通　道	请求源 0	请求源 1	请求源 2	请求源 3	请求源 4
0	nXDREQ0	UART0	SDI	Timer	USB 设备 EP1
1	nXDREQ1	UART1	I^2SSDI	SPI0	USB 设备 EP2
2	I^2SSDO	I^2SSDI	SDI	Timer	USB 设备 EP3
3	UART2	SDI	SPI1	Timer	USB 设备 EP4

nXDREQ0 和 nXDREQ1 分别代表两个外部 DMA 请求源，即外部部件或设备可以通过这两条信号线提出 DMA 操作请求。I^2SSDO 和 I^2SSDI 分别代表 I^2S 的传送和接收的 DMA 请求源。每个 DMA 通道用于哪个 DMA 请求源的 DMA 传输，可以通过编程进行设定。

7.2.5 DMA 传输模式

DMA 的传输模式有两种：询问模式(Demand)和握手模式(Handshake)，表示一个 DMA 操作触发后，数据传输的同步，即是否等待 DREQ 信号无效，受 DMA 控制寄存器 DCONn

的 bit[31]控制。当 DCONn 的 bit[31]为 0 时表示询问模式，当 DCONn 的 bit[31]为 1 时表示握手模式。

一次传输结束后，DMA 检查 DREQ(DMA 请求)信号的状态。

在 Handshake 模式下，DMA 控制器在开始下一次传输之前要一直等待直到 DREQ 信号无效。如果 DREQ 信号无效了，DMA 控制器使 DMA 响应信号 DACK 无效后继续等待下一次 DREQ 信号有效，之后又开始数据传输，且使 DACK 信号有效。

在 Demand 模式下，DMA 控制器不等待 DREQ 信号无效。如果传输完毕后 DREQ 还是继续有效，那么 DMA 控制器只是先使 DMA 响应信号 DACK 无效，然后开始新一轮的传输。

> 提示：数据手册上建议对外部 DMA 请求使用 Handshake 模式，避免随意开始新一轮数据传输。

7.2.6 DMA 服务模式

S3C2410 DMA 的服务模式即工作模式有两种：一种是单一服务模式(Single service)，另一种是整体服务模式(Whole service)，表示 DMA 传输操作如何结束。每个 DMA 通道在某一时刻只能使用其中一种服务模式，由 DMA 控制寄存器 DCONn 的 bit[27]控制。当 DCONn 的 bit[27]为 0 时表示单一服务模式，当 DCONn 的 bit[27]为 1 时表示整体服务模式。

在单一服务模式下，3 个 DMA 状态被顺序执行一次后停止，等待 DMA 请求再一次来临后再重新开始下一次的状态循环。

在整体服务模式下，状态机会停留在状态 3，直到 DMA 计数器 CURR_TC 的值减为零，再回到状态 1，等待下一次 DMA 请求，即在整体服务模式下，在一个 DMA 请求信号启动 DMA 传输操作后，一直重复进行，直到终点计数器的值变为 0 时为止。

> 提示：就算是 Whole service 传输模式，每一次 sub-fsm 的原子传输后 DMA 也会释放总线，然后再试图重新获得总线，以保证其他设备能够有机会获得总线使用权。
> DMA 传输分为一个单元传输和 4 个单元突发式传输。
> 单元数据传输模式下，仅执行一次读操作和一次写操作。
> 突发数据传输模式下，将执行 4 次读操作和 4 次写操作。

7.2.7 DMA 操作过程(DMA 状态)

S3C2410 使用一个具有 3 个状态的有限状态机(Finite State Machine，FSM)进行 DMA 传输的流程控制。

(1) 状态 1 即等待状态：DMA 等待一个 DMA 请求。如果有请求到来，将转到状态 2。在这个状态下，DMA ACK(DMA 应答信号)和 INT REQ(终点请求信号)均为 0。

(2) 状态 2 即准备状态：DMA ACK 变为 1，将计数器(CURR_TC)装入 DCON[19:0]位的内容作为计数初值。

注意：DMA ACK 保持为 1 直至它被清除。

(3) 状态 3 即传输状态：DMA 控制器从源地址读入数据并将其写到目的地址。每传输一次，CURR_TC 计数器(在 DSTAT 寄存器中)减 1，并且可能做以下操作。

① 重复传输。在整体服务模式下，将重复传输，直到计数器 CURR_TC 变为 0 为止；在单一服务模式下，仅传输一次。

② 设置中断请求信号。当 CURR_TC 变为 0 时，DMAC 发出 INT REQ 信号，而且 DCON[29]即中断设定位被设为 1。

③ 清除 DMA ACK 信号。对单一服务模式或者整体服务模式，使 CURR_TC 变为 0。

注意：每当一次 DMA 操作结束，不管是使用什么服务模式，DMA 状态机都会自动从状态 3 回到状态 1，开始另一次操作。注意这里信号是 DMA REQ 和 DMA ACK，而最终引脚信号是 nXDREQ 和 nXDACK，所以最后实际输出的电平与这里的描述是相反的。

提示：在单服务模式下，DMAC 的 3 个状态被执行一遍，然后停止，等待下一个 DMA REQ 的到来。如果 DMA REQ 到来，则这些状态被重复操作。在全服务模式下启动后处于状态 3，直到 CURR_TC 减为 0。DMA 传输分为一个单元传输和 4 个单元突发式传输。

有限状态机(FSM)又称有限状态自动机或简称状态机，表示有限个状态以及这些状态之间的转移和动作等行为的数学模型。在电路上，FSM 是指输出取决于过去输入部分和当前输入部分的时序逻辑电路。

7.3 DMA 的处理流程

【学习目标】掌握 DMA 机制进行数据传送的步骤：DMA 通道初始化，DMA 中断设置，设置 DMA 请求源，编写中断服务程序。

7.3.1 DMA 的操作

DMA 是进行高速、大量数据传送时所使用的数据传送方式，DMA 的工作过程如图 7-2 所示。

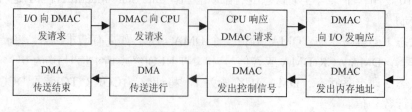

图 7-2　DMA 工作过程

S3C2410 芯片有 4 个独立的 DMA 通道，每个通道包括 9 个控制寄存器。其中用于控制 DMA 传输操作的寄存器有 6 个，并且都是可读写寄存器(以下寄存器符号后面的 *n* 表示变量用斜体，取值为 0～3)。

- DMA 源起始地址寄存器(DISRC*n*)。
- DMA 源起始控制寄存器(DISRCC*n*)。
- DMA 目的起始地址寄存器(DIDST*n*)。
- DMA 目的起始控制寄存器(DIDSTC*n*)。
- DMA 控制寄存器(DCON*n*)。
- DMA 屏蔽寄存器(DMASKTRIG*n*)。

还有 3 个用于监视 DMA 控制器状态的寄存器，它们是只读寄存器。通过读取这些寄存器的内容，可以知道 DMA 传输时的信息，以便进行控制。

- DMA 状态寄存器(DSTAT*n*)。
- DMA 当前源地址寄存器(DCSRC*n*)。
- DMA 当前目的地址寄存器(DCDST*n*)。

S3C2410 内部集成了 DMA 控制器，只需要简单配置一下 DMA 控制寄存器就可以实现 DMA 的传输。若要使用 DMA 进行数据传送，需要解决如下的问题。

(1) 数据的流向。
(2) 存储数据的设备。
(3) 数据的传输方式。
(4) 启动和禁止 DMA 操作。

7.3.2　DMA 操作的初始化

控制 DMA 操作的程序的关键步骤是初始化 DMA。由上述 DMA 操作的步骤可以看出，当使用 DMA 机制传送数据的过程结束时，可能需要使用中断通知 CPU，因此在 DMA 处理流程中应该包括中断处理的步骤，这也需要在初始化 DMA 时完成。

4 个 DMA 通道 DMA0～DMA4 分别有自己的一套寄存器，且操作方法完全相同。下面通过利用通道 0(DMA0)在存储单元 0x31000000 和 0x31800000 之间传送 1000 字节数据的例子来介绍使用 DMA 传送数据的操作步骤。

1. 数据的流向

要传输数据就要知道数据的流向，数据从哪里来，到哪里去。因此 DMA 操作首先就要设置源起始地址寄存器(DISRC*n*)和目的起始地址寄存器(DIDST*n*)。

1) 设置 DMA 操作的源起始地址

DMA 通道的源起始地址寄存器(DISRC*n*)存储源数据的地址，只有当当前源地址寄存器 DCSRC*n*(只读的状态寄存器)为 0，并且 DMA 的控制寄存器 DCON*n* 的应答标识位 ACK 为 1 时，才将源地址载入 DCSRC*n*。源起始地址寄存器(DISRC*n*)的位定义如表 7-2 所示。

表 7-2　DISRCn 寄存器的位定义

符　号	位	描　述	初始状态
S_ADDR	[30:0]	DMA 传输的源数据起始地址。若 CURR_SRC 是 0 并且 DMA ACK 是 1，这些位的值仅加载到 CURR_SRC	0x00000000

在 DMA 初始化时需要给源起始地址寄存器赋值，若使用通道 0(DMA0)，则源起始地址是 0x30000000，赋值操作如下。

```
rDISRC0 = 0x31000000;          //寄存器赋值
```

2)　设置 DMA 操作的目的起始地址

DMA 通道的目的起始地址寄存器(DIDSTn)用来存储目的起始地址，只有当当前目的地址寄存器 DCDSTn 为 0，并且 DMA 控制寄存器 DCONn 的应答标识位 ACK 为 1 时，才将源地址载入 DCDSTn。目的起始地址寄存器(DIDSTn)的位定义如表 7-3 所示。

表 7-3　DIDSTn 寄存器的位定义

符　号	位	描　述	初始状态
D_ADDR	[30:0]	DMA 传输的目的起始地址。若 CURR_SRC 是 0 并且 DMA ACK 是 1，这些位的值仅加载到 CURR_SRC	0x00000000

在 DMA 初始化时需要给目的起始地址寄存器赋值，假设使用 DMA0，则目的起始地址是 0x31800000，赋值操作如下。

```
rDIDST0 = 0x31800000;                      //寄存器赋值
```

也可以在设置源起始地址时使用宏定义的形式给出源起始地址，而在设置目的地址时，只要把源地址加上所要搬移的数据量即可，具体设置如下。

```
#define STARTADDRESS   0x31000000          //符号常量定义起始地址
rDISRC0 = STARTADDRESS;                     //源地址
rDIDST0 = STARTADDRESS + 0x800000;          //目的地址
```

2. 存储数据的设备

知道了数据流向，还要知道存储源数据和目的数据的设备是在什么总线上，通过哪种总线传送数据？传送后地址是否改变？通常，高速设备(比如内存)接在 AHB 系统总线上，低速设备(比如 SD、UART)接在 APB 外围总线上。

另外，在数据传输结束以后源地址是自动增加 1 还是固定为原来的源地址，要予以确定，因此需要设置源起始控制寄存器(DISRCCn)和目的起始控制寄存器(DIDSTCn)。

1)　设置 DMA 的源数据

DMA 通道的源起始控制寄存器(DISRCCn)用来选择源数据是来自系统总线还是外围总线，以及地址的更新方式。源起始控制寄存器(DISRCCn)的位定义如表 7-4 所示。

表 7-4　DISRCC*n* 寄存器的位定义

符　号	位	描　述	初始状态
LOC	[1]	位 1 用来选择 DMA 源的位置。 0：DMA 源在内部总线(AHB)上。 1：DMA 源在外部总线(APB)上	0
INC	[0]	位 0 用来选择源地址是否增加。 1=固定，0=增加。 在阵发传输模式和单发传输模式下，若该位设置为 0，则每个 DMA 传输后源地址值加 1(依据数据宽度)。若该位设置为 1，则每个 DMA 传输之后源地址值不变	0

DMA 初始化时需要设置源数据在什么总线上，传送后源地址是否改变。若源在内部总线 AHB 上，则源地址在每次 DMA 传输后加 1。假设使用 DMA0，源数据设置方法如下。

```
rDISRCC0 = (0<<1)|(0<<0);        // inc,AHB
```

2)　设置 DMA 的目的数据

DMA 通道的目的起始控制寄存器(DIDSTC*n*)用来选择目的数据是来自系统总线还是外围总线，以及地址的更新方式。目的起始控制寄存器(DIDSTC*n*)的位定义如表 7-5 所示。

表 7-5　DIDSTC*n* 寄存器的位定义

符　号	位	描　述	初始状态
LOC	[1]	位 1 用来选择 DMA 目的的位置。 0：DMA 目的在内部总线(AHB)上。 1：DMA 目的在外部总线(APB)上	0
INC	[0]	位 0 用来选择目的地址是否增加。 1=固定，0=增加。 在阵发传输模式和单发传输模式下，若该位设置为 0，则每个 DMA 传输后目的地址值加 1(依据数据宽度)。若该位设置为 1，则每个 DMA 传输之后目的地址值不变	0

DMA 初始化时需要设置目的数据在什么总线上，传送后目的地址是否改变。若目的在内部总线 AHB 上，则目的地址在每次 DMA 传输后加 1。假设使用 DMA0，目的数据设置方法如下。

```
rDIDSTC0 = (0<<1)|(0<<0);              // inc,AHB
```

3. 设置数据的传输方式

源和目的地址及数据存储的设备设置好之后，需要确定数据的传输方式、源和目的设备的具体类型以及是否自动重载。

数据的传输方式包括确定数据传输的同步方式是询问模式还是握手模式，根据设备所在的总线类型确定与系统内的哪种时钟同步(HCLK 还是 PCLK)，确定数据传送的大小是单元传输还是突发传输，服务模式是单独服务(只发送一次)还是整体服务(不停循环发送)，确定传输的数据宽度是以字节为单位传输还是半字或字传输，确定是否重载，DMA 请示源是哪种设备，最后还要确定在所有传输结束(CURR_TC 记数为 0)是否发生中断。

DMA 通道的控制寄存器(DCONn)用来控制相应 DMA 通道的所有操作。控制寄存器(DCONn)的位定义如表 7-6 所示。

表 7-6 DCONn 寄存器的位定义

符　号	位	描　　述	初始状态
DMD_HS	[31]	Demand 和 Handshake 模式选择。 1：Handshake 模式(握手模式)。 0：Demand 模式(查问模式)。 推荐对外部 DMA 请求源采用 Handshake 模式	0
SYNC	[30]	选择 DREQ/DACK 同步。 1：DREQ 和 DACK 同步到 HCLK(AHB 时钟)。 0：DREQ 和 DACK 同步到 PCLK(APB 时钟)。 根据器件所挂载的总线选择	0
INT	[29]	对 CURR_TC 禁止/允许中断。 1：当所有传输完成时产生中断(比如：CURR_TC=0)。 0：中断禁止	0
TSZ	[28]	选择传输尺寸(基本 DMA 传输的大小)。 1：阵发长度为 4 位的 DMA 传输。 0：一个单元的 DMA 传输	0
SERVMODE	[27]	选择服务模式(service mode)。 1：整体服务模式；0：单独服务模式	0
HWSRCSEL	[26:24]	为每个 DMA 选择 DMA 请求源，每个通道定义不同，例如 通道 0：000:nXDREG,001:UART0,010:SDI,011:TIMER, 100:USB Device EP1	000
SWHW_SEL	[23]	在软件(S/W 请求模式)和硬件(H/W 请求模式)间选择 DMA 源 1：DMA 源通过 DCONn[26：24]选择。 0：选取 S/W 模式，并且 DMA 通过设置 DMASKTRIG 控制寄存器的 SW_TRIG 位来触发	0
RELOAD	[22]	重装开关。 1：当传输计数器当前值为零时关闭 DMA 通道。 0：当传输计数器当前值为零时自动执行重装	0
DSZ	[21:20]	传输数据的尺寸。 00：字节(Byte)；01：半字(Half word) 10：字　(Word)；11：保留	00
TC	[19：0]	初始传输计数器。 传输的字节数由此式算出：DSZ*TSZ*TC。 DSZ 为传输数据宽度(1/2/4)，TSZ 为传输尺寸(1/4)。 在 CURR_SRC 为 0 且 DMA ACK 为 1 时此值将载入 CURR_TC	00000

控制寄存器中包括对 DMA 传输的请求模式、服务模式和传输模式等的基本设置，因此要对其进行初始化。假设使用 DMA 通道 0，下面是对控制寄存器的一种设置方法。

(1)　DMA 传输模式采用握手模式(rDCON0[31])，设置为 1。

(2)　DMA 传输数据与 AHB 时钟同步(rDCON0[30])，设置为 1。

(3)　当传输完成时产生中断信号(rDCON0[29])，设置为 1。

(4)　DMA 传输大小为 4 个单元的突发式传输(rDCON0[28])，设置为 1，对应 TSZ = 4。

(5)　采用整体服务模式，在一个 DMA 请求信号启动 DMA 传输操作后，一直重复进行，直到终点计数器的值变为 0 时为止(rDCON0[27])，设置为 1。

(6)　采用软件请求模式，DMA 的触发通过 DMASKTRIG0 寄存器的 SW_TRIG 位决定(rDCON0[23])，设置为 0(软件请求模式下[26:24]可以不设置)。

(7)　当前传输计数器值为 0 时关闭 DMA 通道(rDCON0[22])，设置为 1。

(8)　数据传输的单位为字(rDCON0[21:20])，设置为 10，对应 DSZ = 4。

(9)　初始 DMA 传输计数值 tc，对原子传输的次数进行计数。

$$tc = 传输的字节数/DSZ/TSZ = 1000/4/4 = 62.5$$

综上所述，DMA 通道 0 的控制寄存器如下设置。

```
rDCON0 = (1<<31)|(1<<30)|(1<<29)|(1<<28)|(1<<27)| (0<<23)|(1<<22)|
(10<<20)|(tc);
//HS,AHB,TC interrupt,whole, SW request mode,reload off
```

4．启动和禁止 DMA 操作

对 DMA 初始化结束后，就可以启动 DMA 工作，开始通过 DMA 传送数据了，传输结束后停止 DMA。启动和停止 DMA 需要在 DMA 屏蔽寄存器(DMASKTRIG*n*)中设置。

DMA 通道的屏蔽寄存器(DMASKTRIG*n*)用于打开或停止 DMA 以及软件触发 DMA。DMA 屏蔽寄存器(DMASKTRIG*n*)的位定义如表 7-7 所示。

表 7-7　DMASKTRIGn 寄存器的格式

符　号	位	描　　述	初始状态
STOP	[2]	用来停止 DMA 操作。 1：当一个基本 DMA 传输完成后马上停止 DMA，CURR_TC,CURR_SRC,CURR_DST 将会置零。 0：正常	0
ON_OFF	[1]	用来控制 DMA 通道的打开/关闭。 1：打开 DMA 通道；0：关闭 DMA 通道	0
SW_TRIG	[0]	用来在 S/W 请求模式下触发 DMA 通道。 1：软件触发 DMA 操作；0：不触发	0

对 DMA 的初始化都设置好之后，通过 DMA 屏蔽寄存器可以启动 DMA 开始工作。打开 DMA 通道，选择 S/W 模式下软件触发 DMA 操作或者不触发，假设使用 DMA0。

```
rDMASKTRIG0=(1<<1)|1;          //启动 DMA，软件触发
```

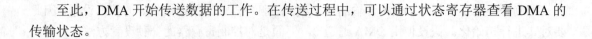

至此，DMA 开始传送数据的工作。在传送过程中，可以通过状态寄存器查看 DMA 的传输状态。

7.3.3　DMA 中断

在进行 DMA 传输时，一次 DMA 传送结束会产生 DMA 中断，因此需要进行中断的处理。每个 DMA 通道分别对应一个中断源，如使用 DMA0，则中断的设置如下。

声明中断处理函数。

```
void __irq DMA0Done(void);
```

在程序中进行中断初始化、中断请求，并使能中断。

```
rINTMOD= 0x0;                 //所有中断都设置为 IRQ 模式
rINTMSK = 0xffffffff;         //在初始化时所有中断都被屏蔽
pISR_DMA0 = (unsigned int)Dma0Done;      //请求中断，设置服务程序入口
        //DMA0 的中断服务程序(pISR_DMA0=*(unsigned int*)(17*4+ 0x33ffff20))
rINTMSK &= ~(1 << 17);        //使能中断
```

最后在中断处理函数中清除中断。

```
rSRCPND = (1 << 17);
rINTPND = (1 << 17);
```

7.3.4　DMA 状态寄存器

DMA 状态寄存器用于记录 DMA 的传输状态，可以通过状态寄存器来了解 DMA 传输时的信息，以便进行控制。每个通道的状态寄存器有 3 个：DMA 状态寄存器、DMA 当前源地址寄存器以及 DMA 当前目的地址寄存器。这些寄存器都是只读的，直接读取其中的值就能够了解 DMA 目前的工作状态。

1. DMA 状态寄存器(DSTAT*n*)

在数据传送过程中，要传送的数据计数值在不断变化，此寄存器里存放着当前的计数值，并且能够指示当前 DMA 控制器是否空闲。DMA 状态寄存器(DSTAT*n*)的位定义如表 7-8 所示。

表 7-8　DSTATn 寄存器的位定义

符　号	位	描　　述	初始状态
STAT	[21:20]	DMA 控制器的状态 00：DMA 控制器准备好接受下一个 DMA 请求。 01：DMA 控制器忙	00
CURR_TC	[19:0]	当前 DMA 计数器的值	0x00000

2. DMA 当前源地址寄存器(DCSRCn)

在数据传送过程中，DMA 每传送完一次数据，源地址都会变化。此寄存器存放的是当前的源地址值，其位定义如表 7-9 所示。

表 7-9　DCSRCn 寄存器的位定义

符　号	位	描　述	初始状态
CURR_SRC	[30:0]	当前 DMA 通道的源地址值	0x00000000

3. DMA 当前目的地址寄存器(DCDSTn)

在数据传送过程中，目的地址也是变化的。此寄存器存放的是当前的目的地址值，其位定义如表 7-10 所示。

表 7-10　DCDSTn 寄存器的位定义

符　号	位	描　述	初始状态
CURR_DST	[30:0]	当前 DMA 通道的目的地址值	0x00000000

7.4　回到工作场景

通过前面内容的学习，读者应该掌握了通过 DMA 机制进行数据传输的处理方法和操作步骤。下面我们回到第 7.1 节的工作场景，完成工作任务。

【工作过程一】建立一个工程

打开 CodeWarrior IDE，新建一个工程，输入工程名 dma，存放在 D:\test\dma 目录下。再新建一个 C 语言源文件，输入文件名 dma.c，存放在 D:\test\dma 目录下，并将其加入工程 dma 中。

【工作过程二】编写 dma.c 程序

因为在 DMA 传输完成时会产生中断信号，因此在程序中应该包括中断处理的步骤，此中断的中断源是 DMA 通道 0 引起的中断，中断号的定义为#define　IRQ_DMA0　18。

由于 DMA 和 GPB 是复用的，如果使用硬件请求模式(H/W 模式)，DMA 请求源的具体来源由 DCON[26:24]控制，此时需要对 GPB 进行端口初始化；如果使用软件请求模式，由软件对 DMA 屏蔽寄存器 DMASKTRIG 的位 0 置位触发一次 DMA 操作。中断处理用到的函数定义见第 6 章，在这里直接调用。

在打开的编辑窗口中，编写源程序。

```
#include "2410addr.h"
#define STARTADDRESS    0x31000000
static void __irq Dma0Done(void);
static volatile int dmaDone;            //全局变量，中断处理程序中用到，传送完成标志
```

```
void Main()
{
    int tc,i;
    SetClockDivider(1,1);
    SetMPllValue(0xa1,0x3,0x1);
    Isr_Init();                              //中断初始化
    Port_Init();                             //初始化端口
    pISR_DMA0=(unsigned)Dma0Done;            //请求中断
    Irq_Enable(IRQ_DMA0);                    //使能中断
    dmaDone=0;                               //设置一个全局变量，标识传输是否完成
    /* 给存储器 0x31000000 开始的 800000 个地址赋值 */
    for(i=STARTADDRESS;i<(STARTADDRESS+0x800000);i+=4){
        *((unsigned int *)i)=i^0x55aa5aa5; //源地址中赋值
    }//若是在实际应用中，源地址中的数据通过其他方法获得
    /* 依次对 DMA0 通道的各寄存器进行设置 */
    tc=0x80000/4/4=0x8000                    //阵发 4，字数据
    rDISRC0 = STARTADDRESS;
    rDISRCC0 = (0<<1)|(0<<0);
    rDIDST0 = STARTADDRESS+0x800000;
    rDIDSTC0 = (0<<1)|(0<<0);
    rDCON0= (1<<31)|(1<<30)|(1<<29)|(1<<28)|(1<<27)|
    (0<<23)|(1<<22)|(10<<20)|(tc);
    rDMASKTRIG0=(1<<1)|1;     //启动 DMA 传送数据
    while(dmaDone==0);        //循环等待，直到完成 DMA 后由 DMA 中断通知完成
    Irq_Disable(IRQ_DMA0);    //关闭中断
    while(1){
    }
}
static void Dma0Done(void){
Irq_Clear(IRQ_DMA0);
dmaDone=1;
}
```

【工作过程三】 在程序中加入验证代码

上面的程序实现了把存储器 0x31000000 地址开始的 0x800000 个单元的内容搬移到存储器地址 0x31800000 处，源地址里写入的内容是把原来的内容和一个常量 0x55aa5aa5 异或后的值。现在我们要简单验证一下在 0x31800000 开始的 0x800000 个单元里面的值和源地址里的值是否一致，使用简单求和的方法：先求出源地址中所有值的和，再求出目的地址中所有值的和，看二者是否相等。

参照上面的程序，加入下面的验证代码。

```
…
void Main()
{
    int tc,i;
    volatile unsigned int memSum0=0,memSum1=0; //定义两个变量，存放所求的和
    …
    for(i=STARTADDRESS;i<(STARTADDRESS+0x800000);i+=4)
```

```
    {
        *((unsigned int *)i)=i^0x55aa5aa5;
        memSum0 + = i;                        //求源数据之和
    }
    …
    Irq_Disable(IRQ_DMA0);                    //关闭中断
    for(i=(STARTADDRESS+0x800000);i<(STARTADDRESS+0x1000000);i+=4)
    {
        memSum1+=*((unsigned int *)i);
    }
    while(1)
    {
    }
}
```

【工作过程四】 设置超级终端观察结果

用 DMA 机制进行数据传输的结果可以通过观察存储器中的值得到，也可以在超级终端上显示验证的结果，即显示源地址中所有值的和是否等于目的地址中所有值的和。

要在超级终端上显示验证的结果，需要在程序中对串口进行设置，使实验箱和宿主 PC 机可以通过串口进行通信。串口的初始化设置方法参见第 10 章，在这里直接调用已有的函数设置，这些函数通常由厂商定义，这里假设已经定义在 2410lib.c 中。

```
SetClockDivider(1,1);
SetMPllValue(0xa1,0x3,0x1);
uart0_init();                          //初始化串口
```

上面这段设置代码放在 Main()函数里变量定义的后面，接着在函数中完成求和，之后通过调用函数 Uart_Printf(或者 PRINTF)，就可以如同在 C 语言中的 printf 一样在屏幕上打印信息了，只是这里信息是显示在超级终端，即超级终端作为实验箱的显示屏。

在 DMA 开始工作前，可以加上下面的语句，打印提示信息。

```
Uart_Printf("\n 开始 DMA 测试\n");
```

在传送结束后，即在 while(1)之前，加上下面的语句，根据校验结果打印提示信息。

```
Uart_Printf ("memSum0=%x,memSum1=%x\n",memSum0,memSum1);
if(memSum0==memSum1)
    Uart_Printf ("DMA 校验结果 ----------------------------------正确!\n");
else
    Uart_Printf ("DMA 校验结果 ----------------------------------错误!\n");
```

⚠ 注意：通过源地址中所有值的和是否等于目的地址中所有值的和的方法验证 DMA 数据传送的正确性并不是充分的，即和相等不一定其中的每个数据都对应相等，这里只是做一个简单的验证。

【工作过程五】 设置工程并编译工程

(1) 加入需要的启动文件和其他需要的文件。

加入 2410init.s 和 2410slib.s。

加入 2410lib.c，interrupt.c(从实验箱所附的光盘资料中复制到 D:\test 目录)，并在工程窗口的 Link Order 页面设置把它们放在主程序前面。

(2) 在工程属性对话框中的 Target | Access Paths 选项设置页面，设置包含的头文件路径，对工程的 ARM Linker 进行设置，再进行编译。

【工作过程六】下载程序

打开 AXD Debugger，假设对目标板已经进行过设置。选择 File | Load Image 命令，找到编译好的文件，下载到目标系统。

【工作过程七】调试、运行

下载完成后调试运行。打开存储器观察窗口，在地址栏中输入要观察的地址 0x31000000，再输入 0x31800000，看每个对应的存储单元中的数据是否一致。再输入其他搬移数据范围内的一些地址信息观察结果，并通过超级终端观察 DMA 传送过程中的信息。

 ## 7.5 工作实训营

1. 训练内容

使用 DMA 通道 0 以 DMA 方式读 SD 卡时的设置方法。

2. 训练目的

掌握 DMA 方式传送数据的设置方法。

3. 训练过程

设 DMA0 中断处理函数定义是：static void __irq Dma0Done(void); DMA0 的中断号是 IRQ_DMA0，则：

```
Isr_Init();                      //中断初始化
Port_Init();                     //初始化端口
pISR_DMA0=(unsigned)Dma0Done;             //请求中断
Irq_Enable(IRQ_DMA0);                     //使能中断
rDISRC0=(U32)(src_sd);        // src_sd 代表内存地址
rDISRCC0=(0<<1)|(0<<0);       //内存的总线是 AHB，地址是自动增加 inc
rDIDST0=(U32)(dst_SD);        // SD 卡地址
rDIDSTC0=(1<<1)|(1<<0);       //在总线 APB 上，地址是固定的
rDCON0=(1<<31)|(0<<30)|(1<<29)|(0<<28)|(0<<27)|(2<<24)|(1<<23)|(1<<22)|(2<<20)|
        \128*block;
//与 PCLK 同步[30]，单元传输[28]，单一服务[27]，SDI[26:24]，通过[26:24]选择[23]
rDMASKTRIG0=(0<<2)|(1<<1)|0;  //不用 SW 触发[0]
```

4. 技术要点

SD 卡是外部设备，接在外部总线上，因此使用的时钟是 APB 外围总线时钟，设置目的地址的位置应在外部总线上，控制寄存器中的同步时钟需要设置为 PCLK。另外，因为 SD 卡的缓存 FIFO 是固定大小的，所以 SD 卡的地址即目的地址也是固定的。

 ## 7.6　习题

问答题

(1) 什么是 DMA 方式？DMA 方式有哪些优点？

(2) 比较中断方式与 DMA 方式两种传输方式之间的优缺点和适用场合。

(3) DMA 控制器应具有哪些功能？

(4) 传输大小与传输数据的位数有什么区别？

(5) 简述使用 DMA 方式传送数据的主要步骤。

第 8 章

定时/计数器接口设计

 本章要点

- 定时/计数器基本原理。
- 实时时钟的控制原理及使用方法。
- 看门狗定时器的工作原理及使用方法。
- PWM timer 部件的控制原理及使用方法。

技能目标

- 掌握定时/计数器的基本原理。
- 掌握实时时钟 RTC 的编程方法。
- 掌握看门狗定时器的设计方法。
- 掌握 tick 中断的设计方法。
- 掌握 PWM 的设计方法。

8.1　工作场景导入

8.1.1　工作场景一

【工作场景】制作一个简单的电子钟

可以在超级终端上显示实时时间的年、月、日、时、分、秒，时间实时更新。即每秒钟更新。通常电子时钟校准时间只能校准时和分，该闹钟可以实现秒校准。另外，可以设置在重要的时间点的报时功能。具体功能如下。

(1)　给系统设置一个起始时间，例如 2010/12/25 09:35:00，星期六。要求时间每隔一秒更新显示，即可以看到时间在一秒一秒地变化(时间显示通过串口通信在超级终端上显示)。

(2)　具有小范围校准秒时间的功能。当显示的时间有误差时，可以通过按键 2(接外部中断 EINT2)，在实时时间秒数大于 40 秒时，进位到整秒时间；实时时间秒数小于 40 秒时，退到 00 秒(例如在 09:36:47 时，按下按键 2 则变成 09:37:00；在 09:36:37 时，按下按键 2 则变成 09:36:00)实现时间校准。

(3)　设置电子钟的报时功能。在 2010/12/25 09:38:05 时报时，报时时 4 只发光二极管闪烁三次。

【引导问题】

(1)　如何设置实时时间？

(2)　如何使显示的时间每秒钟更新一次？

(3)　通常的电子钟在校准时间时都只有小时和分钟的调整，而没有秒调整，那么如何得到准备到秒的时间？

(4)　如何设置电子钟报时的功能？

8.1.2　工作场景二

【工作场景】带看门狗功能的电子钟

如果把在工作场景一中制作的电子钟放在城市的马路上使用，由于无人值守，并且环境条件不好，可能会出现死机、程序跑飞(时间显示不正确)等状况。要解决这些问题，需要增加看门狗的功能。当出现上述状况时，能够自动重启(假设内部时钟正常，重新启动后会显示正确的时间)。

在实验环境中，通常程序不会出现问题。实验中采用的方法是：加入看门狗后，定时喂狗则程序正常执行；如果人为修改程序不喂狗，则会使实验箱重新启动。

【引导问题】

(1)　看门狗在程序中起什么作用？

(2)　如何初始化看门狗？如何启动看门狗工作？

(3)　看门狗的定时时间间隔如何计算？

8.1.3　工作场景三

【工作场景】用蜂鸣器作闹铃声

闹钟在报警时可以发出各种不同的声音效果。在工作场景一中为简化程序使用的报警方法是让发光二极管发光，通常闹钟报警时应该是发出声音。因此我们给闹钟增加声音报警功能：修改工作场景一中的报警方法，改为当报警时间到时蜂鸣器响，并且用 PWM 控制蜂鸣器。

【引导问题】

(1)　ARM 中的定时部件有什么作用？

(2)　什么是 PWM？

(3)　如何通过 PWM 控制蜂鸣器发出不同的声音？

　8.2　定时/计数器的原理

【学习目标】理解定时/计数器的工作原理，掌握看门狗定时器的功能和工作原理，了解定时部件的用途。

8.2.1　定时/计数器

如果将时钟的闹钟定时到 1 分钟，那么秒针计数到 60 次后，时钟闹铃就会响。这里有个计数和定时之间的概念转化，时间 1 分钟表示为秒针的计数值，即秒针每一次走动的时间正好是 1 秒，走 60 次即计数 60 次为 1 分钟。

定时/计数器本质上就是一个加 1(或减 1)计数器，定时/计数器的内部工作原理是以一个 N 位的加 1(或减 1)计数器为核心。假设是减 1 计数器，计数器有一个初始值(比如初始值是 60)，这个值在每产生一个计数脉冲时(假设这里的计数脉冲每隔 1 秒产生一个)进行减 1 操作，直到减为 0(60 秒的时候减为 0)时产生一个回 0 信号(即一分钟的时间)。

从上面的描述可以看到，这里的计数脉冲具有固定的时间间隔，是周期性的信号，周期性的脉冲信号可以由系统时钟经过处理(如分频)得到。计数脉冲的来源还有一类，即外部事件脉冲，这时计数器用来记录外部事件(脉冲)的个数，每有一次外部事件发生，则计数器加 1(或减 1)。可见，定时/计数器根据计数脉冲的来源不同，可以完成定时或计数功能。

定时器的计数脉冲信号是由内部和周期性的系统时钟信号承担，以便产生具有固定时间间隔的脉冲信号，实现定时功能。

计数器的计数脉冲信号由非周期性的信号承担，通常是外部事件产生的脉冲信号，以便对外部事件发生的次数进行计数。

因为同样的逻辑电路可用于这两个目的，所以该功能部件通常被称为定时/计数器，其逻辑原理图如图 8-1 所示。

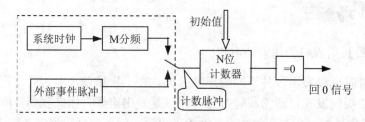

图 8-1   定时/计数器逻辑原理图

从图 8-1 可见，计数脉冲有两个来源，可以通过编程设置使用哪一个。若编程设置定时/计数器为定时工作方式，则 N 位计数器的计数脉冲来源于内部系统时钟，并经过 M 分频。每个计数脉冲使计数器加 1 或减 1，当 N 位计数器里的数加到 0 或减到 0 时，则会产生一个"回 0 信号"，该信号有效时表示 N 位计数器里的当前值是 0。因为系统时钟的频率是固定的，其 M 分频后所得到的计数脉冲频率也就是固定的，因此通过对该频率脉冲的计数就转换为定时，从而实现了定时功能。

若编程设置定时/计数器为计数方式，则 N 位计数器的计数脉冲来源于外部事件产生的脉冲信号。有一个外部事件脉冲，计数器加 1 或减 1，直到 N 位计数器中的值为 0，产生"回 0 信号"，从而实现了计数功能。

S3C2410 芯片中采用定时/计数器逻辑原理的功能部件有多个，比如实时时钟(RTC)、看门狗定时器(Watchdog Timer)和定时器(Timer)，不同的定时/计数功能部件有不同的作用。

> 提示：当 CPU 用软件给定时器设置了某种工作方式之后，定时器就会按设定的工作方式独立运行，不再占用 CPU 的操作时间，除非定时器计满溢出，才可能中断 CPU 的当前操作。CPU 也可以重新设置定时器工作方式，以改变定时器的操作。由此可见，定时器是效率高而且工作灵活的部件。

8.2.2   看门狗定时器概述

嵌入式系统经常工作在恶劣的环境下，或者需要在无人状态下连续工作，可能常常会受到来自外界的各种干扰，造成程序紊乱(俗称程序跑飞)而陷入死循环：程序的正常运行被打断，系统无法继续工作，造成整个系统陷入停滞状态，发生不可预料的后果。

人们在使用 PC 机时，也会遇到程序功能紊乱或者系统当机的情况，如何解决这些问题呢？重新启动。因为 PC 机是在有人操作的状态下工作，所以人们可以随时直接重启。对于嵌入式系统，人们想到在系统中设置一种能够实时监测系统运行状态的功能，当系统程序出现功能错乱、引起系统程序死循环或无法运行下去时，这个功能能中断该系统程序的不正常运行，恢复系统程序的正常运行。

Watchdog timer，中文名称叫做看门狗定时器，就是完成这种功能的部件。看门狗本质上属于一种定时器，但与一般的定时器在作用上又有所不同：普通的定时器一般起计时作用，计时超时(Timer Out)则引起一个中断，例如触发一个系统时钟中断。而看门狗定时器计时超时时也会引起事件的发生，只是这个事件除了可以是系统中断外，也可以是一个系统重启信号(Reset Signal)，即能发送系统重启信号的定时器就是 Watchdog。

当一个硬件系统开启了 Watchdog 功能后，运行在这个硬件之上的软件必须在规定的时间间隔内向 Watchdog 发送一个信号，这个行为简称为喂狗(feed dog)，就是软件向硬件报告自身的运行状态：只要软件运行良好，它应该可以在规定的时间间隔内向 Watchdog 发送信息，即喂狗，这等同于软件每隔一段时间就告诉硬件它处于正常运行状态。若软件由于某个不当的操作而进入死循环(即死机)，则无法向 Watchdog 发送信息，Watchdog 将发生计时超时，引起硬件重启。

 提示：在 Windows 中，Windows Timer 属于软件定时器，当 Windows Timer 计时超时则引起 App 向 System 发送一条消息，从而触发某个事件的发生。不论软件定时器或硬件定时器，其作用都是在某个时间点上引起一个事件的发生。对于硬件定时器来说，这个事件可能是通过中断的形式得以表现；对于软件定时器，这个事件则可能是以系统消息的形式得以表现。

如果没有 Watchdog 存在，则可能程序已经死掉了，但用户还以为系统正在进行大规模的运算而耐心地等待，以免 Watchdog 计时超时而引发系统重启。

8.2.3 Timer 部件概述

Timer 部件是主要用于提供定时功能的部件，能够满足人们控制时间的需求。Timer 部件作为定时器，可以得到一定时间间隔的定时信号以及一定频率的脉冲信号，充分显示了"定时"的功能，而计时的功能是次要的。即 Timer 定时器通常用于不带计时功能的定时，比如"看门狗"就是一种定时器。

Timer 部件的典型应用是脉宽调制(Pulse-Width Modulation，PWM)功能，脉宽调制是生成占空比可变、频率可变以及相位可变的方波的设计方法。PWM 是利用微处理器的数字输出来对模拟电路进行控制的一种非常有效的技术，广泛应用于测量、通信、功率控制与变换等许多领域。PWM 的一个优点是从处理器到被控系统信号都是数字信号，无须进行数模转换，数字信号可将噪声影响降到最小。

 # 8.3 实时时钟

【学习目标】掌握实时时钟的原理、特点及其基本操作，以及 RTC 有关的中断和中断处理方法。

8.3.1 RTC 部件

RTC 部件即实时时钟部件，是用于提供年、月、日、时、分、秒、星期等实时时间信息的定时部件。在一个嵌入式系统中，实时时钟单元可以提供可靠的时钟，包括时分秒和年月日。即使在系统处于关机状态下它也能够正常工作(通常采用后备电池供电)，它的外围也不需要太多的辅助电路，典型的就是只需要一个高精度的晶振，而且 RTC 部件也能完成报警功能。

S3C2410 处理器的 RTC 部件属于片内外设，即芯片本身带有这个单元。RTC 部件可以将年、月、日、时、分、秒、星期等信息的 8 位数据以 BCD 码格式输出。它由外部时钟驱动工作，外部时钟频率为 32.768kHz 的外接晶体提供，同时 RTC 部件还具有报警发生器。S3C2410 内部 RTC 模块结构框图如图 8-2 所示。

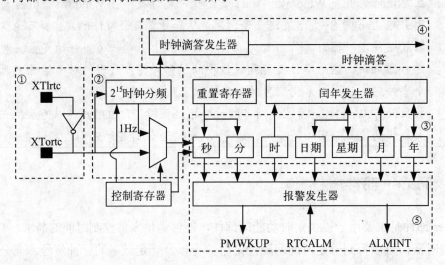

图 8-2   RTC 模块结构框图

图 8-2 所示是 RTC 模块的逻辑原理图，其基本原理和图 8-1 所示的定时/计数器的逻辑原理是一致的。

- 虚线框①表示 RTC 所使用的计数脉冲的来源。XTlrtc 与 XTortc 是连接外部晶振的两个引脚，它们连接 32.768kHz 的晶振，为 RTC 内部提供频率输入。
- 虚线框②相当于分频器。215 时钟分频器负责对从晶振外部输入的信号进行分频，分频精度为 215(32 768)。
- 虚线框③相当于带有减 1(或加 1)计数器的回 0 信号发生器，其中由秒、分、时、日期、星期、月、年组成了时间计数器组，存储时间值。
- 虚线框④是时钟滴答发生器，可以产生时钟滴答(tick)，它可以引起中断，即时钟节拍中断，可以用来产生实时操作系统内核所需的时间片以及秒级中断。
- 虚线框⑤是报警发生器，可以根据具体的时间(RTCALM)决定是否报警，从而发出报警中断信号 ALMINT 或者 PWMUP。
- 另外 S3C2410 的 RTC 闰年发生器按照从日期、月、年得来的 BCD 数据，可以决定一个月的最后一天是 28、29、30 还是 31 号(也就是计算、判断是否为闰年)。

- 控制寄存器控制读/写 BCD 寄存器的使能、时钟复位、时钟选择等。重置寄存器可以选择"秒"对"分"进位的边界,提供 3 个可选边界:30、40 或者 50 秒。

RTC 最重要的功能就是显示时间。在掉电模式下,RTC 模块通过外部的电池工作,依然能够正常工作,电池一般选用能够提供 1.8 伏电压的银芯电池。

8.3.2 S3C2410 RTC 的主要特点

S3C2410 的实时时钟控制并不复杂,只要设置好初始时间,加上电源,无须进行启动等设置,就会自动以精确的时间计时。S3C2410 的 RTC 部件有以下的主要特点。

- 年、月、日、时、分、秒、星期等信息采用 BCD 码表示。
- 有闰年发生器。
- 具有报警功能,当系统处于关机状态时,能产生报警中断。
- 拥有独立的电源引脚(RTCVDD)。
- 支持 RTOS 内核时间片所需的毫秒计时中断。
- 有进位、复位功能。
- 由外部时钟驱动工作,外部时钟频率为 32.768kHz 晶体。

8.3.3 S3C2410 RTC 的基本操作

RTC 的主要功能是提供时间信息和产生与时间相关的中断,对 RTC 的操作主要包括:RTC 部件的初始化及读写实时时钟、报警中断、进位复位功能和时钟节拍中断等。RTC 时间显示功能是通过读/写时间寄存器实现的,要显示秒、分、时、日期、月、年,CPU 必须读取存于寄存器中的值,时间的设置也是通过这些寄存器实现的。下面我们结合实例来介绍 RTC 部件的基本操作。

1. RTC 部件的初始化及读写实时时钟

RTC 部件的初始化包括初始化 RTC 时钟值,设置中断及启动 RTC。

初始化 RTC 时钟值即设置 RTC 的初始值,这是通过写 RTC 的实时时钟寄存器来完成的。无论是从实时时钟的寄存器读出数据,还是向实时时钟寄存器写入数据,都必须首先设置 RTC 的控制寄存器,使其允许 RTC 实时时钟寄存器进行读/写操作(RTC 读写使能)。

与实时时钟相关的寄存器包括以下 RTC 控制寄存器和时间计数器组。

- RTC 控制寄存器(RTCCON)。
- 秒数据寄存器(BCDSEC)。
- 分数据寄存器(BCDMIN)。
- 时数据寄存器(BCDHOUR)。
- 日数据寄存器(BCDDATE)。
- 星期数据寄存器(BCDDAY)。

- 月数据寄存器(BCDMON)。
- 年数据寄存器(BCDYEAR)。

这些寄存器都是存放一个字节数据，因此在定义这些寄存器时，都是定义为 unsigned char 类型。下面以把实验箱上的系统时间设置为 2010 年 9 月 1 日 9 时 32 分 00 秒，星期三为例，介绍 RTC 部件的使用方法。

1) RTC 控制寄存器

RTC 控制寄存器(RTCCON)用来控制时间计数器组的读/写使能及控制微处理器核和 RTC 之间所有接口的读/写使能，RTC 控制寄存器是可读/写的，RTCCON 寄存器的位定义如表 8-1 所示。

表 8-1　RTCCON 寄存器的位定义

符　号	位	描　　述	初始状态
CLKRST	[3]	实时时钟计数器复位。 0: 不复位, 1: 复位	0
CNTSEL	[2]	BCD 计数选择，将计数器设置为 BCD 模式。 0: 选择 BCD 模式, 1: 保留	0
CLKSEL	[1]	BCD 时钟选择。 0: 将输入时钟进行 $1/2^{23}$ 分频, 1: 保留	0
RTCEN	[0]	RTC 读写使能。 0: 禁止, 1: 使能	0

无论是读出还是写入时间寄存器的值，都需要在进行操作之前设置 RTCCON 寄存器的读写使能，操作完成之后再禁止读写使能，具体设置方法如下。

```
rRTCCON = 0x01;          //读写使能
…                        //设置各个时间计数器的值或者读出各个时间计数器的值
rRTCCON = 0x00;          //禁止读写使能
```

注意：读写 RTC 实时时钟寄存器前需要先将控制寄存器 RTCCON 的 RTCEN 位置 1，读写完各数据寄存器后，为防止无意修改，需设置 RTCEN 不使能，即 RTCEN 位置 0。另外还有一点需要注意的是 CNTSEL 位，RTC 默认是使用 BCD 编码，这样对 BCD 时钟寄存器的读写就变得非常方便了。

2) 时间计数器组

初始化 RTC 时钟值是通过设置时间计数器组完成的，时间计数器组包括 7 个 BCD 时钟寄存器。要设置或者读取当前时间，就要对这 7 个寄存器进行操作，7 个寄存器如表 8-2 所示。

表 8-2　实时时钟寄存器

寄 存 器	地　址	读/写状态	描　述	复 位 值
BCDSEC	0x57000070	R/W	秒时钟当前值	不定
BCDMIN	0x57000074	R/W	分时钟当前值	不定
BCDHOUR	0x57000078	R/W	时时钟当前值	不定
BCDDAY	0x5700007c	R/W	星期时钟当前值	不定
BCDDATE	0x57000080	R/W	日时钟当前值	不定
BCDMON	0x57000084	R/W	月时钟当前值	不定
BCDYEAR	0x57000088	R/W	年时钟当前值	不定

时间计数器组中的每个数据寄存器存放的分别是时间的年、月、日、时、分、秒及星期的当前值，所存放时间值的范围不同，寄存器的格式稍有不同，各寄存器的位定义如下。

(1) 秒数据寄存器。

秒数据寄存器(BCDSEC)用来存储当前时间的秒数据(合并 BCD 码格式)。秒的范围是 0～59，使用两位 BCD 码，其中十位数字范围为 0～5，占用寄存器的 bit[6:4]3 位；个位数字范围为 0～9，占用寄存器的 bit [3:0]4 位，其余位没有使用。BCDSEC 寄存器是可读/写的，其具体格式如表 8-3 所示。

表 8-3　BCDSEC 寄存器的位定义

符　号	位	描　述	初始状态
SECDATA	[6:4]	秒数据十位的 BCD 码值，范围为 0～5	—
	[3:0]	秒数据个位的 BCD 码值，范围为 0～9	

例如设置当前时间 2010 年 9 月 1 日 9 时 32 分 00 秒，星期三，其中秒数是 00 秒，则可以设置如下。

```
//设置各个时间计数器的值，设置秒数据寄存器的值
rBCDSEC = 0x00;      //rBCDSEC 是 BCDSEC 寄存器的名字
```

要想获得当前实时时间的秒数，即读取秒数据寄存器的值，则编写如下的程序段。

```
//读出秒数据寄存器的值，放在已声明的变量 sec 中
sec = rBCDSEC;       //sec 已声明的变量
```

(2) 分数据寄存器。

分数据寄存器(BCDMIN)用来存储当前时间的分数据(合并 BCD 码格式)。分钟的范围是 0～59，使用两位 BCD 码，其中十位数字范围为 0～5，占用寄存器的 bit[6:4]3 位；个位数字范围为 0～9，占用寄存器的 bit[3:0]4 位，其余位没有使用。BCDMIN 寄存器是可读/写的，其具体格式如表 8-4 所示。

表 8-4   BCDMIN 寄存器的位定义

符　号	位	描　　述	初始状态
MINDATA	[6:4]	分数据十位的 BCD 码值，范围为 0～5	—
	[3:0]	分数据个位的 BCD 码值，范围为 0～9	

例如设置当前时间 2010 年 9 月 1 日 9 时 32 分 00 秒，星期三，其中分钟是 32 分，则可以设置如下。

```
//设置各个时间计数器的值，设置分钟数据寄存器的值
rBCDMIN = 0x32;
```

要想获得当前实时时间的分钟数，则可以编写如下的程序段。

```
//读出分钟数据寄存器的值，放在已声明的变量 min 中
min = rBCDMIN;
```

(3) 时数据寄存器。

时数据寄存器(BCDHOUR)用来存储当前时间的时数据(合并 BCD 码格式)。时的范围是 0～23，使用两位 BCD 码，其中十位数字范围为 0～2，占用寄存器的 bit[5:4]2 位；个位数字范围为 0～9，占用寄存器的 bit[3:0]4 位，其余位没有使用。BCDHOUR 寄存器是可读/写的，其具体格式如表 8-5 所示。

表 8-5   BCDHOUR 寄存器的位定义

符　号	位	描　　述	初始状态
reserved	[7:6]	保留	—
HOURDATA	[5:4]	时数据十位的 BCD 码值，范围为 0～2	—
	[3:0]	时数据个位的 BCD 码值，范围为 0～9	

例如设置当前时间 2010 年 9 月 1 日 9 时 32 分 00 秒，星期三，其中小时数是 09 时，则可以设置如下。

```
//设置各个时间计数器的值，设置时数据寄存器的值
rBCDHOUR = 0x09;
```

要想获得当前实时时间的小时数，则可以编写如下的程序段。

```
//读出时数据寄存器的值，放在已声明的变量 hour 中
hour = rBCDHOUR;
```

(4) 日数据寄存器。

日数据寄存器(BCDDATE)用来存储当前日期的日数据(合并 BCD 码格式)。日期的范围是 1～31，使用两位 BCD 码，其中十位数字范围为 0～3，占用寄存器的 bit[5:4]2 位；个位数字范围为 0～9，占用寄存器的 bit[3:0]4 位，其余位没有使用。BCDDATE 寄存器是可读/写的，其具体格式如表 8-6 所示。

表 8-6　BCDDATE 寄存器的位定义

符　号	位	描　　述	初始状态
reserved	[7:6]	保留	—
DATEDATA	[5:4]	日数据十位的 BCD 码值，范围为 0～3	
	[3:0]	日数据个位的 BCD 码值，范围为 0～9	

例如设置当前时间 2010 年 9 月 1 日 9 时 32 分 00 秒，星期三，其中日期是 1 日，则可以设置如下。

```
//设置各个时间计数器的值，设置日期数据寄存器的值
rBCDDATE = 0x01;
```

要想获得当前实时时间的日期值，则可以编写如下的程序段。

```
//读出日期数据寄存器的值，放在已声明的变量 date 中
date = rBCDDATE;
```

(5) 星期数据寄存器。

星期数据寄存器(BCDDAY)用来存储当前日期对应的星期数据(合并 BCD 码格式)。星期的范围是 1～7，使用一位 BCD 码，占用寄存器的 bit[0:2]3 位，其余位没有使用。BCDDAY 寄存器是可读/写的，其具体格式如表 8-7 所示。

表 8-7　BCDDAY 寄存器的位定义

符　号	位	描　　述	初始状态
reserved	[7:3]	保留	—
DAYDATA	[2:0]	星期数据的 BCD 码值，范围为 1～7	

例如设置当前时间 2010 年 9 月 1 日 9 时 32 分 00 秒，星期三，其中星期值为 0x03，则可以设置如下。

```
//设置各个时间计数器的值，设置星期数据寄存器的值
rBCDDAY = 0x03;
```

要想获得当前实时时间是星期几，则可以编写如下的程序段。

```
//读出星期数据寄存器的值，放在已声明的变量 day 中
day = rBCDDAY;
```

(6) 月数据寄存器。

月数据寄存器(BCDMON)用来存储当前日期的月数据(合并 BCD 码格式)。月的范围是 1～12，使用两位 BCD 码，其中十位数字范围为 0～1，只要使用寄存器的 bit[4]1 位；个位数字范围为 0～9，占用寄存器的 bit[3:0]4 位，其余位没有使用。BCDMON 寄存器是可读/写的，其具体格式如表 8-8 所示。

表 8-8　BCDMON 寄存器的位定义

符　号	位	描　述	初始状态
reserved	[7:5]	保留	—
MONDATA	[4]	月数据十位的 BCD 码值，范围为 0～1	
	[3:0]	月数据个位的 BCD 码值，范围为 0～9	

例如设置当前时间 2010 年 9 月 1 日 9 时 32 分 00 秒，星期三，其中月份是 12 月，则可以设置如下。

```
//设置各个时间计数器的值，设置月数据寄存器的值
rBCDMON = 0x12;
```

要想获得当前实时时间的月份，则可以编写如下的程序段。

```
//读出月数据寄存器的值，放在事先声明的变量 mon 中
mon = rBCDMON;
```

(7) 年数据寄存器。

年数据寄存器(BCDYEAR)用来存储当前日期的年数据(合并 BCD 码格式)。对于年数据，存储的是后面两位数，范围是 00～99，因此需要使用两位 BCD 码，其中十位数字范围为 0～9，占用寄存器的 bit[7:4]4 位；个位数字范围为 0～9，占用寄存器的 bit[3:0]4 位，其余位没有使用。BCDYEAR 寄存器是可读/写的，其具体格式如表 8-9 所示。

表 8-9　BCDYEAR 寄存器的位定义

符　号	位	描　述	初始状态
YEARDATA	[7:0]	年数据的 BCD 码值，范围为 00～99	—

RTC 的合法时间范围是 100 年，比如 1901～2000 或 2000～2099，也可以是 1949～2048等。因为 8 位计数器只能保存两位 BCD 码，所以无法判断 00 年是否为闰年，即无法区分 1900 年和 2000 年。S3C2410 的 RTC 单元用硬件来支持闰年 2000 年，因为 1900 年不是闰年而 2000 年是闰年。因而 00 年代表 2000 年而非 1900 年。

例如，设置当前时间 2010 年 9 月 1 日 9 时 32 分 00 秒，星期三，其中年份是 2010 年，则可以设置如下。

```
//设置各个时间计数器的值，设置年数据寄存器的值
rBCDYEAR = 0x10;
```

要想获得当前实时时间的年份，则可以编写如下的程序段。

```
//读出年数据寄存器的值，放在已声明的变量 year 中
year = 0x2000 + rBCDYEAR;//需声明变量 year 为 short int 类型，其他变量为 char
```

💡 提示：BCD 码是用 4 位二进制数来表示 1 位十进制数中的 0～9 这 10 个数码，这种编码形式利用了 4 个位元来储存一个十进制的数码。RTC 部件能将 8 位数据转换为 BCD 码的格式传送给 CPU。使用 BCD 码存储各个时间值，BCD 码在二进制和十进制之间可以很容易转换，因此使设置变得很简单。

因为时间计数器组的各个寄存器都是定义为 unsigned char 类型，因此在 rBCDYEAR 寄存器中也只能存放年份的最后两位，设置时虽然设置的是 4 位十进制数，但保存的只是后面的两位，而取出其中值的时候需要加上前面两位值。

2. 报警中断

在很多时候都会用到时间报警功能(如闹钟)，到规定时间完成规定的动作等。可以在 RTC 单元中设定在某个时间产生中断，该功能可通过报警中断来实现。

RTC 中用于报警中断的寄存器有报警控制寄存器和报警数据寄存器组。报警控制寄存器用来确定是否使用报警功能以及报警中断的产生时刻。当未屏蔽的报警时间寄存器和对应的实时时间计数器计数值都相匹配时，就产生报警中断，且输出一个约为 1.8 伏的报警输出信号。

与报警中断相关的寄存器有报警控制寄存器和报警数据寄存器组。

- 报警控制寄存器(RTCALM)。
- 报警秒数据寄存器(ALMSEC)。
- 报警分数据寄存器(ALMMIN)。
- 报警时数据寄存器(ALMHOUR)。
- 报警日数据寄存器(ALMDATE)。
- 报警月数据寄存器(ALMMON)。
- 报警年数据寄存器(ALMYEAR)。

可以看出，和实时时钟寄存器类似，每个报警的时间数据都存放在一个寄存器中，并且也是以 BCD 码形式存放的，所以它们的使用方法也基本一样。下面简单介绍一下报警中断所使用的寄存器。

实例：假设实验箱上的系统时间已经设置为 2010 年 9 月 1 日 9 时 32 分 00 秒，星期三，继续设置在每天的 9 时 35 分 05 秒报警。

1) 报警控制寄存器

报警控制寄存器(RTCALM)用来确定报警功能是否使能以及各报警时间寄存器是否使能(被屏蔽)。RTCALM 寄存器是可读/写的，其具体格式如表 8-10 所示。

表 8-10　RTCALM 寄存器的格式

符　号	位	描　述	初始状态
保留	[7]	保留	0
ALMEN	[6]	时钟告警总使能/禁止。0：禁止，1：使能	0
YEAREN	[5]	年时钟告警使能/禁止。0：禁止，1：使能	0
MONREN	[4]	月时钟告警使能/禁止。0：禁止，1：使能	0
DAYEN	[3]	日时钟告警使能/禁止。0：禁止，1：使能	0
HOUREN	[2]	时时钟告警使能/禁止。0：禁止，1：使能	0
MINEN	[1]	分时钟告警使能/禁止。0：禁止，1：使能	0
SECEN	[0]	秒时钟告警使能/禁止。0：禁止，1：使能	0

例如，要设置秒时钟报警，则需要使能总报警位和秒时钟报警位。

```
//先设置报警时间，即设置相应的报警数据寄存器的值
rRTCALM = 0x41;        //0x41 表示报警总使能 bit[6]和使能秒时钟报警 bit[0]
```

而要设置报警时间为每天的 9 时 35 分 05 秒，即相应的时分秒各位都要匹配时报警，应该如下设置。

```
//先设置报警时间，即设置相应的报警数据寄存器的值
rRTCALM = 0x47;        //0x47 表示报警总使能 bit[6]=1 并使能 bit[2:0]=111
```

> 💡 **提示**：报警控制寄存器的位[6]是时钟报警总使能，相当于一个总开关，无论要设置其他 6 位中的哪些位使能，都必须设置该位是 1(使能)。

2) 报警数据寄存器

报警时间是通过设置报警数据寄存器的值来完成的。报警数据寄存器在读/写之前，也必须设置 RTC 控制寄存器 RTCCON 为读/写使能，寄存器的设置方法和时间计数器组的时钟数据寄存器是一样的。报警数据寄存器共有如下 6 个。

(1) 报警秒数据寄存器。

报警秒数据寄存器(ALMSEC)用来存储报警定时器的秒信号数据。ALMSEC 寄存器是可读/写的，其具体格式如表 8-11 所示。

表 8-11 ALMSEC 寄存器的位定义

符　号	位	描　述	初始状态
reserved	[7]	保留	0
SECDATA	[6:4]	报警定时器秒数据的十位数 BCD 码值，范围为 0～5	000
	[3:0]	报警定时器秒数据的个位 BCD 码值，范围为 0～9	0000

例如设置报警时间为每天的 9 时 35 分 05 秒，其中秒报警时间为 05 秒，则可以按照如下设置。

```
rALMSEC = 0x05;
```

(2) 报警分数据寄存器。

报警分数据寄存器(ALMMIN)用来存储报警定时器的分信号数据。ALMMIN 寄存器是可读/写的，其具体格式如表 8-12 所示。

表 8-12 ALMMIN 寄存器的位定义

符　号	位	描　述	初始状态
reserved	[7]	保留	0
MINDATA	[6:4]	报警定时器分数据的十位 BCD 码值，范围为 0～5	000
	[3:0]	报警定时器分数据的个位 BCD 码值，范围为 0～9	0000

例如设置报警时间为每天的 9 时 35 分 05 秒，其中分报警时间为 35 分，则可以按照如下设置。

```
rALMMIN = 0x35;
```

(3) 报警时数据寄存器。

报警时数据寄存器(ALMHOUR)用来存储报警定时器的时信号数据。ALMHOUR 寄存器是可读/写的，其具体格式如表 8-13 所示。

表 8-13　ALMHOUR 寄存器的位定义

符　号	位	描　述	初始状态
reserved	[7:6]	保留	00
HOURDATA	[5:4]	报警定时器时数据的十位 BCD 码值，范围为 0～2	00
	[3:0]	报警定时器时数据的个位 BCD 码值，范围为 0～9	0000

例如设置报警时间为每天的 9 时 35 分 05 秒，其中时报警时间为 9 时，则可以按照如下设置。

```
rALMHOUR = 0x09;
```

(4) 报警日数据寄存器。

报警日数据寄存器(ALMDATE)用来存储报警定时器的日信号数据。ALMDATE 寄存器是可读/写的，其具体格式如表 8-14 所示。

表 8-14　ALMDATE 寄存器的位定义

符　号	位	描　述	初始状态
reserved	[7:6]	保留	00
DATEDATA	[5:4]	报警定时器日数据的十位 BCD 码值，范围为 0～3	00
	[3:0]	报警定时器日数据的个位 BCD 码值，范围为 0～9	0001

例如设置报警时间为每天的 9 时 35 分 05 秒，在报警控制寄存器中年、月、日 3 个使能位是禁止的，所以并不会去判断这几个数据寄存器的值，可以设置为初始化的时间(年、月的设置与此相同)。

```
rALMDATE = 0x01;
```

(5) 报警月数据寄存器。

报警月数据寄存器(ALMMON)用来存储报警定时器的月信号数据。ALMMON 寄存器是可读/写的，其具体格式如表 8-15 所示。

表 8-15　ALMMON 寄存器的位定义

符　号	位	描　述	初始状态
reserved	[7:5]	保留	000
MONDATA	[4]	报警定时器月数据的十位 BCD 码值，范围为 0～1	0
	[3:0]	报警定时器月数据的个位 BCD 码值，范围为 0～9	0001

(6) 报警年数据寄存器。

报警年数据寄存器(ALMYEAR)用来存储报警定时器的年信号数据。ALMYEAR 寄存器是可读/写的，其具体格式如表 8-16 所示。

表 8-16　ALMYEAR 寄存器的位定义

符　号	位	描　述	初始状态
YEARDATA	[7:0]	报警定时器年数据的 BCD 码值，范围为 00～99	0x0

例如，设置报警时间为每天的 9 时 35 分 05 秒，可以按照如下设置。

```
rRTCCON = 0x01;          //读写使能
//以下 6 行设置各个报警数据寄存器的值
rALMSEC = 0x05;
rALMMIN = 0x35;
rALMHOUR = 0x09;
rALMDATE = 0x01;
rALMMON = 0x09;
rALMYEAR = 0x2010;
rRTCALM = 0x47;          //报警总使能、时、分、秒报警使能
rRTCCON = 0x00;          //禁止读写使能
```

若要在报警时间到时产生报警中断，还需要进行中断设置，利用第 6 章的中断处理函数，可以按照如下设置。

```
void __irq rtc_int_isr(void);          //放在函数外，声明中断处理函数
Irq_Request(IRQ_RTC, rtc_int_isr); //请求中断，IRQ_RTC 为中断号
//此处加入设置报警时间及方式的语句或函数调用
Irq_Enable(IRQ_RTC);                   //使能中断
//在中断处理函数里清除中断 Irq_Clear(IRQ_RTC);
```

> ⚠ 注意：读写 RTC 报警数据寄存器前需要先将控制寄存器 RTCCON 的 RTCEN 位置 1，读写完各数据寄存器后，为防止无意修改，再设置 RTCEN 不使能，即 RTCEN 位置 0。报警数据寄存器中的值也是使用 BCD 编码。
> 在省电模式下，RTCALM 寄存器通过 ALMINT 和 PMWKUP 来产生报警信号，而在正常操作模式下，只通过 ALMINT 来产生报警信号。
> 实时时钟所用到的寄存器都是 8 位的，在定义其地址时使用 unsigned char。
>
> ```
> #define rRTCCON    (*(volatile unsigned char *)0x57000040)
> #define rTICNT     (*(volatile unsigned char *)0x57000044)
> #define rRTCALM    (*(volatile unsigned char *)0x57000050)
> #define rALMSEC    (*(volatile unsigned char *)0x57000054)
> ```

> 💡 提示：报警中断所使用的原理本质上也是定时/计数器原理，报警数据寄存器就是减 1 计数器，只有在所设定的每个计数器的值都减到 0 以后才会产生报警中断，也就是只有在设定的值都相等的情况下才会产生中断。例如设置 12 点产生报警中断，则要设置计数器 ALMSEC 为 00，ALMMIN 为 00，ALMHOUR 为 12，设置 RTCALM 的值时，位[6]、[2]、[1]和位[0]共 4 位要设置为 1(使能)，这些位所代表的时钟都要与对应的时间计数器进行比较。

3．进位复位功能

许多能够调整或设置时间的地方都只有小时和分钟的调整，而没有秒调整，比如最常接触到的电子表、手机等，那么如何校准秒呢？

在 S3C2410 的 RTC 单元中有一个循环复位寄存器(RTCRST)，具有进位、复位的功能，即可以把实时时间直接调整到整分钟值，把秒置为 00。更具体地说，秒的进位周期可以选择，进位周期可以设置为 30、40 和 50。有两种调整方式：大于设定的进位周期时，分钟数据加 1，秒置为 00；小于设定的进位周期时，分钟数据不变，秒置 00。这个功能类似于数学上"四舍五入"的计算方法。

例如，当进位周期选为 40 秒时，若当前时间是 09:36:47，通过使能循环复位位，则当前时间将变为 09:37:00；若当前时间是 09:36:37，通过使能循环复位位，则当前时间将变为 09:36:00。

上述的进位、复位功能是通过循环复位寄存器(RTCRST)完成的。RTCRST 寄存器是可读/写的，其具体格式如表 8-17 所示。

表 8-17　RTCRST 寄存器的位定义

符　号	位	描　述	初始状态
SRSTEN	[3]	秒循环复位使能位。 1：使能，0：不使能	0
SCCR	[2:0]	确定秒循环进位的周期。 011 = 超过 30 秒；100 = 超过 40 秒；101 = 超过 50 秒	000

在使用此功能时，只需要设置好循环进位的周期(bit[2:0])，然后通过 bit[3]设置秒循环复位使能。通常情况下，这个功能是通过按键等中断来完成的。比如，要在小范围内校准时间，可以通过设置一个校准按键，按一下该按键，则使实时时间秒进位或复位。因此，需要进行中断的处理，并且在中断处理函数中设置该寄存器，或者在主函数中设置该寄存器的 bit[2:0]，然后在中断处理函数中设置 bit[3]使能循环复位。详细设置见第 8.4 节回到工作场景一中【工作过程二】。

⚠ 注意：如果 RTCRST 寄存器中 SCCR(bit[2:0])的 3 位设置为非表 8-17 中的值(如 000、001、010、110 或 111)时，则不会发生进位，但是秒的值还是可以复位的。

另外，要使用 RTCRST 寄存器也需要使能 RTC 控制寄存器，即使 RTCCON 的 RTCEN 位置 1。用完以后，需要设置 RTCEN 不使能，即 RTCEN 位置 0。

4．时钟节拍中断

时钟节拍中断也叫做毫秒级中断或 tick 中断。RTC 的时间片计时器即时钟节拍用于中断请求，可以用来产生实时操作系统内核所需的时间片。

它的工作原理和通用的定时/计数器的原理是一样的。在 TICNT 寄存器中，有一个时间片计数器，该寄存器共有 8 位，有一位中断使能位和一个计数数值 n(n 占 7 位，因此 n 的取值范围为 1～127 ($2^7-1=127$))，该计数器是减 1 计数器。启动计数后，当计数器的值减到 0 后，则产生一个毫秒级中断，叫做时间片计时中断或时钟节拍中断。

时间片计数器(TICNT)是可读/写的，寄存器的格式如表 8-18 所示。

表 8-18 TICNT 寄存器的位定义

符　号	位	描　述	初始状态
TICK INT ENABLE	[7]	时间片计数器中断使能/禁止。 0：禁止，1：使能	0
TICK TIME COUNT	[6:0]	时间片计数器的值，范围为 1～127。 该计数器是减 1 计数，在计数过程中不能进行读操作	0000000

时间片(时钟节拍)的周期按照下式计算。

$$周期=(n+1)/128 \text{ 秒}$$

其中 n 为时间片计数器 TICNT 中的值(Tick time count value)，范围是 1～127。此周期的最大值是 1 秒，即当设置 n 的值为 127 时，每隔 1 秒会产生一个中断信号。

例如：如果我们想让系统每隔 1 秒引发一次中断，则可以按照如下设置。

```
rRTCCON  = 0x0;                    //禁止 RTC 寄存器读写使能
rTICNT = 0x7f | 0x80;              //TICK 中断使能，周期为(1+127)/128 秒
//0x80 即设置此寄存器的位[7]为 1，使能时间片计数中断
```

8.4 回到工作场景一

通过前面内容的学习，读者应该掌握了实时时钟的设置方法及报警中断和时间片中断的处理方法和步骤。下面我们将回到第 8.1 节的工作场景一，完成显示实时时间、校准时间秒值和报警功能的任务。

任务 1 通过超级终端显示实时时间的时、分、秒

首先设置实时时间，然后读取实时时间值，并在超级终端上打印出来。

【工作过程一】建立一个工程

打开 CodeWarrior IDE，新建一个工程，输入工程名 rtc，存放在 D:\test\rtc 目录下。

新建一个 C 语言源文件，输入文件名 rtctest.c，存放在 D:\test\rtc 目录下并将其加入到工程 rtc 中。

【工作过程二】编写 rtctest.c 程序

在打开的编辑窗口中，编写 C 源程序。

首先包含寄存器地址定义的头文件。

```
/* 包含文件 */
#include "2410addr.h"
/*
```

在此头文件中有对 RTC 中用到的寄存器的定义，例如：

```
#define rRTCCON    (*(volatile unsigned char *)0x57000040) //RTC control
#define rTICNT     (*(volatile unsigned char *)0x57000044)
                                              //Tick time count
#define rRTCALM    (*(volatile unsigned char *)0x57000050)
                                              //RTC alarm control
#define rALMSEC    (*(volatile unsigned char *)0x57000054) //Alarm second
...
*/
```

在程序中定义一个函数 rtcset()，用来设置当前时间，函数的参数为要设置的时间，因为该时间有年、月、日、星期、时、分、秒 7 个值，即 7 个参数，所以用数组(年只存储后面两位)或结构体(可以表示不同的数据类型)来定义此参数更加方便。假设设置的时间为 2010/12/25 09:35:00，星期六。

(1) 定义一个结构体类型 rtc_date。

```
typedef struct ST_DATE      //定义结构体类型，该类型命名为 rtc_date
{
    short year;             // 年，定义为 short 类型，可以存储 4 位的年份
    char    mon;            // 月
    char    day;            // 日
    char    week;           // 星期
    char    hour;           // 时
    char    min;            // 分
    char    sec;            // 秒
} rtc_date;                 //用 typedef 定义结构体类型的别名为 rtc_date
```

> 💡 **提示：** 此处年的类型定义为 short 类型，则在赋值时可以赋值为 4 位的年份(如 2010)，但在放入年数据寄存器(BCDYEAR)时只能保存后面两位。在取出年数据时，也只有后面两位，因此在把取出的数据赋给该成员变量时，可以加入前面两位即加 0x2000。

(2) 定义函数 rtcset(rtc_date* p_date)，用于设置系统的实时时间，其中 p_date 是 rtc_date 类型的结构体变量。

```
rtcset(rtc_date* p_date)
{
    rRTCCON = 0x01;             //读写使能
    rBCDSEC = p_date->sec;      //以下使用结构体成员赋值，
    rBCDMIN = p_date->min;      //用指针取成员时用->运算符
    rBCDHOUR = p_date->hour;
    rBCDDAY = p_date->week;
    rBCDDATE = p_date->day;
    rBCDMON = p_date->mon;
    rBCDYEAR = p_date->year;
    rRTCCON = 0x00;             //禁止读写
}
```

(3) 再定义一个获取时间的函数 rtcget(rtc_date* p_date)，用于取出实时时间。

```
rtcget(rtc_date* p_date)
{
    rRTCCON = 0x01;                 //读写使能
    p_date->sec = rBCDSEC;          //以下取出时间计数器组的值，然后赋给结构体成员
    p_date->min = rBCDMIN;
    p_date->hour = rBCDHOUR;
    p_date->week = rBCDDAY;
    p_date->day = rBCDDATE;
    p_date->mon = rBCDMON;
    p_date->year = rBCDYEAR;
    rRTCCON = 0x00;                 //禁止读写
}
```

(4) 实时时间要通过串口在超级终端上显示，因此在主函数中首先要初始化时钟和串口，请参见第 10 章。在这里仍然直接调用已有的函数设置。

```
void Main(void)
{
    SetClockDivider(1,1);
    SetMPllValue(0xa1,0x3,0x1);
    Isr_Init();
    Port_Init();
    uart0_init();
    …                               //下面是具体的对 RTC 的操作
}
```

(5) 因为要求每隔一秒更新显示时间，所以在这里利用秒中断，每秒中断一次，重新显示实时时间。秒中断的设置也定义为函数，并把相应的中断请求和中断使能都在函数中实现。

```
#include "interrupt.h"             //包含处理中断相关的头文件
void __irq rtctick_isr(void);      //在主函数前声明中断处理函数
…
rtc_tickset(char tick)
{
    pISR_TICK = (unsigned)rtctick_isr;  //请求中断
    rRTCCON  = 0x0;                     //设置前禁止对数据寄存器读写
    rTICNT = (tick&0x7f)|0x80;  //bit[7]=1,使能 TICK 中断,周期为(1+tick)/128 秒
    Irq_Enable(IRQ_TICK);               //使能中断，在中断处理函数中清除
}
```

(6) 调用上面的两个函数，进行实时时间的设置，再取出实时时间，并设置一个全局变量，标识是否需要更新显示的内容，最后把实时时间通过串口显示在超级终端里。

```
int flag=0;                 //设置一个全局变量，标识是否到了一秒需要更新显示
void Main(void)
{
```

```
    int oldflag;         //用于和 flag 值比较，确定更新显示。变量定义在最前面
    rtc_date m_date;     //定义一个 rtc_date 类型的结构体变量
    ...                  //对时钟、串口和中断、GPIO 端口的设置
    //定义一结构体变量，并赋初值为当前时间 2010/12/25 09:35:00，星期六
    m_date.sec = 0x00;        //访问结构体变量的成员用"."运算符
    m_date.min = 0x35;
    m_date.hour = 0x09;
    m_date.day = 0x06;
    m_date.date= 0x25;
    m_date.mon = 0x12;
    m_date.year = 0x10;
    rtcset(&m_date);          //设置时间，实参用地址，形参用指针
    rtc_tickset(127);
    oldflag = flag;
    while(1)
    {
        if(oldflag != flag) //在中断处理函数里改变 flag 值后两者不等，重取时间值
        {
            rtcget(&m_date);          //读取时间
            oldflag = flag;           //取过值设置标识相等，直到秒中断后二者值不等
            Uart_Printf("\b\b\b\b\b\b\b\b\b\b\b\b\b\b%02x 年%02x 月%02x 日
\\b\b\b\b\b\b\b\b\b\b%04x:%02x:%02x",0x2000+m_date.year, m_date.mon,
//上面一行第一个\为续行，\b 为退格，即可以把前面显示内容删除
\m_date.day, m_date.hour, m_date.min, m_date.sec); //其中\为续行
        }
    }
}
```

上述写法为每隔一秒钟重新获取时间，再更新超级终端的显示。如果不用秒中断而直接在 while(1)循环中显示实时时间(如下面的写法)，虽然也可以实时更新显示，但这样的写法使得程序一直在取时间并显示，浪费资源。

```
while(1)
{
    rtcget(&m_date);
    Uart_Printf
("\b\b\b\b\b\b\b\b\b%02x:%02x:%02x",m_date.hour,m_date.min,m_date.sec);
}
```

(7) 只要设置好时间片中断计数器，到时间就会产生中断。时间片中断的中断处理函数很简单，只要更改一下标识，保证每秒钟重新到时间计数器组中取实时时间值即可。

```
void rtctick_isr(void)
{
    Irq_Clear(IRQ_TICK);          //清除 TICK 中断
    flag++;                       //使 flag=flag+1
}
```

【工作过程三】设置工程并编译工程

(1) 加入需要的启动文件和其他需要的文件。

加入 2410init.s 和 2410slib.s。

加入 2410lib.c 和 interrupt.c(从实验箱所附的光盘资料中复制到 D:\test 目录),并在工程窗口的 Link Order 页面设置把它们放在主程序前面。

(2) 在工程属性对话框中的 Target\Access Paths 设置包含的头文件路径,对工程的 ARM Linker 进行设置。

(3) 编译工程。

【工作过程四】下载程序

打开 AXD Debugger,选择 File | Load Image 命令,加载要调试的文件 D:\test\rtc\rtc_Data\DebugRel\rtc.axf,再将程序下载到目标系统。

【工作过程五】调试、运行

打开超级终端,下载完成后调试运行,可以在超级终端上看到实时时间年、月、日、时、分、秒的显示。

此工作场景是在超级终端上显示实时时间,也可以用 6 只数码管显示年、月、日,再显示时、分、秒,程序见第 11.10 节"工作实训营"的训练实例 1。

任务 2   校准秒时间

在任务 1 中所完成的实时时间显示程序基础上添加功能:通过按下按键 2,在实时时间秒数大于 40 秒时,进位到整秒时间。实时时间秒数小于 40 秒时,退到 00 秒(如在 09:36:47 时,按下按键 2 则变成 09:37:00;在 09:36:37 时,按下按键 2 则变成 09:36:00)。假设按键 2 接外部中断 2 处理。

【工作过程一】修改 rtctest.c 程序

因为需要使用外部中断,所以要增加中断设置编程。

(1) 在包含文件部分加入(如果没有)处理中断需要用到的头文件 interrupt.h 和 2410lib.h(前面用到了 tick 中断,已经有一部分中断设置,只需添加和 EINT2 相关的中断处理部分),并在主函数外部定义中断处理函数。

```
/* 定义中断处理函数 */
void __irq eint2_isr(void);
```

(2) 在主函数中加入对 EINT2 中断处理过程的函数,包括请求中断和使能中断。

```
void Main(void)
{
    ...                                    // 已有端口设置和中断初始化
    pISR_EINT2=(unsigned)eint2_isr;        // 请求中断
    Irq_Enable(IRQ_EINT2);                 // 使能中断
    ...
}
```

(3) 在中断处理函数中，设置 RTCRST 寄存器，主要是使能秒循环复位，同时设置如何循环复位。可以在主函数中设置，也可以在中断函数中设置。

```
void eint2_isr(void)
{
    Irq_Clear(IRQ_EINT2);      //清除中断
    rRTCCON = 0x01;            //因为复位、置位要修改时间计数器组的值，因此允许其读写
    rRTCRST|=0xB;              //或者在 Main 中设 rRTCRST=0x3，这里 rRTCRST|=0x8
    rRTCCON = 0x00;            //修改完后使读写禁止，防止被误修改
}
```

【工作过程二】重新编译工程、下载并运行

重新编译工程，并下载到实验箱上运行，分别在不同的时刻按下按键 2，在超级终端的时间显示上，观察秒和分钟值的变化。

任务 3　设置在每分钟第 5 秒报时，报时时间到时 4 只发光二极管闪烁三次

【工作过程一】修改 rtctest.c 程序

(1) 报警功能也是中断，因此也需要进行中断处理。在前面已经设置好包含文件，在主函数外部定义中断处理函数，并把报警中断的中断号命名为 IRQ_RTC。

```
/* 定义中断处理函数 */
void __irq alarm_isr(void);
```

(2) 对于报警的时间和报警方式的设置，也用一个函数来完成。在程序中主函数的前面定义函数 alarmset(rtc_date* p_date, unsigned char almmode)。这个函数有两个参数：第一个是报警的时间，和上面设置实时时间及获得实时时间的参数一样；第二个参数是报警的方式，也就是 RTCALM 报警控制寄存器(RTCALM)中的内容，此寄存器共有 7 位有效位，因此设置参数类型为 unsigned char。

```
alarmset(rtc_date* p_date, unsigned char almmode)
{
    rRTCCON = 0x01;           //读写使能
    rALMSEC = p_date->sec;
    rALMMIN = p_date->min;
    rALMHOUR = p_date->hour;
    rALMDATE = p_date->day;
    rALMMON = p_date->mon;
    rALMYEAR = p_date->year;
    rRTCALM = almmode;
    rRTCCON = 0x00;           //禁止读写
}
```

(3) 在主函数中加入中断处理过程的函数，包括中断初始化、端口初始化和请求中断，并调用上面的函数实现报警中断设置，最后使能中断。

```
void Main(void)
{
```

```
...
Isr_Init();              //中断初始化，如果有其他中断已经调用此函数，不用调用两次
Port_Init();             //初始化端口，说明同上
pISR_RTC=(unsigned)alarm_isr;        //请求中断
m_date.sec = 0x05;       //设置报警时间，与设置实时时间类似
m_date.min = 0x35;       //变量 m_date 只在赋初值时用到，此处可以重复使用
m_date.hour = 0x09;
m_date.date= 0x25;
m_date.mon = 0x12;
m_date.year = 0x10;
/* 以上赋值语句其实只修改了 m_date.sec 的值，其他没变的赋值语句可以不用 */
alarmset(&m_date,0x41);  //调用函数设置报警的时间和方式
Irq_Enable(IRQ_RTC);     //使能中断
...
}
```

(4) 在中断处理函数中，使 4 只二极管闪烁三次，假设二极管由 0x10000000 的 bit[7:4]
控制。

```
void rtc_alarm_isr(void)
{
    Irq_Clear(IRQ_RTC);             //清除中断
    for(int m=0;m<3;m++){           //闪烁三次
        *((unsigned char *)0x10000000) = 0x0f; //地址 0x10000000 用于控制二极管
        Delay(10);                  //调用延时函数
        *((unsigned char *)0x10000000) = 0xff;
        Delay(10);                  //调用延时函数
    }//因为这段程序执行时间不长，所以放在中断处理函数里
}
```

【工作过程二】重新编译工程、下载并运行

重新编译工程，并下载到实验箱上运行，观察当秒值为 5 时发光二极管的变化。

8.5 看门狗定时器

【学习目标】掌握看门狗定时器的作用、原理和使用看门狗定时器的步骤。

8.5.1 看门狗定时器的原理

看门狗(Watchdog)实际上就是一个定时/计数器。一般给看门狗的减 1 计数器一个大数，
程序开始运行后看门狗开始倒计数。如果程序运行正常，过一段时间 CPU 应发出指令让看
门狗复位，即重置减 1 计数器为原来的大数，计数器重新开始倒计数。如果没有按时重置
减 1 计数器的值，即没有喂狗，而使看门狗计数器减到 0，就认为程序没有正常工作，则产
生一个复位信号，强制整个系统复位。

在嵌入式系统中的看门狗定时器的作用是：当系统程序出现功能错乱，引起系统程序死循环时，能中断该系统程序的不正常运行，恢复系统程序的正常运行。

S3C2410 的看门狗定时器(Watchdog Timer)的逻辑原理图如图 8-3 所示。

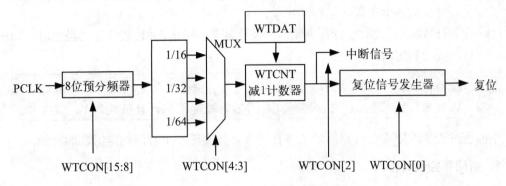

图 8-3　看门狗定时器逻辑原理图

看门狗定时器的逻辑原理图和通用定时/计数器的原理图是一致的。看门狗定时器的计数脉冲使用的是系统时钟信号源 PCLK，PCLK 是外设总线 APB 的总线时钟频率，它经过两级分频：一级是 8 位的预分频器，预分频器值的可选范围是 $0 \sim 2^8-1$；另一级分频是可选的固定分频值，也叫分割因子，频率分割因子可选择的值为 16、32、64 和 128。最后将分频后的时钟作为看门狗定时器的输入脉冲，当计数器期满后可以设置产生中断信号或者复位信号。

其基本工作原理为：设本系统程序完整运行一周期的时间是 T_p，看门狗的定时周期为 T_i，且 $T_i > T_p$，即相对 T_p 来说，T_i 是个大数。在程序运行一周期(T_p)后就修改定时器的计数值(T_i 还没有溢出)，只要程序正常运行，定时器就不会溢出。如果由于干扰等原因使系统不能在 T_p 时刻修改定时器的计数值，那么定时器将在 T_i 时刻溢出，引发系统复位，使系统得以重新运行，从而起到监控作用。

在一个完整的嵌入式系统中，通常都有看门狗定时器，并且一般集成在处理器芯片中。看门狗实际上就是一个定时器，只是根据它在期满后产生的信号不同分为两种功能：作为常规定时器使用，可以产生中断；或者作为看门狗定时器使用，期满时它可以产生 128 个时钟周期的复位信号，使系统复位。

> 💡 提示：MUX(Multiplexer)是多路选择器，它是一种多路输入、单路输出的组合逻辑电路，其逻辑功能是从多路输入中选中一路送至输出端。

8.5.2　看门狗定时器的基本操作

S3C2410 用了 3 个寄存器对 Watchdog Timer 进行操作，要控制 Watchdog 工作，我们只需要设置这 3 个寄存器为相应的值，Watchdog 就会按这些寄存器配置的值进行工作。

与看门狗定时器相关的有如下 3 个寄存器。

- 看门狗控制寄存器(WTCON)。
- 看门狗数据寄存器(WTDAT)。

● 看门狗计数寄存器(WTCNT)。

在使用看门狗定时器时，需要进行以下 3 个基本操作步骤的设置。

(1) 给减 1 计数器 WTCNT 一个值，用来设置定时的时钟周期个数。通过这个值计算出来的定时长度，应该大于程序运行的周期。

(2) 设置计数脉冲值，即设置预分频器值及分割器因子值，并设置计数器溢出时的动作。

(3) 启动看门狗定时器。

> 💡 提示: 看门狗数据寄存器 WTDAT 的作用就是存储计数值，再按时放到减 1 计数器 WTCNT 中，因此也可以不用此寄存器，而直接把计数值放到 WTCNT 中。

下面通过设置看门狗定时器的 3 个寄存器来具体实现一个看门狗定时器的功能。

1. 看门狗控制寄存器

看门狗控制寄存器(WTCON)可以用来设置计数脉冲值，并且设置定时器溢出时产生的动作，最后启动看门狗工作。看门狗控制寄存器的格式定义如表 8-19 所示。

表 8-19 WTCON 寄存器的位定义

符 号	位	描 述	初始状态
Prescaler Value	[15:8]	预分频值，有效范围为：0 到(2^8-1)	0x80
Reserved	[7:6]	保留，必须为 00	00
Watchdog Timer	[5]	看门狗定时器使能/禁止。 0：禁止看门狗定时器，1：使能看门狗定时器	1
Clock Select	[4:3]	决定时钟分频因子(分割器因子)。 00: 1/16 01: 1/32 10: 1/64 11: 1/128	00
Interrupt Generation	[2]	中断使能/禁止。 0：禁止产生中断，1：使能产生中断	0
Reserved	[1]	保留，必须为 0	0
Reset Enable/Disable	[0]	看门狗定时器输出引发复位信号的使能/禁止位。 0：禁止看门狗定时器的复位功能； 1：看门狗定时器超时后引发复位信号	1

从看门狗定时器的原理图可知，设置计数脉冲也就是设置预分频值和分割器因子值。预分频器的值和频率分割器因子可由看门狗定时器的控制寄存器进行编程设定：控制寄存器的 bit[15:8]共 8 位二进制数决定预分频器的分频值，因此预分频器值的可选范围是 0～2^8-1。控制寄存器的 bit[4:3]2 位决定频率分割因子的值，可选择的值为 16、32、64 和 128。除了设置分频值外，控制寄存器还可以设置定时器溢出时产生什么动作，由控制寄存器的 bit[2] 设定是否产生中断信号，bit[0]设定是否产生复位信号。

设置好上面几位之后，最后把该寄存器的 bit[5]置 1 则启动看门狗开始工作。

例如：要设置预分频值为 255，分割器因子选择 16，计数器溢出时产生复位信号，不生产中断信号，同时启动看门狗，则设置语句如下所示。

```
rWTCON = 0x7F21;
//[15:8]设为 0x7f,[5]设为 1,[4:3]设为 00,[2]设为 0,[0]设为 1,其余位设为 0
```

使用下面公式来计算看门狗定时器的计数时钟周期(也就是一个脉冲的时间)。

计数时钟周期(t_watchdog) = 1/(PCLK /(预分频器值+ 1) /分割因子)

看门狗定时器在一个计数时钟周期 t_watchdog 结束时会产生一个记数递减信号,即计数脉冲,这个脉冲使 WTCNT 计数器中的值减 1。

> 💡 提示: 周期是频率的倒数。计数时钟周期实际上就是计数脉冲频率的倒数,而计数脉冲就是由系统时钟 PCLK 经过两次分频后的频率值。第一次分频系数是(预分频器值+ 1),第二次分频系数是选定的分割因子值。因此计数脉冲是 PCLK /(预分频器值+ 1) /分割因子。

2.计数器寄存器

计数器寄存器(WTCNT)中存放的是当前的计数值,正常情况下用作减 1 计数器,每来一个计数时钟脉冲,计数器的值就会减 1。计数器寄存器的定义如表 8-20 所示。

表 8-20 WTCNT 寄存器的位定义

符　号	位	描　述	初始状态
Count Value	[15:0]	看门狗定时器计数器的当前值	0x8000

计数器寄存器中设置定时的时钟周期个数,计数值乘以每个计数脉冲所占用的时间(即计数时钟周期 t_watchdog),就是所需时间间隔。

所需时间间隔=计数常数*计数时钟周期(t_watchdog)

这个时间间隔必须比整个程序运行的时间长。

在上面的公式中,要计算的是计数常数。通常已知程序运行的总时间,选取一个大于程序运行总时间的时间间隔,求出计数常数,作为计数值放到计数器寄存器中。在 WTCNT 减 1 计数器还没减到 0 时就要在程序中重置 WTCNT 寄存器中的这个值,重置过程就是喂狗,否则如果因为某种原因没有及时喂狗,WTCNT 减 1 计数器减到 0,系统就认为程序发生问题、跑飞或者死机,就会重新复位(启动)系统。

S3C2410 还提供了另外一个寄存器即看门狗定时器数据寄存器,这个寄存器的功能很简单,就是保存上面计数出来的计数值。在"喂狗"的时候取出来重置计数器寄存器,经常在使用看门狗的时候不用这个寄存器而直接把计数值当作常数重置计数器寄存器。

设置计数器的初始值以及重置计数器值的语句如下。

```
rWTCNT = d; //d 表示计数常数(十进制或十六进制),由上面的公式计算得到
```

3.数据寄存器

数据寄存器(WTDAT)里存放的是看门狗定时器的计数常数值,即看门狗定时器的溢出时间间隔值。数据寄存器是可读/写的,这个寄存器的功能很简单,就是保存计数常数值。这里存放的值始终不变,并不做减 1 的操作,其具体格式如表 8-21 所示。

表 8-21　WTDAT 寄存器的位定义

符 号	位	描 述	初始状态
Count Reload Value	[15:0]	看门狗定时器的计数常数值	0x8000

在开启 Watchdog 之前，应该在寄存器 WTDAT 里面存有一个值，在 Watchdog 开启之后这个值会被自动加载进寄存器 WTCNT 中。

数据寄存器始终保持计数常数值，在"喂狗"的时候取出来重置计数器寄存器。

下面通过一个例子来看一下看门狗定时器是如何工作的。

实例：假设要监测的系统程序的周期不大于 40μs，系统时钟频率 PCLK=50MHz，设计时假设取分割器因子为 16，预分频值为 0，则可以得到计数时钟周期如下。

计数时钟周期=1/(PCLK/(预分频器值+ 1)/分割因子)=0.32μs

即一个计数脉冲的时间是 0.32μs，要产生一个大于 40μs 的时间间隔，则计数脉冲的个数即计数常数的计算公式如下。

计数常数=所需时间间隔/计数时钟周期=40/0.32=125(0x7d)

 提示：一旦看门狗定时器被启动工作，看门狗定时器中的计数常数寄存器就无法自动重载到计数寄存器中。因此，如果使用 WTDAT 寄存器，应该在看门狗定时器启动工作之前，通过初始化编程使计数常数写入计数寄存器中。

喂狗即重置计数器值这一动作可以在主函数中执行，也可以在中断处理函数中执行。在下面的工作场景中是在时钟节拍中断时执行的，当然也可以直接写在主函数的循环语句中。

 # 8.6　回到工作场景二

通过第 8.5 节内容的学习，读者应该掌握了看门狗定时器的使用方法。下面我们回到第 8.1 节的工作场景二，完成工作任务。

【工作过程一】 修改 rtctest.c 程序

在第 8.4 节所编写的 C 程序基础上，添加看门狗定时器的功能。在本程序中我们设置在时钟节拍中断里喂狗，每秒中断一次，即每秒喂狗一次。

(1) 在主函数中加入看门狗定时器的初始化程序，设置 WTCNT 计数器的值，并设置看门狗控制寄存器(这段程序加在 Main()函数里面，在设置部分即可，只要不是在 while(1)中)。

```
void Main(void)
{
    ...
  rWTCNT = 0x0800;        //此计数值根据程序执行的时间调整
```

```
rWTCON = 0x7f21;
    ...
}
```

(2)　时钟节拍中断的设置已经在工作场景一的程序中完成。在工作场景一中，通过时钟节拍中断使显示的时间每秒钟更新一次。在本场景中，时钟节拍中断除了完成上述功能外，还要在时钟节拍中断的中断处理函数中喂狗。此时时钟节拍中断的中断处理函数的内容如下。

```
void rtctick _isr(void)
{
    Irq_Clear(IRQ_TICK);        //清除 TICK 中断
    flag++;                     //原来程序中的内容
    rWTCNT = 0x0800;            //加入喂狗
}
```

【工作过程二】重新编译工程、下载并运行

重新编译工程，并下载到实验箱上运行，观察程序的运行情况。把中断处理函数中的喂狗部分注释掉，再重新编译工程，并下载到实验箱上运行，观察此时程序运行的情况。

结论：当加入看门狗功能，并且每秒中喂狗一次时，程序运行和原来一样。当注释掉喂狗的语句后，程序很快就会重新启动。

 ## 8.7　Timer 部件

【学习目标】掌握 Timer 部件的概念、特点及其基本操作，掌握 PWM 的原理和用途，以及使用步骤和方法。

8.7.1　基础知识

Timer 部件主要用于提供定时功能、脉宽调制(PWM)功能，它的应用比较灵活，对于需要一定频率的脉冲信号、一定时间间隔的定时信号的应用场合，它都能提供应用支持。

脉宽调制就是利用微处理器的数字输出来对模拟电路进行控制的一种非常有效的技术。广泛应用在从测量、通信到功率控制与变换的许多领域中，例如多相位电机控制、灯光亮度控制和 DC-DC 转换器等场合。PWM 控制器使得 ARM 具备了强大的矩形波输出能力，可以十分方便地输出不同频率、不同占空比的矩形波。PWM 从处理器到被控系统信号都是数字式的，无须进行数模转换，使信号保持为数字形式可将噪声影响降到最小。

下面通过一个简单的例子来了解一下 Timer 定时部件。

首先我们分析在图 8-4 所示的电路中，供电电压为 9 伏时，分别用(b)所示的 3 种脉冲信号(PWM 输出)作为(a)图的电源，给小灯泡供电，会产生什么结果？

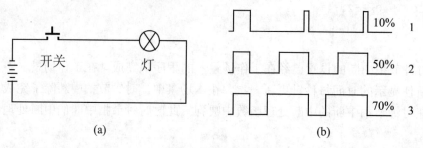

图 8-4 脉冲信号

使用(b)1 所示占空比的信号时，接通时间占周期的 10%，即占空比是 10%，相当于一个 0.9 伏的模拟信号产生的亮度。

使用(b)2 所示占空比的信号时，相当于一个 4.5 伏的模拟信号产生的亮度。

使用(b)3 所示占空比的信号时，相当于一个 6.3 伏的模拟信号产生的亮度。

许多微控制器内部都包含 PWM 控制器，并且一般都可以选择接通时间和周期。占空比是接通时间与周期之比，调制频率为周期的倒数。具体的 PWM 控制器在编程细节上会有所不同，但它们的基本思想通常是相同的。

8.7.2 Timer 部件的基本原理

Timer 定时器的基本功能原理和通用定时/计数器的原理是相同的，如图 8-5 所示。它是 S3C2410 处理器中 5 个 Timer 中的一个 Timer 的功能原理图，其他 4 个基本原理与此相同。

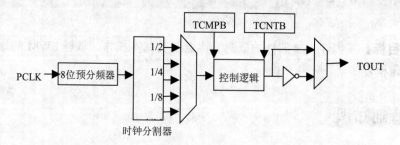

图 8-5 Timer 部件功能原理图

可以看到，Timer 定时器的时钟源是由外设总线 APB 总线时钟 PCLK 提供的，经过可编程控制的两级分频：8 位的预分频和分割器，把 PCLK 转换成输入时钟信号传送给各个 Timer 的控制逻辑单元(Control Logic)。事实上，每个 Timer 都有一个称为输入时钟频率(Timer input clock Frequency)的参数(也就是计数脉冲)，这个频率就是通过 PCLK、预分频器和时钟分割器因子确定下来的，每个 Timer 的控制逻辑单元就是以这个频率工作。

Timer 定时器输入时钟频率 = PCLK/(预分频系数+1)/(分割器值)

其中：预分频系数的范围为 0～255(8 位)。

分割器值的取值范围为 2、4、8 和 16。

在控制逻辑中有两个寄存器：一个是定时器的计数缓冲寄存器(TCNTB)，另一个是定时器的比较缓冲寄存器(TCMPB)，这两个寄存器在初始化时应被赋一个初值；启动定时器工作后，计数缓冲寄存器的值被加载到减 1 计数器中，每次减 1 后和比较缓冲寄存器中的值进行比较，相等时产生中断或执行 DMA 操作，并自动把计数值重新装入 TCNTB(刷新 TCNTB 以重新进行递减)。

例如：如图 8-6 所示，TCNTB 中的初始值是(40+60=100)，TCMPB 中的初始值是 60，则一个周期是 100×计数脉冲时钟周期。比较相等时所用时间是 40×计数脉冲时钟周期，相等以后由低电平变为高电平，所以占空比是 60/100。

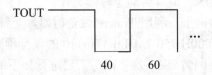

图 8-6　Timer 定时器产生一个脉冲

由上面的分析可以看出，定时时间由减 1 计数寄存器和比较缓冲寄存器中的值决定，当然也和计数脉冲有关，如果用作 PWM，则占空比也由二者决定。

上例实际上就是 PWM 信号的产生过程，如果是用于产生定时，则把比较缓冲寄存器 TCMPB 中的初始值设置为 0。当计数缓冲寄存器 TCNTB 中设置的初始值减到 0 时就是定时结束，这就是定时器的产生过程，而定时时间由下式计算得到。

Timer 定时器定时时间 = TCNTB 中的计数值×计数脉冲时钟周期

8.7.3　S3C2410 的 Timer 部件

S3C2410 提供了 5 个 16 位的定时器 Timer(Timer0～Timer4)，其中 Timer0～Timer3 支持 Pulse-Width Modulation—— PWM(脉宽调制)。Timer4 是一个内部定时器(internal timer)，没有输出引脚(output pins)。定时器 0 有 Dead-zone 发生器，可以保证一对反向信号不会同时改变状态，常用于大电流设备中。

Timer0 和 Timer1 使用相同的分频器，但它们的计数器以及控制器各自独立，Timer 2/3/4 情况相同。

提示：Timer4 和 Timer0 有特殊的地方。Timer4 没有比较缓冲寄存器。Timer0 可以用于大功率设备，因为 Timer0 内部有一个死区发生器。死区发生器可以在两个开关设备同时打开时，在它们之间插入一个小的时间间隔，从而避免它们同时动作，预防因为功率过大而超载。

8.7.4　Timer 部件的基本操作

要想启动一个定时器工作，需要对控制定时器的寄存器进行设置。与 Timer 部件有关的寄存器有如下几个。

- 定时器配置寄存器(TCFG0 和 TCFG1)。
- 定时器计数缓冲寄存器和比较缓冲寄存器(TCNTBn/TCMPBn)。
- 定时器控制寄存器(TCON)。
- 计数观察寄存器(TCNTOn)。

对定时器的操作主要是初始化定时器,然后启动定时器工作。初始化定时器就是设置定时器的预分频系数、分割器值,将初值写到 TCNTB 和 TCMPB 寄存器以及设置定时器手动更新位。这些工作都是通过设置定时器的寄存器来完成的,包括设置定时器配置寄存器 TCFG0 和 TCFG1,设置定时器计数缓冲寄存器 TCNTBn 和比较缓冲寄存器 TCMPBn 以及设置定时器控制寄存器 TCON,最后启动定时器工作。

下面我们通过一个简单的例子,利用 Timer0 做定时器,了解 Timer 部件的操作步骤。

假设系统 PCLK 是 50700000Hz(50.7MHz),Timer0 的预分频系数选择 119,分割器值选择 16。设计程序让 Timer0 每 1 秒产生一次中断,需要进行如下的操作。

1. 初始化控制定时器的寄存器

1) 定时器配置寄存器 0(TCFG0)

定时器配置寄存器 0(TCFG0)主要用来设置预分频系数。TCFG0 寄存器是可读/写的,复位后的初值为 0x00000000。TCFG0 寄存器的具体格式如表 8-22 所示。

表 8-22　TCFG0 寄存器的位定义

符　号	位	描　述	初始状态
reserved	[31:24]	保留	0x00
Dead zone length	[23:16]	确定死区长度,死区长度的 1 个单位等于 Timer0 的定时间隔	0x00
Prescaler 1	[15:8]	确定 Timer2、Timer3 和 Timer4 的预分频器值	0x00
Prescaler 0	[7:0]	确定 Timer0 和 Timer1 的预分频器值	0x00

例如要设置 Timer0 的预分频系数为 119,则应进行如下设置(十进制或十六进制均可)。

```
rTCFG0=119;      //TCFG0 寄存器的位[7:0]确定 Timer0 和 Timer1 的预分频器值
```

2) 定时器配置寄存器 1(TCFG1)

定时器配置寄存器 1(TCFG1)主要用来设置分割器的值,并且设置定时器的工作模式为产生中断还是执行 DMA 操作。TCFG1 寄存器是可读/写的,复位后的初值为 0x00000000。TCFG1 寄存器的具体格式如表 8-23 所示。

表 8-23　TCFG1 寄存器的位定义

符　号	位	描　述	初始状态
reserved	[31:24]	保留	
DMA mode	[23:20]	选择产生 DMA 请求的定时器。 0000=不选择(所有采用中断请求); 0001=Timer0;　0010=Timer1;　0011=Timer2; 0100=Timer3;　0101=Timer4;　0110=保留	0000

续表

符　号	位	描　述	初始状态
MUX4	[19:16]	选择 Timer4 的分割器值。 0000=1/2；0001=1/4；0010=1/8； 0011=1/16；01XX=外部 TCLK1	0000
MUX3	[15:12]	选择 Timer3 的分割器值。 0000=1/2；0001=1/4；0010=1/8； 0011=1/16；01XX=外部 TCLK1	0000
MUX2	[11:8]	选择 Timer2 的分割器值。 0000=1/2；0001=1/4；0010=1/8； 0011=1/16；01XX=外部 TCLK1	0000
MUX1	[7:4]	选择 Timer1 的分割器值。 0000=1/2；0001=1/4；0010=1/8； 0011=1/16；01XX=外部 TCLK1	0000
MUX0	[3:0]	选择 Timer0 的分割器值。 0000=1/2；0001=1/4；0010=1/8； 0011=1/16；01XX=外部 TCLK1	0000

例如要设置 Timer0 的分割器值为 16，则应进行如下设置。

```
rTCFG1=3;   //TCFG1 寄存器的位[3:0]选择 Timer0 的分割器值，0011=1/16
```

通过对 TCFG0 和 TCFG1 的设置，可以确定预分频系数和分割器的值，最终通过下面公式计算定时器输入时钟频率。

$$定时器输入时钟频率 = PCLK /(预分频系数+1) / (分割器值)$$

本例中，由上面的条件可以得到 Timer0 的输入时钟频率如下。

$$Timer0 的输入时钟频率 = 50700000/ (119+1)/16=26406$$

 提示：输入时钟频率即计数脉冲时钟周期的倒数。若要计算 TCNTB 中的计数常数值，可以用如下的公式。

$$计数常数=定时时间间隔(频率的倒数)/计数脉冲时钟周期$$

3)　Timer0 的计数缓冲寄存器和比较缓冲寄存器(TCNTB0/TCMPB0)

Timer0 计数缓冲寄存器(TCNTB0)用于存放计数初始值，该值会在定时器启动后加载到减 1 计数器，因此这个值决定了定时的周期，TCNTB0 寄存器复位后的初值为 0x00000000。Timer0 比较缓冲寄存器(TCMPB0)用于存放比较值，减 1 计数器每做一次减 1 操作后都会和此寄存器里的值作比较，如果相等则使电平翻转，产生一个脉冲，TCMPB0 寄存器复位后的初值为 0x00000000。这两个寄存器都是可读/写的，TCNTB0 寄存器和 TCMPB0 寄存器的具体格式如表 8-24 所示。

表 8-24　TCNTB0/TCMPB0 寄存器的位定义

符　号	位	描　述	初始状态
TCNTB0	[15:0]	存放 Timer0 的计数初始值	0x0000
TCMPB0	[15:0]	存放 Timer0 的比较缓冲值	0x0000

通过以上设置我们得到了输入时钟频率为 26 406，意思就是一秒内 Timer0 会进行 26 406 次递减和比较操作，如果要让 Timer0 每 1 秒产生一次中断，设置方法如下。

```
rTCNTB0=26406;
rTCMPB0=0;
```

类似地，如果要让 Timer0 每 x 秒产生一次中断，设置方法如下。

```
rTCNTB0=26406*x;        //此值递减到 0 需要 x 秒
rTCMPB0=0;
```

本例中设置的是定时器，因此 TCMPB0 寄存器中的值设为 0，如果用作 PWM，则只要根据占空比设置 TCMPB 寄存器中的值就可以实现，具体方法参见第 8.8 节"工作过程二"。

> 提示：要让 Timer0 每 0.5 秒产生一次中断，则应该设置 Timer0 计数缓冲寄存器的值为 26406/2=13203；要让 Timer0 每 0.25 秒产生一次中断，则应该设置 Timer0 计数缓冲寄存器的值为 26406/4=6601。
>
> 根据本节 2)中的公式可知，若已知 PWM 要产生的频率值，则计数常数=PCLK/(预分频值+1)/分割器值/PWM 频率值。

4) 定时器控制寄存器

定时器控制寄存器(TCON)用于设置 5 个定时器的计数值(TCNTB 和 TCMPB)的装载方式是手工装载还是自动装载，是周期性触发还是一次性触发以及启动或停止定时器等。复位后的初值为 0x00000000，TCON 寄存器是可读/写的。TCON 寄存器中关于 Timer0 的具体格式如表 8-25 所示(其他位的定义和 Timer0 的控制基本一样，只是没有位[4]的功能，详见 S3C2410 的数据手册)。

表 8-25　TCON 寄存器的位定义

符　号	位	描　述	初始状态
		……	—
Timer0	[4]	确定死区操作位。 1：使能；0：不使能	0
Timer0	[3]	确定 Timer0 的自动装载功能位。 1：自动装载；0：一次停止	0
Timer0	[2]	确定 Timer0 的启动/停止位。 1：TOUT0 反转；0：不反转	0
Timer0	[1]	确定 Timer0 的手动更新位。 1：更新 TCNTB0 和 TCMPB0；0：不操作	0
Timer0	[0]	确定 Timer0 的启动/停止位。 1：启动；0：停止	0

定时器控制寄存器的操作方法是：在启动定时器工作前，由于是第一次加载计数值和比较值到 TCNTB0 和 TCMPB0，需要手动刷新它们，因此首先要设置 TCON 寄存器的位[1]为 1，设置方法如下。

```
rTCON = 0x2;              //手动更新,可以写作 rTCON    |= (1<<1);
```

2．启动和停止定时器工作

启动和停止定时器工作也需要操作定时器控制寄存器。

1)　启动定时器工作

启动定时器工作需要置 TCON 寄存器的位[0]为 1,并且 TCON 的位[1]置为 0,停止手动刷新 TCNTB0 和 TCMPB0。置 TCON 寄存器的位[3]为 1,设置定时器计数值的加载模式为自动加载。这样每当 Timer 计数超出之后(此时 TCNTB 的值等于 TCMPB 的值),Timer 会自动把原来给定的计数值重新加载到 TCNTB 中。设置方法如下。

```
rTCON = 0x9;              //位[3]为 1,位[0]为 1 自动加载,清"手动更新"位,启动定时器 0
```

通过上面的设置,定时器就开始工作了。

2)　停止定时器工作

要想停止定时器工作需要设置 TCON 的位[0]为 0,设置方法如下。

```
rTCON = 0x0;              //位[0]为 0,停止工作定时器
```

3．计数观察寄存器

在控制定时器工作的寄存器中,还有一组只读的寄存器,用于观察定时器的计数缓冲寄存器中的当前计数值,即计数观察寄存器(TCNTO)。每个定时器相应有一个计数观察寄存器,Timer0 计数观察寄存器(TCNTO0)是只读的,复位后的初值为 0x00000000。以 Timer0 为例,TCNTO0 寄存器的具体格式如表 8-26 所示。

表 8-26　TCNTO0 寄存器的位定义

符　号	位	描　述	初始状态
TCNTO0	[15:0]	存放 Timer0 的当前计数值	0x0000

上面介绍了定时器 0 的相关寄存器,定时器通道 Timer1、Timer2 和 Timer3 的计数缓冲寄存器(TCNTBn)、比较缓冲寄存器(TCMPBn)、计数观察寄存器(TCNTOn)与 Timer0 对应的寄存器格式相同。

Timer4 没有比较缓冲寄存器,但有计数缓冲寄存器(TCNTB4)和计数观察寄存器(TCNTO4),寄存器格式与 Timer0 对应的寄存器格式相同。

8.8　回到工作场景三

通过 8.7 节内容的学习,读者应该掌握了 Timer 定时器和 PWM 的使用方法。下面我们将回到 8.1 节的工作场景三,完成工作任务。

在 8.4 节所编写的 rtctest.c 程序基础上,修改中断处理函数的内容,通过 PWM 控制蜂鸣器发出报警声音。对 PWM 的初始化设置可以放在主函数中,也可以直接放在中断处理函数中。为方便起见,我们使用 Timer0,并且把初始化 PWM 的操作放在中断处理函数中。

【工作过程一】PWM 控制蜂鸣器的电路

使用 PWM 控制蜂鸣器的驱动电路如图 8-7 所示。

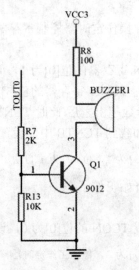

图 8-7　蜂鸣器驱动电路

【工作过程二】修改 rtctest.c 程序

(1) 端口设置。定时器的输出端口是使用通用输入/输出口的 B 口功能复用的，Timer0 的输出 TOUT0 和 GPB0 复用，因此要使用 TOUT0 必须先进行端口设置。在 rtctest.c 的主函数中的适当位置加入如下的设置语句。

```
void Main(void)
{
    …
    rGPBUP = rGPBUP & ~(0x01) | 0x01;      //设置 TOUT 0 不接上拉电阻
    rGPBCON = rGPBCON & ~(0x3) | 0x2;      //设置 GPB0 为 TOUT0 输出
    …
}
```

(2) 在主函数之前，定义一个函数 Pwm_Set()对 PWM 进行设置。

```
void Pwm_Set()
{
    unsigned short div;
    rTCFG0=0xFF;     //设置定时器的预分频率值:TIME0/1=255, TIME2/3/4=0
    rTCFG1=0x1;      //中断模式,分割器值:TIMER0 为 1/4, 其他为 1/2
    div=(PCLK/256/4)/1000;  //产生频率为 1000Hz(可调)的 PWM 脉冲信号
    rTCON=0x0;
    rTCNTB0= div;    //使用 Timer0
    rTCMPB0= (2*div)/3; //使用 2/3 的占空比(可调)
    rTCON=0xa;       //手工装载定时器的计数值
}
```

(3) 修改 rtctest.c 程序的报警中断处理函数如下。

```
void rtc_alarm_isr(void)
{
    Irq_Clear(IRQ_RTC);              //清除中断
    Pwm_Set();                       //调用函数对 PWM 设置
    rTCON=0x9;                        //启动定时器
    for( index = 0; index < 100000; index++);
    rTCON=0x0;                        //延时并关闭定时器
}
```

【工作过程三】重新编译工程、下载并运行

重新编译工程，并下载到实验箱中调试运行，观察程序的运行情况，会在报警时间到时听到蜂鸣器响。另外，通过调整输出脉冲的频率值和占空比值，可以调整蜂鸣器的声音。

8.9　工作实训营

8.9.1　训练实例 1

1．训练内容

制作一个音乐盒，利用 Timer0 产生 PWM 脉冲使蜂鸣器播放乐曲。

音乐的音高与频率是对应的，不同的频率驱动蜂鸣器会使蜂鸣器产生不同音高，因此首先要确定音调和频率之间的关系，例如频率为 1 300 赫兹的音就是中音的 1，频率为 1462 赫兹的音为 2，频率为 1 625 赫兹的音为 3，等等。

编写程序使蜂鸣器能够播放音乐。

2．训练目的

掌握定时器的使用和 PWM 的编程方法。

3．训练过程

PWM 的驱动电路仍然使用图 8-7 所示的电路，预分频值和分割器值和工作场景三中的设置相同。

定义一个数组，存放各种音调的频率值，顺序为中音、低音和高音。这样，根据简谱调用频率值时，只要直接用简谱做下标，但要注意中音的下标为 1～7(下标 0 空闲不用)，低音下标为 8～14，高音为 15～21。

把简谱作为数组存储，节拍也作为一个数组存储。

(1) 设置时钟和 GPIO 端口。

```
#include "def.h"
#include "2410lib.h"
#include "option.h"
```

```
#include "2410addr.h"
int Music_Play();
void Main(void)
{
    //配置系统时钟
    SetClockDivider(1,1);          //1:2:4
    SetMPllValue(0xa1,0x3,0x1);    //FCLK=202.8MHz
    //设置 GPB 端口
    rGPBUP = rGPBUP & ~(0x01) | 0x01;       //设置 TOUT 0 不接上拉电阻
    rGPBCON = rGPBCON & ~(0x3) | 0x2;       //设置 GPB0 为 TOUT0 输出
    ...
}
```

(2) 定义数组，包括音调的数组、某个乐曲简谱的数组和乐曲节拍的数组。

```
void Main(void)
{
    ...
    //音调数组，分别对应中、低、高音的 1~7
     const int music_freq[]={0,1300,1462,1625,1736,1950,2166,2437,650,731,812,868,975,
                     1083,1218,2600,2924,3250,3472,3900,4332,4874};
    //世上只有妈妈好的简谱
    const int music[]={6,5,3,5,15,6,5,6,3,5,6,5,3,1,13,5,3,2,2,3,5,5,6,3,
    2,1,5,3,2,1,13,1,12};
    //世上只有妈妈好的节拍
    const int music_dly[]={3,1,2,2,2,1,1,4,2,1,1,2,2,1,1,1,1,4,3,1,2,1,1,
    2,2,4,3,1,1,1,1,1,5};
    ...
}
```

(3) 播放音乐的函数。

```
int Music_Play(int a[],int b[],int c[],int d)
    //a[]对应音调数组,b[]对应简谱数组
{                                    //c[]对应节拍数组,整型变量 d 为简谱长度即数组长
    unsigned char div;
    int delay,i;
    rTCFG0=0xFF;     //设置定时器的预分频率值:TIME0/1=255, TIME2/3/4=0
    rTCFG1=0x1;      //中断模式,分割器值:TIMER0 为 1/4, 其他为 1/2
    for(i=0;i<d;i++)
    {
        div= (PCLK/256/4)/a[b[i]]; //计数常数=输入频率/PWM 频率
        rTCON=0x0;
        rTCNTB0= div;
        rTCMPB0= (2*div)/3;
        rTCON=0xa;
        rTCON=0x9;
        for(delay=0;delay<c[i]*50000;delay++); //节拍用延时实现
    rTCON=0x0;
    }
```

```
    return 0;
}
```

(4) 在主函数中调用播放函数。

```
void Main(void)
{
    ...
    Music_Play(music_freq,music,music_dly,33);
}
```

(5) 还可以配合其他功能。例如用数码管显示简谱,用二极管显示简谱等。还可以加入外部按键中断控制播放音乐的开始和结束,请读者自己练习。

4. 技术要点

用 PWM 控制蜂鸣器,不同的频率对应不同的音调。要播放音乐,必须知道频率和音调的对应关系。

音调、简谱和节拍都是包含多个值的变量,所以用数组存储其元素,并且简谱可以作为音调的下标,至于不同的中音、低音和高音,同时存在音调数组中,所以在简谱中也必须用数字进行区分。本程序采用的办法是:中音(用得比较多)在音调数组中的下标为 1~7,低音对应 1+7,…,7+7,而高音对应 1+7+7(1+14),…,7+7+7(7+14)。这样,简谱的值当为中音时,为正常的 1~7,为低音时,为 1~7 再加上 7,高音时为 1~7 再加上 14,刚好与前面的下标对应。对于节拍,只要把最短音定为 1,其他定为 1 的倍数,再利用延时程序的倍数关系实现。

在工程中,还要加入启动文件、链接文件和其他需要的文件。

加入 2410init.s 和 2410slib.s。

加入 2410lib.c,从实验箱所附的光盘资料中复制到 D:\test 目录。

最后对工程进行设置,编译后下载到实验箱上运行,可以听到由蜂鸣器奏出的音乐。

8.9.2　训练实例 2

1. 训练内容

用 3 位数码管显示 3 分钟倒计时。

倒计时可以用 tick 每秒钟产生一次中断,使数码管递减显示。数码管动态扫描的编程方法可参阅第 11 章。数码管是通过地址 0x10000006 和 0x10000004 直接控制的。

2. 训练目的

掌握实时时钟 RTC 的原理,设计方法,以及 tick 中断的编程方法。

3. 训练过程

```
#include "2410addr.h"
#include "2410lib.h"
#include "interrupt.h"
```

```
int i,j;
unsigned char data[3]={0x0,0x0,0x3};
void __irq rtc_tick_isr(void);
unsigned char seg[10] = {0xc0,0xf9,xa4,xb0,0x99,0x92,0x82,0xf8,0x80,0x90};
void Main(void)
{
    int i,j;
    SetClockDivider(1,1);
    SetMPllValue(0xa1,0x3,0x1);
    Port_Init();
    Isr_Init();
    pISR_TICK=(unsigned)rtc_tick_isr;
    rRTCCON=0x01;
    rTICNT = (0x7f)|0x80;
    rRTCCON=0x00;
    Irq_Enable(IRQ_TICK);
    while(1)
    {
        for(i=0;i<3;i++)
        {
        *((unsigned char *)0x10000006) =~(1 << i) & 0x3f;
        *((unsigned char *)0x10000004) = seg [data[i]&
            0x0f]&(i%2==0?0x7f:0xff) ;
        for(j=0;j<100;j++);
        }
    }
}
```

每秒中断的中断处理函数：

```
void rtc_tick_isr(void)
{
    Irq_Clear(IRQ_TICK);          /* 清除 TICK 中断 */
    j=0;i=0;
    if(data[1]==0&&data[0]==0)
    {
      data[2]--;
      data[1]=5;
      data[0]=9;
     }
    else if(data[0]==0)
    {
      data[1]--;
      data[0]=9;
    }
    else
      data[0]--;
}
```

4．技术要点

对动态扫描的编程可以参考 11.2.3 节，或者在这里可以加入对串口的设置，把 3 分钟倒计时的结果在超级终端上显示。在调试的过程中，也可以用打印语句在超级终端上打印提示信息或者变量的信息帮助调试。

8.9.3　工作实践常见问题解析

【常见问题 1】 在使用循环复位寄存器对实时时间的秒进行校正时，设置好了复位方式，为什么没有看到复位效果？

【答】 要使用 RTCRST 寄存器需要使能 RTC 控制寄存器，因为复位时需要修改实时时间计数器组的值，所以需要设置 RTCCON 的 RTCEN 位为 1。注意复位完成以后，需要设置 RTCEN 不使能，即 RTCEN 位置 0。

【常见问题 2】 每次重新启动实验箱后，设定的时间是否会保存？

【答】 如果系统中没有备用电源，通常情况下实时时钟在断电后时间不会保留，开机之后需要重新设置实时时间。

【常见问题 3】 tick 中断中时间片计数器的取值范围为 1～127，因此周期的最大值是 1 秒，即当设置 n 的值为 127 时，每隔 1 秒会产生一个中断信号。如何实现超过 1 秒的中断？

【答】 要实现超过 1 秒的中断，可以在程序中设置一个全局变量，初值为 0。在 tick 的中断处理函数中，对全局变量进行累加，在主函数中判断累加后的全局变量值，达到所需要的时间秒数时继续向下执行，同时置该全局变量为 0，可以继续实现下一次超过 1 秒的中断。

8.10　习题

一、问答题

(1)　定时器/计数器的工作原理是什么？

(2)　简述 RTC 的作用及 RTC 的操作步骤。

(3)　看门狗在嵌入式系统中起什么作用？如何使用看门狗？

(4)　PWM 的工作原理是什么？有哪些应用场合？

(5)　简述 PWM 模块的操作步骤。

(6)　利用秒中断如何产生大于 1 秒的中断？

二、操作题(编程题或实训题等)

(1)　若采用 S3C2410 芯片，监测系统程序周期不大于 $50\mu s$，PCLK=100MHz，求出计数常数，写出看门狗初始化程序。

(2)　编程实现用 PWM 控制发光二极管渐明渐暗。

第 9 章

I/O 端口设计

本章要点

- GPIO 端口的基本概念、原理及控制。
- S3C2410 的 GPIO 端口功能。
- GPIO 端口的使用方法。

技能目标

- 掌握 I/O 端口相关的基本概念、I/O 端口的控制和寻址方式。
- 掌握 S3C2410 的 GPIO 端口的功能配置。
- 掌握 I/O 端口的设置方法和处理流程。

9.1 工作场景导入

【工作场景】 GPIO 控制显示器件

在上一章中制作的电子钟，其时间可以有两种显示方法：12 小时制或者 24 小时制。可以用一只二极管显示当时所设置的时间是哪种显示方式。如果使用 12 小时制显示，则需要用一只二极管指示当时的时间是上午还是下午。当前是否设置了闹钟，也可以用一只二极管来指示。还有其他可以用 只二极管指示的地方，例如闹钟仅响 次还是定期响。

(1) 假设使用 S3C2410 的 GPF4、GPF5、GPF6 和 GPF7 四个 I/O 引脚控制 4 个 LED 发光二极管，应该如何实现这个控制(即如何连接)?

(2) 如何进行端口的设置?

(3) 如何通过 GPIO 控制发光二极管的亮灭，例如控制上述连接到 GPIO 的 4 个 LED 有规律的工作，依次点亮，最后一起熄灭?

【引导问题】

(1) 如何定义某个 I/O 端口的功能?

(2) I/O 端口如何进行数据的输入/输出操作?

(3) 上拉电阻有什么作用? 什么情况下需要接上拉电阻?

(4) 如何灵活运用位运算?

9.2 基础知识

【学习目标】 理解 GPIO 的基本概念，了解 GPIO 的控制方式和寻址方式，了解 S3C2410 的 GPIO 端口和引脚。

嵌入式系统的硬件组成部分除了微处理器(或微控制器)和存储器外还有一个关键的组成部分即 I/O 接口部件，通过 I/O 端口可以连接各种类型的外部输入/输出设备，例如键盘、LCD 显示器等。

9.2.1 数字量输入/输出

在工业现场常常要用到数字量输入/输出(例如继电器、LED 灯和蜂鸣器的控制)，传感器状态以及高低电平等信息的输入。这些多种多样的外设，其工作原理、信息格式、驱动方式及工作速度等方面差别很大，不能直接与 CPU 相连，进行数据传送或完成控制功能。因此在 CPU 与外设之间加入 I/O(输入/输出)接口电路，协助完成数据传送和控制功能。

通用输入/输出口(GPIO)在嵌入式系统中是一个比较重要的概念，用户可以通过 GPIO 端口和硬件进行数据交互(如 UART)，控制硬件工作(如 LED、蜂鸣器等)，读取硬件的工作状态信号(如中断信号)等。

总之，GPIO 口的使用非常广泛，可以根据应用的需要，使用和构造相应的接口电路，再编写相应的接口程序，支持各种外部设备。端口泛指 I/O 地址，通常对应寄存器。一个接口电路可以具有多个 I/O 端口，每个端口用来保存和交换不同的信息，例如数据寄存器、状态寄存器和控制寄存器占有的 I/O 地址常依次称为数据端口、状态端口和控制端口，用于保存数据、状态和控制信息。

9.2.2 I/O 端口控制方式

处理器与外设之间的数据传送控制方式(即 I/O 控制方式)通常有 3 种。

1. 程序控制方式

程序控制方式也叫做程序查询方式，CPU 通过 I/O 指令循环查询指定外设当前的状态，如果外设准备就绪，则进行数据的输入或输出，否则 CPU 等待。

程序控制方式结构简单，只需要少量的硬件电路，但是由于 CPU 的速度远远高于外设的速度，因此 CPU 通常处于等待状态，工作效率很低。

2. 中断方式

中断方式比程序控制方式具有更好的实时性。在中断控制方式下，CPU 不再被动等待，而是可以执行其他程序，一旦外设为数据交换准备就绪，外设能够提出服务请求给 CPU，CPU 如果响应该请求，便暂时停止当前程序的执行，转去执行与该请求对应的服务程序，完成后再继续执行原来被中断的程序。

中断控制方式不但为 CPU 省去了查询外设状态和等待外设就绪所花费的时间，提高了 CPU 的工作效率，还满足了外设的实时要求。但需要为每个 I/O 设备分配一个中断请求号和相应的中断服务程序，此外还需要一个中断控制器来管理 I/O 设备提出的中断请求，例如设置中断屏蔽、中断请求优先级等。

但是中断处理方式每传送一个字符都要进行中断，启动中断控制器，保存和恢复现场以便能够继续原程序的执行，这样如果需要大量数据交换，系统的性能会很低。

3. DMA 方式

DMA(直接存储器存取)方式不是用软件而是采用一个专门的硬件控制器来控制存储器与外设之间的数据传送，无须 CPU 介入，因而大大提高了 CPU 的工作效率，DMA 方式适用于高速 I/O 设备与存储器之间的大批量数据传送。

在进行 DMA 数据传送之前，DMA 控制器会向 CPU 申请总线控制权，如果 CPU 允许，则交出控制权。在数据交换时，总线控制权由 DMA 控制器掌握，传输结束后，DMA 控制器将总线控制权交还给 CPU。

提示：中断方式请参阅第 6 章，DMA 方式请参阅第 7 章。

9.2.3　I/O 端口寻址方式

处理器对 I/O 端口的访问实际上就是访问 I/O 端口部件的寄存器，而识别寄存器是通过其地址实现的，因此 I/O 端口部件中的寄存器应该唯一地分配一个地址。嵌入式系统中的 I/O 端口部件与存储器芯片通常是共享总线的，即它们的地址信号线、数据信号线和读/写控制信号线是连接在同一束总线上，对 I/O 端口部件的寻址通常有两种方法：存储器映射法和 I/O 端口单独编址法，如图 9-1(a)、(c)所示。

1. I/O 端口与存储器统一编址方式(存储器映射 I/O 结构)

I/O 端口和存储器共享一个地址空间，从整个寻址空间中划出一部分给 I/O 设备，其余的给存储器，二者的地址码不重叠，如图 9-1(b)所示。访问 I/O 端口不需要专门的 I/O 指令，通过地址码即可区分操作对象是存储器还是 I/O 端口。

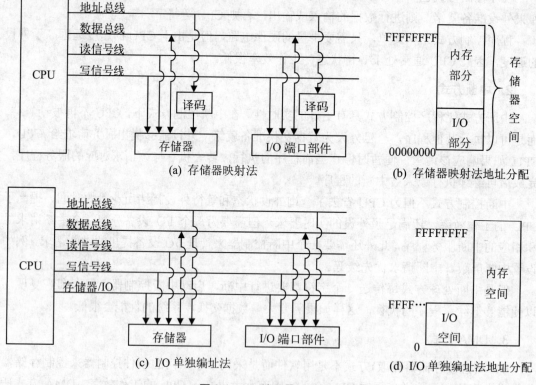

图 9-1　I/O 端口寻址方式

存储器映射 I/O 法使 I/O 端口的编址空间大(和存储器一样)，易于扩展。访问 I/O 端口和访问存储器使用相同的指令，指令丰富、功能齐全，使 I/O 数据存取与存储器数据存取一样灵活。

但是存储器映射 I/O 法使 I/O 端口占去部分存储器地址空间，存储器的容量达不到系统最大的寻址能力。I/O 操作的指令长，译码时间长，执行速度慢，程序不易阅读(不容易分清访存和访问外设)。

2. I/O 单独编址方式

存储单元与 I/O 端口分别编址，I/O 地址空间独立于存储地址空间，地址码重叠，如图 9-1(d)所示。访问 I/O 端口有专门的 I/O 指令，通过指令操作码可以区分操作对象是存储器还是 I/O 端口。

I/O 单独编址方式使 I/O 端口不占用存储器的编址空间，存储器的容量可以达到系统的最大寻址能力。对 I/O 操作的指令短、执行速度快，并且使程序清晰易读。

但是 I/O 端口地址范围一旦确定，不易扩展，而且 I/O 指令没有存储器指令丰富，能执行的操作单一。

ARM 的 I/O 端口部件都是采取存储器映射的方式。

9.2.4 S3C2410 的 GPIO 端口和引脚

不同型号的嵌入式处理器的 I/O 端口数量不同。S3C2410 芯片共有 117 个输入/输出引脚，分属于 8 个 I/O 端口(GPA-GPH)。这 8 个 I/O 端口均为多功能端口，端口功能可以编程设置。8 个 I/O 端口的引脚数量并不一样，每个 I/O 端口的引脚数量如下所示。

- 端口 A (GPA) 有 23 条输出引脚的端口。
- 端口 B (GPB) 有 11 条输入/输出引脚的端口。
- 端口 C (GPC) 有 16 条输入/输出引脚的端口。
- 端口 D (GPD) 有 16 条输入/输出引脚的端口。
- 端口 E (GPE) 有 16 条输入/输出引脚的端口。
- 端口 F (GPF) 有 8 条输入/输出引脚的端口。
- 端口 G (GPG) 有 16 条输入/输出引脚的端口。
- 端口 H (GPH) 有 11 条输入/输出引脚的端口。

GPIO 每个端口的不同引脚即是 S3C2410 芯片的一个管脚。例如，端口 F 有 8 个输入/输出引脚，意思就是端口 F(GPF)有 8 个引脚 GPF0、GPF1、GPF2、GPF3、GPF4、GPF5、GPF6 和 GPF7，而这 8 个引脚对应 S3C2410 芯片的 8 个管脚，如图 9-2 所示。

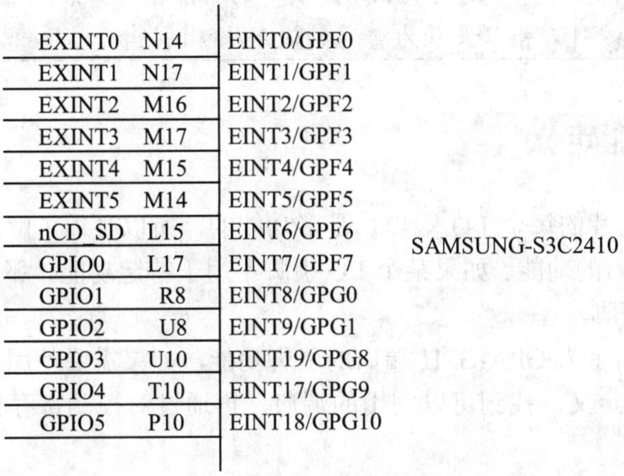

EXINT0	N14	EINT0/GPF0
EXINT1	N17	EINT1/GPF1
EXINT2	M16	EINT2/GPF2
EXINT3	M17	EINT3/GPF3
EXINT4	M15	EINT4/GPF4
EXINT5	M14	EINT5/GPF5
nCD SD	L15	EINT6/GPF6
GPIO0	L17	EINT7/GPF7
GPIO1	R8	EINT8/GPG0
GPIO2	U8	EINT9/GPG1
GPIO3	U10	EINT19/GPG8
GPIO4	T10	EINT17/GPG9
GPIO5	P10	EINT18/GPG10

SAMSUNG-S3C2410

图 9-2 GPIO 引脚示例

从图 9-2 中可以看到，每个管脚的功能标注(右侧的标注)都有 / 分开的两个(甚至更多)功能，例如对于 GPF0(N14)引脚的功能标注是 EINT0/GPF0，说明该引脚的基本功能是作为通用输入/输出口 F 的第一个端口，扩展的特殊功能是外部中断 0(EINT0)。而处理器芯片外的标注 EXINT0 表示这个引脚连接到其他外部元器件，可能是一个按键，作为外部中断控制。其他所有引脚以此类推。

S3C2410 的 I/O 端口大部分是功能复用的，通常可以用作输入口(input)、输出口(output)以及特殊功能口(如中断信号)。通常每个 I/O 端口有 3 个控制寄存器：通过相应端口的配置寄存器(GPxCON，x 为 A~H 之一)可以选择配置为不同的功能。配置好 GPIO 口的功能后就可以在相应数据寄存器(GPxDAT)中读/写数据了。上拉控制寄存器(GPxUP)用于确定是否使用内部上拉电阻。

例如：若想使用按键控制发光二极管亮灭，即在按下按键的时候点亮或者熄灭一个LED，应该如何实现？

一种方法是，可以把按键作为外部中断 0，把按键接到 EINT0/GPF0 管脚，并且设置GPF0 端口的功能是外部中断 0。把 LED 接到某个通用输入/输出端口(如接到 GPF1)，并且设置 GPF1 端口的功能是输出口，在按下按键的时候产生中断，在中断处理程序中使 GPF1相应的数据寄存器输出高电平或低电平，就可以实现用按键控制 LED 的亮灭了。

另一种方法是，可以把 GPF0 设置为输入口，通过检查它的数据寄存器查看它的状态，判断按键是否按下，如果按键按下，再通过 GPF1 的数据寄存器控制 LED 的亮灭。

> 提示：S3C2410 芯片的引脚功能电路见图 9-2。芯片内的是功能标注，表示该引脚的功能，在芯片外的标注除了连接线连到的位置(图中有 EXINT0)，还有一个是引脚序号标注。标注方法是，把芯片的引脚分为第 A 行、第 B 行、…、第 U 行，第1 列、第 2 列、…、第 17 列，由行和列组成的引脚序号(如 N 行 14 列，写作 N14)即 EINT0/GPF0。
> S3C2410 芯片的每个 I/O 端口均是多功能即功能复用的。
> 所谓功能复用，是指 I/O 端口根据系统配置和设计的不同需求，可以选择这些 I/O端口的功能。若选定某个 I/O 端口的功能，则应在主程序运行之前编程设置对应的控制寄存器，从而选定所需 I/O 端口的功能。如果某个 I/O 引脚不用于特定功能，那么该引脚可以设置为普通的输入/输出引脚。

9.2.5 端口功能定义

因为 S3C2410 芯片的每个 I/O 端口均是多功能的，所以必须了解所使用端口的功能，从而选定所需 I/O 端口的功能。如果某个 I/O 引脚不用于特定功能，那么可以把该引脚设置为普通的输入/输出引脚。

表 9-1~表 9-8 所示为 GPA-GPH 端口的引脚功能，如果需要使用某个功能，可以通过查看各个端口的功能定义，找到可以利用的端口，再通过对控制寄存器的设置，使该端口作为某种功能使用。

例如：如果我们要使用外部中断 0 和 1 的功能，那么通过查看各个端口的功能定义可知，端口 F 除了作为普通的输入/输出引脚外，还有一个功能就是可以作为外部中断引脚。如表 9-6 所示，需要使用 GPF0 和 GPF1，并且设置 GPF 的控制寄存器使这两个引脚用于外部中断。

端口 A 的引脚功能如表 9-1 所示，共有 23 条 I/O 引脚。

表 9-1 端口 A 的引脚功能

引脚标号	功能 1	功能 2	功能 3
GPA22	普通输出	nFCE	—
GPA21	普通输出	nRSTOUT	—
GPA20	普通输出	nFRE	—
GPA19	普通输出	nFWE	—
GPA18	普通输出	ALE	—
GPA17	普通输出	CLE	—
GPA16	普通输出	nGCS5	—
GPA15	普通输出	nGCS4	—
GPA14	普通输出	nGCS3	—
GPA13	普通输出	nGCS2	—
GPA12	普通输出	nGCS1	—
GPA11	普通输出	ADDR26	—
GPA10	普通输出	ADDR25	—
GPA9	普通输出	ADDR24	—
GPA8	普通输出	ADDR23	—
GPA7	普通输出	ADDR22	—
GPA6	普通输出	ADDR21	—
GPA5	普通输出	ADDR20	—
GPA4	普通输出	ADDR19	—
GPA3	普通输出	ADDR18	—
GPA2	普通输出	ADDR17	—
GPA1	普通输出	ADDR16	—
GPA0	普通输出	ADDR0	—

⚠ 注意：端口 A 的 I/O 引脚共有 23 条，只能作为输出引脚使用，不用作输入。除了作为普通的输出引脚外，另一个功能是可以定义成地址引脚等功能性引脚，但也是功能性输出引脚，而其他端口既可以作为输出也可以作为输入引脚。

端口 B 的引脚功能如表 9-2 所示，共有 11 条 I/O 引脚。

表 9-2　端口 B 的引脚功能

引脚标号	功能 1	功能 2	功能 3
GPB10	普通输入/输出	nXDREQ0	—
GPB9	普通输入/输出	nXDACK0	—
GPB8	普通输入/输出	nXDREQ1	—
GPB7	普通输入/输出	nXDACK1	—
GPB6	普通输入/输出	nXBREQ	—
GPB5	普通输入/输出	nXBACK	—
GPB4	普通输入/输出	TCLK0	—
GPB3	普通输入/输出	TOUT3	—
GPB2	普通输入/输出	TOUT2	—
GPB1	普通输入/输出	TOUT1	—
GPB0	普通输入/输出	TOUT0	—

端口 C 的引脚功能如表 9-3 所示，共有 16 条 I/O 引脚。

表 9-3　端口 C 的引脚功能

引脚标号	功能 1	功能 2	功能 3
GPC15	普通输入/输出	VD7	—
GPC14	普通输入/输出	VD6	—
GPC13	普通输入/输出	VD5	—
GPC12	普通输入/输出	VD4	—
GPC11	普通输入/输出	VD3	—
GPC10	普通输入/输出	VD2	—
GPC9	普通输入/输出	VD1	—
GPC8	普通输入/输出	VD0	—
GPC7	普通输入/输出	LCDVF2	—
GPC6	普通输入/输出	LCDVF1	—
GPC5	普通输入/输出	LCDVF0	—
GPC4	普通输入/输出	VM	—
GPC3	普通输入/输出	VFRAME	—
GPC2	普通输入/输出	VLINE	—
GPC1	普通输入/输出	VCLK	—
GPC0	普通输入/输出	LEND	—

端口 D 的引脚功能如表 9-4 所示，共有 16 条 I/O 引脚。

表 9-4　端口 D 的引脚功能

引脚标号	功能 1	功能 2	功能 3
GPD15	普通输入/输出	VD23	nSS0
GPD14	普通输入/输出	VD22	nSS1
GPD13	普通输入/输出	VD21	—
GPD12	普通输入/输出	VD20	—
GPD11	普通输入/输出	VD19	—
GPD10	普通输入/输出	VD18	—
GPD9	普通输入/输出	VD17	—
GPD8	普通输入/输出	VD16	—
GPD7	普通输入/输出	VD15	—
GPD6	普通输入/输出	VD14	—
GPD5	普通输入/输出	VD13	—
GPD4	普通输入/输出	VD12	—
GPD3	普通输入/输出	VD11	—
GPD2	普通输入/输出	VD10	—
GPD1	普通输入/输出	VD9	—
GPD0	普通输入/输出	VD8	—

端口 E 的引脚功能如表 9-5 所示，共有 16 条 I/O 引脚。

表 9-5　端口 E 的引脚功能

引脚标号	功能 1	功能 2	功能 3
GPE15	普通输入/输出	IICSDA	—
GPE14	普通输入/输出	IICSCL	—
GPE13	普通输入/输出	SPICLK0	—
GPE12	普通输入/输出	SPIMOSI0	—
GPE11	普通输入/输出	SPIMISO0	—
GPE10	普通输入/输出	SDDAT3	—
GPE9	普通输入/输出	SDDAT2	—
GPE8	普通输入/输出	SDDAT1	—
GPE7	普通输入/输出	SDDAT0	—
GPE6	普通输入/输出	SDCMD	—
GPE5	普通输入/输出	SDCLK	—
GPE4	普通输入/输出	I^2SSDO	I^2SSDI
GPE3	普通输入/输出	I^2SSDI	nSS0
GPE2	普通输入/输出	CDCLK	—
GPE1	普通输入/输出	I^2SSCLK	—
GPE0	普通输入/输出	I^2SLRCK	—

端口 F 的引脚功能如表 9-6 所示，共有 8 条 I/O 引脚。

表 9-6　端口 F 的引脚功能

引脚标号	功能 1	功能 2	功能 3
GPF7	普通输入/输出	EINT7	—
GPF6	普通输入/输出	EINT6	—
GPF5	普通输入/输出	EINT5	—
GPF4	普通输入/输出	EINT4	—
GPF3	普通输入/输出	EINT3	—
GPF2	普通输入/输出	EINT2	—
GPF1	普通输入/输出	EINT1	—
GPF0	普通输入/输出	EINT0	—

端口 G 的引脚功能如表 9-7 所示，共有 16 条 I/O 引脚。

表 9-7　端口 G 的引脚功能

引脚标号	功能 1	功能 2	功能 3
GPG15	普通输入/输出	ENIT23	nYPON
GPG14	普通输入/输出	ENIT22	YMON
GPG13	普通输入/输出	ENIT21	nXPON
GPG12	普通输入/输出	ENIT20	XMON
GPG11	普通输入/输出	ENIT19	TCLK1
GPG10	普通输入/输出	ENIT18	—
GPG9	普通输入/输出	ENIT17	—
GPG8	普通输入/输出	ENIT16	—
GPG7	普通输入/输出	ENIT15	SPICLK1
GPG6	普通输入/输出	ENIT14	SPIMOSI1
GPG5	普通输入/输出	ENIT13	SPIMISO1
GPG4	普通输入/输出	ENIT12	LCD_PWREN
GPG3	普通输入/输出	ENIT11	nSS1
GPG2	普通输入/输出	ENIT10	nSS0
GPG1	普通输入/输出	ENIT9	—
GPG0	普通输入/输出	ENIT8	—

端口 H 的引脚功能如表 9-8 所示，共有 11 条 I/O 引脚。

表 9-8　端口 H 的引脚功能

引脚标号	功能 1	功能 2	功能 3
GPH10	普通输入/输出	CLKOUT1	—
GPH9	普通输入/输出	CLKOUT0	—
GPH8	普通输入/输出	UCLK	—
GPH7	普通输入/输出	RXD2	nCTS1
GPH6	普通输入/输出	TXD2	nRTS1

续表

引脚标号	功能 1	功能 2	功能 3
GPH5	普通输入/输出	RXD1	—
GPH4	普通输入/输出	TXD1	—
GPH3	普通输入/输出	RXD0	—
GPH2	普通输入/输出	TXD0	—
GPH1	普通输入/输出	nRTS0	—
GPH0	普通输入/输出	nCTS0	—

 ## 9.3　GPIO 的操作

【学习目标】掌握处理 GPIO 的步骤：端口初始化，包括端口功能定义，端口控制寄存器的设置方法，端口数据寄存器的使用方法以及端口其他寄存器的设置方法。

每个端口(除了 A 口)均有 3 个寄存器用于控制其操作：一个是端口控制寄存器，用于设置每个引脚的功能；一个是数据寄存器，作为普通输入/输出功能时的数据存储器；还有一个是上拉控制寄存器，控制该端口的引脚是否需要接上拉电阻。端口 A 因为只能用于输出功能，因此没有上拉控制寄存器。

除了上述 3 个寄存器外，有的端口还会用到其他一些寄存器，比如外部中断控制寄存器等，有关内容将在本节最后给出简单的介绍。

9.3.1　GPIO 的处理流程

在具体使用 I/O 端口时，通常需要经过以下几个步骤的设置。

(1) 编程设置端口控制寄存器，以确定所使用 I/O 引脚的功能。

(2) 编程设置上拉控制寄存器以确定 I/O 端口是否使用上拉电阻。

(3) 最后通过数据寄存器输入或者读取数据，实现相应的应用。

为了满足不同设计要求，每个 I/O 口可以设置成不同的工作模式。GPIO 所用到的寄存器有 3 个。

● 端口控制寄存器(GPACON-GPHCON)，8 个。

● 端口上拉寄存器(GPBUP-GPHUP)，7 个，端口 A 没有上拉寄存器。

● 端口数据寄存器(GPADAT-GPHDAT)，8 个。

下面以 GPF 端口为例，介绍 GPIO 的处理流程。

1. 确定 I/O 端口所使用的功能

端口控制寄存器(GPACON-GPHCON)用于设置引脚工作模式，即引脚的功能，如输入、输出和特殊功能等。在确定好所使用的端口及端口的功能以后，需要通过端口控制寄存器进行设置。每个端口都有一个端口控制寄存器，例如，我们要设置使用端口 F 的 GPF0 和 GPF1 作为外部中断 0 和 1 的功能，F 端口的控制寄存器如表 9-9 所示。

表 9-9 GPFCON 寄存器的位定义(F 端口)

符 号	位	描 述	初始状态
GPF7	[15:14]	00=输入，01=输出，10=EINT7，11=保留	00
GPF6	[13:12]	00=输入，01=输出，10=EINT6，11=保留	00
GPF5	[11:10]	00=输入，01=输出，10=EINT5，11=保留	00
GPF4	[9:8]	00=输入，01=输出，10=EINT4，11=保留	00
GPF3	[7:6]	00=输入，01=输出，10=EINT3，11=保留	00
GPF2	[5:4]	00=输入，01=输出，10=EINT2，11=保留	00
GPF1	[3:2]	00=输入，01=输出，10=EINT1，11=保留	00
GPF0	[1:0]	00=输入，01=输出，10=EINT0，11=保留	00

由表 9-9 可以看到，要想使 GPF0 和 GPF1 用作 EINT0 和 EINT1，需要设置 GPFCON 寄存器的 bit[1:0]两位为 10，bit[3:2]两位为 10，即从第 3 位到第 0 位设置为 1010(十六进制即 0xa)，其余位应该保留原来的值不变。

只设置低 4 位而其他位不变，需要用位运算来进行设置。

```
rGPFCON = rGPFCON & 0xfffa | 0xa ;   //保持其他 12 位不变，把最后 4 位设为 1010
```

在设置端口控制寄存器选择功能方面，端口 A 与端口 B 至端口 H 有所不同。

因为 GPA 口只有两种功能：输出功能或者另外一种特殊功能，GPACON 只要一位对应一根引脚(共 23 位有效)。当某位设为 0 时，相应引脚为输出引脚，此时往 GPADAT 中写 0/1，可以让引脚输出低电平/高电平；当某位设为 1 时，则相应引脚为地址线，或者用于地址控制，此时 GPADAT 没有用了。

通常情况下，GPACON 全设为 1，以便访问外部存储器件。

端口 B 至端口 H 在寄存器操作方面完全相同，这些端口的功能有三四个，输入/输出和其他特殊功能。GPxCON(x 为 B-H 之一)中需要两位控制一根引脚：00 表示输入，01 表示输出，10 表示特殊功能，11 保留或表示其他特殊功能。

提示：如果寄存器的所有位都需要设置，则可以直接进行赋值；如果只设置其中的某些位，而其他的位保持不变，则用位运算设置。

用位运算设置一个寄存器中的某些位的方法，例如原来值为 1001110110100111 的 16 位二进制数，记为 rTEST，分别需要设置最后 4 位的值。

如果需要设置的位是连续的 1，则可以使用或运算，不需要设置的位用 0，rTEST=rTEST | 0xf(后 4 位全 1，前面 12 位用 0)。

如果要设置的位是连续的 0，则可使用与运算，不需要设置的位置 1，rTEST=rTEST & 0xfff0(后 4 位全 0，前面 12 位用 1)。

如果要设置的位有 0 也有 1，则需要使用与和或运算，例如设置最后 4 位为 1010，可以先用与运算再用或运算 rTEST=rTEST & 0xfffa | 0xa，或者先用或运算再用与运算 rTEST=rTEST | 0xa & 0xfffa。

2．确定 I/O 端口是否使用上拉电阻

端口上拉寄存器(GPBUP-GPHUP)用来确定 GPIO 端口的引脚是否在内部接上拉电阻，一般用作输入功能时需要接上拉电阻。因为端口 A 只用作输出功能，所以没有对应的上拉控制寄存器。GPxUP 寄存器是可读/写的：某位设为 1，相应引脚无内部上拉；为 0，相应引脚使用内部上拉。以 F 端口为例，如果 F 端口用作输入，则需要设置 GPFUP 寄存器。GPFUP 寄存器的定义如表 9-10 所示。

表 9-10　GPFUP 寄存器的位定义(F 端口)

符　号	位	描　　述	初始状态
GPF7:0	[7:0]	1=对应的 I/O 引脚上拉电阻不使能 0=对应的 I/O 引脚上拉电阻使能	0x00

因为 F 端口有 8 个引脚，所以 GPFUP 寄存器只使用了低 8 位[7:0]，每位对应一个引脚。上拉寄存器的设置方法与控制寄存器一样，用位运算进行设置，例如设置 F 端口的 GPF3 和 GPF4 使能上拉电阻，其他引脚不使能上拉电阻，则需要使 GPFUP 寄存器的 8 位中的[4:3] 两位是 0，其他位为 1，即 11100111(二进制)，写成十六进制就是 0xE7。如果每个引脚都要设置，则可以直接赋值，设置如下。

```
rGPFUP = 0xE7 ;   //F 端口的 8 个引脚分别设置了使能和不使能上拉电阻，直接赋值
```

 提示: 在数字逻辑电路中，由于某些引脚空闲不用，又不能悬空，通常用一适当的电阻接+vcc(上拉)或地(下拉)。具体使用上拉或下拉要看设计而定，大多不能随意改变。当然电阻本身是没有什么区别的。
上拉电阻的作用是，当 I/O 端口被定义为输入端口时，为了避免信号干扰产生不正确的值，通常会使用上拉电阻。
GPxUP 控制寄存器都是每个引脚对应一位，因此这些寄存器如果是一个 11 条引脚或 16 条引脚的端口，则使用低 11 位或低 16 位，相应的初值也有 11 位或 16 位。

3．确定 I/O 端口的输入或输出数据

端口数据寄存器(GPADAT-GPHDAT)里面的内容是数据。当端口被设置成输入模式时，可以向数据寄存器的相应位写入数据；当端口被设置成输出模式时，可以从数据寄存器的相应位读出数据。GPxDAT 寄存器是可读/写的，以 F 端口数据寄存器 GPFDAT 为例，端口数据寄存器的格式如表 9-11 所示。

表 9-11　GPFDAT 寄存器的位定义(F 端口)

符　号	位	描　　述	初始状态
GPF7:0	[7:0]	存放端口 F 的数据	—

当端口引脚被设置为输入功能时，引脚相应的位表示引脚状态，读此寄存器可知相应引脚状态是高还是低；当端口引脚被设置为输出功能时，可以把数据 0 或 1 写入该寄存器

的相应位，令此引脚输出低电平或高电平。例如，GPF 作为输出端口时，如下语句对该端口写入数据。

```
rGPFDAT = 0x0f; //对该端口写入数据作为输出使用，引脚0～3为高电平，4～7为低电平
```

⚠ 注意：因为每个端口的引脚个数不一样，而一个引脚可以代表一位二进制数的 0 或 1，所以数据寄存器的位数和端口的引脚数一致，且引脚的状态(即为 0 或 1)与数据寄存器对应，控制寄存器和上拉控制寄存器只起到控制引脚功能的作用，和引脚上的状态无关。

引脚的输入/输出功能是相对处理器为输入还是输出。

注：S3C2410 各个 GPIO 口的地址和作用请参考 Datasheet(数据手册)第 9 章 I/O PORTS，这里没有一一列出。

9.3.2 外部中断控制寄存器

对于 I/O 端口的特殊功能，还需要结合各种特殊的外设来进行设置。

对于外部中断，有外部中断控制寄存器 EXTINTn，其中 n 可以是 0、1 和 2。下面通过 EXTINT0 的例子来说明这些寄存器的具体定义，中断控制寄存器 EXTINT0 位定义的格式如表 9-12 所示。

表 9-12　EXTINT0 寄存器的位定义

符　号	位	描　述	初始状态
EINT7	[30:28]	确定 EINT 信号有效方式。 000=低电平；001=高电平；01x=下降沿； 10x=上升沿；11x=边沿	000
EINT6	[26:24]	确定 EINT 信号有效方式。 000=低电平；001=高电平；01x=下降沿； 10x=上升沿；11x=边沿	000
EINT5	[22:20]	确定 EINT 信号有效方式。 000=低电平；001=高电平；01x=下降沿； 10x=上升沿；11x=边沿	000
EINT4	[18:16]	确定 EINT 信号有效方式。 000=低电平；001=高电平；01x=下降沿； 10x=上升沿；11x=边沿	000
EINT3	[14:12]	确定 EINT 信号有效方式。 000=低电平；001=高电平；01x=下降沿； 10x=上升沿；11x=边沿	000
EINT2	[10:8]	确定 EINT 信号有效方式。 000=低电平；001=高电平；01x=下降沿； 10x=上升沿；11x=边沿	000

续表

符　号	位	描　述	初始状态
EINT1	[6:4]	确定 EINT 信号有效方式。 000=低电平；001=高电平；01x=下降沿； 10x=上升沿；11x=边沿	000
EINT0	[2:0]	确定 EINT 信号有效方式。 000=低电平；001=高电平；01x=下降沿； 10x=上升沿；11x=边沿	000

　　带数字滤波器的外部中断的中断控制寄存器 EXTINT2 位定义的格式如表 9-13 所示(只列出了一个外部中断 EINT16 的定义，其余类推)。

表 9-13　EXTINT2 寄存器的位定义

符　号	位	描　述	初始状态
...	...	......	...
FLTEN16	[3]	确定 EINT16 的滤波器使能。 1=使能；0=不使能	
EINT16	[2:0]	确定 EINT16 信号有效方式。 000=低电平；001=高电平；01x=下降沿； 10x=上升沿；11x=边沿	000

　　S3C2410 有 24 个外部中断请求信号，每个中断请求信号都需要确定控制信号有效的方式，即处理器识别引脚上有信号的方式。可以是低电平、高电平、下降沿、上升沿或者边沿有效等 5 种方式，5 种不同的方式用 3 位二进制即可控制。而 EINT16 至 EINT23 这 8 个外部中断引脚还具有数字滤波器，除了控制信号有效的方式外，还需要确定滤波器是否使能，因此需要 4 位二进制控制。

　　一个寄存器有 32 位，所以一个外部中断控制寄存器 EXTINTn 可以控制 8 个外部中断，EXTINT0 控制 EINT0 至 EINT7，EXTINT1 控制 EINT8 至 EINT15，EXTINT2 控制 EINT16 至 EINT23。

⚠ 注意：作为一级中断，由于滤波的需要，EXTINTn 引脚(外部中断)的有效逻辑电平必须至少持续 40ns。

9.3.3　外部中断的其他寄存器

　　控制外部中断的还有其他的寄存器，简单介绍如下。
- EINTFLTn　外部中断过滤寄存器共有 4 个，其中 EINTFLT0 和 EINTFLT1 保留未用，EINTFLT2 和 EINTFLT3 用于对使用数字滤波器的 8 个外部中断 EINT16 到 EINT23 的滤波器宽度进行设置。
- EINTMASK　外部中断屏蔽寄存器用来控制 20 个外部中断 EINT23 至 EINT4 是否

被屏蔽。

- **EINTPEND** 外部中断请求寄存器用来控制 20 个外部中断 EINT23 至 EINT4 的未决位，即是否有中断请求产生。可以通过向寄存器的相应位写入 1 来清零这一位。

各寄存器具体的位定义见 S3C2410 的数据手册。

9.3.4 端口其他寄存器

多控制寄存器(MISCCR)用于控制数据端口的上拉电阻、高阻状态、USB 接口和 CLKOUT 的选择。例如，与 USB 相关的输入/输出设备控制相应的 USB 注册为 USB 主机，或用于 USB 设备(从机)。

DCLK 控制寄存器(DCLKCON)用于对外部源时钟 DCLK0 和 DCLK1 进行控制以及时钟选择。

9.4 回到工作场景

通过前面内容的学习，读者应该掌握了 GPIO 端口的设置和使用方法。下面我们将回到第 9.1 节介绍的工作场景，完成工作任务。

【工作过程一】发光二极管与 S3C2410 的连接

使用 S3C2410 的 GPF4、GPF5、GPF6 和 GPF7 四个 I/O 引脚控制 4 个 LED 发光二极管，首先要把 4 个 LED 连接到 GPIO 引脚上，(如果使用实验箱或开发板，因为所有外设都已经连接好，所以可能接线的方法不一样)一种简单的接法如图 9-3 所示。

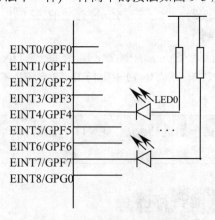

图 9-3 GPIO 连接发光二极管示例

【工作过程二】建立一个工程

打开 CodeWarrior IDE，新建一个工程，输入工程名 gpio，存放在 D:\test\gpio 目录下。

新建一个 C 语言源文件，输入文件名 gpio.c，存放在 D:\test\gpio 目录下并将其加入工程 gpio 中。

【工作过程三】 对端口进行设置

(1) 在 gpio.c 中，首先定义寄存器的地址。寄存器地址通常可以放在头文件里，以便整个嵌入式系统里软件编程的需要。

如果有这样的头文件，只需在程序中写上包含该头文件的语句就可以了。例如，头文件名是 addr.h，则在主函数之前定义包含文件。

```
#include "addr.h"
```

如果不使用头文件，则可以把寄存器地址定义语句写在主函数前面，使用如下的语句。

```
#define rGPFCON    (*(volatile unsigned *)0x56000050)
#define rGPFDAT    (*(volatile unsigned *)0x56000054)
#define rGPFUP     (*(volatile unsigned *)0x56000058)
```

(2) 在主函数中，需要设置端口控制寄存器，定义 I/O 端口的功能和端口上拉寄存器。

```
rGPFCON = rGPFCON&0x55ff|0x5500;      //只改变 GPF4 至 GPF7 对应的位,设为输出
rGPFUP = rGPFUP | 0xF0;               //GPF4 至 GPF7 不使能上拉电阻,其他不变
```

【工作过程四】 控制 4 个 LED 有规律地工作

对 LED 的控制实际上就是对数据寄存器的操作。在无限循环程序段中，控制 4 个 LED 从全部为熄灭的状态，到依次点亮状态(一个亮，两个亮等)。从图 9-3 中可以看到，当 GPF 相应的输出为 0 时发光二极管导通点亮，为 1 时发光二极管截止熄灭。通过依次对数据寄存器进行赋值的方法，可以控制 LED 工作。可以用下面的方法完成此操作。

```
void Main()
{
    int i;
    rGPFCON = rGPFCON&0x55ff|0x5500;      //只改变 GPF4 至 GPF7 对应的位,设为输出
    rGPFUP = rGPFUP | 0xF0;               //GPF4 至 GPF7 不使能上拉电阻,其他不变
    while(1)
    {
        rGPFDAT |= 0xF0;          //全灭
        for(i=0;i<10000;i++);
        rGPFDAT = rGPFDAT | 0xE0 & 0xEF;     //bit[4]=0, 点亮 LED0
        for(i=0;i<10000;i++);                //延时
        rGPFDAT = rGPFDAT | 0xC0 & 0xCF;     // bit[5:4]=0,点亮 LED0,1
        for(i=0;i<10000;i++);
        rGPFDAT = rGPFDAT | 0x80 & 0x8F;     // bit[6:4]=0,点亮 LED0-2
        for(i=0;i<10000;i++);
        rGPFDAT &= 0x0F;                     //全部点亮
        for(i=0;i<10000;i++);
    }
}
```

也可采用如下循环的方法，用移位控制所赋的值，使程序简化。

```
void Main(){
    int i,j;
```

```
unsigned char nled=0xF0;
rGPFCON = rGPFCON&0x55ff|0x5500;      //只改变 GPF4 至 GPF7 对应的位,设为输出
rGPFUP = rGPFUP | 0xF0;               //GPF4 至 GPF7 上拉电阻使能
while(1){
    for(j=0;j<=4;j++){
        rGPFDAT = rGPFDAT | (nled<<j) & (nled<<j | 0x0F);
        //bit[i]=0,点亮相应 GPFn 脚所接的 LED
        for(i=0;i<10000;i++);
    }
}
}
```

【工作过程五】 设置工程并编译工程

(1) 加入需要的启动文件和其他需要的文件。

加入 2410init.s 和 2410slib.s。

加入 2410lib.c 和 interrupt.c(从实验箱所附的光盘资料中复制到 D:\test 目录),并在工程窗口的 Link Order 页面设置把它们放在主程序前面。

(2) 在工程属性对话框中的 Target\Access Paths 处设置包含的头文件路径,对工程的 ARM Linker 进行设置。

(3) 编译工程。

【工作过程六】 下载程序

打开 AXD Debugger,选择 File | Load Image 命令,加载要调试的文件 D:\test\gpio\gpio_Data\DebugRel\gpio.axf,将程序下载到目标系统。

【工作过程七】 调试、运行

打开超级终端,下载完成后调试运行。如果实验箱上硬件连接如同工作过程一中图 9-3 所示,则可以看到发光二极管会依次被点亮。

9.5 工作实训营

9.5.1 训练实例 1

1. 训练内容

已知一个键盘是 5×4 阵列式键盘,GPC0 至 GPC3 作为输入(相对于 CPU)连接键盘的列,GPE0 至 GPE4 作为输出(相对于 CPU)连接键盘行。需要进行哪些设置?

2. 训练目的

掌握 GPIO 的设置方法。

3．训练过程

(1) 定义 GPIO 所使用的寄存器地址。

```
#define rGPCCON (*(volatile unsigned *)0x56000020)
#define rGPCDAT (*(volatile unsigned *)0x56000024)
#define rGPCUP  (*(volatile unsigned *)0x56000028)
#define rGPECON (*(volatile unsigned *)0x56000040)
#define rGPEDAT (*(volatile unsigned *)0x56000044)
#define rGPEUP  (*(volatile unsigned *)0x56000048)
```

(2) 设置控制寄存器 GPCCON 和 GPECON。

需要设置 GPC0 至 GPC3 为输入口，GPE0 至 GPE4 为输出口。在端口工作之前对两端口进行设置。

```
rGPCCON=rGPCCON&0xffffff00;
rGPECON=(rGPCCON&0xfffffc00)|0x00000155;
```

(3) 设置上拉电阻寄存器 GPCUP 和 GPEUP。

设置是否使能内部上拉电阻，GPC0 至 GPC3 需要使能上拉寄存器，GPE0 至 GPE4 不使能上拉寄存器。

```
rGPCUP = rGPCUP&0xfff0;           //使能内部上拉电阻
rGPEUP = rGPEUP|0x001f;           //不使能
```

(4) 使用数据寄存器 GPCDAT 和 GPEDAT。

根据用作输入或输出，可以从数据寄存器得到所输入的值，或者取出所输出的值。

```
rGPEDAT = …                       //输出
…  = rGPCDAT                      //输入
```

4．技术要点

在设置部分需要用到的 GPIO 引脚时，其他用不到的引脚应保持原来的值不变，因此在设置的时候用 | 和 & 等位运算联合使用进行设置。

GPIO 的使用比较灵活。在使用开发板或实验箱的时候，外设的连接常常已经固定，比如有的实验箱跑马灯(即发光二极管)没有通过 GPIO 控制，所以这里所讨论的 GPIO 只是一个假设，具体情况取决于硬件的连接。

9.5.2　训练实例 2

1．训练内容

上节工作场景中所描述的 4 个 LED，现用按键中断方式控制。使用 4 个按键分别控制 1 个 LED，即按下按键 0，LED0 发光，再按一下则熄灭，以此类推；应该如何实现？如何设置？

2．训练目的

掌握 GPIO 的使用方法和编程方法，以及复习中断处理的方法。

3．训练过程

如果用中断方式控制，则需要使用外部中断。假设把 4 个按键接到外部中断 0～3，查看 GPIO 的引脚功能定义表可知：EINT0(外部中断 0)对应 GPF0，EINT1 对应 GPF1，EINT2 对应 GPF2，EINT3 对应 GPF3，因此 4 个按键的连接电路如图 9-4 所示。

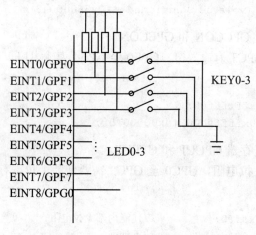

图 9-4　GPIO 连接二极管和按键示例

在第 9.4 节工作场景中的工程基础上进行修改，完成本训练的任务。

修改设置端口控制寄存器和端口上拉寄存器，添加对 GPF0 至 GPF3 的设置。

```
rGPFCON = rGPFCON&0xffaa|0x00aa;     //改变 GPF0 至 GPF3 对应的位，设为外部中断
rGPFUP = rGPFUP|0x0F;                //GPF0 至 GPF3 上拉电阻不使能
rEXTINT0 = rEXTINT0|0x2222&0xffff2222;    // EINT[3:0]设置为下降沿触发
```

如果和 GPF4 至 GPF7 的设置合并处理，则端口控制寄存器和端口上拉寄存器可以设置如下。

```
rGPFCON = 0x55aa;             //每一位都要设置，可以直接赋值
rGPFUP = 0xFF;
rEXTINT0 = 0x22222222;
```

下面在程序中加入中断处理的过程。

(1) 在主函数外面，加入外部中断 0～3 的中断处理函数的声明。

```
void __irq eint0_isr(void);
void __irq eint1_isr(void);
void __irq eint2_isr(void);
void __irq eint3_isr(void);
```

(2) 在函数中加入这 4 个中断的中断初始化、请求中断和使能中断等，可以直接使用已经定义好的函数，这些函数在 interrupt.c 中定义(需要在工程中加入此程序)。

```
void Main()
{
    ...
    Isr_Init();                                    //中断初始化
    rGPFCON =0x55aa;                               //设置 GPF 的每位
    rGPFUP = 0xFF;                                 //上拉电阻不使能
    rEXTINT0 = rEXTINT0 | 0x00002222 & 0xFFFF2222; // EINT[3:0]下降沿触发
    pISR_EINT0=(unsigned)eint0_isr;                //请求中断,中断号在 interrupt.c 中
    pISR_EINT1=(unsigned)eint1_isr;
    pISR_EINT2=(unsigned)eint2_isr;
    pISR_EINT3=(unsigned)eint3_isr;
    Irq_Enable(IRQ_EINT0);                         //使能中断
    Irq_Enable(IRQ_EINT1);
    Irq_Enable(IRQ_EINT2);
    Irq_Enable(IRQ_EINT3);
    ...
}
```

(3) 修改主函数中与中断相关的其他部分。

```
...
unsigned char nled=0xF0;                //定义的全局变量,在主函数前面定义
int led0=0,led1=0,led2=0,led3=0;        //标识二极管的状态:亮或者灭
...
void Main()
{
    ...
    while(1){
        rGPFDAT = nled;
        for(i=0;i<10000;i++);
    }
}
```

(4) 在每个按键的中断处理函数中,清除中断,并点亮或者熄灭相应的 LED,即使相应的引脚置为低电平或高电平。

```
void eint0_isr(void)
{
    Irq_Clear(IRQ_EINT0);
    if(led0==0)
       nled=nled & 0xE0;         //点亮 GPF4 对应的 LED0
    else
       nled=nled | 0x10;         //熄灭 GPF4 对应的 LED0
    led0=~led0;                  //改变 led0 的值
}
```

(5) 其他中断处理函数与 EINT0 的处理类似,此处略。

4. 技术要点

在此任务中,中断处理函数及主函数各自完成的功能是这样划分的:设置两个全局变

量(需要在主函数和中断处理函数中同时可以使用)，一个用于记录当前二极管的状态(ledx：点亮还是熄灭)，另一个用于设置数据寄存器的值(nled)。按下按键时，根据所记录的目前二极管的状态(ledx)，决定在中断处理函数中设置另一个变量为相应的值(nled)，然后在主函数中根据这个值使相应的 LED 点亮。同时记录此次按下按键，二极管的状态是点亮还是熄灭(改变 ledx)，以便再次按下按键时使用。

9.5.3　工作实践常见问题解析

【常见问题 1】在进行 GPIO 端口的控制寄存器设置时，直接赋值会产生什么问题？

【答】直接进行赋值，可能会影响其他功能的设置。例如，原来 GPF0 作为外部中断 0 使用，现在要把 GPF4 作为输出外接一个发光二极管 LED，如果直接赋值 rGPFCON=0x100 或者 rGPFCON=0x1FF 都会破坏原来 GPF0 的功能，而想设置为 rGPFCON=0x102，并不一定知道原来 GPF 各个引脚的功能。因此在设置寄存器时，应该注意要保护寄存器原来的内容。

【常见问题 2】在使用 GPIO 端口时，如何确定是否需要使用上拉电阻？

【答】通常当 I/O 端口被定义为输入端口时，为了避免信号干扰产生不正确的值，会使用上拉电阻。上拉就是用一适当的电阻接+vcc 高电平。

9.6　习题

一、问答题

(1) 什么是通用输入/输出接口？
(2) 描述 S3C2410 中 GPIO 端口的配置情况。
(3) 上拉电阻有什么作用？什么时候需要接上拉电阻？
(4) GPIO 端口控制有哪些寄存器？都具有什么功能？

二、操作题(编程题或实训题等)

(1) 用一个按键(利用外部中断 2)控制两个 LED 依次点亮。按下一次，第一个 LED(接在 GPF4 引脚上)亮，按下两次，第二个(接在 GPF5 引脚上)亮，按下第三次，两个 LED 都熄灭。接着再进行这样的循环。

(2) 已知通用输入/输出接口(GPIO)B 的端口控制寄存器地址为 0x56000010，端口数据寄存器的地址为 0x56000014，上拉寄存器地址为 0x56000018，编写 C 语言程序段，将其配置为输出接口，不接上拉电阻，并将立即数 0x100 送到数据口输出。

第 10 章

异步串行通信接口

 本章要点

- ■ S3C2410 的时钟系统及设置方法。
- ■ 串口通信的基本概念和原理。
- ■ 嵌入式系统串口通信的处理流程。
- ■ 串口通信的编程方法。

技能目标

- ■ 掌握时钟系统的基本概念。
- ■ 掌握系统时钟设置的方法。
- ■ 掌握串口通信的基本概念。
- ■ 掌握串口通信处理的流程。
- ■ 掌握串口通信的设计方法。

10.1 工作场景导入

10.1.1 工作场景一

【工作场景】 系统时钟配置

在操作各种处理器自带的片上外设或者外接的外部设备时，可能需要使用系统内部时钟作为输入源工作，例如看门狗定时器就是使用 APB 总线时钟 PCLK 工作的。因此，在进行操作之前必须对系统时钟进行必要的初始化设置，正确配置系统时钟及 AHB 和 APB 等总线时钟。

请编写程序进行时钟系统配置，得到如下结果：

系统主时钟 FCLK=202.80MHz，FCLK∶HCLK∶PCLK=1∶2∶4。

【引导问题】

(1) 什么是系统时钟？如何选择时钟源？

(2) 通常系统中有哪几种时钟？

(3) 如何配置系统所使用的各种时钟？

10.1.2 工作场景二

【工作场景】 把从键盘输入的内容显示在超级终端

实验箱上有一些可以显示或指示实验结果的器件(如二极管、数码管、蜂鸣器或者 LCD 显示屏等)，但我们知道，实验箱的启动信息可以在 Windows 的超级终端显示，启动后我们可以在命令提示符后输入命令，但当我们把程序放到 SDRAM 中运行以后，超级终端里则不能再接收所输入的命令字符。

本章我们将编写这样一个程序：运行程序后，可以把从键盘输入的各种字符显示在超级终端上。

这个过程叫做回显或回环，目的是用来测试串口通信是否正常。

【引导问题】

(1) 超级终端显示的实验箱的启动信息是通过什么通信方式完成的？

(2) 串行通信相关的基本概念有哪些？

(3) 要实现串口通信需要进行哪些设置？

(4) 串口如何发送数据和接收数据？

10.2　时钟系统相关的基础知识

【学习目标】理解时钟的概念以及和时钟相关的一些概念，了解 S3C2410 时钟系统的结构。

10.2.1　时钟控制

系统的时钟周期也称为振荡周期，定义为时钟脉冲的倒数，即外接晶振频率的倒数，是计算机中最基本、最小的时间单位。时钟脉冲是计算机的基本工作脉冲，它控制着计算机的工作节奏(使计算机的每一步都统一到它的步调上来)。显然，在相同条件下，时钟频率越高，计算机的工作速度就越快。

系统时钟是整个系统中的源，系统时钟经过分频或不分频处理，可以得到系统中各种内部和外部设备的时钟。系统时钟在整个系统运行过程中起到了时基的作用。定时器、AD采集和外部中断等都和系统时钟有关，它提供了各种总线需要的时钟信号，以协调各部件的时钟频率。

S3C2410 的时钟和功率管理模块由 3 部分组成：时钟控制、USB 控制和功率控制。

S3C2410 的时钟控制逻辑能够产生系统所需要的时钟，包括 CPU 的 FCLK，AHB 总线接口的 HCLK 和 APB 总线接口的 PCLK。

S3C2410 CPU 默认的时钟频率(工作主频)为 12MHz，使用 PLL 电路可以产生更高的主频供 CPU 及外围器件使用。S3C2410 有两个 PLL(Phase-Locked Loop，锁相环)：MPLL 用于 CPU 及其他外围器件，UPLL 专用于 USB 模块(48MHz)。时钟控制逻辑能够由软件控制不将 PLL 连接到各接口模块以降低处理器时钟频率，从而降低功耗。

通过 MPLL 会产生 3 个部分的时钟频率：FCLK、HCLK 和 PCLK。FCLK 用于 CPU 核，HCLK 用于 AHB 总线的设备(比如 SDRAM，参见第 4 章的图 4-3，与 AHB 相连的设备)，PCLK 用于 APB 总线的设备(比如 UART，参见第 4 章的图 4-3，与 APB 相连的设备)。从时钟结构图中也可以查看到使用不同时钟频率的硬件，如图 10-1 所示。

10.2.2　时钟源选择

如图 10-1 所示，系统时钟源可以选择晶振或外部时钟，由 CPU 芯片的模式控制引脚决定。模式控制引脚(OM3 和 OM2)和选择时钟源之间的对应关系如表 10-1 所示。

表 10-1　系统启动时时钟源的选择

模式控制引脚 OM[3:2]	主时钟锁相环(MPLL)状态	USB 时钟锁相环(UPLL)状态	主时钟源	USB 时钟源
00	开	开	晶振	晶振
01	开	开	晶振	外部时钟
10	开	开	外部时钟	晶振
11	开	开	外部时钟	外部时钟

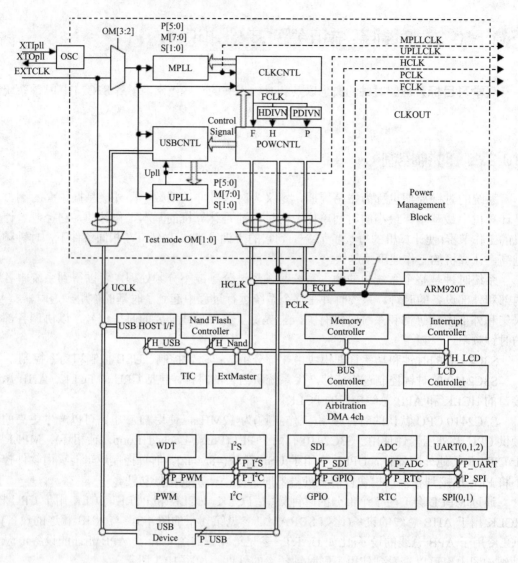

图 10-1　时钟结构图

OM[3:2]的状态由 OM3 和 OM2 引脚的状态在 nRESET 的上升沿锁存得到。

通常可以使用晶振产生主时钟源和 USB 时钟源，因此应该把 OM3 和 OM2 引脚接地，如图 10-2 所示。

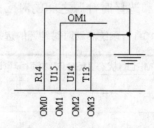

图 10-2　S3C2410 芯片的 OM2 和 OM3 引脚图

10.2.3 FCLK、HCLK 和 PCLK

FCLK 为 CPU 核提供时钟信号，我们所说的 S3C2410 的 CPU 主频为 200MHz，就是指这个时钟信号，相应地，1/FCLK 即为 CPU 时钟周期。在这里，FCLK 用于 ARM920T。

HCLK 为 AHB 总线外围设备(bus peripherals)提供时钟信号，AHB 为 Advanced High-performance Bus 的缩写，是指 AMBA 总线中的高速总线。HCLK 用于 AHB 总线(包括 ARM920T)、存储控制器、中断控制器、LCD 控制器、DMA 和 USB 主机。

PCLK 为 APB 总线外围设备提供时钟信号，APB 为 Advanced Peripherals Bus 的缩写，是指 AMBA 总线中的外设总线或低速总线。PCLK 用于 APB 总线，包括外设 WDT、IIS、IIC、PWM TIMER、MMC、ADC、UART、GPIO、RTC 和 SPI 等。

 提示：AHB 和 APB 两种总线所连的外设是有区别的。AHB 总线连接高速外设，低速外设则通过 APB 总线互连。显然，对不同总线上的外设，应该使用不同的时钟信号，AHB 总线对应 HCLK，APB 总线对应 PCLK。事先就应该弄清楚每条总线对应的外设有哪些，这样在设置好时钟信号后，对应外设的初始化的值就要依此而确定。

 # 10.3 时钟配置

10.3.1 锁定时间计数器寄存器

系统上电几毫秒后，晶振输出稳定，FCLK 等于晶振频率，nRESET(复位)信号恢复高电平后，CPU 开始执行指令。我们可以在程序开头启动 MPLL，在设置 MPLL 的几个寄存器后，需要等待一段时间(Lock Time)，使其输出稳定。在这段时间(Lock Time)内，FCLK 停振，CPU 停止工作。Lock Time 的长短由锁定时间计数器寄存器(LOCKTIME)设定。Lock Time 之后，MPLL 输出正常，CPU 工作在新的 FCLK 下。锁定时间计数器寄存器的定义如表 10-2 所示。

表 10-2 锁定计数器寄存器的位定义

符 号	位	描 述	初始状态
U_LTIME	[23:12]	UPLL 对于 UCLK 的锁定时间计数值 U_LTIME >150μs	0xFFF
M_LTIME	[11:0]	MPLL 对于 FCLK、HCLK 和 PCLK 的锁定时间计数值 M_LTIME >150μs	0xFFF

LOCKTIME 分别设定了 UPLL 对于 UCLK 的锁定时间计数值和 MPLL 对于 FCLK、HCLK 和 PCLK 的锁定时间计数值，位[23:12]用于 UPLL，位[11:0]用于 MPLL。使用时设置为缺省值 0x00ffffff 即可。

```
rLOCKTIME = 0x00ffffff;
```

10.3.2 配置 APB 和 AHB 总线时钟

S3C2410 支持 FCLK、HCLK 和 PCLK 三者之间的比率可选，这个比率是由时钟除数控制寄存器(CLKDIVN)的 HDIVN 和 PDIVN 决定的。CLKDIVN 用来设置 FCLK∶HCLK∶PCLK 的比例关系，默认为 1∶1∶1。CLKDIVN 寄存器的定义如表 10-3 所示。

表 10-3 CLKDIVN 时钟除数控制寄存器的位定义

符　号	位	描　　述	初始状态
HDIVN1	[2]	使用特殊的总线时钟比率。 0：保留； 1：HCLK = FCLK/4； PCLK = FCLK/4	0
HDIVN	[1]	0：HCLK = FCLK； 1：HCLK = FCLK/2	0
PDIVN	[0]	0：PCLK = FCLK； 1：PCLK = FCLK/2	0

可见，CLKDIVN 寄存器定义了 HCLK 和 PCLK 与系统主时钟 FCLK 之间的比例关系，而 CLKDIVN 寄存器不同的设置及对应的时钟比例关系如表 10-4 所示。

表 10-4 FCLK、HCLK 和 PCLK 之间的比例选择

HDIVN1	HDIVN	PDIVN	FCLK	HCLK	PCLK	分频比例
0	0	0	FCLK	FCLK	FCLK	1∶1∶1 (默认)
0	0	1	FCLK	FCLK	FCLK/2	1∶1∶2
0	1	0	FCLK	FCLK/2	FCLK/2	1∶2∶2
0	1	1	FCLK	FCLK/2	FCLK/4	1∶2∶4 (推荐)
1	0	0	FCLK	FCLK/4	FCLK/4	1∶4∶4

假如需要设置 FCLK∶HCLK∶PCLK=1∶2∶4，从表 10-4 可以看到 CLKDIVN 寄存器的位[2:0]的值应设为 0x03(011)，即如下设置。

```
rCLKDIVN = 0x03;
```

⚠️ 注意：HCLK 和 PCLK 不应该超过某一限制。

　　　　如果 HDIVN=1，CPU 总线模式将通过下面的指令从快速模式切换到异步模式。

　　　　__asm

　　　　{

　　　　mrc p15,0,r0,c1,c0,0　　　　　　　//读出控制寄存器

```
        orr r0,r0,#0xc0000000          //设置为 asynchronous bus mode
        mcr p15,0,r0,c1,c0,0           //写入控制寄存器
    };
```

如果 HDIVN=1 并且 CPU 总线模式是快速模式，CPU 将以 HCLK 进行运行，这一特性可以用于将 CPU 频率减半而不影响 HCLK 和 PCLK。

10.3.3　配置系统主时钟

系统主时钟的配置可以通过 PLL 控制寄存器(MPLLCON/UPLLCON)实现。PLL 控制寄存器包括 MPLLCON 和 UPLLCON 两个寄存器，两个寄存器的定义是一样的，[19:12]为 MDIV，[9:4]为 PDIV，[1:0]为 SDIV，PLL 控制寄存器的定义如表 10-5 所示。

表 10-5　PLL 控制寄存器的位定义

符　号	位	描　述	初始状态
MDIV	[19:12]	Main divider control	0x5C/0x28
PDIV	[9:4]	Pre-divider control	0x08/0x08
SDIV	[1:0]	Post divider control	0x0/0x0

对于 MPLLCON 寄存器，有如下的公式计算主时钟频率：

$$MPLL(FCLK) = (m * F_{in}) / (p * 2^s)$$

其中 $m = (MDIV + 8)$, $p = (PDIV + 2)$, $s = SDIV$, F_{in} 即默认输入的时钟频率 12MHz。

当输入时钟频率 F_{in}=12MHz 时，一些常用配置值及输出主时钟如表 10-6 所示。

表 10-6　常用输出频率配置表

输入频率/MHz	输出频率/MHz	MDIV	PDIV	SDIV
12.00	11.289	N/A	N/A	N/A
12.00	16.934	N/A	N/A	N/A
12.00	22.50	N/A	N/A	N/A
12.00	33.75	82(0x52)	2	3
12.00	45.00	82(0x52)	1	3
12.00	50.70	161(0xa1)	3	3
12.00	48.00	120(0x78)	2	3
12.00	56.25	142(0x8e)	2	3
12.00	67.50	82(0x52)	2	2
12.00	79.00	71(0x47)	1	2
12.00	84.75	105(0x69)	2	2
12.00	90.00	112(0x70)	2	2

续表

输入频率/MHz	输出频率/MHz	MDIV	PDIV	SDIV
12.00	101.25	127(0x7f)	2	2
12.00	113.00	105(0x69)	1	2
12.00	118.50	150(0x96)	2	2
12.00	124.00	116(0x74)	1	2
12.00	135.00	82(0x52)	2	1
12.00	147.00	90(0x5a)	2	1
12.00	152.00	68(0x44)	1	1
12.00	158.00	71(0x47)	1	1
12.00	170.00	77(0x4d)	1	1
12.00	180.00	82(0x52)	1	1
12.00	186.00	85(0x55)	1	1
12.00	192.00	88(0x58)	1	1
12.00	202.80	161(0xa1)	3	1

例如，要想得到主时钟频率 FCLK=202.8MHz，查表 10-6(最后一行输出频率为 202.80MHz)可知：MDIV=0xa1(161)，PDIV=0x03(3)，SDIV=0x01(1)，MPLL 控制寄存器 (MPLLCON)应设为(0xa1 << 12)|(0x03 << 4)|(0x01)，即 0xa1031。

```
rMPLLCON = 0xa1031;
```

若再有 rCLKDIVN=0x03 的设置，则得到 FCLK：HCLK：PCLK=1：2：4，即 HCLK= 101.4MHz，PCLK=50.7MHz。

> ⚠ 注意：MPLL 控制寄存器和 UPLL 控制寄存器格式是一样的。
>
> 尽管可以根据公式设置 PLL，但是推荐仅使用推荐表里面的值。
>
> 如果要同时设置 UPLL 和 MPLL，请先设置 UPLL，然后设置 MPLL，且至少要 间隔 7 个时钟周期。

10.4 回到工作场景一

通过前面内容的学习，读者应该掌握了系统时钟的设置方法。下面我们回到第 10.1.1 节介绍的工作场景一，完成工作任务。

设置系统时钟在很多程序中都要用到，因此把它编写为一个函数供其他程序调用。

【工作过程一】配置 HCLK 和 PCLK

编写配置 HCLK 和 PCLK 的函数，函数名 SetClockDivider。

```
// hdivn,pdivn FCLK:HCLK:PCLK(关系)
// 0,    0        1:1:1
```

```
// 0,   1         1:1:2
// 1,   0         1:2:2
// 1,   1         1:2:4
void SetClockDivider(int hdivn,int pdivn)
{
// LOCKTIME = 0x00ffffff;   // 使用默认值即可，也可以不设置
    rCLKDIVN = (hdivn<<1) | pdivn;
//如果HDIVN非0，CPU的总线模式应该从fast bus mode变为asynchronous bus mode
    if(hdivn)
        __asm__(
                "mrc p15,0,r0,c1,c0,0\n"
                "orr r0,r0,#0xc0000000\n"
                "mcr p15,0,r0,c1,c0,0\n"
                );
}
```

例如：若配置 FCLK：HCLK：PCLK=1：2：4，即 hdivn=1,pdivn=1，则调用语句如下：

```
SetClockDivider(1,1);
```

【工作过程二】 配置 FCLK 主时钟

设置 MPLL 即主时钟 FCLK，即设置 MPLLCON 寄存器，[19:12]为 MDIV，[9:4]为 PDIV，[1:0]为 SDIV，函数名 SetMPllValue。

```
void SetMPllValue(int mdiv,int pdiv,int sdiv)
{
    rMPLLCON = (mdiv<<12) | (pdiv<<4) | sdiv;
}
```

例如：若配置 FCLK=202.80MHz，即 mdiv=0xa1,pdiv=0x3,sdiv=0x1，则调用语句如下：

```
SetMPllValue(0xa1,0x3,0x1);
```

 # 10.5　异步串行通信接口的基础知识

【学习目标】 理解异步串行通信接口的相关概念以及同步通信和异步通信的区别。

10.5.1　异步串行通信接口概述

在嵌入式系统中，常常没有显示设备，或者像我们使用的实验箱或者开发板一样，即使有显示设备(如 LED 屏或者触摸屏)，也必须有显示驱动程序才能够显示，那么在没有显示的情况下，如何知道程序的运行情况和运行结果呢？嵌入式系统的资源有限，因此对嵌入式系统的开发需要在资源丰富的 PC 机上进行，再下载到嵌入式系统上运行，那么如何下载到嵌入式系统中呢？

很多时候我们都需要在两台或多台电子设备之间进行数据交换，这都是通过数据通信来完成的。数据通信的方式有并行通信和串行通信两种，串行通信中数据的传送方式有单工、半双工和全双工 3 种方式。

1．数据通信的基本方式

数据通信的基本方式可分为并行通信与串行通信两种。

1)　并行通信

并行通信是指利用多条数据传输线将一个数据的各位同时传送。特点是传输速度快，适用于短距离通信，但要求传输速率较高的应用场合。

2)　串行通信

串行通信是指利用一条数据传输线将一个数据的各位按顺序传送。特点是通信线路简单，利用简单的线缆就可实现通信，降低成本。适用于远距离通信，但传输速度慢，信息量不多的应用场合。

> 💡 **提示：** 并行通信一次传输的数据量为 8 位(1 字节)，而串行通信一次传输 1 位，传输 1 字节数据(8 位)就需要 8 次才能传出去。

2．串行数据传送方式

串行通信中根据数据传送的方向不同可以分为 3 种方式，如图 10-3 所示。

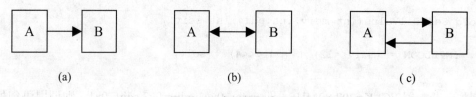

(a) (b) (c)

图 10-3　串行数据传送方式

1)　单工方式

如图 10-3(a)所示，数据始终是从 A 设备发往 B 设备，A 方只作为发送方，B 方只作为接收方，不能相反。

2)　半双工方式

如图 10-3(b)所示，数据能从 A 设备传送到 B 设备，也能从 B 设备传送到 A 设备，但是在任何时候数据都不能同时在两个方向上传送，即在两个设备之间只有一条数据传输线相连，每次只能有一个设备发送，另一个设备接收。通信双方依照一定的协议轮流地进行发送和接收。

3)　全双工方式

如图 10-3(c)所示，允许通信双方同时进行发送和接收。这时，A 设备在发送的同时也可以接收，B 设备也是一样。全双工方式相当于把两个方向相反的单工方式组合在一起，因此它需要两条数据传输线。

在计算机串行通信中主要使用半双工和全双工方式。

10.5.2　同步通信方式和异步通信方式

数据通信方式又可以分为同步通信方式和异步通信方式。

1．同步通信方式

同步通信要求接收端时钟频率和发送端时钟频率一致。发送端发送连续的比特流。

同步通信方式是将许多字符聚集成一块字符块后，在每块信息(常常称之为信息帧)之前要加上 1~2 个同步字符，字符块之后再加入适当的错误校验码才传送出去。采用同步通信时，当在传输线上没有字符传输时，要发送专用的“空闲”字符或同步字符。

同步通信方式不仅在字符本身之间是同步的，而且在字符与字符之间的时序仍然是同步的。

2．异步通信方式

异步通信不要求接收端时钟和发送端时钟同步。发送端发送完 1 字节后，可经过任意长的时间间隔再发送下一字节。异步通信的通信开销较大，但接收端可使用廉价的具有一般精度的时钟来进行数据通信。异步通信的发送方可以随时传输数据，而接收方随时都处于准备接收数据的状态。

串行异步通信方式以一个字符为传输单位，通信中两个字符间的时间间隔是不固定的，然而在同一个字符中的两个相邻位代码间的时间间隔是固定的，并按照一固定且预定的时序传送，这个时序是由通信协议决定的。

通信协议(通信规程)是指通信双方约定的一些规则。例如，在使用异步串行通信方式传送一个字符的信息时，通信双方可以对数据格式做出约定：约定有空闲位、起始位、数据位、奇偶校验位和停止位等。

10.5.3　串行通信相关的基本概念

1．波特率(数据速率)

串行通信中，波特率就是传送数据位的速率，即数据线上每秒钟传送的码元数，计量单位为波特，1 波特=1 位/秒(1b/s)。

串行数据线上每位信息宽度(即持续时间)由波特率确定，为波特率的倒数。

例如：数据传送速率为 120 字符/秒，每帧(从起始位开始，到停止位结束所构成的一串信息称为一帧。比如串行通信中帧包括起始位、要传送的字符、校验位和停止位)包括 10 个数据位，则可以得到下面的结果。

传送波特率为 10×120＝1200(位/秒)=1200(波特)。

每位数据的传送持续时间为：1/1200=0.833(ms)。

2．奇偶校验

奇偶校验是一种检验代码传输正确性的方法。

串行数据在传输过程中，由于干扰可能引起信息出错。例如，传输字符 a，a 的 ASCII

码是 97，十六进制是 61，其各位为 01100001=61H。

由于干扰，可能使某个为 0 的位变为 1。例如，假设传输的数据变为 11100001 或者变为 01110011，这种情况称为出现了误码；把如何发现传输中的错误叫检错；发现错误后，如何消除错误叫纠错。

最简单的检错方法是奇偶校验，即在传送字符的各位之外，再传送 1 位奇/偶校验位。奇偶校验能发现一位或奇数位错误，且不能纠正错误。例如在上面的例子中，如果字符 a 的 01100001 变为 11100001，改变了一位，可以通过奇偶校验检测出来，但是当因为干扰而变为 01110011，即改变了两位时奇偶校验就检测不出来了。

奇偶校验一般以字节(八位二进制)为单位加 1 位奇偶校验位，奇偶校验分为奇校验和偶校验两种。

1) 奇校验

1 字节后面(前面)加一位校验位使得 1 的个数保持为奇数，若 8 位二进制数中 1 的个数为偶数，则校验位为 1；若 8 位二进制数中 1 的个数为奇数，则校验位为 0。

例如，在 1001100101101101 后面加奇校验位，结果为 10011001011011010。

2) 偶校验

1 字节后面(前面)加一位校验位使得 1 的个数保持为偶数，若 8 位二进制数中 1 的个数为偶数，则校验位为 0；若 8 位二进制数中 1 的个数为奇数，则校验位为 1。

例如，在 1001100101101101 后面加偶校验位，结果为 10011001011011011。

> 💡 提示：根据通信协议的约定，校验位可以加在数据的前面或后面。同时，有效数据位长也依通信协议约定。见下面的"数据格式"。

奇偶校验能够检测出信息传输过程中的部分误码(1 位误码能检出，奇数位误码能检出，但检不出有多少位错误，偶数位误码不能检出，同时它不能纠错)。在发现错误后，只能要求重发。但由于其实现简单，仍得到了广泛使用。

3．数据格式

串行异步通信的数据格式如图 10-4 所示，也叫做异步通信的时序。

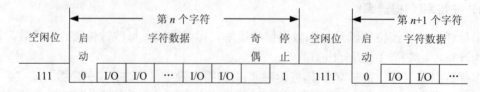

图 10-4　串行异步通信的数据格式

数据传送开始前，线路处于空闲状态，送出连续的 1，叫做空闲位。数据传送开始时首先发一个 0 作为起始位，然后出现在通信线路上的是字符的二进制编码数据，叫做数据位。

每个字符的数据位长可以约定为 5 位、6 位、7 位或 8 位，一般采用 ASCII 编码。后面是奇偶校验位，根据约定，用奇偶校验位将所传字符中为 1 的位数凑成奇数个或偶数个。也可以约定不要奇偶校验，这样就取消奇偶校验位。

最后是表示停止位的 1 信号，这个停止位可以约定持续 1 位、1.5 位或者 2 位的时间宽度。

至此一个字符传送完毕，线路又进入空闲，持续为 1。经过一段随机的时间后，下一个字符开始传送又发出起始位。

每一个数据位的宽度等于传送波特率的倒数。在异步串行通信中，常用的波特率为 110、150、300、600、1200、2400、4800、9600 和 115 200 等。

⚠ 注意：异步通信是按字符传输的，接收设备在收到起始信号之后只要在一个字符的传输时间内能和发送设备保持同步就能正确接收。下一个字符起始位的到来又使同步重新校准(即依靠检测起始位来实现发送方与接收方的时钟同步)。

10.5.4　RS-232 串行接口

串行接口标准指的是计算机或数据终端设备(Data Terminal Equipment，DTE)的串行接口电路与数据通信设备(Data Communications Equiprment，DCE，如调制解调器(Modem))之间的连接标准。串行通信接口标准有多种，都是在 RS-232 标准的基础上经过改进而形成的，RS-232C 标准是一种串行通信接口标准。

RS-232C 是由美国电子工业协会(EIA)正式公布的，在异步串行通信中应用最广泛的标准总线。RS-232C 标准(协议)的全称是 EIA-RS-232C 标准，其中 EIA(Electronic Industry Association)代表美国电子工业协会，RS 是 Recommended Standard 的缩写，代表推荐标准，232 是标识符，C 代表 RS-232 的最新一次修改(1969 年)。在这之前，有过 RS-232A 及 RS-232B 标准，它规定连接电缆和机械、电气特性、信号功能及传送过程。现在，计算机上的串行通信端口(RS-232)是标准配置端口，已经得到广泛应用，计算机上一般都有 1~2 个标准 RS-232C 串口，即通道 COM1 和 COM2(设备名)，嵌入式系统中的 RS-232C 串口通常叫 UART0 和 UART1 等。

1. RS-232C 接口规格

RS-232C 是一种标准接口，D 型插座，采用 25 芯引脚或 9 芯引脚的连接器，如图 10-5 所示。

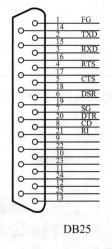

DB25　　　　　　　　DB9

图 10-5　串口连接器

由于 RS-232C 标准所定义的高/低电平信号与 S3C2410 系统的低电压 TTL(LVTTL)电路所定义的高/低电平信号完全不同：LVTTL 的标准逻辑 1 对应 2～3.3V 电平，标准逻辑 0 对应 0～0.4V 电平；而 RS-232C 标准采用负逻辑方式，标准逻辑 1 对应–3～–15V 电平，标准逻辑 0 对应+3～+15V 电平。要完成串行通信功能，两者必须经过信号电平转换。在嵌入式系统中要使用 RS-232C 串口进行通信，必须在 RS-232C 接口中设计电平转换电路，实现这种转换的集成电路芯片很多，目前常使用的电平转换电路为 MAX232。MAX232 可以同时完成 LVTTL 电平到 RS-232C 标准电平和 RS-232C 标准电平到 LVTTL 电平的电平转换，其电路如图 10-6 所示。也可以使用 SP3232 完成电平转换的功能。

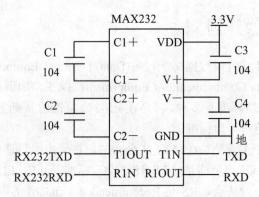

图 10-6　MAX232 电平转换电路

2．RS-232C 接口信号

RS-232C 标准规定接口有 25 根信号线，但经常使用的信号线只有 9 根，常用的 9 芯 D 型插头各引脚定义如表 10-7 所示。

表 10-7　9 芯 RS232 信号描述

引　脚	名　称	功能描述	引　脚	名　称	功能描述
1	DCD	数据载波检测	6	DSR	数据设备准备好
2	RXD	数据接收	7	RTS	请求发送
3	TXD	数据发送	8	CTS	清除发送
4	DTR	数据终端准备好	9	RI	振铃指示
5	GND	地			

要完成最基本的串行通信功能，实际上只需要 RXD、TXD 和 GND 三根信号线即可，这三个信号的定义如下。

TXD(第 3 脚)：发送数据线，输出。发送数据到终端。

RXD(第 2 脚)：接收数据线，输入。接收数据到计算机或终端。

GND(第 5 脚)：信号地。

💡 提示：微型计算机之间的串行通信就是按照 RS-232C 标准设计的接口电路实现的。如果使用一根电话线进行通信，那么计算机和 Modem 之间的联机就是根据 RS-232C 标准连接的，如图 10-7 所示。

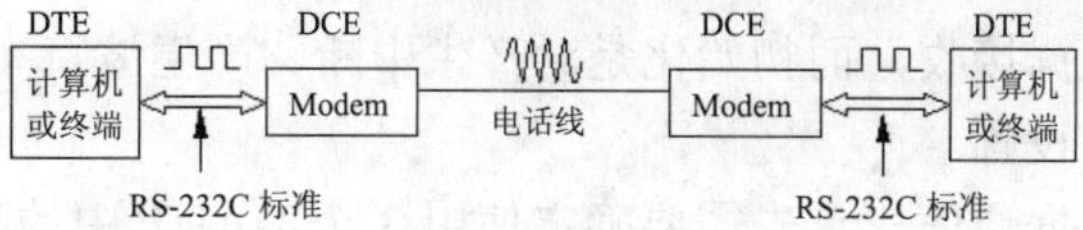

图 10-7　计算机和 Modem 之间的连接图

10.5.5　RS-485 标准

除了 RS-232C 标准以外，还有一些其他的通用异步串行接口标准，例如 RS-485 标准。

RS-485 总线标准是双向、平衡传输标准接口，支持多点连接，允许创建多达 32 个节点的网络。最大传输距离 1200m，支持 1200m 时为 100kb/s 的高速度传输，抗干扰能力很强。RS-485 可以采用二线与四线方式，二线制可实现真正的多点、双向通信。

RS-485 适用于收发双方共享一对线进行通信，也适用于多个点之间共享一对线路进行总线方式联网，但通信只能是半双工的。

一般 RS-485 协议的接口没有固定的标准，根据厂家的不同，引脚顺序和管脚功能可能不尽相同，但是官方一般都会提供产品说明书，用户可以查阅相关 RS-485 管脚图定义或者引脚图。

10.5.6　S3C2410 异步串行接口

S3C2410 的 UART(Universal Asynchronous Receiver/Transmitter，通用异步接收/发送)提供 3 个独立的异步串行通信端口，每个端口可以基于中断或者 DMA(直接内存访问)进行操作，即 UART 控制器可以在 CPU 和 UART 之间产生一个中断或者 DMA 请求来传输数据。使用系统时钟最高波特率达 230.4kb/s，如果使用外部设备提供的时钟 UCLK，则可以达到更高的速率。

S3C2410 的 UART 支持可编程的波特率、红外发送/接收，可以插入一个或两个停止位，支持 5～8 位数据宽度和奇偶校验。

每一个 UART 单元包括一个波特率发生器、一个发送器、一个接收器和一个控制单元。波特率发生器的输入可以是 PCLK 或者外部设备提供的时钟 UCLK。发送器和接收器包含 16 位的 FIFO(先入先出寄存器)和移位寄存器，用于数据的接收和发送。数据被送入 FIFO，然后被复制到发送移位寄存器准备发送，数据按位从发送数据引脚 TxDn 输出。同时，接收数据从接收数据引脚 RxDn 按位移入接收移位寄存器，并复制到 FIFO。

每个 UART 有 5 种状态信号：溢出错误、帧错误、接收缓冲区准备好、发送缓冲区空和发送移位缓冲区空。这些状态可以由相应的 UTRSTATn 或 UERSTATn 寄存器表示，并且有与发送/接收缓冲区对应的错误缓冲区。

10.6　串行通信处理流程

【学习目标】掌握处理串行通信的基本步骤：端口初始化，数据发送，数据接收。

S3C2410 芯片内部有 3 个 UART 接口部件，对 UART 的操作分为 3 个部分，包括串口

基于 ARM 的嵌入式系统接口技术

初始化、数据发送和数据接收，而初始化是对产生中断、产生波特率、loop-back 模式、红外模式和自动流控制的设置。

要使用串口进行数据通信，首先需要确定使用 3 个 UART 中的哪一个接口通道，那么如何才能实现利用串口进行数据的传送呢？在下面的例子中，我们假定使用 UART0，即串口 0 进行数据传送。

我们使用 Windows 的超级终端观察实验箱的启动信息，也可通过超级终端观察程序运行的结果，实际上就是实现了计算机和实验箱之间的串行通信。通过单击开始菜单｜程序｜附件｜通讯，可以打开超级终端。我们回忆一下在使用超级终端里进行了哪些设置。

- 设置连接时使用的端口，选择 COM1，COM1 是设备名，对应 UART0。
- 在 COM1 的属性里，设置每秒传送的位数即波特率为 115 200。
- 设置数据位为 8，奇偶校验无，停止位为 1。
- 设置数据流控制，选择无。

这些设置实际上就是通信协议。若要使 PC 机的超级终端和实验箱的串口能够正常进行通信，相应的，实验箱也要根据事先约定的通信协议进行设置。对实验箱串行通信的设置，包括端口的初始化设置和数据通信属性即通信协议的设置。

下面介绍如何使用 ARM 的串口通信功能。

 提示：之所以通过 PC 机里超级终端的设置我们就可以看到实验箱的启动信息，是因为在实验箱的 Bootloader(实验箱预先移植的启动程序)里已经进行了串口通信的设置。但是当我们把自己的裸机程序放到 SDRAM 运行后，对于串口的设置就不起作用了，因此无法再进行通信。

10.6.1 端口初始化

S3C2410 的串口功能是输入/输出口 H 的特殊功能之一，因此要想使用串口进行通信必须对 H 端口的引脚功能进行必要的设置，即设置 GPH 口作为串口使用。端口 H 的引脚功能如表 10-8 所示。

表 10-8 端口 H 的引脚功能

引脚标号	功能 1	功能 2	功能 3
GPH10	普通输入/输出	CLKOUT1	—
GPH9	普通输入/输出	CLKOUT0	—
GPH8	普通输入/输出	UCLK	—
GPH7	普通输入/输出	RXD2	nCTS1
GPH6	普通输入/输出	TXD2	nRTS1
GPH5	普通输入/输出	RXD1	—
GPH4	普通输入/输出	TXD1	—
GPH3	普通输入/输出	RXD0	—
GPH2	普通输入/输出	TXD0	—
GPH1	普通输入/输出	nRTS0	—
GPH0	普通输入/输出	nCTS0	—

304

从表 10-9 端口 H 的引脚功能中可以看到：要把端口 H 作为串口 0 使用，则需要设置 H 端口的 GPH2 和 GPH3 用于控制接收数据寄存器 RXD0 和发送数据寄存器 TXD0，这可以通过设置端口 H 的控制寄存器 GPHCON 来实现。GPHCON 寄存器与 UART0 相关的位如表 10-9 所示。

表 10-9　GPHCON 寄存器的位定义(H 端口)

符　号	位	描　　述	初始状态
GPH10	[21:20]	00=输入；01=输出； 10=CLKOUT1；11=保留	00
GPH9	[19:18]	00=输入；01=输出； 10= CLKOUT0；11=保留	00
...	...	......	
GPH3	[7:6]	00=输入；01=输出； 10=RXD0；11=保留	00
GPH2	[5:4]	00=输入；01=输出； 10=TXD0；11=保留	00
GPH1	[3:2]	00=输入；01=输出； 10=nRTS0；11=保留	00
GPH0	[1:0]	00=输入；01=输出； 10=nCTS0；11=保留	00

其中 nRTS0 和 nCTS0 是当串口 0 启用自动流控制(AFC)时需要的信号，若禁止自动流控，也可以不设置 H 端口的 GPH0 和 GPH1。假设不使用 AFC，具体设置如下。

```
#define rGPHCON    (*(volatile unsigned *)0x56000070) //GPH 端口控制寄存器
                   //通常在包含的头文件中已经定义，编程时可以直接使用
rGPHCON = rGPHCON|0xaa&0xffffaa;    // GPHCON 的[7:0]位为 10101010
rGPHUP  = 0x7ff;;                   //不使能上拉电阻
```

提示：自动流控制(AFC)即 UART0 和 UART1 通过 nRTS 和 nCTS 信号支持自动流控制，可以在 UMCONn 寄存器中禁止自动流控位，并且通过软件控制 nRTS 信号。在 AFC 时，nRTS 由接收器的状态决定，而 nCTS 信号控制发送器的操作。只有当 nCTS 信号有效的时候(在 AFC 时，nCTS 意味着其他 UART 的 FIFO 准备接收数据)UART 发送器才会发送 FIFO 中的数据。在 UART 接收数据之前，当它的接收 FIFO 多于 2 字节的剩余空间时 nRTS 必须有效，当它的接收 FIFO 少于 1 字节的剩余空间时 nRTS 必须无效(nRTS 意味着它的接收 FIFO 开始准备接收数据)。

10.6.2　数据通信属性设置

要正确进行通信，还需要对串口的通信属性进行设置，这些设置要和进行通信的另一端的设置相对应。

　　首先设置操作模式、校验方式、停止位和数据位，另外还需要设置发送和接收数据的方式，是否使用 FIFO，是否使用流控，以及设置波特率，实际上就是通信双方约定通信规则，即通信协议，这些属性的设置可通过 UART 的控制寄存器完成。与控制 UART 相关的寄存器有 9 个，下面 6 个控制寄存器用于对串口通信进行设置。

- 线路控制寄存器(ULCONn)。
- 控制寄存器(UCONn)。
- FIFO 控制寄存器(UFCONn)。
- MODEM 控制寄存器(UMCONn)。
- 发送寄存器(UTXHn)和接收寄存器(URXHn)。
- 波特率因子寄存器(UBRDIVn)。

另外还有 3 个指示传送状态的寄存器。

- 状态寄存器(UTRSTATn)。
- 错误状态寄存器(UERSTATn)。
- FIFO 状态寄存器(UFSTATn)。

通过读取这些寄存器的内容，可以知道 UART 所处的状态，以便决定发送和接收操作。

10.6.3　串口初始化设置

1．设置通信规则即通信协议

　　UART 线路控制寄存器(ULCONn)用于设置操作模式、校验方式、停止位和传输的数据位数等传输规则，即设置通信双方事先约定的通信协议。每个 UART 通道分别对应一个线路控制寄存器 ULCONn：ULCON0、ULCON1 和 ULCON2，均是可读/写的，地址分别为 0x50000000、0x50004000 和 0x50008000，复位后的初值均为 0x00。ULCONn 寄存器的具体格式如表 10-10 所示。

表 10-10　ULCONn 寄存器的位定义

符　号	位	描　　述	初始状态
Reserved	[7]	保留	0
Infra-Red Mode	[6]	确定是否采用红外模式。 0 = 正常操作模式；1 = 红外传输模式	0
Parity Mode	[5:3]	确定校验类型。 0xx = 无校验； 100 = 奇校验；101 = 偶校验	000
Stop Bit	[2]	确定停止位数。 0 = 1 位停止位；1 = 2 位停止位	0
Word Length	[1:0]	确定数据位数。 00 = 5 位；01 = 6 位； 10 = 7 位；11 = 8 位	00

若使用串口 0，则需要对 ULCON0 进行设置。对照表 10-10，使用正常操作模式(不使用红外模式)需设置 ULCON0 的 bit[6]为 0；无奇偶校验需设置 ULCON0 的 bit[5]为 0、bit[4:3]为任意值，停止位 1 位需设置 ULCON0 的 bit[2]为 0，8 位数据位需设置 ULCON0 的 bit[1:0]为 11。

综上所述，若通信协议规定正常操作模式、8 位数据位、1 位停止位和无奇偶校验位，则需要设置 ULCON0 寄存器为 00xx011(二进制，x 表示 0 或 1 都可以，我们把这两位设置为 0)，即 0x3(十六进制)，具体设置方法如下。

```
#define rULCON0  (*(volatile unsigned *)0x50000000) //线路控制寄存器 0 地址
                 //通常在包含的头文件中已经定义，编程时可以直接使用
rULCON0 = 0x3;      //正常操作模式、无校验、停止位 1、8 个数据位
```

也可以写成如下形式。

```
rULCON0=(0<<3)|(0<<2)| 11;  //用移位的方式直观易读
```

2．设置 UART 的通信模式

UART 的各种通信模式在 UART 控制寄存器(UCONn)中设置，该寄存器分别对发送中断类型、接收中断类型、接收超时使能、接收错误状态中断使能以及回环模式等进行设置。UCONn 寄存器共有 3 个：UCON0、UCON1 和 UCON2，每个 UART 接口通道分别对应 1 个，均是可读/写的，地址分别为 0x50000004、0x50004004 和 0x50008004，复位后的初值均为 0x00。UCONn 寄存器的具体格式如表 10-11 所示。

表 10-11　UCONn 寄存器的位定义

符　　号	位	描　　述	初始状态
Clock Selection	[10]	选择波特率所用的时钟。 0 = PCLK；1 = UCLK	0
Tx Interrupt Type	[9]	确定发送中断请求信号的类型。 0 = 边沿触发方式；1 = 电平触发方式	0
Rx Interrupt Type	[8]	确定接收中断请求信号的类型。 0 = 边沿触发方式；1 = 电平触发方式	0
Rx Time Out Enable	[7]	确定接收超时使能。 0 = 不使能；1 = 使能	0
Rx Error Status Interrupt Enable	[6]	确定接收错误状态中断使能。 0 = 不使能；1 = 使能	0
Loopback Mode	[5]	确定是否采用回送模式。 0 = 正常操作模式；1 = 回送模式	0
Send Break Signal	[4]	确定通信中断信号。 0 = 正常操作模式；1 = 发送通信中断信号	0
Transmit Mode	[3:2]	确定将发送数据写入发送缓存区的模式(发送模式)。 00 = 不允许发送；01 = 中断或查询模式； 10=DMA0(UART0)或 DMA3(UART2) 11=DMA1(UART1)	00

符　号	位	描　　述	初始状态
Receive Mode	[1:0]	确定从接收缓存区读出数据的模式。 00 = 不允许接收；01 = 中断或查询模式； 10=DMA0(UART0)或 DMA3(UART2) 11=DMA1(UART1)	00

若使用串口 0，则需要对 UCON0 进行设置。对照表 10-11，使用内部外设时钟 PCLK，需要设置控制寄存器 0(UCON0)的 bit[10]为 0，发送和接收数据都使用查询方式，需设置 UCON0 的 bit[3:2]为 01，bit[1:0]为 01。

综上所述，若 UART0 使用内部外设时钟 PCLK，发送和接收数据都使用查询方式，则需要设置 UCON0 寄存器为 0101(二进制)，即 0x5(十六进制)，具体设置方法如下。

```
rUCON0= 0x05;    //设置发送和接收为查询方式，UART 时钟源为 PCLK
//对于 UCON 其他位有时候进行如下的设置
rUCON0= 0x245;   //rx=edge,tx=level,disable timeout int., enable rx error
                   int.,
                 //normal,interrupt or polling
```

> 提示：回环模式(Loopback)即发送直接传给接收方式。
>
> 回环模式是 S3C2410 CPU 的 UART 提供的一种测试模式，这种模式在结构上允许 UART 的 RXD 与 TXD 相连。发送出去的数据被接收器接收，这种特性为处理器核实内部发送接收管脚有无问题，数据能否传送提供了依据。通过设置 UART 的控制寄存器 UCONn 的回环位，可以进入回环模式。

3. 设置发送和接收数据的 FIFO 缓冲区大小

UART FIFO 控制寄存器(UFCONn)用于设置 FIFO 的使用规则。FIFO 只是一个发送或者接收数据的缓冲区，可以设置其长度为 1 字节、2 字节或者 4 字节等，如果没有这个缓冲区，同样可以通过 UTXH 和 URXH 寄存器来发送和接收数据，只不过它们是 1 字节的"缓冲区"而已，但在程序上却可以大大地简化。UFCONn 寄存器共有 3 个：UFCON0、UFCON1 和 UFCON2，每个 UART 接口通道分别对应 1 个，均是可读/写的，地址分别为 0x50000008、0x50004008 和 0x50008008，复位后的初值均为 0x00。UFCONn 控制寄存器定义如表 10-12 所示。

表 10-12　UFCONn 寄存器的位定义

符　号	位	描　　述	初始状态
Tx FIFO Trigger Level	[7:6]	确定发送 FIFO 寄存器的触发水平。 00 = 空；01 = 4 字节； 10 = 8 字节；11 = 12 字节	00
Rx FIFO Trigger Level	[5:4]	确定接收 FIFO 寄存器的触发水平。 00 = 4 字节；01 = 8 字节； 10 = 12 字节；11 = 16 字节	00

符　号	位	描　　述	初始状态
Reserved	[3]	保留	0
Tx FIFO Reset	[2]	确定复位发送 FIFO 之后是否自动清除 FIFO 中内容。 0 = 正常；1 = 复位清除发送 FIFO	0
Rx FIFO Reset	[1]	确定复位接收 FIFO 之后是否自动清除 FIFO 中内容。 0 = 正常；1 = 复位清除接收 FIFO	0
FIFO Enable	[0]	确定 FIFO 使能。 0 = 不使能；1 = 使能	0

通常在进行串口通信时若不使用 FIFO(每个 UART 内部都有一个 16 字节的发送和接收 FIFO)，则可以通过设置该寄存器不使能来完成。因此，若使用串口 0，不使用 FIFO，则需要设置 UFCON0 为 0x00，具体设置方法如下。

```
rUFCON0= 0x0;
```

4. 设置自动回流控制(AFC)

UART MODEM 控制寄存器(UMCONn)用于设置是否使用自动流控。UART MODEM 控制寄存器共有两个，只有 UART0 和 UART1 有而 UART2 没有。相应的 UMCON0 和 UMCON1 均是可读/写的，地址分别为 0x5000000C 和 0x5000400C，复位后的初值均为 0x00。UMCONn 寄存器的定义如表 10-13 所示。

表 10-13　UMCONn 寄存器的位定义

符　号	位	描　　述	初始状态
Reserved	[7:5]	这 3 位必须是 0	0
Auto Flow Control (AFC)	[4]	确定自动回流控制(AFC)使能。 0 = 不使能；1 = 使能	0
Reserved	[3:1]	这 3 位必须是 0	0
Request to Send	[0]	如果 AFC 使能，该位被忽略；如果 AFC 不使能，则 nRTS 必须由用户的软件控制，即 0 = 高电平(nRTS 不激活)； 1 = 低电平(nRTS 激活)	0

通常在进行串口通信时不使用流控，若使用串口 0，则需要设置 UMCON0 为 0x00。

```
rUMCON0= 0x0;
```

5. 设置通信波特率

虽然在异步通信时两个字符间的时间间隔是不固定的，然而在同一个字符中的两个相邻位代码间的时间间隔是固定的，需要按照一个固定且预定的时序传送，这个时序也是通信双方预先约定的，这就是波特率。

波特率因子寄存器(UBRDIVn)用于设置串口通信双方的时序即波特率。S3C2410 有 3 个波特率因子寄存器(也叫做波特率除数寄存器): UBRDIV0、UBRDIV1 和 UBRDIV2,每个 UART 接口通道分别对应 1 个,存储于里面的值用于设置串口的波特率。UBRDIVn 寄存器的定义如表 10-14 所示。

表 10-14　UBRDIVn 寄存器的位定义

符　号	位	描　述	初始状态
UBRDIV	[15:0]	波特率除数值 UBRDIVn。 UBRDIVn > 0	—

每个 UART 控制器都有各自的波特率发生器来产生发送和接收数据所用的序列时钟,波特率发生器的时钟源可以选择内部外设总线时钟 PCLK 或者外部时钟 UCLK,波特率时钟是通过对时钟源(PCLK 或者 UCLK)进行两级分频得到的:一级是固定的 16 分频,另一级是由波特率因子寄存器 UBRDIVn 指定的 16 位的除数分频。即波特率(bps)等于 PCLK(或 UCLK)进行 16 分频,再进行 UBRDIVn 分频(UBRDIVn 是波特率因子寄存器中的除数,由于其范围从 0 开始,因此需要加 1),于是 UBRDIVn 可由下面的公式得出。

$$\text{UBRDIV}n(\text{除数}) = (\text{int})[\text{波特率时钟}/(\text{波特率}\times16)] - 1$$

此除数应该在 $1 \sim (2^{16} - 1)$ 之间。反过来,波特率的大小可以通过设置波特率因子寄存器(UBRDIVn)中的 16 位除数值来控制。

使用 CPU 内部外设总线(APB)的工作时钟 PCLK 时公式如下。

$$\text{UBRDIV}n = (\text{int})[\text{PCLK}/(\text{波特率}\times16)] - 1$$

使用 UCLK 引入的外部时钟,得到更精确的波特率时公式如下。

$$\text{UBRDIV}n = (\text{int})[\text{UCLK}/(\text{波特率}\times16)] - 1$$

例如:UART0 使用 PCLK,在 40MHz(PCLK 值)的情况下,当波特率取 115 200 b/s 时,可以得到波特率因子 UBRDIV 值为 20。

$$\text{UBRDIV0} = (\text{int})[40000000/(115200\times16)] - 1 = 20$$

通过如下的设置,此通信的波特率即为 115 200b/s。

```
rUBRDIV0 = ( (int)(PCLK/16./115200) -1 );
//或者写成
rUBRDIV0 = 20;
```

> 💡 提示:波特率发生器的时钟源可以使用 CPU 内部的系统时钟,也可以从 CPU 的 UCLK 管脚由外部取得时钟信号,并且可以通过设置 UCONn 来选择各自的时钟源,即被除数是可选的。

通过以上各寄存器可以进行串口的初始化,下面是串口 0(UART0)的初始化示例。

```
void uart0_init(void)
{
    rGPHCON = rGPHCON | 0xa0 & 0xfffaf;      // GPH2,GPH3 用作 TXD0,RXD0
    rGPHUP  = rGPHUP | 0x0c;                 // GPH2,GPH3 内部不接上拉电阻
    rULCON0 = 0x03;      // 8N1(8 个数据位,无校验,1 个停止位)
```

```
rUCON0  = 0x245;                // 查询方式，UART 时钟源为 PCLK
rUFCON0 = 0x00;                 // 不使用 FIFO
rUMCON0 = 0x00;                 // 不使用流控
rUBRDIV0 = ( (int)(PCLK/16./115200) -1 ); // 波特率为 115200
}
```

10.6.4 数据接收和发送

1. UART 传送缓冲寄存器(UTXH*n*)和 UART 接收缓冲寄存器(URXH*n*)

在串口发送和接收数据时，如果不使用发送或者接收数据的缓冲区 FIFO，同样可以通过 UTXH 和 URXH 寄存器来发送和接收数据。

传送缓冲寄存器和接收缓冲寄存器存放着发送和接收的数据，当然只有 1 字节即 8 位数据。需要注意的是，在发生溢出错误的时候，接收的数据必须要被读出来，否则会引发下次溢出错误。每个 UART 接口通道分别对应 1 个传送缓冲寄存器和一个接收缓冲寄存器，均是只写的，地址分别为 0x50000020、0x50004020 和 0x50008020，复位后的初值不确定。传送缓冲寄存器和接收缓冲寄存器的定义分别如表 10-15 和表 10-16 所示。

表 10-15　UTXH*n* 寄存器的位定义

符　号	位	描　　述	初始状态
TXDATA*n*	[7:0]	8 位将要发送的数据	—

表 10-16　URXH*n* 寄存器的位定义

符　号	位	描　　述	初始状态
RXDATA*n*	[7:0]	8 位接收到的数据	—

若使用串口 0，在不使用 FIFO 时向 UTXH0 寄存器中写入数据，UART 即自动将它发送出去；直接读取 URXH0 寄存器，即可获得接收到的数据。因此，可以编写如下发送和接收的语句。

采用以下 3 种形式的语句进行数据的发送。

```
#define UTXH0 (0x50000020)      // UART 传送缓冲寄存器
UTXH0 = ch;

#define rUTXH0  (*(volatile unsigned char *)0x50000020)
rUTXH0=ch;

#define WrUTXH0(ch) (*(volatile unsigned char *)0x50000020)=(unsigned
char)(ch)
WrUTXH0(ch);
```

采用以下 3 种形式的语句进行数据的接收。

```
#define URXH0 (0x50000024)      // UART 接收缓冲寄存器
ch = URXH0;
```

```
#define  rURXH0  (*(volatile unsigned char *)0x50000024)
ch = rURXH0;

#define RdURXH0()  (*(volatile unsigned char *)0x50000024)
ch = RdURXH0();
```

2．UART 发送/接收状态寄存器(UTRSTATn)

实际上在进行发送和接收数据时，处理器并不知道寄存器 UTXH0 中是否为空，或者寄存器 URXH0 中是否有数据，因此发送和接收数据的操作可能会出错。为了解决这个问题，S3C2410 的 UART 单元提供了发送/接收状态寄存器，以指示 UTXHn 和 URXHn 的状态。

UTRSTATn(UART TX/RX status register n)寄存器共有 3 个，每个 UART 接口通道分别对应 1 个，均是只读的，地址分别为 0x500000010、0x500040010 和 0x500080010，复位后的初值均为 0x0。UTRSTATn 寄存器的定义如表 10-17 所示。

表 10-17　UTRSTATn 寄存器的位定义

符 号	位	描 述	初始状态
Transmitter empty	[2]	当发送缓冲区没有合法数据要传送，并且发送移位寄存器为空时，该位自动设置为 1。该位为 0 时，表示还有数据未发送	1
Transmit buffer empty	[1]	当发送缓冲区为空时，该位自动设置为 1。该位为 0 时，表示发送缓冲区中正有数据等待发送	1
Receive buffer data ready	[0]	当接收缓冲区接收到一个数据时，该位自动设置为 1。该位为 0 时，表示缓冲区中没有数据	0

在进行数据发送和接收之前，应该先判断发送缓冲寄存器和接收缓冲寄存器的状态，即查看 UTRSTAT0 寄存器的值，然后再发送和接收数据。

3．数据发送

发送数据的帧格式是可编程设置的，它由 1 个起始位、5～8 个数据位、可选的奇偶校验位和 1～2 个停止位组成，这些可以通过 UART 的控制寄存器 ULCONn 来设置。接收器可以产生一个断点条件——使串行输出保持 1 帧发送时间的逻辑 0 状态。当前发送字被完全发送出去后，这个断点信号随后发送。断点信号发送之后，继续发送数据到 Tx FIFO(如果没有 FIFO，则发送到 Tx 保持寄存器)。

UTRSTATn 寄存器的位[1]在无数据发送时自动设为 1，要用串口发送数据时，先读此位以判断是否有数据正在发送。例如使用 UART0 进行数据发送，可以编写如下的程序。

```
//在发送数据之前，等待，直到发送缓冲区中的数据已经全部发送出去
while(!(rUTRSTAT0 & 0x2));  //0x2 即 10,若 bit[1]为 0 则!(rUTRSTAT0 & 0x2)为真
UTXH0 = ch;                //或者写为 WrUTXH0(ch);
```

4．数据接收

与数据发送一样，接收数据的帧格式也是可编程设置的。它由 1 个起始位、5～8 个数据位、可选的奇偶位和 1～2 个停止位组成，这些可以在线控制寄存器 ULCONn 中设定。接收器可以探测到溢出错误和帧错误，并且每种错误都可以置相应的错误标志。

当在 3 个字时间(与字长度位的设置有关)内没有接收到任何数据并且 Rx FIFO 为非空时，将会产生一个接收超时条件。

UTRSTATn 寄存器的位[0]在接收缓冲区有数据时自动设为 1，要用串口接收数据时，先读此位来判断是否接收到了数据。例如使用 UART0 进行数据接收，可以编写如下的程序。

```
//在接收数据之前，等待，直到接收缓冲区中有数据
while(!(rUTRSTAT0 & 0x1));   //0x1 即 01,若 bit[0]为 0 则!(rUTRSTAT0 & 0x1)为真
ch = URXH0;                  //或者写为 ch = RdURXH0();
```

另外，如果需要用到等待发送缓冲区空，则可以使用下面的方法。

```
while(!(rUTRSTAT0 & 0x4));      //或 while( (rUTRSTAT0 & 0x4) != 0x4);
```

> 💡 **提示：** 读写状态寄存器 UTRSTAT 以及错误状态寄存器 UERSTAT 可以反映芯片目前的读写状态以及错误类型。
> 溢出错误是指在旧数据被读出来之前新的数据覆盖了旧的数据。
> 帧错误是指接收数据没有有效的停止位。

5．UART 错误状态寄存器(UERSTATn)

UERSTATn 寄存器共有 3 个，每个 UART 接口通道分别对应 1 个，均是只读的，地址分别为 0x500000014、0x500040014 和 0x500080014，复位后的初值均为 0x0。UERSTATn 寄存器的定义如表 10-18 所示。

表 10-18　UERSTATn 寄存器的位定义

符　号	位	描　述	初始状态
Reserved	[3]	保留	0
Frame Error	[2]	当接收出现帧错误时，该位自动设置为 1。该位为 0 时，表示没有帧错误	0
Reserved	[1]	保留	0
Overrun Error	[0]	当接收出现超时运行错误时，该位自动设置为 1。该位为 0 时，表示没有超时运行错误	0

> ⚠️ **注意：** 当对 UERSTATn 寄存器进行了读操作后，该寄存器的所有位将清为 0，恢复到初始状态。
> 如果发生超时运行错误，则 URXHn 必须进行一次读操作。若没有进行读操作，则下一个被接收的数据也会是超时运行的，即使 UERSTATn 寄存器中对应的超时运行错误状态位被清 0 了。

10.7　回到工作场景二

通过前面内容的学习，读者应该掌握了处理异步串行通信接口的步骤。下面我们将回

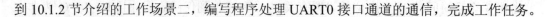

到 10.1.2 节介绍的工作场景二，编写程序处理 UART0 接口通道的通信，完成工作任务。

【工作过程一】 建立一个工程

打开 CodeWarrior IDE，新建一个工程，输入工程名 uart，存放在 D:\test\uart 目录下。

建立一个 C 语言源文件，输入文件名 uart.c，存放在 D:\test\uart 文件夹中并将其加入工程 uart 中。

【工作过程二】 编写 uart.c 程序

在打开的编辑窗口中，编写 C 源程序，把从键盘输入的各种字符显示在超级终端。

(1) 定义需要用到的寄存器，也可以统一放在头文件中定义，此处只要编写一条包含头文件的语句。

```
#define rULCON0      (*(volatile unsigned *)0x50000000)
#define rUCON0       (*(volatile unsigned *)0x50000004)
#define rUFCON0      (*(volatile unsigned *)0x50000008)
#define rUMCON0      (*(volatile unsigned *)0x5000000c)
#define rUTRSTAT0    (*(volatile unsigned *)0x50000010)
#define rUBRDIV0     (*(volatile unsigned *)0x50000028)
#define WrUTXH0(ch) (*(volatile unsigned char *)0x50000020)=(unsigned
char)(ch)
#define RdURXH0()    (*(volatile unsigned char *)0x50000024)
```

(2) 初始化设置。在主函数中首先需要配置系统时钟，然后设置 GPH 及 UART0。

```
void Main(void)
{
    //配置系统时钟
    SetClockDivider(1,1);              //1:2:4
    SetMPllValue(0xa1,0x3,0x1);        //FCLK=202.8MHz
    //设置 GPH 端口
    rGPHCON = rGPHCON | 0xa0 & 0xfffaf;      // GPH2,GPH3 用作 TXD0,RXD0
    rGPHUP  = rGPHUP | 0x0c;                 // GPH2,GPH3 内部不接上拉电阻
    //设置 UART0 各控制寄存器
    rULCON0 = 0x3;        // 8N1(8 个数据位，无较验，1 个停止位)
    rUCON0  = 0x05;       // 查询方式，UART 时钟源为 PCLK
    rUFCON0 = 0x0;        // 不使用 FIFO
    rUMCON0 = 0x00;       // 不使用流控
    rUBRDIV0 = ((int)(PCLK/16./115200) -1); // 波特率为 115200
    …
}
```

(3) 发送和接收数据，从超级终端发送的字符将被回显在超级终端上。

```
void Main(viod)
{
    unsigned char ch;
    …          //设置部分如上 2
    while(1)
    {
```

```
//从串口接收字符 ch，如果没有字符则一直等待
while(!(rUTRSTAT0 & 0x1));      //准备好
ch=RdURXH0();                   //接收数据
//通过串口发送字符 ch
if(ch==0x0d)                              //0x0d 即'\n'，对回车的识别不一样
{
    while(!(rUTRSTAT0 & 0x2));
    WrUTXH0(0x0a);                        //0x0a 即'\r'，串口识别的回车是'\r'
}
while(!(rUTRSTAT0 & 0x2));
WrUTXH0(ch);
    }
}
```

提示：可以把对串口的初始化设置和发送、接收数据的功能用函数实现，以便所有需要使用串口的程序调用。

【工作过程三】设置工程并编译工程

(1) 加入需要的启动文件和其他需要的文件。

加入 2410init.s 和 2410slib.s。

加入 2410lib.c 和 interrupt.c(从实验箱所附的光盘资料中复制到 D:\test 目录)，并在工程窗口的 Link Order 页面设置把它们放在主程序前面。

(2) 在工程属性对话框中的 Target\Access Paths 里设置包含的头文件路径，对工程的 ARM Linker 进行设置。

(3) 编译工程。

【工作过程四】下载程序

打开 AXD Debugger，选择 File｜Load Image 命令，加载要调试的文件 D:\test\uart\ uart_Data\DebugRel\uart.axf，将程序下载到目标系统。

【工作过程五】调试、运行

打开超级终端，下载完成后调试运行，通过键盘输入，可以看到从键盘输入的数据会在超级终端显示。

10.8　工作实训营

10.8.1　训练实例

1．训练内容

如何使程序结果在超级终端里显示？像 C 语言中在屏幕上打印一样。

2．训练目的

掌握 ARM 的串口在嵌入式系统编程时的用处。

3．训练过程

对串口各寄存器进行设置后，可以通过串口进行通信。如果要想把结果显示到超级终端上，还需要进行一些处理，这用到头文件 stdarg.h 中的定义，这里我们只给出结论。

```
#include <stdarg.h>
void Uart_Printf(char *fmt,...)
{
    va_list ap;
    char string[256];
    va_start(ap,fmt);
    vsprintf(string,fmt,ap);
    Uart_SendString(string);
    va_end(ap);
}

void Uart_SendString(char *pt)
{
    while(*pt)
        Uart_SendByte(*pt++);
}
void Uart_SendByte(int data)
{
    if(data=='\n')
    {
        while(!(rUTRSTAT0 & 0x2));
        WrUTXH0('\r');
    }
    while(!(rUTRSTAT0 & 0x2));   //Wait until THR is empty
    WrUTXH0(data);
}
```

在使用的时候，只要直接调用 Uart_Printf()，参数*fmt 和 C 语言中 printf 的参数一样就可以了。

如果想像 C 语言那样使用 printf 打印到屏幕，可以利用宏定义，即定义 PRINTF 为 Uart_Printf，这里使用大写的 PRINTF 以示区别。

```
#define PRINTF Uart_Printf //在实验箱提供的程序中，宏定义已经定义在 2410lib.h 中
```

10.8.2 工作实践常见问题解析

【常见问题 1】在程序中对串口通信协议进行了设置，为什么超级终端上没有显示？

【答】因为串口使用的是 PCLK 系统时钟，所以使用串口通信时必须对系统时钟进行设置，并且串口的协议必须和超级终端一致，否则无法进行通信。另外，如果使用 PRINTF 显示，必须要有对 PRINTF 的宏定义。

【常见问题 2】超级终端上显示的语句 PRINTF 或 Uart_Printf 有什么作用？

【答】在 C 语言编程中，可以通过打印输出语句 printf 在标准输出设备上显示信息，进行调试。由于嵌入式系统资源有限，而超级终端就像嵌入式系统的显示屏，因此调试过程中如果直接查看寄存器或者存储器中的值不方便，也可以通过打印语句显示变量的值或者运行的状态，方便调试。此时的打印输出语句是显示在超级终端上的，而不能直接使用 C 语言中的 printf 语句。PRINTF 或 Uart_Printf 是嵌入式系统调试中把信息显示在超级终端上的语句。

【常见问题 3】超级终端上显示的语句 PRINTF 或 Uart_Printf 如何使用？

【答】要想用 PRINTF 或 Uart_Printf 在超级终端上显示各种信息，首先需要在主函数中对时钟和串口进行设置，然后需要调用已经编写好的 Uart_Printf 函数，如同在 C 语言中使用 printf 那样进行格式等的设置。如果要使用 PRINTF 完成相同的功能，则需要包含文件定义：

```
#define PRINTF Uart_Printf
```

 ## 10.9 习题

一、问答题

(1) 并行数据通信与串行数据通信各有什么特点？分别适用于什么场合？

(2) 串行异步通信的数据帧格式是怎样的？这种通信方式的主要优缺点是什么？

(3) RS-232 进行最基本数据传送需要哪几根引脚？

(4) 一个异步传输过程，设每个字符对应 8 个信息位、偶校验、两个停止位，如果波特率为 2400，那么每秒钟能传输的最大字符数是多少？

(5) S3C2410 的 UART0 设置为：波特率 115 200 b/s，时钟使用 PCLK=12MHz，则波特率因子寄存器的值应设置为多少？

(6) 简述使用串行接口进行通信的操作步骤。

二、操作题(编程题或实训题等)

假设要将 S3C2410 的 UART0 设置为：波特率 115 200 b/s，8 位数据位，1 个停止位，1 位奇偶校验位，不使用流控制，计算波特率因子寄存器的值，并写出初始化的代码段。(时钟使用 PCLK=12MHz，不使用 FIFO)

第11章

人机接口及其他接口设计

 本章要点

- LED 显示器接口。
- 键盘接口原理。
- 步进电机的工作原理。
- A/D 转换器接口设计。
- LCD 接口设计原理。
- IIC 总线的操作。

 技能目标

- 掌握 LED 显示器件的接口技术。
- 掌握键盘的工作原理。
- 掌握步进电机的工作原理。
- 掌握 A/D 转换器接口技术。
- 了解 LCD 显示屏的基本概念。
- 了解 IIC 总线的工作原理及操作方法。

11.1 工作场景导入

11.1.1 工作场景一

【工作场景】显示器件编程

假设某实验箱有 6 只数码管,数码管的位码是由存储器地址 0x10000006 控制(由其中低 6 位 bit0~bit5 控制,bit[0]对应最右一个数码管,如图 11-1 所示)。

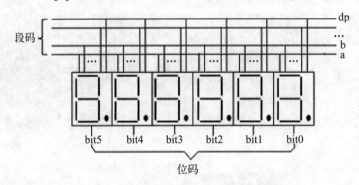

图 11-1　6 位 8 段 LED 动态显示器电原理图

段码由存储单元地址 0x10000004 控制(8 段数码管与数据位的对应关系如图 11-2 所示,其中数码管各段与数据位的对应关系是 a、b、c、d、e、f、g 和 dp,分别对应 0x10000004 中数据的 bit0、bit1、bit2、bit3、bit4、bit5、bit6 和 bit7)。

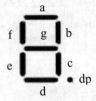

图 11-2　单只数码管的段码对应图

在电路连接上,使位码和段码都输出 0 才有效,即当位码控制端 0x10000006 中的位数据为 0 时,选中相应的数码管;当段码控制端 0x10000004 中相应段对应的位数据为 0 时点亮,为 1 时熄灭。

编写程序,使用实验箱的 6 只数码管显示当前的日期,例如 10.09.01(2010 年 9 月 1 日)。

【引导问题】

(1) LED 的发光原理是什么?

(2) 7(8)段数码管的发光原理是什么?

(3) 什么是扫描显示?为什么要扫描显示?

(4) 控制二极管和数码管显示用什么方法?

11.1.2 工作场景二

【工作场景】 A/D 转换

对输入的电压信号进行模数转换。

在实验箱上，用一只可变电阻对电压信号进行分压，模拟产生输入的电压信号。假定电压信号在 0～3.3 伏的范围内变化，利用 S3C2410 的 A/D 转换器的通道 0(AIN0)进行模数转换，假设采样频率为 2.5MHz，在超级终端里显示 A/D 转换的结果。

【引导问题】

(1) A/D 转换有什么作用？
(2) A/D 转换需要经过哪些步骤？
(3) S3C2410 如何控制 A/D 转换？

11.2 LED 显示器接口

【学习目标】 掌握 LED 显示器件的基本知识及 LED 显示器件的显示原理；掌握数码管的显示原理及动态扫描编程方法；掌握利用数码管完成特定显示功能的编程方法；了解点阵式 LED 显示器的原理和显示方法。

11.2.1 LED 显示器件基本知识

通常嵌入式系统都会提供一些可以输入命令或信息的接口，如手机的按键、仪器仪表的按键旋钮等。也有些嵌入式系统可以看到嵌入式系统运行的结果，如洗衣机旋转、手机显示屏上的显示内容等，这就是人机接口。

人机接口提供了人与嵌入式系统进行信息交互的手段。人可以通过人机接口给嵌入式系统发送操作指令，嵌入式系统也可以通过人机接口将运行结果提交给人。人机接口的方式很多，常用的人机接口设备有键盘、LED 显示器件、LCD 显示器和触摸屏等。

LED 是英文 Light Emitting Diode(发光二极管)的缩写，它是一种半导体固体发光器件。常常作为嵌入式系统的输出设备，在信息量不大的应用场合，得到广泛应用。

LED 显示器件可以分为 3 种：单个 LED 显示器件(发光二极管)、数码管(7(8)段 LED 显示器件)和点阵式 LED 显示部件。

11.2.2 单个 LED 显示器件

单个 LED 显示器件实际就是一个发光二极管。当发光二极管接正向电压时，二极管导通，显示亮的状态；当接反向电压时，二极管截止，显示灭(暗)的状态。因此，一个发光二极管有两个状态，可以代表一位二进制数，表示一个物理量的两种状态，例如开关的开和关、信号的有和无等。

实验箱上一般都会配置几个发光二极管，也叫做跑马灯，可以通过 GPIO 控制其亮灭：发光二极管的正极端(或负极端)接高电平(或低电平)，另一端接 GPIO 的一个引脚，当此引脚输出低电平时，二极管导通，发光；否则不发光。

也可以通过分配一个地址空间来控制。例如，假设某实验箱有 4 个发光二极管，由存储器单元地址 0x10000000 的高 4 位控制，此地址可以存放 1 字节的数据，即 8 位二进制数。因为只有 4 个发光二极管，所以只需要 4 位就可以控制。

11.2.3　数码管

数码管根据其形状，可以分为 7 段数码管或 8 段数码管，如图 11-3 所示。如果包括小数点，则一共有 8 个二极管组成，叫做 8 段数码管，否则叫做 7 段数码管。下面以 8 段数码管为例，介绍此类 LED 显示器件的原理。

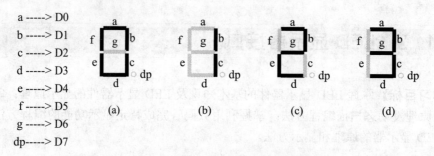

图 11-3　字符段码显示原理

1．结构

数码管中的每一段相当于一个发光二极管，8 段数码管由 8 个发光二极管组成，其中 7 个长条形的发光二极管排列成"日"字形，右下角那个点形发光二极管作为显示小数点用。8 段数码管能显示所有数字及部分英文字母，十六进制的数字和字母都可以显示。

2．类型

LED 数码管分共阳极与共阴极两种，共阳极的数码管是指 8 个发光二极管的阳极都连接在一起，成为各段的公共选通线；而每个发光二极管的阴极则成为段选线。其工作特点是：当需要点亮共阳极数码管的某一段时，公共段需接高电平(即写逻辑 1)，该段的段选线接低电平(即写逻辑 0)，从而该段被点亮。共阴极的数码管则正好相反，8 个发光二极管的阴极连接在一起，阳极成为段选线。其工作特点是：当需要点亮共阴极数码管的某一段时，公共段需接低电平(即写逻辑 0)，该段的段选线接高电平(即写逻辑 1)，该段被点亮。

3．工作原理

以共阳极 8 段数码管为例：当控制某段发光二极管的信号为低电平时，对应的发光二极管点亮。当需要显示某字符时，就将该字符对应的所有二极管点亮，即段码。共阴极二极管则相反，控制信号为高电平时点亮。

段码：当数码管显示某一数字或字符时，在数码管各段对应的引脚上所加的高/低电平按顺序排列所组成的一个数字就是段码，它与数码管的类型(共阴、共阳)及数据线的连接顺序有关。

例如，电平信号按照 dp、g、e、…、a 的顺序组合形成的数据字称为该字符对应的段码。

通常情况下，对应规则是 a 对应 D0，……dp 对应 D7。

例如，要显示数字 0，则段 g 和小数点 dp 不亮，其他段都亮，如图 11-3(a)所示。若是共阴极类型，段码就是 00111111(对应的段是 dp、g、f、e、d、c、b 和 a)，即 0x3f；若是共阳极类型，段码就是 11000000(对应的段是 dp、g、f、e、d、c、b 和 a)，即 0xc0。再如，要显示数字 2，则段 c、f 和小数点 dp 不亮，其他段都亮，如图 11-3(c)所示。若是共阴极类型，段码就是 01011011(对应的段是 dp、g、f、e、d、c、b 和 a)，即 0x5b；若是共阳极类型，段码就是 10100100(对应的段是 dp、g、f、e、d、c、b 和 a)，即 0xa4，以此类推。

常用字符的段码如表 11-1 所示。

表 11-1 常用字符段码表

字　符	dp	g	f	e	d	c	b	a	共 阴 极	共 阳 极
0	0	0	1	1	1	1	1	1	3FH	C0H
1	0	0	0	0	0	1	1	0	06H	F9H
2	0	1	0	1	1	0	1	1	5BH	A4H
3	0	1	0	0	1	1	1	1	4FH	B0H
4	0	1	1	0	0	1	1	0	66H	99H
5	0	1	1	0	1	1	0	1	6DH	92H
6	0	1	1	1	1	1	0	1	7DH	82H
7	0	0	0	0	0	1	1	1	07H	F8H
8	0	1	1	1	1	1	1	1	7FH	80H
9	0	1	1	0	1	1	1	1	6FH	90H
A	0	1	1	1	0	1	1	1	77H	88H
B	0	1	1	1	1	1	0	0	7CH	83H
C	0	0	1	1	1	0	0	1	39H	C6H
D	0	1	0	1	1	1	1	0	5EH	A1H
E	0	1	1	1	1	0	0	1	79H	86H
F	0	1	1	1	0	0	0	1	71H	8EH
全灭	0	0	0	0	0	0	0	0	00H	FFH

4．单个数码管的显示方式

8 段数码管的显示方式有两种，即是静态显示和动态显示。

● 静态显示：指当 8 段数码管显示一个字符时，该字符对应段的发光二极管控制信号一直保持有效。

● 动态显示：指当 8 段数码管显示一个字符时，该字符对应段的发光二极管是轮流点亮的，即控制信号按一定周期有效。在轮流点亮的过程中，点亮时间是极为短暂的(约 1 ms)。但由于人的视觉暂留现象及发光二极管的余辉效应，数码管的显示依然是非常稳定的。这种方法可以使所需要的电流相对小些，在多位数码管和点阵式二极管显示时，可以利用这种方法。

5．多位数码管的动态扫描显示

如果需要控制多个发光二极管同时显示，则在每个要显示的数码管的公共端接上相应的电平信号，即构成了位码。

位码：如果有 N 个数码管，需要有 N 个引脚控制选取哪一位数码管显示，这 N 个引脚组成位码。位码也叫位选，用于选中某一位数码管。

例如，如果有 6 位数码管，如图 11-4 所示，有 6 个引脚 D5~D0，用来控制选取哪一位数码管，把这 6 个引脚上所加的高/低电平信号按顺序排列所组成的一个数字就是位码。

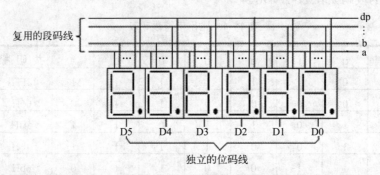

图 11-4　6 位 8 段 LED 动态显示器电原理图

在多位 8 段数码管显示时，为了简化硬件电路，通常将所有位的段码线相应地并联在一起(所有位的 a 段并联，b 段并联)，形成段码线的多路复用，而各位数码管的共阳极或共阴极的位码线仍然是独立的。

由上面的分析可知，段码的输出对各位数码管来说都是相同的。同一时刻，如果各位位码线都处于选通状态，则 6 位数码管将显示相同的字符。若要各位数码管能够显示与本位相应的显示字符，就必须采用扫描显示方式。

例如，要在图 11-4 所示的 6 位数码管上从 D5 对应的数码管开始到 D0 对应的数码管依次显示 654321，则可以采用如下的步骤(假设数码管是共阳极的)实现动态扫描算法。

(1) 选通 D0 即位码是 00000001B(0x1)，其他各位的位码处于关闭状态。因为只有 6 个数码管，用到 1 字节(8 位二进制)的 6 位，假设用的是后面 6 位，并且最后一位对应 D0，没用到的 D6 和 D7，为 0 或为 1 没有影响，在此设为 0。

(2) 在段码线上输入 1 的段码，查表可知为 0xf9(共阳极)。此时 6 位数码管中只有 D0 显示出字符 1，而其他位则是熄灭的。

(3) 选通 D1 即位码是 00000010B(0x2)，其他各位的位码处于关闭状态。

(4) 在段码线上输入 2 的段码，查表可知为 0xa4。此时 6 位数码管中只有 D1 显示出字符 2，而其他位则是熄灭的。

(5) 选通 D2 即位码是 00000100B(0x4)，其他各位的位码处于关闭状态。

(6) 在段码线上输入 3 的段码，查表可知为 0xb0。此时 6 位数码管中只有 D2 显示出字符 3，而其他位则是熄灭的。

(7)　继续依次选通 D3、D4 和 D5，在段码线上依次输出 4、5 和 6 的段码。如此循环下去，只要每位显示间隔足够短，由于人眼的视觉暂留现象及发光二极管的余辉效应，即可造成 6 位同时亮的假象，使各位"同时"显示出将要显示的字符 654321。

顺序循环地点亮每位数码管，这样的数码管驱动方式就称为动态扫描。在这种方式下，虽然每一时刻只选通一位数码管，但由于人眼的视觉暂留现象及发光二极管的余辉效应，只要延时时间设置恰当，便会感觉到多位数码管同时被点亮了。

值得注意的是，显示器件的驱动结构也会影响显示时的段码值。例如，同样是采用共阴极的 8 段数码管(LED 显示器)，也有两种驱动方式：一种是采用同相驱动，查 11-1 表可知段码值(如 0 的段码是 0x3f)；另一种采用反相驱动，段码值会取反，0 的段码是 0xc0，具体情况视硬件的结构确定。

(8)　7 段 LED 显示器件可以由处理器直接控制，也可以使用专用的控制芯片(如 ZLG7289)。专用芯片可以完成数字到段码的转换，也能控制扫描，还可以提高处理器的效率，但增加了硬件成本，可能会增加体积。

11.2.4　点阵式 LED 显示器

在各种公共场合经常能看到几米甚至几十米宽的大屏幕显示器，例如显示欢迎信息或者其他信息的，也有显示图像的，其中多数就是由点阵式 LED 显示器做成的。

通常点阵式 LED 显示器的显示单元由 8 行 8 列(8×8 点阵)共 64 个 LED 发光二极管组成，并且把每个发光二极管放置在行线和列线的交叉点上，如图 11-5 所示。若使用点阵显示汉字一般是用 16×16 的点阵宋体字库。所谓 16×16 就是每个汉字在纵、横各 16 点的区域内显示，用 4 个 8×8 点阵可以拼成一个 16×16 的点阵。当然还有其他规格的点阵式 LED 显示器，比如 24×24、32×32 和 48×48 等。

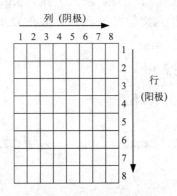

图 11-5　点阵式 LED 形式图

在点阵式 LED 显示器中，每个发光二极管代表一个像素，单个发光二极管的亮或者灭应能构造出所要显示的各种字符、汉字及图形，实际上字符和汉字也是通过图形方式来显示的。点阵式 LED 有单色也有彩色，单色只需要用一位二进制数表示一个像素，而彩色点阵式 LED 则需要多位二进制数表示。

点阵式 LED 显示器也是采用动态扫描方式控制显示的。如图 11-5 所示，首先需要确定点阵在行线和列线上具有有效电平，假设在列线上是低电平有效，而在行线上是高电平有效。对于 8×8 点阵式 LED，可以采用如下的步骤实现动态扫描算法。

(1) 在所有列送要显示的数据(根据在该行需要显示的内容确定)，在第一行送 1 信号，其余行送 0。

(2) 在所有列送第二行要显示的数据，然后第一行送 0，第二行送 1 信号，其余行仍为 0。

(3) 以此类推，只要每行数据显示时间间隔足够短，利用人眼的视觉暂留现象及发光二极管的余辉效应，扫描完 8 行后就会看到要显示的内容了。

(4) 也可以反过来，在每一列上顺序送 0(列线上低电平有效)，而在行线上送要显示的数据。

综上所述，一方面从第一行开始，按顺序依次对各行进行扫描(把该行与电源的一端接通)。另一方面，根据各列锁存的数据，确定相应的列驱动器是否将该列与电源的另一端接通。接通的列就在该行该列点亮相应的 LED，未接通的列所对应的 LED 熄灭。当一行的扫描持续时间结束后，下一行又以同样的方法进行显示。全部各行都扫过一遍之后(一个扫描周期)，又从第一行开始下一个周期的扫描。只要一个扫描周期的时间比人眼 1/25 秒的暂留时间短，就不容易感觉到有闪烁现象。

11.3　回到工作场景一

通过对 11.2 节内容的学习，读者应该掌握了人机接口中最简单的显示器件 LED 的使用方法。下面我们回到 11.1.1 节介绍的工作场景一，完成显示任务。

【工作过程一】建立一个工程

打开 CodeWarrior IDE，新建一个工程，输入工程名 seg，存放在 D:\test\seg 目录下。
建立一个 C 语言源文件，输入文件名 seg.c，存放在 D:\test\seg 文件夹中，并将其加入工程 seg 中。

【工作过程二】编写 seg.c 程序

在打开的编辑窗口中，编写 C 源程序。

```
#define U8 unsigned char
U8 seg[7] = {0xf9, 0x40, 0xc0, 0x10, 0xc0, 0xf9, };        //1 0. 0 9. 0 1
void Delay(int time);
void Main(void) {
    int i;
    for( ; ; ) {
        for(i=1;i<0x7;i++) {
            *((U8 *) 0x10000006) = ~(0x01 << (i - 1));
            *((U8 *) 0x10000004) = seg[i];
            Delay (100);
        }
```

```
    }
  }
void Delay(int time) {
    int i;
    int LoopCount=1000;
    for(;time>0;time--)
    for(i=0;i<LoopCount;i++);
  }
```

【工作过程三】 设置工程并编译工程

(1) 加入需要的启动文件和其他需要的文件。

加入 2410init.s 和 2410slib.s。

加入 2410lib.c 和 interrupt.c(从实验箱所附的光盘资料中复制到 D:\test 目录)，并在工程窗口的 Link Order 页面设置把它们放在主程序前面。

(2) 在工程属性对话框中的 Target\Access Paths 里设置包含的头文件路径，对工程的 ARM Linker 进行设置。

(3) 编译工程。

【工作过程四】 下载程序

打开 AXD Debugger，选择 File | Load Image 命令，加载要调试的文件 D:\test\seg\ seg_Data\DebugRel\seg.axf，将程序下载到目标系统。

【工作过程五】 调试、运行

下载完成后调试运行，可以看到 6 只数码管稳定地显示 10.09.01。

 ## 11.4　键盘接口

【学习目标】 了解按键的识别方法，键盘实现的方案，去除按键抖动的方法，产生键值的原理以及键盘扫描算法，掌握键盘控制与设计方法。

键盘是最常用的人机接口的输入设备。嵌入式系统中所需的按键个数及功能是根据具体应用确定的，没有统一的标准。因此，在做嵌入式系统的键盘接口设计时，也要根据应用的具体要求设计电路，完成识别按键动作、生成按键键码和按键具体功能的程序设计。

11.4.1　键盘实现方案

键盘上的按键实际就是开关，制造这种按键的方法很多，常用的有机械式按键、电容式按键、薄膜式按键和霍耳效应按键。

按键是一种常开型按钮开关。平时，按键的两个触点处于断开状态，按下按键时两个触点才闭合(短路)。平常状态下，当按键 K 未被按下时，按键断开，处理器的 I/O 口的电平为高电平(逻辑 1)；当按键 K 被按下时，按键闭合，处理器的 I/O 口的电平为低电平(逻辑 0)，如图 11-6(a)所示。

在嵌入式系统中，当所需按键个数较少，比如按键少于或等于 4 个，可以采取把按键直接连接到输入引脚上，由处理器判断相应输入引脚上的电平高低来确定某个按键是否被按下。

当所需要的按键个数较多时，通常采用阵列形式的键盘，即把按键排成 M 行 N 列，每一行和每一列的交叉点上放置一个按键。例如，若嵌入式系统中需要 16 个按键，则可以排列成 4×4 的阵列形式，即 4 行 4 列。这样做可以减少键盘所需的引脚个数。16 个按键如果全部单独直接连接到输入引脚上，则需要 16 个引脚，而采用 4×4 阵列形式时，只需要 8 个引脚(4 个行引脚，4 个列引脚)，可以节省输入/输出口，如图 11-6(b)所示。

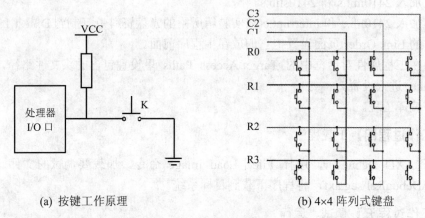

(a) 按键工作原理   (b) 4×4 阵列式键盘

图 11-6   键盘实现方案

11.4.2   按键的抖动和串键

嵌入式系统中常常采用的机械式开关往往存在抖动和串键的问题，因此在键盘接口程序中要去除抖动，防止串键。

按键抖动是因为当按键闭合及断开的瞬间，尽管触点可能看起来稳定而且很快闭合，但与微处理器快速的运行速度相比，这种动作还是比较慢的，因此当触点闭合时，就像一个球落地的效果，会产生图 11-7 所示的好几个脉冲，并不能够产生一个明确的 1 或者 0，即出现了一些不该存在的噪声，这样就会引起电路的误动作。这种噪声就是抖动。

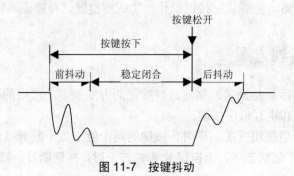

图 11-7   按键抖动

　　按键抖动会引起一次按键被误读多次。为了确保 CPU 对键的一次闭合仅作一次处理，必须去除抖动。

　　消除抖动的方法可以使用延时，有硬件延时和软件处时两种方法。使用硬件方法会使系统的成本提高，因此常使用软件方法。软件方法是当检测出按键闭合后执行一个延时程序，让前抖动消失后再一次检测按键的状态，比如仍保持闭合状态，则确认真正有键按下，要判断按键松开也一样。也可以每隔一个比较短的时间周期检测一次按键，比如每隔几毫秒扫描一次按键，若连续几次都扫描到同一按键就确认这个按键被按下或松开。

　　这里所说的串键是指多个键同时按下时的解决方法，可以由编程确定，比如规定从键盘读取代码是在只有一个键按下时进行，如果检测到有多个按键按下则不做处理，直到检测到只有一个按键按下时再读取键值。

11.4.3　按键识别方法

　　采用阵列式接口方式的键盘，通常有两种响应外部按键方法：一种是查询方式，另一种是中断方式。

1. 中断方式

　　当键盘没有按键按下时，CPU 不理睬键盘；当有键盘按键按下时则产生一个外部中断通知 CPU，此时 CPU 停下正在处理的工作，执行按键的中断处理程序，判断哪个按键被按下，并处理按键操作，再回来继续原来的工作。

　　中断方式常需用到专门的芯片实现，如 ZLG7290 芯片，该芯片可驱动 64 个按键，利用 IIC 串行接口，提供键盘中断信号，方便与处理器接口；该芯片还有其他的功能，比如无须外接元件即直接驱动 LED，可驱动 8 位共阴数码管或 64 只独立 LED。

2. 查询方式

　　处理器不断地查询是否有按键按下，如果有按键按下，就读取键值执行相应的操作，否则继续查询。查询方式采用软件方法实现键盘扫描，又分为扫描法和反转法。

　　扫描法对键盘上的某一行发送低电平，其他为高电平，然后读取列值，若列值中有一位是低，表明该行与低电平对应列的键被按下，否则扫描下一行。

　　反转法先将所有行扫描线输出低电平，读列值，若列值有一位是低，表明有键按下。接着所有列扫描线输出低电平，再读行值。根据读到的值组合就可以查表得到键码。

　　本节介绍扫描法识别按键的原理。

　　由于微处理器只能识别 0、1 二进制代码，因此键盘接口程序必须把按下的键翻译成有限位的二进制代码，这些二进制代码就是键值。产生键值的方法可能不同，但必须保证键值与键一一对应。

　　键盘扫描过程就是让微处理器按一定规律的时间间隔查看键盘矩阵，以确定是否有键被按下。在对行列式的键盘进行扫描的时候，要先判断整个键盘是否有按键被按下。

　　仍然以图 11-6(b)为例，假设第二行第三列(R1C2)的键被按下，如图 11-8 所示，用扫描法如何识别呢？

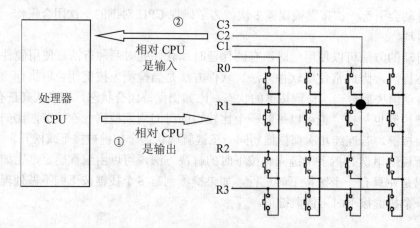

图 11-8 键盘扫描识别原理

假设每行和每列都接到处理器的通用输入/输出口(GPIO)上，则键盘扫描的过程如下。

(1) 初始化时，把所有的行(CPU 的输出端口)R0～R3 强行设置为低电平。

(2) 依次读取每一列上输入到 CPU 输入端口的列信号的值 C0～C3。在没有任何键按下时所有的列(CPU 的输入端口)C0～C3 上将读到高电平(CPU 的 GPIO 引脚有上拉电阻。一般情况下，GPIO 的引脚电平为高，一旦按键按下，GPIO 的引脚电平将为低)，因为 R1C2 键被按下，所以在 C2 引脚将读到低电平。

(3) 因为在输入引脚上读到有低电平说明有按键按下，接着判断按下的按键在哪一行。首先在行 R0 上输出低电平，R1～R3 输出高电平，在 4 个输入引脚上没有低电平，说明按下的按键不在该行。

(4) 在 R1 上输出低电平，R0、R2 和 R3 输出高电平，在 4 个输入引脚的 C2 上是低电平，由此可以判断 R1C2 按键被按下。

(5) 如果不是在第二行有键按下，则继续在 R2 上输出低电平，R0、R1 和 R3 输出高电平，直到有输入引脚上为低电平为止。即一旦检测到有键被按下，就需要找出是哪一个键。微处理器只需在其中一行上输出一个低电平。如果它在输入端口上发现一个 0 值，微处理器就知道在所选择行上产生了键的闭合。

11.4.4 产生键值方法

一旦处理器判定有一个键按下，键盘扫描软件将过滤掉抖动并且判定哪个键被按下，即通过键盘扫描的方法检测到按下的按键所在的行和列，并给每一个按键一个唯一的键值。

产生键值的方法多种多样，只要保证键值和键一一对应就可以了。例如，假设要对上面按下的 R1C2 键产生键值，可以使用如下的方法产生一个 8 位的二进制数键值，下面的方法适用于 16～64 键的键盘接口。

(1) 该键所在的行数是 2，求出 2 的补码(256-2)是 254，写成二进制码是 0xfe。

(2) 该键的列码就是把 C3～C0 对应的位若有键按下的列设置为 0，没有键按下的列设置为 1 组成的二进制码，因 C2 列有键按下，因此列码为 1011B，即 0x0b。

(3) 把(1)得出的码值 0xfe 左移 4 位与(2)得出的列码 0x0b 进行或运算，得到的 0xeb 作为该键的键值。

在键盘接口中，也有的实验箱不是使用处理器的 GPIO 口控制键盘而是使用存储器地址。例如，某实验箱地址空间分配的结果 0x10000000 的低 4 位控制键盘行扫描(高 4 位控制四只发光二极管)，地址 0x10000002 读入键盘扫描值。在实际编写程序处理按键时，可以使用更加简单的方法——查表的方法：如果是 4×4 键盘，共有 16 个键值，即代表 0～9 和 A～F 这 16 个十六进制数，把 16 个值按行和列做成一张表，那么只要在程序中判断出按下的按键所在的行和列后，再用分支语句确定所按下的是哪个键就可以了。

11.4.5　键盘接口的具体实现

下面的示例说明如何使用查询方法识别按键。示例中的键盘采用上一节使用存储器地址直接控制的连接方法。

(1) 函数 char Key_Get()使用查询方式返回按下的键。

如果有键按下，使用查询方式得到按下的键的位置。通过前面介绍的按键识别方法，得出按键所在的行为 row(0-3)，列为 column(即地址 0x10000002 中的值，这个值是得到的列的输入值。比如 R1C2 键按下，C2 表示第 2 列，则得到的值是~(0100)，bit[2]的值是 0)。

row 行输出扫描低电平：

```
* ( (unsigned char*)0x10000000) = ~(0x00000001 << row); //row 的值 0-3
```

column 列取得值：

```
column = * ( (unsigned char*)0x10000002) & 0xff;            //获取扫描值
```

在函数中，如果有键按下，则首先检查是不是干扰。如果不是干扰，则等待直到按键松开以后，再查表得到按下的是什么键。实现的函数如下。

```
char Key_Get()
{
    int row;
    unsigned char   ascii_key, input_key, input_key1;
    unsigned char*  row_scan = (unsigned char*)0x10000000;
    unsigned char*  col_value = (unsigned char*)0x10000002;
    for( row = 0; row < 4; row++)
    {
        *row_scan = ~(0x00000001 << row);              //行输出扫描低电平
        Delay(3);                                      //延时
        input_key = (*col_value) & 0x0F;               //获取第一次扫描值
        if(input_key == 0x0F)  continue;               //没有按键
        Delay(3);
        if (((*col_value) & 0x0F) != input_key) continue;
        //再次获取扫描值,
        不等是干扰
        while(1) // 等待按键松开
        {
            *row_scan = ~(0x00000001<<row);       //行输出扫描低电平
```

```
        Delay(3);
        input_key1 = (*col_value) & 0x0F;   //获取扫描值
        if(input_key1 == 0x0F) break;        //没有按键，即按键松开
    }
    ascii_key = key_value(row, input_key); //查表得到所按下键
    return ascii_key;                       //返回按下的键
    }
    return 0;
}
```

(2) 在上面的函数中，如果有键按下，则需要判断按下的是什么键。用函数 key_value(int row,int col)作成一张表，识别所按下的按键，查表返回的值是 key，即按下的键。

```
char key_value(int row,int column)
{
    char key = 0;
    switch( row )
    {
    case 0:
        if((column & 0x01) == 0) key = '0';
        else if((column & 0x02) == 0) key = 'A';
        else if((column & 0x04) == 0) key = 'B';
        else if((column & 0x08) == 0) key = 'F';
        break;
    case 1:
        if((column & 0x01) == 0) key = '7';
        else if((column & 0x02) == 0) key = '8';
        else if((column & 0x04) == 0) key = '9';//row=1,column=2 按下的是 9
        ...                                      //省略
    }
    return key;
}
```

(3) 在想得到按键的时候，只要如下两条语句就可以得到所按下的键。

```
        unsigned char ch;
        ch = Key_Get();
```

这样得到的是所按下键的 ASCII 码值，详细的使用方法参见本章的工作实训营。

11.5 步进电机

【学习目标】了解步进电机的工作原理及工作模式。

11.5.1 步进电机概述

步进电机是将电脉冲信号转变为角位移或线位移的开环控制元件。它实际上是一种单

相或多相同步电动机。

在非超载的情况下，电机的转速、停止的位置只取决于脉冲信号的频率和脉冲数。当连续输入一定频率的脉冲时，电动机的转速与输入脉冲的频率保持严格的对应关系，而不受电压波动和负载变化的影响，即给电机加一个脉冲信号，电机则转过一个步距角。

这一线性关系的存在，加上步进电机只有周期性的误差而无累积误差等特点，使得在速度、位置等控制领域用步进电机来控制变得非常简单。由于步进电机能够直接接收数字量的输入，所以又特别适合于微机控制。

单相步进电动机有单路电脉冲驱动，输出功率一般很小，其用途为微小功率驱动。

多相步进电动机有多相方波脉冲驱动，用途很广。使用多相步进电动机时，单路电脉冲信号可先通过脉冲分配器转换为多相脉冲信号，再经功率放大后分别送入步进电动机各相绕组。每输入一个脉冲到脉冲分配器，电动机各相的通电状态就会发生变化，转子会转过一定的角度(称为步距角)。

常用的步进电机有 3 种。

● 反应式步进电动机(VR)：结构简单，生产成本低，步距角可以做得相当小，但动态性能相对较差。

● 永磁式步进电动机(PM)：出力大，动态性能好，但步距角一般比较大。

● 混合步进电动机(HB)：综合了反应式和永磁式两者的优点，步距角小，出力大，动态性能好，是性能较好的一类步进电动机。

11.5.2　步进电机的操作

步进电机有两种工作模式：半步模式和整步模式。整步模式下的步距角为 18 度，半步模式则为 9 度。通常 ARM 控制器直接发出多相脉冲信号，不需要脉冲分配器，直接由软件控制实现，在脉冲信号进入步进电机的绕组前，需要通过功率放大。半步模式下脉冲分配信号如表 11-2 所示，整步模式下脉冲分配信号即半步模式下脉冲分配信号分别取序号 1、3、5 和 7 的状态。

表 11-2　半步模式脉冲分配信号

序　号	当前状态	正转脉冲	反转脉冲
1	0101(0x05)	0001(0x01)	0100(0x04)
2	0001(0x01)	1001(0x09)	0110(0x06)
3	1001(0x09)	1000(0x08)	0010(0x02)
4	1000(0x08)	1010(0x0a)	1010(0x0a)
5	1010(0x0a)	0010(0x02)	1000(0x08)
6	0010(0x02)	0110(0x06)	1001(0x09)
7	0110(0x06)	0100(0x04)	0001(0x01)
8	0100(0x04)	0101(0x05)	0101(0x05)

步进电机的四相由 0x28000006 的 bit0～bit3 控制，bit0 对应于 MOTOR_A，bit1 对应于 MOTOR_B，bit2 对应于 MOTOR_C，bit3 对应于 MOTOR_D。通过编制脉冲分配表可以控

制步进电机。

```
unsigned char stepmotor_pulse[4] = {0x05, 0x09, 0x0a, 0x06,};
```

11.6　A/D 转换器接口

【学习目标】掌握 A/D 转换相关的概念和 A/D 转换的原理，掌握 S3C2410 的 A/D 转换器的使用方法，掌握 A/D 转换器的应用。

在工业生产过程中，常常需要对温度、压力、流量和电流等连续变化的模拟量进行测量，然而处理器只能处理数字量信号，因此直接测量得到的模拟量参数进入 CPU 之前，必须被转换成数字量。能够完成这个任务的器件称为模-数转换器，简称 A/D 转换器(ADC)，它是处理器接收、处理/控制模拟量参数过程中不可缺少的环节。

11.6.1　A/D 转换基础知识

A/D 转换器是模拟信号源和 CPU 之间联系的接口，它的任务是将连续变化的模拟信号转换为数字信号，以便计算机和数字系统进行处理、存储、控制和显示。在工业控制、数据采集以及许多其他领域中，A/D 转换是不可缺少的。

我们经常遇到的物理参数，比如电流、电压、温度、压力和速度等电量或非电量都是模拟量。模拟量的大小是连续分布的，并且经常为时间上的连续函数。

1. A/D 转换的基本过程

要将模拟量转换成数字信号，需经过采样(保持)、量化和编码 3 个基本过程(数字化过程)。

1) 采样

采样也叫做抽样，即每隔相等的时间间隔 T 对模拟信号进行采样，然后将得到的一系列时域上的样值 F_n 代替 $f(t)$，即用 F_0、F_1、…、F_n 代替 $f(t)$，如图 11-9 所示。在 0、$1T$、$2T$ 等时间点上采样。

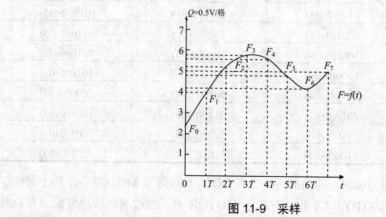

图 11-9　采样

2)　量化

采样把模拟信号变成了时间上离散的脉冲信号,但脉冲的幅度仍然是模拟的,还必须进行离散化处理,才能最终进行编码。

量化也叫做幅值量化,即把采样得到的幅值 F_0、F_1、F_2 等用一个量化因子(Q)去度量,再经过舍入或截尾的方法,F_n 变为只有有限个离散值的数字量。

例如,在图 11-9 采样后得到的结果中进行量化,假设取量化因子 Q=0.5V/格,那么:

- F_0=2.4Q,经过舍入或截尾,取 2Q。
- F_1=4.0Q,取 4Q。
- F_2=5.2Q,经过舍入或截尾,取 5Q。
- F_3=5.8Q,经过舍入或截尾,取 5Q。

...

3)　编码

经过采样和量化后的信号还不是真正数字信号,还需要转换成数字编码,即将量化后得到的数字量进行编码,以便 CPU 或数字系统能够读入和识别。

最简单的编码方式是二进制编码,就是用 n 比特二进制码来表示已经量化了的采样值,每个二进制数对应一个量化值。

编码仅是对数字量的一种处理方法。例如,对上面经过量化后的结果进行二进制编码,结果如下。

- F_0: 取 2Q,用二进制表示即 010。
- F_1: 取 4Q,用二进制表示即 100。
- F_2: 取 5Q,用二进制表示即 101。
- F_3: 取 5Q,用二进制表示即 101。

...

于是,信号 $f(t)$ 经过上述变换以后,即变成了时间上离散、幅值上量化的数字信号。

2. A/D 转换器的主要技术指标

1)　分辨率(Resolution)

A/D 转换器的分辨率用其输出二进制数码的位数来表示。位数越多,则量化增量越小,量化误差越小,分辨率也就越高。常用的有 8 位、10 位、12 位、16 位、24 位和 32 位等。

例如,某 A/D 转换器输入模拟电压的变化范围为 0～+3.3V,转换器为 10 位,因为不需要表示正、负符号,所以 10 位全部用来表示信号幅值。最末一位数字(bit0)可代表的模拟电压值是 $3.3V×1/2^{10}≈3.22mV$,即转换器可以分辨的最小模拟电压为 3.3mV。

2)　精度(Accuracy)

在量化的过程中,采用了舍入或截尾方法,当采样值落在某一小间隔内而变为有限值时,会产生量化误差,因此最大量化误差应为分辨力数值的一半。例如,上例 10 位转换器最大量化误差应为 1.62mV(3.22mV×0.5 = 1.62mV),全量程的相对误差则为 0.049%(1.62mV/3.3V×100%)。可见,A/D 转换器数字转换的精度由最大量化误差决定。实际上,许多转换器的末位数字并不可靠,实际精度还要低一些。

由于含有 A/D 转换器的模数转换模块通常包括模拟处理和数字转换两部分,因此整个转换器的精度还应考虑模拟处理部分(如积分器、比较器等)的误差。一般转换器的模拟处理误差与数字转换误差应尽量处在同一数量级,总误差则是这些误差的累加和。例如,一个 10 位 A/D 转换器用其中 9 位计数时的最大相对量化误差为 $2^9 \times 0.5 \approx 0.1\%$,若模拟部分精度也能达到 0.1%,则转换器总精度可接近 0.2%。

精度有绝对精度(Absolute Accuracy)和相对精度(Relative Accuracy)两种表示方法。

- 绝对误差:在一个转换器中,对应一个数字量的实际模拟输入电压和理想的模拟输入电压之差并非是一个常数。我们把它们之间的差的最大值定义为绝对误差。通常以数字量的最小有效位(LSB)的分数值来表示绝对误差,例如±1LSB 等。绝对误差包括量化误差和其他所有误差。

- 相对误差:指在整个转换范围内,任一数字量所对应的模拟输入量的实际值与理论值之差,用模拟电压满量程的百分比表示。

例如,满量程为 10 伏,10 位 A/D 芯片,若其绝对精度为±1/2LSB,则其最小有效位的量化单位为 9.77 毫伏,其绝对精度为 4.88 毫伏,其相对精度为 0.048%。

3) 转换时间(Conversion Time)

转换时间是指完成一次 A/D 转换所需的时间,即由发出启动转换命令信号到转换结束信号开始有效的时间间隔。转换时间越长,转换速度就越低。转换速度还与转换器的位数有关,一般位数少的(转换精度差)转换器转换速度快。

转换时间的倒数称为转换速率。例如,若某转换器完成一次 A/D 转换的转换时间为 25us,其转换速率为 40kHz。

由于转换器必须在采样间隔 T 内完成一次转换工作,因此转换器能处理的最高信号频率就受到转换速度的限制。例如 50μs 内完成 10 位 A/D 转换的高速转换器,其采样频率可高达 20kHz。

4) 量程

量程是指所能转换的模拟输入电压范围,分单极性、双极性两种类型。

- 单极性 量程为 0～+3.3V、0～+5V 以及 0～+20V。
- 双极性 量程为-5～+5V 和-10～+10V。

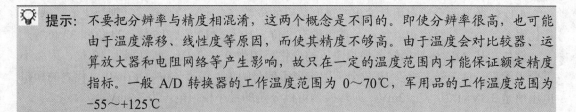

提示: 不要把分辨率与精度相混淆,这两个概念是不同的。即使分辨率很高,也可能由于温度漂移、线性度等原因,而使其精度不够高。由于温度会对比较器、运算放大器和电阻网络等产生影响,故只在一定的温度范围内才能保证额定精度指标。一般 A/D 转换器的工作温度范围为 0～70℃,军用品的工作温度范围为-55～+125℃

11.6.2 S3C2410 A/D 转换器

S3C2410 处理器内部集成了采用近似比较算法(计数式)的 8 通道模拟输入的 10 位 CMOS 模数转换器(ADC),集成零比较器,内部产生比较时钟信号。其分辨率为 10 比特,即可以将输入的模拟信号转换为 10 位的二进制数字代码。在 2.5MHz 的 A/D 转换时钟下,最大转换率为 500kb/s,非线性度为正负 1 位。A/D 转换器支持片上采样和保持功能,并支持掉电模式，该转换器可以通过软件设置为 Sleep 休眠模式，节电减少电源功率损失。

S3C2410 A/D 转换器的 AIN[7]和 AIN[5]用于连接触摸屏的模拟信号输入。

具体特点有以下几点。

- 分辨率为 10 位。
- 微分线性度误差为 ±1.0 LSB(Least Significant Bit，最低有效位)。
- 积分线性度误差为 ±2.0 LSB。
- 最大转换速率为 500kb/s(每秒采样千万次)。
- 低功耗。
- 供电电压为 3.3 伏。
- 输入模拟电压范围为 0～3.3 伏。
- 片上采样保持功能。
- 普通转换模式。
- 分离的 X 轴、Y 轴坐标转换模式。
- 自动(连续)X 轴、Y 轴坐标转换模式。
- 等待中断模式。

S3C2410 的 8 通道 ADC 电路如图 11-10 所示。

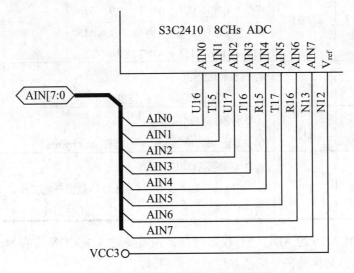

图 11-10　S3C2410 ADC 的引脚图

可见，S3C2410 有 8 通道的 A/D 转换器，参考电压 V_{ref} 引脚接到 3.3V 高电平端。

11.6.3　S3C2410 A/D 转换器的操作

A/D 转换通过 A/D 转换特殊功能寄存器完成各种功能的控制与实现。控制 A/D 转换器操作的寄存器有两个：A/D 转换控制寄存器(ADCCON)和 A/D 转换数据寄存器(ADCDAT)。

进行 A/D 转换操作包括两个步骤：A/D 转换参数初始化和数据处理。

1．A/D 转换参数初始化

A/D 转换控制寄存器(ADCCON)用于对 A/D 转换参数的初始化，包括转换通道设置、转换时钟设置、转换模式设置、转换速度设置以及启动方式设置。A/D 转换控制寄存器(ADCCON)的位定义如表 11-3 所示。

表 11-3　ADCCON 转换控制寄存器的位定义

符　号	位	描　　述	初始状态
ECFLG	[15]	A/D 转换结束标志。 0 = A/D 转换正在进行；1 = A/D 转换结束	0
PRSCEN	[14]	A/D 转换预分频允许。 0 = 不允许预分频；1 = 允许预分频	0
PRSCVL	[13:6]	A/D 转换预分频值。 分频值范围为 1～255 当预分频值为 N 时，分频因子是(N+1)	0xFF
SEL_MUX	[5:3]	模拟信道输入选择。 000 = AIN0；001 = AIN1；010 = AIN2； 011 = AIN3；100 = AIN4；101 = AIN5； 110 = AIN6；111 = AIN7 (XP)	000
STDBM	[2]	待机模式选择位。 0 = 正常操作模式；1 = 待机模式	1
READ_START	[1]	A/D 转换读启动转换位。 0 = 禁止 start by read；1 = 允许 start by read	0
ENABLE_START	[0]	A/D 转换器启动位。 0 = A/D 转换器不工作；1 = A/D 转换器开始工作。 启动后清除该位，若读启动允许，该位无效	0

若要使用 S3C2410 的 ADC 进行模数转换，则需要对 ADCCON 寄存器进行设置。

(1) 设置 A/D 转换的预分频值并使能预分频器。

A/D 采样频率 freq 取决于 ADCCON 寄存器的预分频值 PRSCVL，将 APB 总线时钟进行(PRSCVL +1)分频，就得到 ADC 转换时钟。PRSCVL 的值可以采用下面公式计算。

$$PRSCVL = PCLK/freq-1$$

式中 PCLK 为 APB 总线时钟。例如，当 FCLK=202.8MHz，FCLK：HCLK：PCLK=1：2：4 时，PCLK=50.7MHz。在设定好采样频率 freq 后，由上式可以求出预分频值，然后通过如下的方法设置使能预分频器和预分频值。

```
prscvl = PCLK/freq - 1;
rADCCON = rADCCON | (1<<14) | (prscvl<<6); //[14]设为1,[13:6]设为prscvl值
```

式中 bit[14]表示 A/D 转换预分频器使能位，该位为 1 表示预分频器开启。

bit[13:6]共 8 位表示预分频器的值(当预分频值为 N 时，则分频因子是 N+1)。

(2) 设置 A/D 转换使用的通道。

S3C2410 内部有 8 通道模拟输入的 A/D 转换器，bit[5:3]三位用来选择模拟输入通道，例如使用 AIN0 进行转换，则设置如下。

```
rADCCON = rADCCON | (0<<3);      //[5:3]设为 000，使用通道 1 则设置为 1<<3
```

(3) 设置为正常转换模式。

ADCCON 寄存器的 bit[2]是待机模式选择位，可以用来选择是正常转换模式，还是待机模式，其默认值为 1，即正常转换模式。使用正常转换模式时，可以不设置。

提示：若要设置为待机模式，即该位为 0，可以如下的方法设置。

```
rADCCON = rADCCON & ~(1<<2);     //[2]设为 0，待机模式
```

(4) 启动 A/D 转换器开始转换。

ADCCON 寄存器的 bit[0]是 A/D 转换开始位，该位值为 1 时则 A/D 转换开始(但如果 bit[1](读使能位)置 1，则该位无效)。启动 A/D 转换的设置方法如下。

```
rADCCON = rADCCON | 0x1;         //[0]设为 1，启动 ADC
```

注意：当启动转换后，该位会被自动清除。

(5) 在正常转换模式下，使用 S3C2410 的 A/D 转换器时，通常需要初始化设置以上几位；而在待机模式时，为了降低系统的功耗，使用如下的方法设置 ADCCON 寄存器。

```
rADCCON= (0<<14)|( prscvl<<6)|(7<<3)|(1<<2);   // prscvl 在此的设置没有被使能
```

另外，bit[15]是转换结束标志位，该位为 1 时表示转换结束。在读取转换结果数据时需要测试该位，如果 A/D 转换器的转换开始位为 0，并且该位为 1，则可以读取数据寄存器 ADCDAT 中的内容。

综上所述，如果使用 AIN0 进行 A/D 转换，且采样频率为 2.5MHz，则 A/D 转换控制寄存器的初始化设置及启动方法如下。

```
prscvl = PCLK/freq - 1;     //PCLK=50.7MHz, freq=2.5MHz, prscvl=19
rADCCON = (1<<14) | (prscvl<<6) | (0<<3);
rADCCON | = 0x1;
```

2. 数据处理

A/D 转换数据寄存器(ADCDAT0)用于 A/D 转换器进行模/数转换时，包含正常的 A/D 转换数据值。A/D 转换数据寄存器(ADCDAT0)的位定义如表 11-4 所示。

表 11-4 ADCDAT0 寄存器的位定义

符 号	位	描 述	初始状态
UPDOWN	[15]	等待中断模式，Stylus 电平选择。 0 = 低电平；1 = 高电平	—
AUTO_PST	[14]	自动按照先后顺序转换 X、Y 坐标。 0 = 正常 A/D 转换顺序；1 = 按照先后顺序转换	—
XY_PST	[13:12]	自定义 X、Y 的位置。 00 = 无操作模式；01 = 测量 X 的位置； 10 = 测量 Y 的位置；11 = 等待中断模式	—
Reserved	[11:10]	保留	
XPDATA (Normal ADC)	[9:0]	X 坐标转换数据值(包括正常的 ADC 转换数值)。 数值：0～3FF	—

在用作正常的 A/D 转换器时，此寄存器用于进行数据处理，获取转换结果。当 A/D 转换结束后，可以读取 ADCDAT0 寄存器 bit[9:0]的内容作为 A/D 转换的结果。判断转换是否结束需要首先检查 ADCCON 寄存器的 bit[0]是否为低，启动转换后此位会被自动清除。

```
while(rADCCON & 0x1);
```

再检查 ADCCON 寄存器的 bit[15]是否为高。

```
while(!(rADCCON & 0x8000));
```

该寄存器的[9:0]共 10 位存储转换的结果，若以上两项检查通过，表明 A/D 转换已经结束，则用下面的方法读取数据。

```
int a0;
a0 = (int) rADCDAT0 & 0x3ff;
```

 ## 11.7　回到工作场景二

通过第 11.6 节内容的学习，读者应该掌握了 S3C2410 的 A/D 转换器的使用方法。下面我们将回到第 11.1.2 节介绍的工作场景二，完成模拟信号的模数转换的任务。

【工作过程一】电路连接

在工作场景二的任务中，用可变电阻对 0～3.3V 电压进行分压，模拟产生 0～3.3V 的模拟电压，输出到 S3C2410 的 AIN0 引脚，然后由通道 0 进行模数转换。根据任务要求，电路连接如图 11-11 所示。

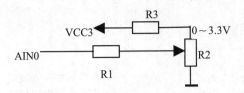

图 11-11　A/D 转换器的连接图

> ⚠ **注意**：在实际工作中进行数据采集时经常需要用到 A/D 转换，其原理如图 11-12 所示，这里我们只是用一个可变电阻模拟传感器产生的模拟信号的变化。

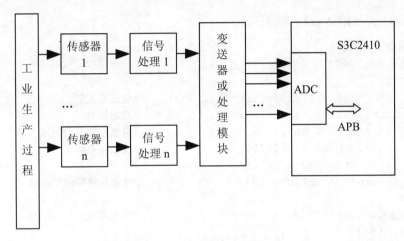

图 11-12　数据采集系统原理图

【工作过程二】 建立一个工程

打开 CodeWarrior IDE，新建一个工程，输入工程名 adc，存放在 D:\test\adc 目录下。

新建一个 C 语言源文件，输入文件名 adctest.c，存放在 D:\test\adc 目录下并将其加入工程 adc 中。

【工作过程三】 编写 adctest.c 程序

在打开的编辑窗口中，编写 C 源程序。

(1) 首先包含寄存器地址定义的头文件。

```
/* 包含文件 */
#include "2410addr.h"
/*也可以直接定义所用到的地址
#define rADCCON (*(volatile unsigned *)0x58000000) //ADC control
#define rADCDAT0 (*(volatile unsigned *)0x5800000c) //ADC conversion data 0
*/
```

(2) 在程序中，定义两个变量，用来存储采样频率值 2.5MHz 及计算的预分频值，因为转换的结果需要在超级终端上显示，所以在程序中要对串口进行初始化。在这里，我们用函数调用的形式来完成(假设对系统时钟的配置函数和初始化串口及对串口操作的函数均定义在 2410lib.c 文件中)。

```
# define FREQ 2500000
void Main()
{
    SetClockDivider(1,1);              //对系统时钟配置及串口操作的函数调用，根据所
    SetMPllValue(0xa1,0x3,0x1);        //使用的目标板提供的文档确定，或者自己编写
    Port_Init();
    uart0_init();                      //初始化串口 0
    int i,loop,a = 0;
    Uart_Printf("\n 旋动旋钮 AIN0 改变模拟输入\n");//到此的函数调用请根据实际更改
    ...
```

(3) 下面正式开始 A/D 转换的设置。

```
//接上面(2)中的代码
volatile U32 PRSCVL = PCLK/FREQ -1;         //PCLK=50.7MHz
while(1){
    rADCCON = (1<<14)|(PRSCVL<<6)|(0<<3);   //通道 0 设置
    rADCCON|=0x1;                           //开始转换
    while(rADCCON & 0x1);                   //检测使能是否为低
    while(!(rADCCON & 0x8000));             //检测结束标志
    a = (int)rADCDAT0 & 0x3ff;
    Uart_Printf ("\rAIN0: %04d ", a);       //在超级终端输出结果
}
rADCCON= (0<<14)|(7<<3)|(1<<2);             //睡眠模式
Uart_Printf("\r 转换结束");
}
```

上述的步骤(3)也可以这样做：为使程序结构更加清晰，把读取转换结果的部分用一个函数(readadc()，在主函数前面要声明)实现。

```
int readadc(int ch,int freq);               //此语句加在主函数前面，声明函数
//接上面(3)中的代码
while(1){
    a = readadc(0,FREQ);
    Uart_Printf ("\rAIN0: %04d", a);        //在超级终端输出结果
}
rADCCON= (0<<14)|(7<<3)|(1<<2);             //睡眠模式
Uart_Printf("\r 转换结束");
}
```

读取转换结果的函数 int readadc(int,int)，函数的第一个参数表示转换的通道(0~7)，第二个参数表示采样频率，返回值为整型。这种方法增加了适用性，比较容易切换 ADC 通道。

```
int readadc(int ch,int freq ){
    int i,loop;
    volatile U32 PRSCVL = PCLK/freq -1;     //PCLK=50.7MHz
    static int prevCh=-1;
    rADCCON = (1<<14)|(PRSCVL<<6)|(ch<<3);  //通道设置
    if(prevCh!=ch){
```

```
rADCCON = (1<<14)|(PRSCVL<<6)|(ch<<3);   //通道设置
for(i=0;i<loop;i++);                      //延时，等待下一次通道转换
prevCh=ch;
}
rADCCON|=0x1;                             //开始转换
while(rADCCON & 0x1);                     //检测使能是否为低
while(!(rADCCON & 0x8000));               //检测结束标志
return ( (int)rADCDAT0 & 0x3ff );         //返回结果
}
```

【工作过程四】设置工程并编译工程

(1) 加入需要的启动文件和其他需要的文件。

加入 2410init.s 和 2410slib.s；

加入 2410lib.c 和 interrupt.c(从实验箱所附的光盘资料中复制到 D:\test 目录)，并在工程窗口的 Link Order 页面设置把它们放在主程序前面。

(2) 在工程属性对话框中的 Target\Access Paths 里设置包含的头文件路径，再对工程的 ARM Linker 进行设置。

(3) 编译工程。

【工作过程五】下载程序

打开 AXD Debugger，选择 File | Load Image 命令，加载要调试的文件 D:\test\adc\adc_Data\DebugRel\adc.axf，并将程序下载到目标系统。

【工作过程六】调试、运行

打开超级终端，下载完成后调试运行。可以在超级终端看到转换后的结果。

11.8　LCD 控制器

【学习目标】了解 LCD 显示的原理，LCD 接口及控制方法，LCD 显示图形和字符的方法。

11.8.1　LCD 显示的基本原理

利用液晶制成的显示器称为液晶显示器，英文名称为 LCD(Liquid Crystal Display)。LCD 不发光，是一种被动的显示，需要使用周围环境的光。LCD 具有的低功耗、小型化、寿命长和无辐射等优点，使得 LCD 显示器成为广泛使用的显示设备。

液晶材料在电场作用下控制其光线的通过与否，从而达到显示的目的。LCD 的驱动控制在于对每个液晶单元通断电的控制，每个液晶单元都对应着一个电极，对其通电，便可使光线通过(也有刚好相反的，即不通电时光线通过，通电时光线不通过)。

光源的提供方式有两种：透射式和反射式。笔记本电脑的 LCD 显示屏即为透射式，屏

后面有一个光源，因此外界环境可以不需要光源。一般微控制器上使用的 LCD 为反射式，需要外界提供光源，靠反射光来工作。

使用 LCD 屏显示图像，不但需要 LCD 驱动器，还需要相应的 LCD 控制器。LCD 控制器由外部电路来实现，而 S3C2410 内部已经集成了 LCD 控制器，因此可以很方便地编程支持各种不同要求的 LCD 屏。例如支持 STN(Super Twisted Nematic，超扭转式向列型)和目前主流的 TFT 屏(Thin Film Transistor，薄膜式晶体管型)。

11.8.2　S3C2410 LCD 接口及控制方法

S3C2410 中的 LCD 控制器由传送逻辑构成，这种逻辑是把位于系统内存显示缓冲区中的 LCD 视频数据传到外部的 LCD 驱动器。

LCD 控制器支持单色，使用基于时间的抖动算法和帧频控制方法，可以支持每像素 2 位(四级灰度)或每像素 4 位(16 级灰度)的单色显示屏。也支持彩色 LCD 接口，可以是每像素 8 位(256 种颜色)和每像素 12 位(4096 种颜色)的 STN LCD。

支持每像素 1 位、2 位、4 位和 8 位带有调色板的 TFT 彩色 LCD 和每像素 16 位与 24 位的无调色板真彩色显示。

根据屏幕的水平与垂直像素数、数据界面的数据宽度、界面时间和自刷新速率，LCD 控制器可以编程支持各种不同要求的显示屏。

1．S3C2410 LCD 控制器的特点

对于 STN 型 LCD 显示屏有如下的特点。
- 支持 3 种扫描方式，即 4bit 单扫、4 位双扫和 8 位单扫。
- 支持单色、4 级灰度和 16 级灰度屏。
- 支持 256 色和 4096 色彩色 STN 屏(CSTN)。
- 支持分辨率为 640×480、320×240、160×160 以及其他规格的多种 LCD。

TFT 型 LCD 显示屏有如下的特点。
- 支持 1 位、2 位、4 位和 8 位(每像素)调色板显示模式。
- 支持 64KB 和 16MB 色非调色板显示模式。
- 支持分辨率为 640×480、320×240 及其他多种规格的 LCD。

2．LCD 信号

对于控制 TFT 屏来说，除了要给它送视频资料(VD[23:0])以外，还有以下一些信号是必不可少的。
- VSYNC(VFRAME)：帧同步信号。
- HSYNC(VLINE)：行同步信号。
- VCLK：像素时钟信号。
- VDEN(VM)：数据有效标志信号。

因此，对于控制 TFT 屏来说接口部分信号如表 11-5 所示。

表 11-5　LCD 的引脚信号描述

名　　称	描　　述
VD[23:0]	视频数据信号
VSYNC	帧同步信号，一帧开始的时候产生一个 VSPW+1 宽度的脉冲
HSYNC	行同步信号，一行结束的时候产生一个 HSPW+1 宽度的脉冲
VCLK	像素时钟信号，每一个时钟输出一个像素
VDEN	数据有效标志信号，高电平时 VD 信号输出才有效
LEND	行结束信号，在输出最后一个数据的同时输出此信号
LCD_PWREN	LCD 电源使能信号，高电平时点亮 LCD

3. S3C2410 内部的 LCD 控制器的逻辑

S3C2410 内部的 LCD 控制器的逻辑示意图如图 11-13 所示。

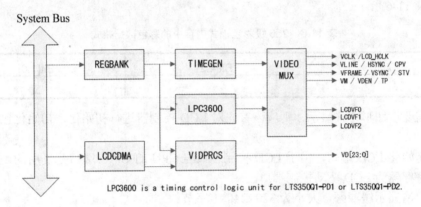

图 11-13　S3C2410 内部的 LCD 控制器的逻辑示意图

S3C2410 中 LCD 控制器用于为传送视频数据和产生需要的控制信号。LCD 控制器由 REGBANK、LCDCDMA、VIDPRCS、TIMEGEN 和 LPC3600 组成。REGBANK 有 17 个可编程寄存器组和用来配置 LCD 控制器的调色存储器，用来对 LCD 控制器的各项参数进行设置。而 LCDCDMA 则是 LCD 控制器专用的 DMA 信道，负责将视频资料从系统总线 (System Bus) 上取来，通过 VIDPRCS 从 VD[23:0] 发送给 LCD 屏，LCDCDMA 自动从帧存储器传输视频数据到 LCD 控制器，用这个特殊的 DMA，视频数据可不经过 CPU 干涉就显示在屏幕上。同时 TIMEGEN 和 LPC3600 负责产生 LCD 屏所需的控制时序，TIMEGEN 由可编程逻辑组成，以支持不同 LCD 驱动器的接口时序和速率的不同要求。TIMEGEN 产生 VFRAME/VSYNC、VLINE/HSYNC、VCLK 以及 VM/VDEN 信号，然后从 VIDEO MUX 送给 LCD 屏。

LCDCDMA 有 FIFO 存储器，当 FIFO 为空或者部分为空时，LCDCDMA 模块就以爆发式传送模式从帧存储器中取数据(每次爆发式请示连续取 16 字节，期间不允许总线控制权的转变)。当传送请求被位于内存控制器中的总线仲裁器接受时，将有连续的 4 个字的数据从系统内存送到外部的 FIFO。FIFO 的大小总共为 28 字，其中分别有 12 个字的 FIFOL 和 16 个字的 FIFOH。S3C2410 有两个 FIFO 存储器以支持双扫描显示模式，而在单扫描模式下只有一路 FIFO(FIFOH)工作。

11.8.3 LCD 的显示方法

S3C2410 内部自带一个 LCD 驱动控制器,其接口可以与单色、灰度、彩色 STN 型和彩色 TFT 型的 LCD 直接相连,但需要根据所连接的 LCD 类型来设置相应寄存器的显示模式。

1. 图形显示方式

以 JXARM9-2410 的 LCD 显示模块为例,该模块由 S3C2410 的 LCD 控制器和 256 色彩色 LCD 显示器组成,其显示方式以直接操作显示缓冲区的内容进行,LCD 控制器会通过 DMA 从显示缓冲区中获取数据,不需要 CPU 干预。系统采用的 LCD 分辨率为 320×240,工作在 256 色彩色显示模式。在该模式下,显示缓冲区中的 1 字节数据代表 LCD 上的一个点的颜色信息,因此所需要的显示缓冲区大小为 320×240×1 字节。其中每个字节的彩色数据格式如表 11-6 所示。

表 11-6 256 级彩色模式内存中的彩色数据格式

Bit[7:5]	Bit[4:2]	Bit[1:0]
红	绿	蓝

如果需要以图形方式显示,则应该首先对 LCD 控制器进行初始化,初始化包括以下几个步骤。

(1) 初始化 LCD 端口,由于 LCD 控制端口与 CPU 的 GPIO 端口是复用的,因此必须设置相应寄存器为 LCD 驱动控制端口。

(2) 申请显示缓冲区,大小为 320×240×1 字节。

(3) 初始化 LCD 控制寄存器,包括设置 LCD 分辨率、扫描频率以及显示缓冲区等。

2. 字符显示方式

LCD 字符显示就是将字库(汉字字库、英文字库或者其他语言字库)中的字模以图形方式显示在 LCD 上,其显示原理和图形显示没有差别,只要把汉字当成一幅画,画在显示屏上就可以了。关键在于如何取得字符的图形,也就是字符的点阵字模。

常用的汉字点阵字库文件(如 16×16 点阵 HZK16 文件),按汉字区位码从小到大依次存有国标区位码表中的所有汉字,每个汉字占用 32 字节,每个区为 94 个汉字。在计算机中,汉字是以机内码的形式存储的,每个汉字占用 2 字节:第一个字节为区码(qh),为了与 ASCII 码区别,范围从十六进制的 0A1H 开始(小于 80H 的为 ASCII 码字符),对应区位码中区码的第一区;第二个字节为位码(wh),范围也是从 0A1H 开始,对应某区中的第一个位码。这样,将汉字机内码减去 0A0AH 就得到该汉字的区位码。因此,汉字在汉字库中的具体位置计算公式如下:

$$location = (94×(qh-1)+wh-1)×一个汉字字模占用字节数$$

一个汉字字模占用的字节数根据汉字库的汉字大小不同而不同。以 HZK16 点阵字库为例,字模中每一点使用一个二进制位(Bit)表示,如果是 1,则说明此处有点;如果是 0,则说明没有。这样,一个 16×16 点阵的汉字总共需要 16×16/8=32 字节表示。

字模的表示顺序为：先从左到右，再从上到下，也就是先画左上方的 8 个点，再画右上方的 8 个点，然后是第二行左边 8 个点，右边 8 个点，以此类推，画满 16×16 个点。因此，HZK16 中汉字在汉字库中具体位置的计算公式为(94×(qh-1)+(wh-1))×32。

例如，汉字"房"的机内码为十六进制的 B7BF，其中 B7 表示区码，BF 表示位码，所以"房"字的区位码为 0B7BFH-0A0A0H=171FH。将区码和位码分别转换为十进制得到汉字"房"的区位码为 2331，即"房"字的点阵位于第 23 区的第 31 个字的位置，相当于在文件 HZK16 中的位置为第 32×[(23-1)×94+(31-1)]=67136B 以后的 32 字节为"房"字的显示点阵。

11.8.4　LCD 控制寄存器及设置

LCD 控制器共有 16 个寄存器，寄存器的基地址为 0x4D000000。这些寄存器分别是：5 个控制寄存器、3 个地址寄存器、3 个颜色查询表寄存器(STN)、1 个模式寄存器、3 个中断控制寄存器和 1 个 LPC3600 控制寄存器。这 16 个寄存器的地址并不是连续的，0x4D00002C-0x4D00004C 之间没有寄存器。

3 个颜色查询表寄存器主要用于 STN 类型的 LCD 显示屏。5 个控制寄存器分别是 LCDCON1 至 LCDCON5 寄存器，这些寄存器的设置与显示屏信息、控制时序和数据传输格式等密切相关，在设计中需要根据显示设备的具体信息正确设置这些寄存器才能使 S3C2410 正常控制驱动不同的显示屏。

一般使用比较多的是 3.5 英寸 TFT LCD。在 S3C2410 上自带了一个 LCD 控制器，内含寄存器 LCDCOM1 至 LCDCON5。下面对主要寄存器的功能进行介绍，并以分辨率为 640×480、刷新频率为 60Hz 和 16 位彩色显示模式 TFT LCD 为例介绍控制寄存器 LCDCON1 至 LCDCON5 的设置。

1. LCD 控制寄存器 1(LCDCON1)

该寄存器各位的定义见表 11-7，其中符号的含义说明如下。

表 11-7　LCDCON1 寄存器的位定义

符　号	位	描　述	初始状态
LINECNT	[27:18]	当前行扫描计数器值，标明当前扫描到了多少行	0000000000
CLKVAL	[17:8]	决定 VCLK 的分频比。LCD 控制器输出的 VCLK 是直接由系统总线(AHB)的工作频率 HCLK 分频得到的。作为 240×320 的 TFT 屏，应保证得出的 VCLK 在 5～10MHz 之间	0000000000
MMODE	[7]	VM 信号的触发模式(仅对 STN 屏有效，对 TFT 屏无意义)	0
PNRMODE	[6:5]	选择当前的显示模式，对 TFT 屏而言，应选择[11]，即 TFT LCD panel	00
BPPMODE	[4:1]	选择色彩模式，对真彩显示而言，选择 16bpp(64K 色)即可满足要求。1100：16BPP(TFT)	0000
ENVID	[0]	输出 LCD 视频数据和 LCD 控制信号使能位。0：禁止输出；1：允许输出	0

- LINECNT[27:18]：行计数器的状态位。只读，不用设置。
- CLKVAL[17:8]：确定 VCLK 频率的参数。公式为 VCLK=HCLK/[(CLKVAL+1)× 2]，单位为 Hz。例如，若所用的硬件系统 HCLK=100 MHz，640×480 的显示屏需要 VCLK=20 MHz，故需设置 CLKVAL=1。
- MMODE[7]：确定 VM 的改变速度。在此选择 MMODE=O，即每帧变化模式。
- PNRMODE[6:5]：选择显示模式。选择 PNRMODE=0x3，即 TFT LCD 面板模式。
- BPPMODE[4:1]：确定 BPP(每像素位数)模式。在此选择 BPPMODE=0xC，即 TFT 16 位模式。
- ENVID[0]：数据输出和逻辑信号使能控制位。选择 ENVID=1，即允许数据输出和逻辑控制，才向外输出数据。

2．LCD 控制寄存器 2(LCDCON2)

该寄存器各位的定义见表 11-8，其中符号的含义说明如下。

表 11-8　LCDCON2 寄存器的位定义

符　号	位	描　　述	初始状态
VBPD	[31:24]	TFT-LCD：每帧开始时的无效行数。 STN-LCD：这几位设置为 0	00000000
LINEVAL	[23:14]	TFT/STN：确定 LCD 显示屏的垂直尺寸	0000000000
VFPD	[13:6]	TFT：每帧结尾时的无效行数。 STN：这几位设置为 0	00000000
VSPW	[5:0]	TFT：垂直同步脉冲宽度，确定 VSYNC 信号脉冲宽度。 STN：这几位设置为 0	000000

```
rLCDCON2=(VBPD<<24)|(LINEVAL_TFT<<14)|(VFPD<<6)|(VSPW);
```

- VBPD[31:24]：确定帧同步信号和帧数据传输前的一段延迟时间，是帧数据传输前延迟时间和行同步时钟间隔宽度的比值。
- LINEVAL[23:14]：确定所显示的垂直方向尺寸，公式为 LINEVAL=YSIZE-1=479。
- VFPD[13:6]：确定帧数据传输完成后到下一帧同步信号到来的一段延迟时间，是帧数据传输后延迟时间和行同步时钟间隔宽度的比值。
- VSPW[5:0]：确定帧同步时钟脉冲宽度，是帧同步信号时钟宽度和行同步时钟间隔宽度的比值。

以上各值需要根据所使用液晶屏的时序关系计算确定。

3．LCD 控制寄存器 3(LCDCON3)

该寄存器各位的定义见表 11-9，其中符号的含义说明如下。

```
rLCDCON3=(HBPD<<19)|(HOZVAL_TFT<<8)|(HFPD);
```

- HBPD[25:19]：确定行同步信号和行数据传输前的一段延迟时间，描述行数据传输前延迟时间内 VCLK 脉冲个数。
- HOZVAL[18:8]：确定所显示的水平方向尺寸，公式为 HOZVAL=XSIZE-1=639。
- HFPD[7:0]：确定行数据传输完成后到下一行同步信号到来的一段延迟时间，描述行数据传输后延迟时间内 VCLK 脉冲个数。

表 11-9 LCDCON3 寄存器的位定义

符 号	位	描 述	初始状态
HBPD		TFT-LCD：在 HSYNC 信号下降沿和有效数据开始之间的 VCLK 脉冲数	
WDLY	[25:19]	STN-LCD：WDLY[1:0]位确定 VLINE 信号和 VCLK 信号间的延时，WDLY[7:2]位保留。 00：16 个 HCLK 周期；01：32 个 HCLK 周期； 10：48 个 HCLK 周期；11：64 个 HCLK 周期	0000000
HOZVAL	[18:8]	TFT/STN：确定 LCD 显示屏的水平尺寸	00000000000
HFPD	[7:0]	TFT-LCD：在 HSYNC 信号上升沿和有效数据结束之间的 VCLK 脉冲数	00000000
LINEBLANK		STN-LCD：确定水平行期间的空白时间，它修正了 VLINE 的频率	

4. LCD 控制寄存器 4(LCDCON4)

该寄存器各位的定义见表 11-10。

表 11-10 LCDCON4 寄存器的位定义

符 号	位	描 述	初始状态
MVAL	[15:8]	STN-LCD：当 MMODE 位被设置成 1 时，MVAL 确定 VM 信号的频率	00000000
HSPW	[7:0]	TFT-LCD：确定 HSYNC 脉冲的宽度	00000000
WLH		STN-LCD：WLH[1:0]位确定 VLINE 信号的脉冲宽度，WLH[7:2]位保留。 00：16 个 HCLK 周期；01：32 个 HCLK 周期； 10：48 个 HCLK 周期；11：64 个 HCLK 周期	

```
rLCDCON4=(MVAL<<8)|(HSPW);
```

HSPW[7:0]：确定行同步时钟脉冲宽度。描述行同步脉冲宽度时间内 VCLK 脉冲个数，公式为 HSPW=3.77μs×25 MHz=94。

5. LCD 控制寄存器 5(LCDCON5)

该寄存器各位的定义见表 11-11，其中符号的含义说明如下。

表 11-11 LCDCON5 寄存器的位定义

符 号	位	描 述	初始状态
保留	[31:17]		0
VSTATUS	[16:15]	TFT：垂直扫描状态(只读)。 00：VSYNC；01：BACK Porch；10：ACTIVE；11：FRONT Porch	00
HSTATUS	[14:13]	TFT：水平扫描状态(只读)。 00：HSYNC；01：BACK Porch；10：ACTIVE；11：FRONT Porch	00

继续

符　号	位	描　述	初始状态
BPP24BL	[12]	TFT：确定以 24bpp 显示时显存中数据的格式。 0：LSB 有效；1：MSB 有效	0
FRM565	[11]	TFT：确定以 16bpp 显示时输出数据的格式。 0：5:5:5:1 格式；1：5:6:5 格式	0
INVVCLK	[10]	STN/TFT：这一位决定 VCLK 的有效极性。 0：VCLK 下降沿时取数据；1：VCLK 上升沿时取数据	0
INVVLINE	[9]	STN/TFT：VLINE/HSYNC 脉冲的极性。 0：正常；1：反转	0
INVVFRAME	[8]	STN/TFT：VFRAME/VSYNC 脉冲的极性。 0：正常；1：反转	0
INVVD	[7]	STN/TFT：VDEN 信号的极性。 0：正常；1：VD 反转	0
INVVDEN	[6]	TFT：VD(视频数据)脉冲的极性。 0：正常；1：反转	0
INVPWREN	[5]	STN/TFT：PWREN 信号的极性。 0：正常；1：反转	0
INVLEND	[4]	TFT：LEND 信号的极性。 0：正常；1：反转	0
PWREN	[3]	STN/TFT：LCD_PWREN 输出信号使能位。 0：PWREN 信号无效；1：PWREN 信号有效	0
ENLEND	[2]	TFT：LEND 输出信号使能位。 0：LEND 信号无效；1：LEND 信号有效	0
BSWP	[1]	STN/TFT：字节交换控制位。 0：不可交换；1：可以交换	0
HWSWP	[0]	STN/TFT：半字交换控制位。 0：不可交换；1：可以交换	0

```
rLCDCON5 = (1<<11)|(1<<10)|(1<<9)|(1<<8)|(0<<7)|(0<<6)|(1<<3)|(BSWP<<1)|
(HWSWP);
```

- VSTATUS[16:15]：垂直方向状态。只读，不用设置。
- HSTATUS[14:13]：水平方向状态。只读，不用设置。
- BPP24BL[12]：确定显示数据存储格式。此处设置 BPP24BL=0x0，即小端模式存放。
- FRM565[11]：确定 16 位数据输出格式。此处设置 FRM565=0x1，即 5:6:5 格式输出。
- INVVCLK[10]：确定 VCLK 脉冲有效边沿极性。根据屏幕信息确定，此处选择 INVVCLK=0x1，VCLK 上升沿到来时数据传输开始。
- INVVLINE[9]：确定 HSYNC 脉冲的极性。为负极性，设置 INVVLINE=0x1 选择

负极性脉冲。

- INVVFRAME[8]：确定 VSYNC 脉冲的极性。为负极性，故设置 INVVFRAME=0x1 选择负极性脉冲。
- INVVD[7]：确定数据输出的脉冲极性。根据屏幕信息确定，此处设置 INVVD=0x0 选择正极性脉冲。
- INVVDEN[6]：确定 VDEN 信号极性。根据屏幕信息确定，此处设置 INVVDEN=0x0 为正极性脉冲。
- INVPWREN[5]：确定 PWREN 信号极性。根据屏幕信息确定，此处设置 NVPWREN=0x0 为正极性脉冲。
- INVLEND[4]：确定 LEND 信号极性。根据屏幕信息确定，此处设置 INVLEND=0x0 为正极性脉冲。
- PWREN[3]：PWREN 信号输出允许。设置 PWREN=0x1，允许 PWREN 输出。
- ENLEND[2]：LEND 输出信号允许。设置 ENLEND=0x1，允许 LEND 输出。
- BSWP[1]：字节交换控制位。根据各自需要设置，此处设置 BSWP=0x0，表示禁止字节交换。
- HWSWP[0]：半字交换控制位。根据各自需要设置，此处设置 HWSWP=0x1，使能半字节交换。

6．帧缓冲起始地址寄存器 1(LCDSADDR1)

该寄存器各位的定义见表 11-12。

表 11-12　LCDSADDR1 寄存器的位定义

符　号	位	描　述	初始状态
LCDBANK	[29:21]	指示系统存储器中的视频缓冲区地址 A[30:22]	0x00
LCDBASEU	[20:0]	对双扫描 LCD：指示帧缓冲区或在双扫描 LCD 时的上帧缓冲区的开始地址 A[21:1]。 对单扫描 LCD：指示帧缓冲区的开始地址 A[21:1]	0x000000

LCD 要显示的数据放在 SDRAM 中，由 DMA 控制器传送数据。DMA 传送数据的起始地址放在 LCDSADDR1 寄存器中。

7．帧缓冲起始地址寄存器 2(LCDSADDR2)

该寄存器各位的定义见表 11-13。

表 11-13　LCDSADDR2 寄存器的位定义

符　号	位	描　述	初始状态
LCDBASEL	[20:0]	对双扫描 LCD：指示帧缓冲区或在双扫描 LCD 时的上帧缓冲区的开始地址 A[21:1]。 对单扫描 LCD：指示帧缓冲区的开始地址 A[21:1]	0x000000

LCD 的数据的起始地址放在 LCDSADDR2 寄存器中。

8. 帧缓冲起始地址寄存器 3(LCDSADDR3)

该寄存器各位的定义见表 11-14。

表 11-14　LCDSADDR3 寄存器的位定义

符　号	位	描　述	初始状态
OFFSIZE	[21:11]	实际屏幕的偏移量大小	00000000000
PAGEWIDTH	[10:0]	实际屏幕的页宽度	00000000000

9. 红色表寄存器(REDLUT)

该寄存器各位的定义见表 11-15。

表 11-15　REDLUT 寄存器的位定义

符　号	位	描　述	初始状态
REDVAL	[31:0]	选择 16 种色度当中的哪 8 种红色组合。 000：REDVAL[3:0]；　001：REDVAL[7:4]； 010：REDVAL[11:8]；　011：REDVAL[15:12]； 010：REDVAL[19:16]；　001：REDVAL[23:20]； 010：REDVAL[27:24]；　011：REDVAL[31:28]	0x00000000

10. 绿色表寄存器(GREENLUT)

该寄存器各位的定义见表 11-16。

表 11-16　GREENLUT 寄存器的位定义

符　号	位	描　述	初始状态
GREENVAL	[31:0]	选择 16 种色度当中的哪 8 种绿色组合。 000：GREENVAL[3:0]；　001：GREENVAL[7:4]； 010：GREENVAL[11:8]；　011：GREENVAL[15:12]； 100：GREENVAL[19:16]；　101：GREENVAL[23:20]； 110：GREENVAL[27:24]；　111：GREENVAL[31:28]	0x00000000

11. 蓝色表寄存器(BLUELUT)

该寄存器各位的定义见表 11-17。

表 11-17　BLUELUT 寄存器的位定义

符　号	位	描　述	初始状态
BLUEVAL	[15:0]	选择 16 种色度当中的哪 4 种蓝色组合。 00：BLUEVAL[3:0]；　01：BLUEVAL[7:4]； 10：BLUEVAL[11:8]；　11：BLUEVAL[15:12]	0x0000

12. 抖动模式寄存器(DITHMODE)

该寄存器各位的定义见表 11-18。

表 11-18　DITHMODE 寄存器的位定义

符　号	位	描　述	初始状态
DITHMODE	[18:0]	选择两 2 个值之一：0x00000 或 0x12210	0x00000

13. 临时调色板寄存器(TPAL)

此寄存器的值为下一帧的视频数据。其中各位的定义见表 11-19。

表 11-19　TPAL 寄存器的位定义

符　号	位	描　述	初始状态
TPALEN	[24]	临时调色板寄存器使能位。 0：无效；1：有效	0
TPALVAL	[23:0]	临时调色板值寄存器。 TPALVAL[23:16]：RED；TPALVAL[15:8]：GREEN； TPALVAL[7:0]：BLUE	0x000000

14. LCD 中断未决寄存器(LCDINTPND)

该寄存器各位的定义见表 11-20。

表 11-20　LCDINTPND 寄存器的位定义

符　号	位	描　述	初始状态
INT_FrSyn	[1]	LCD 帧同步中断未决位。 0：无中断请求；1：帧提出中断请求	0
INT_FiCnt	[0]	LCD FIFO 中断未决位。 0：无中断请求；1：当 LCD FIFO 达到翻转值时提出中断请求	0

15. LCD 源未决寄存器(LCDSRCPND)

该寄存器各位的定义见表 11-21。

表 11-21　LCDSRCPND 寄存器的位定义

符　号	位	描　述	初始状态
INT_FrSyn	[1]	LCD 帧同步中断源未决位。 0：无中断请求；1：帧提出中断请求	0
INT_FiCnt	[0]	LCD FIFO 中断源未决位。 0：无中断请求；1：当 LCD FIFO 达到翻转值时提出中断请求	0

16. LCD 中断屏蔽寄存器(LCDINTMSK)

该寄存器各位的定义见表 11-22。

表 11-22　LCDINTMSK 寄存器的位定义

符　号	位	描　述	初始状态
FIWSEL	[2]	决定 LCD FIFO 的翻转值	0
INT_FrSyn	[1]	LCD 帧同步中断屏蔽位。 0：中断请求有效；1：中断请求被屏蔽	1
INT_FiCnt	[0]	LCD FIFO 中断屏蔽位。 0：中断请求有效；1：中断请求被屏蔽	1

17．LPC3600 控制寄存器(LPCSEL)

该寄存器各位的定义见表 11-23。

表 11-23　LPCSEL 寄存器的位定义

符　号	位	描　述	初始状态
RES_SEL	[1]	1：240×320	0
LPC_EN	[0]	LPC3600 使能位。 0：不使能；1：使能	0

控制器 LPC3600 如果不使用 LPC3600 则此寄存器被清零。

后面几个寄存器可以进行如下的初始化设置。

```
rLCDINTMSK|=(3);      // 屏蔽中断请求
rLPCSEL &= (~3) ;     // 不使能 LPC3600
rTPAL=0;              // 不使能临时调色板
```

另外，LCD 是使用 GPC 和 GPD 的功能引脚，因此在初始化时需要对引脚功能做初始化。

```
rGPCUP=0xffffffff; //上拉电阻不使能
rGPCCON=0xaaaaaaaa; //Initialize VD[7:0],LCDVF[2:0],VM,VFRAME,VLINE,VCLK,LEND;
rGPDUP=0xffffffff;  //上拉电阻不使能
rGPDCON=0xaaaaaaaa; //初始化 VD[23:8]
```

11.9　IIC 接口

【学习目标】了解 IIC 总线的基本工作原理，了解 IIC 总线的操作方法。

11.9.1　IIC 接口相关的基本知识

1．IIC 总线结构

IIC 总线(又称 I²C 总线)是一种用于 IC 器件之间连接的二线制总线。IIC 总线为同步串行数据传输总线，它通过 SDA(串行数据线)和 SCL(串行时钟线)两根线在连到总线上的器件之间传送数据，并根据地址识别每个器件：不管是单片机、存储器、LCD 驱动器还是键盘接口。

IIC 总线能用于替代标准的并行总线，能连接各种集成电路和功能模块。支持 IIC 的设备有微控制器、ADC、DAC、存储器、LCD 控制器、LED 驱动器以及实时时钟等。

IIC 总线的数据传送速率在标准工作方式下为 100Kbit/s，快速方式下最高传送速率达 400Kbit/s。

1) IIC 总线的基本结构

采用 IIC 总线标准的单片机或 IC 器件，其内部不仅有 IIC 接口电路，而且将内部各单元电路按功能划分为若干相对独立的模块，并通过软件寻址实现片选，减少了器件片选线的连接。CPU 不仅能通过指令将某个功能单元挂靠或摘离总线，还可对该单元的工作状况进行检测，从而实现对硬件系统简单而灵活地扩展与控制。IIC 总线接口电路结构如图 11-14 所示。

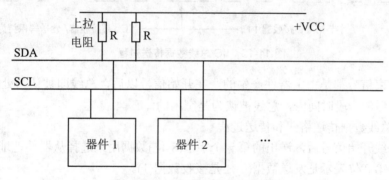

图 11-14 IIC 总线接口电路结构

2) 双向传输的接口特性

一般串行接口的发送和接收都各用一条线(如 UART 的 TXD 和 RXD)，而 IIC 总线则由软件编程，根据器件的功能使其可工作于发送或接收方式：当某个器件向总线上发送信息时，它就是发送器(也叫主器件)，而当其从总线上接收信息时，它又成为接收器(也叫从器件)。

主器件是用于启动总线上传送数据并产生时钟以开放传送的器件，此时任何被寻址的器件均被当作从器件。IIC 总线的控制完全由挂接在总线上的主器件送出的地址和数据决定。

应用系统中 IIC 总线多采用主从结构，即总线上只有一个主控节点，总线上的其他设备都作为从设备。但总线上主和从(即发送和接收)的关系不是一成不变的，而是取决于此时数据传送的方向。在多主系统结构中，即有多个主器件同时想占用总线的结构中，系统通过硬件或软件仲裁获得总线控制、使用权。

3) IIC 总线上的时钟信号

在 IIC 总线上同时挂接了多种设备，传送信息时的时钟同步信号是由挂接在 SCL 时钟线上的所有器件的逻辑"与"完成的，因此 SCL 线上由高电平到低电平的跳变将影响这些器件，只要其中有时钟信号为低电平的器件，就会使 SCL 线一直保持低电平，使挂接在 SCL 线上的所有器件处于低电平期。

当所有器件的时钟信号都上跳为高电平时，低电平期结束，SCL 线被释放返回高电平，即所有的器件都同时开始它们的高电平期。其后，第一个结束高电平期的器件又将 SCL 线拉成低电平。这样就在 SCL 线上产生一个同步时钟。

4) IIC 总线中开始和结束信号的定义

IIC 总线技术规范规定，开始信号(启动信号)是指当时钟线 SCL 为高电平时，数据线 SDA 由高电平跳变为低电平；结束信号(停止信号)是指当时钟线 SCL 为高电平时，数据线 SDA 由低电平跳变为高电平。开始信号和结束信号如图 11-15 所示。

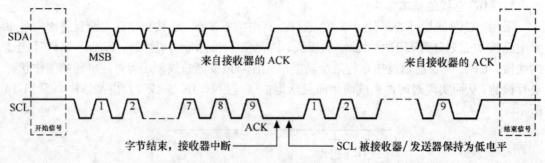

图 11-15　IIC 总线数据传送过程

开始和结束信号都是由主器件产生的，在开始信号以后，总线即被认为处于忙状态；在结束信号以后的一段时间内，总线被认为是空闲的。

5) IIC 总线数据传送格式和传送过程

在 IIC 总线开始信号后，送出的第一个字节(8 位)数据用来选择从器件地址，其中前 7 位为地址码，第 8 位表示是发送数据(0)还是接收数据(1)。

接着传送数据。在 IIC 总线上每次传送的数据字节数不限，但每个字节必须为 8 位，并且在每个传送的字节后面必须跟一个认可位(第 9 位)，即应答位(ACK)。数据传送的过程如图 11-15 所示。

传送数据时每次都是先传送最高位，从器件在接收到 1 字节后都会释放时钟线 SCL 返回高电平，准备接收下一个数据字节，主器件可继续传送。如果从器件正在处理一个实时事件而不能接收数据，例如正在处理一个内部中断，在这个中断处理完之前就不能接收 IIC 总线上的数据字节，可以使时钟线 SCL 保持低电平，但从器件必须使 SDA 保持高电平，此时主器件产生 1 个结束信号，使传送异常结束，迫使主器件处于等待状态。当从器件处理完毕时将释放时钟线 SCL，主器件继续传送。

6) 总线竞争的仲裁

总线上可能挂接有多个器件，有时会发生两个或多个主器件同时抢占总线的情况。IIC 总线具有多主控能力，可以对发生在数据线 SDA 上的总线竞争进行仲裁：当多个主器件同时抢占总线时，如果某个主器件发送高电平，而另一个主器件发送低电平，则发送电平与此时 SDA 总线电平不符的那个器件将自动关闭其输出级。

7) IIC 总线的工作流程

(1) 开始：开始信号表明传输开始。

(2) 地址：主设备发送地址信息，包含 7 位从设备地址和 1 位的方向位(表明读或者写，即数据流的方向)。

(3) 数据：根据方向位，数据在主设备和从设备之间传输。数据一般以 8 位传输，最重要的位放在前面；传输的数据量不限。接收器上用一位的 ACK 表明每个字节都收到了。传输可以被终止和重新开始。

(4) 停止：停止信号结束传输。

2．S3C2410 的 IIC 总线接口

S3C2410 处理器提供了一个 IIC 串行总线，包括一个专门的串行数据线和串行时钟线。它的操作模式有 4 种：主设备发送模式、主设备接收模式、从设备发送模式以及从设备接收模式。

S3C2410 处理器的 IIC 总线模块框图如图 11-16 所示。

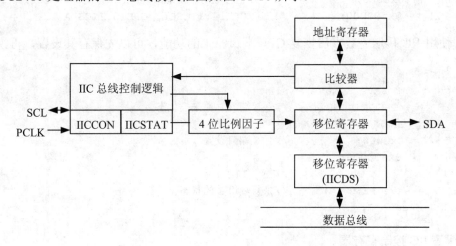

图 11-16　S3C2410 处理器的 IIC 总线模块

这里以典型器件 EEPROM KS24C08 为例，连接到 S3C2410 处理器的 IIC 总线时的电路原理图如图 11-17 所示。

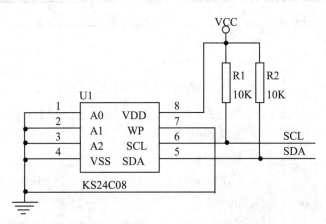

图 11-17　EEPROM 芯片的 IIC 电路原理图

11.9.2　IIC 的操作

与控制 IIC 总线相关的寄存器共有如下 4 个。

- IIC 总线控制寄存器(IICCON)。
- IIC 总线状态寄存器(IICSTAT)。
- IIC 总线发送/接收移位寄存器(IICDS)。
- IIC 总线地址寄存器(IICADD)。

对 IIC 的操作包括如下的几个步骤。

1. IIC 接口初始化

IIC 使用 GPE14 和 GPE15 两根引脚，因此需要对端口进行初始化。

```
rGPEUP  |= 0xc000;              //上拉电阻不使能
rGPECON |= 0xa00000;            //GPE14:IICSCL, GPE15:IICSDA
```

若想使用 IIC 传送完数据后恢复 GPE 端口原来的功能，可以先保存其设置，再恢复，操作如下。

```
unsigned int save_E,save_PE;
save_E  = rGPECON;             //保存端口 E 原来的状态
save_PE = rGPEUP;
rGPEUP  |= 0xc000;             //IIC 端口设置
rGPECON |= 0xa00000;
...                           //使用 IIC
rGPEUP  = save_PE;            //恢复端口 E 的状态
rGPECON = save_E;
```

2. 配置 IIC 控制寄存器

多主 IIC 总线控制寄存器(IICCON)，其位定义如表 11-24 所示。

表 11-24 IICCON 寄存器的位定义

符　号	位	描　述	初始状态
ACK 使能	[7]	IIC 总线应答使能位。 0：禁止；1：使能	0
Tx 时钟源选择	[6]	IIC 总线发送时钟预分频选择位。 0：IICCLK = PCLK/16；1：IICCLK = PCLK/512	0
Tx/Rx 中断使能	[5]	IIC 总线中断使能位。 0：禁止；1：使能	0
中断清除标记	[4]	0：①读 0，没有发生中断；②写 0，清除未决条件并恢复中断响应。 1：①读 1，发生了未决中断；② 不可以写入操作	0
发送时钟值	[3:0]	发送时钟预分频器的值,这 4 位预分频器的值决定了 IIC 总线进行发送的时钟频率，对应关系如下： Tx clock = IICCLK/(IICCON[3:0]+1)	Undefined

bit[7]在输出模式下，IICSDA 在 ACK 时间被释放；在输入模式下，IICSDA 在 ACK 时间被拉低。

bit[4]是 IIC 总线未处理中断标志。不能对这一位写入 1，置 1 是系统自动产生的。当该位被置 1 时，IICSCL 信号将被拉低，IIC 传输也停止了。如果想要恢复操作，则将该位清零。

例如，设置 IIC 中断使能，预分频值为 16，则可以按如下设置。

```
rIICCON=(1<<7)|(0<<6)|(1<<5)|(0xf);          //或者写作 rIICCON = 0xaf;
```

> ⚠ 注意：在 Rx 模式下访问 EEPROM 时，为了产生停止条件，在读取最后 1 字节数据之后不允许产生 ACK 信号。
>
> IIC 总线上发生中断的条件。1 字节的读写操作完成；一个通常的通话发生或者从地址匹配上；总线仲裁失败。
>
> 如果 IICCON[5]=0，IICCON[4]就不能够正常工作了。因此，建议务必将 IICCON[5]设置为 1，即暂时不用 IIC 中断。

多主 IIC 总线状态寄存器(IICSTAT)，其位定义如表 11-25 所示。

表 11-25　IICSTAT 寄存器的位定义

符 号	位	描 述	初始状态
模式选择	[7:6]	IIC 总线主从，发送/接收模式选择位。 00：从接收模式；01：从发送模式； 10：主接收模式；11：主发送模式	0
忙信号状态/起始/停止条件	[5]	IIC 总线忙信号状态位。 0：读 0，表示状态不忙；写 0，产生停止条件； 1：读 1，表示状态忙；写 1，产生起始条件。 IICDS 中的数据在起始条件之后自动被送出	0
串行数据输出使能	[4]	IIC 总线串行数据输出使能/禁止位。 0：禁止发送/接收；1：使能发送/接收	0
仲裁状态位	[3]	IIC 总线仲裁程序状态标志位。 0：总线仲裁成功；1：总线仲裁失败	0
从地址状态标志位	[2]	IIC 总线从地址状态标志位。 0：在探测到起始或停止条件时，被清零； 1：如果接收到的从器件地址与保存在 IICADD 中的地址相符，则置 1	0
0 地址状态标志位	[1]	IIC 总线 0 地址状态标志位。 0：在探测到起始或停止条件时，被清零； 1：如果接收到的从器件地址为 0，则置 1	0
应答位状态标志	[0]	应答位(最后接收到的位)状态标志。 0：最后接收到的位为 0(ACK 接收到了)； 1：最后接收到的位为 1(ACK 没有接收到)	0

例如，可以按如下设置。

```
rIICSTAT = 0xf0;              //主发送使能，起始，仲裁成功，清零地址，0
rIICSTAT = 0xd0;              //停止
rIICSTAT = 0xb0;              //主发送，起始
```

多主 IIC 总线接收/发送(Tx/Rx)数据移位寄存器(IICDS)，其位定义如表 11-26 所示。

表 11-26   IICDS 寄存器的位定义

符　号	位	描　　述	初始状态
数据移位 寄存器	[7:0]	IIC 接口发送/接收数据所使用的 8 位数据移位寄存器： 当 IICSTAT 中的串行数据输出使能位为 1，则 IICDS 写使能。 IICDS 总为可读	×××× ××××

例如，可以如下设置。

```
rIICDS = 0xa0;
```

多主 IIC 总线地址寄存器(IICADD)，其位定义如表 11-27 所示。

表 11-27   IICADD 寄存器的位定义

符　号	位	描　　述	初始状态
从器件地址	[7:0]	7 位从器件地址：如果 IICSTAT 中的串行数据输出使能位 为 0，IICADD 变为写使能。IICADD 总为可读	×××× ××××

例如，可以按如下设置。

```
rIICADD=0x10;              //2410 从设备地址=[7:1]
```

3. 使用 S3C2410 IIC 总线读写的时序及读写操作

主机访问从设备时，先向总线发出设备地址，如果有设备的地址匹配，则该设备会产生一个 SDA 上应答。

接着主机再向应答过的设备发出所要进行操作的片内地址，地址匹配的设备，会再产生一个 SDA 上应答。

此时如果是读操作，则从设备将输出数据到 SDA 上；如果是写操作，主机会将数据写到 SDA 上，完成一个读或写的操作。当然还有开始和停止的动作。

单字节或者多字节的读或者写操作的基本协议格式如表 11-28 所示(单字节或者多字节、读或者写的数据格式略有不同)。

表 11-28   单字节/多字节的读/写操作描述

START_C	Addr(7bit) R/W	ACK	DATA(1/n Byte)	ACK	STOP_C

协议格式中的 Addr 为从设备地址(slave address)，由 7 位地址和一位 R/W 读写位组成，这个字节是器件地址。

　　常用 IIC 接口通用器件的器件地址是由器件型号及寻址码组成的，共 7 位：高 4 位对相同类型的器件是一样的，由半导体公司生产时已固定，例如对于 EEPROM，该 4 位为 1010。接下来的 3 位是可编程的地址位，由用户设置，通常的做法(如 EEPROM 芯片的做法)是由外部 3 个引脚的组合电平决定，这就是寻址码，所以同一 IIC 总线上共可以连接 $8(2^3)$ 个相同的器件。最低一位是方向位(R/W 位)，0 表示写，1 表示读(通常读/写信号中写信号上面有一横线，表示低电平有效)。

　　使用 IIC 总线发送和接收数据时，可以采用中断方式或者轮询方式。下面是以轮询方式对 EEPROM 进行读/写操作的基本步骤。

　　(1) 读操作步骤。

① 填写 IIC 命令(读)。

② 等待读操作结束。

③ 启动 IIC 操作，通过轮询方式进行读操作，读取的数据被放入缓冲区。

　　(2) 写操作步骤。

① 填写 IIC 命令(写)、IIC 缓冲区数据及大小。

② 设置从设备地址并启动 IIC。

③ IIC 通过轮询方式进行写操作。

④ 等待写操作结束。

⑤ 等待从设备应答。

11.10　工作实训营

11.10.1　训练实例 1

1．训练内容

用 6 只数码管显示实时时间。

在第 8 章的工作场景中我们制作的电子钟，实时时间是在超级终端显示的。本次训练把实时时间通过实验箱上的 6 只数码管显示，依次循环显示年月日、再显示时分秒(年月日、时分秒之间的间隔用数码管的小数点表示，数码管由地址 0x10000004 和 0x10000006 控制)。

2．训练目的

掌握动态扫描显示的实现方法。

3．训练过程

　　(1) 打开 CodeWarrior IDE，新建一个工程，输入工程名 ledrtc，存放在 D:\test\ledrtc 目录下。

　　(2) 建立一个 C 语言源文件，输入文件名 ledrtc.c，存放在 D:\test\ledrtc 文件夹中并将其加入工程 ledrtc 中。

　　(3) 在打开的编辑窗口中，编写 C 源程序。首先编写设置部分的代码如下：

```
#include "def.h"
#include "2410lib.h"
#include "option.h"
#include "2410addr.h"
void Main(void)
{
    unsigned char data[6];
    int i,j,t;
    unsigned char seg[10] = {0xc0, 0xf9, 0xa4, 0xb0, 0x99, 0x92, 0x82, 0xf8,
0x80, 0x90, };
    SetClockDivider(1,1);
    SetMPllValue(0xa1,0x3,0x1);
    rRTCCON = 0x01;                 //读写使能，修改当前时间
    rBCDSEC = 0x00;

    rBCDMIN = 0x30;
    rBCDHOUR = 0x10;
    rBCDDAY = 0x23;
    rBCDDATE = 0x01;
    rBCDMON = 0x11;
    rBCDYEAR = 0x09;
    rRTCCON = 0x00;
    ...                              //以下是显示部分程序
}
```

(4) 显示部分程序代码如下：

```
while(1){
    for(j=0;j<2000;j++){
        rRTCCON = 0x01;             //读取时分秒，六位分别放到数组
        data[0] = rBCDSEC& 0x0f;
        data[1] = rBCDSEC>>4& 0x0f;
        data[2] = rBCDMIN& 0x0f;
        data[3] = rBCDMIN>>4& 0x0f;
        data[4] = rBCDHOUR& 0x0f;
        data[5] = rBCDHOUR>>4& 0x0f;
        rRTCCON = 0x00;
        for(i=0;i<6;i++){
            *((unsigned char *)0x10000006) =~(1 << i) & 0x3f;  //扫描显示
            *((unsigned char *)0x10000004) = seg[data[i]&
                            0x0f]&(i%2==0?0x7f:0xff);
            for(t=0;t<100;t++);
        }
    }
    for(j=0;j<2000;j++){
        rRTCCON = 0x01;             //读取年月日，六位分别放到数组
        data[0] = rBCDDATE&0x0f;
        data[1] = rBCDDATE>>4&0x0f;
```

```
        data[2] = rBCDMON&0x0f;
        data[3] = rBCDMON>>4&0x0f;
        data[4] = rBCDYEAR&0x0f;
        data[5] = rBCDYEAR>>4&0x0f;
        rRTCCON = 0x00;
        for(i=0;i<6;i++){
            *((unsigned char *)0x10000006) =~(1 << i) & 0x3f;
            *((unsigned char *)0x10000004) = seg[data[i]&
                                0x0f]&(i%2==0?0x7f:0xff);
            for(t=0;t<100;t++);
        }
    }
}
```

(5) 对工程的包含文件路径和 ARM Linker 进行设置，并编译工程。

(6) 下载并调试运行，可以看到 6 只数码管依次稳定地显示当前时分秒，再显示年月日。

4．技术要点

动态扫描显示功能有时也可以使用硬件完成，例如可以使用已有的芯片完成数码管的动态扫描。

seg[data[i]& 0x0f]&(i%2==0?0x7f:0xff)是为了显示年、月、日、时、分、秒的分隔符，当显示在 0、2 和 4 位置时，需要小数点亮。

注意 BCDDAY 和 BCDDATE 两个时间寄存器的区别，容易混淆。BCDDAY 存放的是星期值，只使用了 bit[2:0]三位，而 BCDDATE 存放的是日期。

11.10.2　训练实例 2

1．训练内容

用小键盘上的 16 个键模拟有 16 个人的抢答器。

每次抢答前通过外部中断键复位，数码管上显示倒计时 10 秒钟，计时结束蜂鸣器响，数码管清除显示，表示可以开始抢答，数码管上会显示第一个抢答的号码。运行中随时可以通过外部中断重新开始计时。

2．训练目的

掌握键盘的使用方法以及中断及扫描显示的方法。

3．训练过程

本次训练我们利用 11.4.5 节中的函数 Key_Get()编写抢答器。

(1) 首先设置头文件，声明变量，定义函数。

```
#include "2410lib.h"
#include "2410addr.h"
#include "interrupt.h"
void __irq irq_eint2(void);
void __irq rtc_tick_isr(void);
```

```
unsigned char seg[10] = {0xc0, 0xf9, 0xa4, 0xb0, 0x99, 0x92, 0x82, 0xf8, 0x80,
0x90};
void init_ticnt(void){                    //tick 中断初始化，每秒一次中断
    rRTCCON=0x01;
    rTICNT=0xff;
    rRTCCON=0x0;
}
void init_pwm(void){                       //蜂鸣器初始化
    rGPBUP = rGPBUP & ~(0x01) | 0x01;
    rGPBCON = rGPBCON & ~(0x3) | 0x2;
    rTCFG0=0xFF;

    rTCFG1=0x1;
    div= (PCLK/256/4)/4000;
    rTCON=0x0;
    rTCNTB0= div;
    rTCMPB0= (2*div)/3;
}
unsigned char ch=0,flag=0, D[2]={0,1};
```

(2) 在主函数中，首先进行系统设置和对中断进行处理。主循环中有两个子循环，一个是 10 秒倒计时，另一个是对抢答结果的显示处理，中间是读键盘的操作。

```
void Main(void)
{
    int t;
    int i,c;
    int key[2]={0};
    SetClockDivider(1,1);
    SetMPllValue(0xa1,0x3,0x1);
    //中断、端口、中断请求、中断使能初始化，根据所使用实验箱的情况调整
    Isr_Init();
    Port_Init();
    Irq_Request(IRQ_TICK,);
    pISR_TICK=(unsigned) rtc_tick_isr;
    pISR_EINT2=(unsigned)irq_eint2;
    init_ticnt();                          //每秒中断
    Irq_Enable(IRQ_TICK);
    Irq_Enable(IRQ_EINT2);
    while(1)
    {
    //此处包含倒计时、读键盘和显示抢答结果 3 个操作，代码在后面
    }
}
```

(3) 倒计时的代码：

```
while(flag==0)              // eint_flag 为 0 执行倒计时，否则判断是否有键按下
{
    for(i=0;i<2;i++)
    {
        *((unsigned char *)0x10000006) =~(1 << i);
```

```
    *((unsigned char *)0x10000004) = seg[D[i]];
    for(t=200;t>0;t--);
    }
}
```

(4)　读键盘和显示抢答结果的代码。当计时结束后，循环等待键盘的输入，一旦接收到第一个输入值，即一直显示该值，直到外部按键 2 按下，使 ch=0，重新开始下一轮抢答。在计时过程和等待抢答过程中也可以通过按键 2 重新开始。

```
*((unsigned char *)0x10000006)=0xff;    //计时结束后，数码管不显示内容
ch = Key_Get();        //读键盘直到有键按下或按键 2 使重新抢答开始
while(ch!=0)            //有键按下，显示结果
{
    if(ch>='A')
        c=ch - 55;
    else
        c=ch - 48;
    key[1]=c/10;
    key[0]=c%10;
    for(i=0;i<2;i++)
    {
        *((unsigned char *)0x10000006) = ~(1 << i);
        *((unsigned char *)0x10000004) = seg[key[i]];
        for(t=200;t>0;t--);}
    }
}
```

(5)　下面是两个中断处理函数的处理。在秒中断中，处理显示倒计时的数据，并使蜂鸣器响。

```
void rtc_tick_isr(void){
    int t;
    Irq_Clear(IRQ_TICK);
    if(D[1]==1){
        D[1]=0;
        D[0]=9;
    }
    else
    D[0]--;
    if(D[1]==0 && D[0]==0){ //倒计时结束
        rRTCCON=0x01;
        rTICNT=0x0;            //TICNT 的 bit[7]置 0，停止秒中断
        rRTCCON=0x0;
        flag=1;               //设置计时停止标志
        rTCON=0xa;            //启动蜂鸣器
        rTCON=0x9;
        for(t=50000;t>0;t--);
        rTCON=0x0;            //关闭蜂鸣器
    }
}
```

(6) 外部按键 2 中断，跳出显示抢到的数据的显示，或者在计时时，重新开始计时。

```
void irq_eint2(void)
{
    Irq_Clear(IRQ_EINT2);
    ch=0;
    D[1]=1;
    D[0]=0;
    flag=0;
    rRTCCON=0x01;              //以下设置秒中断使能
    rTICNT=0xff;
    rRTCCON=0x0;
}
```

4. 技术要点

本训练实例用到了外部中断和时间片中断，注意时间片中断的开始和停止可以在程序中设定。

读到的按键值是 ASCII 码值，如果要用作数码管显示时的段码的下标值，则需要进行转换。在把"0"～"9"和"A"～"F"转换为相应的十进制数据时，分别减去"0"即48 和"A"-10 即 55，因为"A"要对应的下标是 10。

11.11 习题

问答题

(1) 简述用行扫描法进行键盘处理的方法。

(2) A/D 转换为什么要进行采样？采样频率应根据什么选定？

(3) A/D 转换的重要指标包括哪些？

(4) 设输入模拟信号的最高有效频率为 5kHz，应选用转换时间为多少的 A/D 转换器对它进行转换？

(5) ARM 的 A/D 功能相关的寄存器有哪几个，作用分别是什么？

(6) 如何启动 ARM 开始 A/D 转换，有几种方法？转换开始时，ARM 如何知道转换哪路通道？如何判断转换结束？

(7) 怎样动态显示某个通道的模拟电压波形？

参 考 文 献

[1] SAMSUNG 公司. S3C2410X 总裁 32-位 RISC 微处理器用户手册. Samsung Electronics Co.Ltd

[2] ARM 公司. ARM920T 数据手册

[3] 符意德. 嵌入式系统原理及接口技术. 北京：清华大学出版社，2007

[4] 陈赜. ARM9 嵌入式技术及 Linux 高级实践教程. 北京：清华大学出版社，2005

[5] 文全刚. 汇编语言程序设计——基于 ARM 体系结构. 北京：北京航空航天大学出版社，2007